电气信息类基础课系列

"十四五"职业教育国家规划教材

# 电路基础


主　编　朱晓萍　王洪彩

副主编　吴　倩　于　佳

参　编　王小梅　王荣花　任伟娜

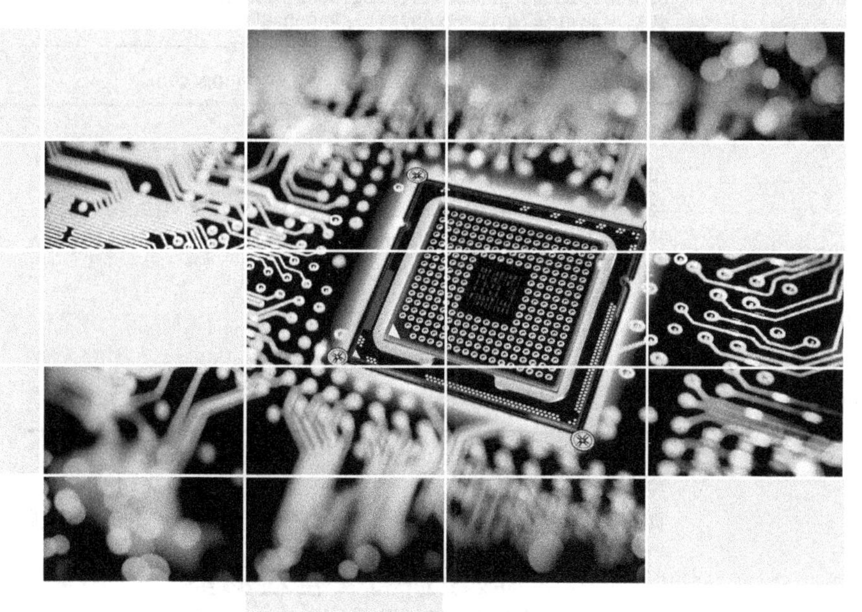


北京师范大学出版集团
BEIJING NORMAL UNIVERSITY PUBLISHING GROUP
北京师范大学出版社

**图书在版编目(CIP)数据**

电路基础 / 朱晓萍，王洪彩主编. —2 版. —北京：北京师范大学出版社，2024.7

（“十四五”职业教育国家规划教材）

ISBN 978-7-303-28599-0

Ⅰ. ①电… Ⅱ. ①朱… ②王… Ⅲ. ①电路理论—高等职业教育—教材 Ⅳ. ①TM13

中国国家版本馆 CIP 数据核字(2023)第 128552 号

**图书意见反馈**：gaozhifk@bnupg.com 010-58805079

营销中心电话：010-58802755 58800035

出版发行：北京师范大学出版社 www.bnupg.com
北京市西城区新街口外大街 12-3 号
邮政编码：100088

印　　刷：北京虎彩文化传播有限公司

经　　销：全国新华书店

开　　本：787 mm×1092 mm 1/16

印　　张：17

字　　数：380 千字

版　　次：2024 年 7 月第 1 版

印　　次：2024 年 7 月第 1 次印刷

定　　价：42.00 元

策划编辑：周光明　　责任编辑：周光明

美术编辑：焦　丽　　装帧设计：焦　丽

责任校对：陈　民　　责任印制：马　洁　赵　龙

**版权所有　侵权必究**

**反盗版、侵权举报电话**：010-58800697

北京读者服务部电话：010-58808104

外埠邮购电话：010-58808083

本书如有印装质量问题，请与印制管理部联系调换。

印制管理部电话：010-58800608

# 前言

党的二十大报告指出：教育是国之大计、党之大计。本教材以习近平新时代中国特色社会主义思想为指导，深入学习贯彻党的二十大关于统筹职业教育、统筹协同创新、推进优化类型定位、加强教材建设和管理的新要求，严格按照教育部《高职高专教育基础课程教学基本要求》《高职高专教育专业人才培养目标及规格》等基本规范编写。本书原版是“十二五”职业教育国家规划教材、普通高等教育“十一五”国家级规划教材，后立项审核后确定为“十三五”职业教育国家规划教材，经复核后成为“十四五”职业教育国家规划教材。全书内容有：电路的基本概念和基本定律、线性电阻电路、电路定理、正弦电流电路、耦合电感和谐振电路、三相电路、非正弦周期电流电路、二端口网络和动态电路过渡过程的时域分析共九章。本书供普通大中专院校的电气、自动化、电子、计算机等类专业或相关专业的技术人员使用。参考学时范围为90～120学时(含实践性环节)。

作者在编写过程中，考虑到高等职业教育是培养应用型人才和复合型人才，侧重于培养其技术应用能力，因而以掌握概念、强化应用为重点，以“必须、够用”为度，从最基本、最实用的内容出发，精简偏深、偏难的理论内容，做到基本概念准确、内容精练、重点突出、注重理论联系实际，同时力求做到理论体系相对完整。为便于对基本概念、基本定律以及基本分析方法的理解和提高分析问题、解决问题的能力，本书编入了较多的例题、习题，每章前有“主要内容”、后有“本章小结”，以便于读者学习。

本教材由朱晓萍和王洪彩主编。其中第1、第4章由朱晓萍编写，第2、第3、第5章由王洪彩编写，第6章由吴倩编写，第7章由王洪彩、吴倩编写，第8、第9章由朱晓萍、于佳编写，视频由吴倩、王小梅、王荣花、任伟娜录制，全书由朱晓萍统稿。

本书正文配有二维码，内容为微课视频和思政阅读材料，扫码即可使用资源。本书配有习题及部分习题答案，另配有仿真软件、电子课件，如需要请联系出版社(QQ:275362129)。本教材的出版得到了北京师范大学出版社编辑的大力支持，在此表示诚挚的感谢。

本教材受编者学识水平的限制，难免有疏漏和错误之处，恳请读者批评指正。

编　者

# 目录

# 第 1 章　电路的基本概念和基本定律

主要内容

1. 电路的基本组成、电路的主要物理量及参考方向的概念。

2. 讨论独立电源和受控源的基本性质。

3. 介绍电路分析中的重要定律：欧姆定律和基尔霍夫定律。

## 1.1　电路和电路模型

### 1.1.1　电路

现代科技推动了社会生产的快速发展，改变了传统的生产方式，使生产工艺趋于现代化，提高了生产的自动化水平，它低污染、低消耗、低能耗，技术含量高，不仅节省了大量人力、物力，还降低了生产的成本。人们生活在电气化、信息化的社会里，广泛地应用着各种电子产品和设备，它们中有各种各样的电路。例如，传输、分配电能的电力电路；转换、传输信息的通信电路；控制各种家用电器和生产设备的控制电路；交通运输中使用的各种信号的控制电路；等等。这些电路是为了某种需要，由一些电气设备和电气器件按一定方式连接起来的电流通路。现实中电路式样非常多，但从作用来看，有两类：一是实现能量的转换和传输；二是实现信号的传递和处理。

组成电路的基本部件是电源、负载和中间环节。如手电筒电路是一个最简单的电路，它的组成体现了所有电路的共性。手电筒电路如图 1.1(a)所示，其原理电路图如图 1.1(b)所示。各部件的作用如下。

(1)电源：电路中电能的来源，如手电筒电路中的干电池。电源的作用是把非电能转换成电能。如干电池将化学能转换成电能，发电机将机械能转换成电能。

(2)负载：电路中的用电设备，如手电筒电路中的小灯泡。负载的作用是把电能转换成非电能。如电灯把电能转换为光能和热能，电动机把电能转换为机械能等。

(3)中间环节：连接导线、控制开关等。它在电路中将电源和负载连接起来，构成电流通路，起传递和控制电能的作用。此外，中间环节还可以包括有关的保护电器(如熔断器)。

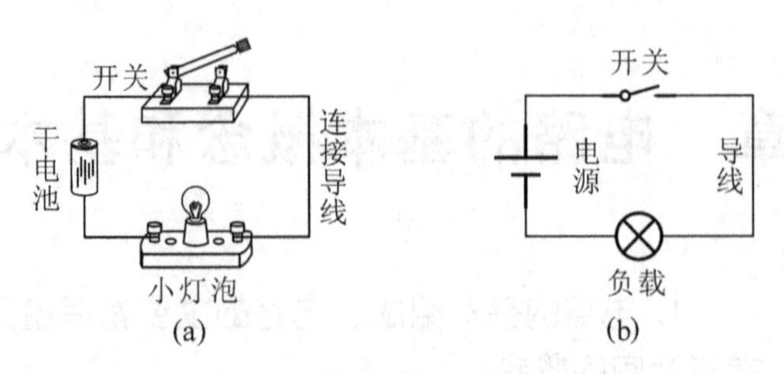


图 1.1　手电筒的实际电路及原理电路图

电源、负载、中间环节是组成电路的“三要素”。除了“电路”之外，我们还常遇到“网络”这个名词。由于比较复杂的电路呈网状，常把这种电路称为“网络”，网络较电路更为宽泛一些。实际上，电路与网络这两个名词无明显的区别，一般可以通用。

### 1.1.2　电路模型

实际电路是由多种实际器件组成的，这些实际器件的电磁性能往往不是单一的。如一个实际的电阻器，主要作用是对电流呈现阻力，而当电流通过时还会产生磁场；如日常使用的电池，就是要利用它的正、负极之间能保持一定电压的性质，但电池总有一定的内阻，工作时它还会消耗一些能量。因此，这个正、负极之间的一定电压是个理想值。如果把实际器件的各种电磁性能都加以考虑，就会给电路的分析与计算带来困难。

1. 理想元件

为了便于对实际电路进行分析计算，可以在一定的条件下对实际电气器件进行科学的抽象和概括，忽略它的次要性质，用一种表征其主要电磁性能的理想元件来表示。例如，实际电阻器(如灯泡)忽略微小电感时，可看成一个理想电阻元件；电池在忽略内阻后，可看成电压恒定的理想电压源。理想电路元件体现某种基本现象，具有某种确定的电磁性能和精确的数学定义。理想电路元件简称为电路元件，如电阻元件、电感元件、电容元件等。各电路元件可用规定的符号表示。

2. 电路模型

任何一个实际电路都可以用一些理想电路元件的组合来模拟，这样得到的电路称为实际电路的电路模型。如实际电源具有内阻，可以把实际电源表示为理想电压源 $U_S$ 与电阻元件 $R_0$ 串联的电路模型。例如，图 1.1(a)所示手电筒的实际电路可用图 1.2 的电路模型表示。使用电路模型来完成对实际电路的分析计算，可以得出实际电路的主要特性结果，又可以简化分析过程。今后我们所说的电路一般均指由理想元件组成的电路模型。

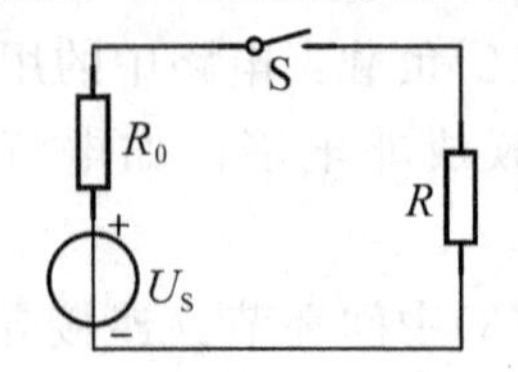


图 1.2　手电筒实际电路的电路模型

### 1.1.3 电路分类

电路可分为集中参数电路和分布参数电路。集中参数电路指电路的工作频率(简称“工频”)所对应的波长比电路的几何尺寸大得多，分析电路时可忽略电路及其元件的尺寸，如工频 50 Hz 对应的波长为 6 000 km。在 50 Hz 工频情况下，多数电路为集中参数电路。分布参数电路，为电路的几何尺寸相对于工作波长不可忽略的电路。

本书只讨论集中参数电路及其有关定律和分析计算。

## 1.2 电路的主要物理量

电路中的主要物理量

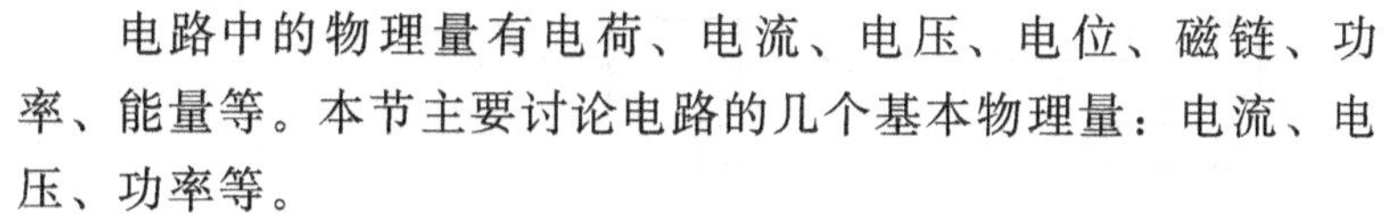

电路中的物理量有电荷、电流、电压、电位、磁链、功率、能量等。本节主要讨论电路的几个基本物理量：电流、电压、功率等。

### 1.2.1 电流

1. 电流的大小

在电场力作用下，电荷的定向移动形成电流。电流的大小，用电流强度来表示，其定义为：单位时间内流过导体横截面的电量。电流强度简称电流。如果电流是随时间变化的，可用微变量表示，即在 $\mathrm{d}t$ 时间内通过导体横截面的电量为 $\mathrm{d}q$，则电流的瞬时值为

$$i=\frac{\mathrm{d}q}{\mathrm{d}t} \tag{1-1}$$

如果电流的大小和方向都不随时间变化，这种电流称为恒定电流，简称直流，用大写字母 $I$ 表示，为

$$I=\frac{Q}{t} \tag{1-2}$$

式中，$\mathrm{d}q$ 或 $Q$ 为通过导体横截面的电量，在国际单位制(SI)中，其单位为库仑(C)。$\mathrm{d}t$ 或 $t$ 为时间，SI 单位为秒(s)。

电流的 SI 单位是安培，简称安(A)。其含义是：如果 1 秒(s)内通过导体横截面的电量为 1 库仑(C)时，电流为 1 安(A)。

电流的其他单位有千安(kA)、毫安(mA)、微安(μA)，它们之间的关系是

$$1\ \mathrm{kA}=10^{3}\ \mathrm{A},\ 1\ \mathrm{mA}=10^{-3}\ \mathrm{A},\ 1\ \mu\mathrm{A}=10^{-6}\ \mathrm{A}$$

2. 电流的实际方向和参考方向

(1)电流的实际方向。人们规定正电荷的运动方向为电流的实际方向。

(2)电流的参考方向。在分析复杂电路时，很难用电流的实际方向进行分析计算。原因有：①在分析计算之前难以确定复杂电路中支路电流的实际方向；②当电流为交流量时，电流的实际方向是随时间不断变化的。

解决的办法是引入参考方向的概念。由于在电路的一条支路中，实际电流只有两种可能的方向，可以任意假定一个方向作为该支路电流的参考方向，用箭头表示在电路图上。当电流的实际方向与参考方向一致时，电流为正值；当两者相反时，则电流为负值。在标定电流参考方向的前提下，根据电路基本定律计算电流，如果所得电流为正值，则说明电流的实际方向与参考方向一致；如果电流为负值，则电流的实际方向与参考方向相反。所以通过参考方向可以确定电流的实际方向。图1.3(a)(b)为电流实际方向与参考方向的关系，其中实线箭头表示选定的参考方向，虚线箭头表示该电路中电流的实际方向。图1.3(a)中电流实际方向与参考方向一致，$i>0$；图1.3(b)中两者方向相反，$i<0$。

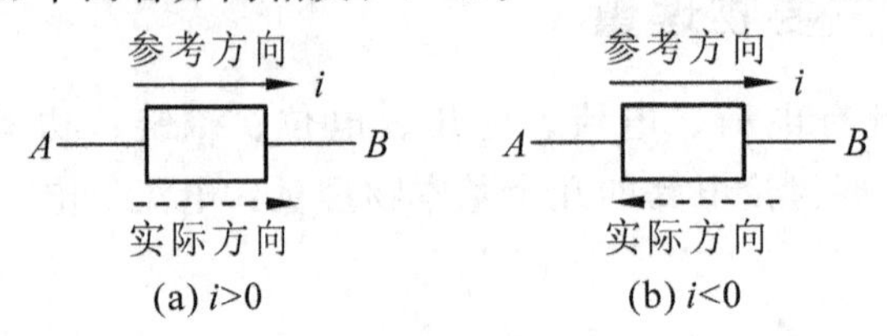


图1.3　电流实际方向与参考方向的关系

电流的参考方向除用箭头表示外，还可以用双下标表示，如图1.3中的电流，也可以用 $i_{AB}$ 表示其参考方向由 $A$ 指向 $B$，用 $i_{BA}$ 表示其参考方向由 $B$ 指向 $A$。显然，两者相差一个负号，即

$$i_{AB}=-i_{BA}$$

参考方向是分析计算电路时的重要概念。如果没有预先选定参考方向，电流计算值的正、负是没有意义的。本书电路中所表示的电流方向均为参考方向。

### 1.2.2　电压和电位

1. 电压

电压的定义：电场力把单位正电荷从 $a$ 点移到 $b$ 点所做的功。$a$、$b$ 两点间的电压为

$$u_{ab}=\frac{dw}{dq} \tag{1-3}$$

式中，$dq$ 为由 $a$ 点移到 $b$ 点的电量，SI单位为库仑(C)；$dw$ 为移动过程中，电荷 $dq$ 减少的能量，SI单位为焦耳(J)，电压的SI单位为伏特，简称伏(V)。电压的其他单位有千伏(kV)、毫伏(mV)、微伏(μV)，它们之间的关系为

$$1\ \text{kV}=10^{3}\ \text{V},\ 1\ \text{mV}=10^{-3}\ \text{V},\ 1\ \mu\text{V}=10^{-6}\ \text{V}$$

2. 电位

在电路中可取任一点为参考点，如选择0点为参考点，则由某点 $a$ 到参考点0的电压 $u_{a0}$，称为 $a$ 点的电位，用 $V_a$ 表示。电位参考点可以任意选取，一般选择大地、设备外壳或接地点作为参考点并规定参考点电位为零。在一个电路中，一旦参考点确定后，其余各点的电位也就确定了。电位的SI单位也是伏特。

电压与电位的关系为：$a$、$b$ 两点之间的电压等于 $a$、$b$ 两点之间的电位差，即

$$u_{ab}=V_a-V_b \tag{1-4}$$

由式(1-4)可知，如果 $u_{ab}>0$，当 $dq>0$ 时，$dw>0$，电场力做正功，电荷减少能量。所以正电荷由 $a$ 点移到 $b$ 点，即减少能量，则 $a$ 点为高电位，$b$ 点为低电位；反之，如果电荷增加或获得能量，则 $a$ 点为低电位，$b$ 点为高电位。正电荷在电路中移动时，电能的增或减反映电位的升高或降低，即电压升或电压降。

3. 电压的实际方向与参考方向

(1)电压的实际方向：在一段电路上，电压的实际方向是由高电位指向低电位，即电压降的方向。正电荷沿着这个方向移动，将减少能量，并转换为其他形式的能量。

(2)电压的参考方向：在分析计算复杂电路之前，很难事先知道一段电路的实际方向。对于交流电路，实际电压的方向是随时间不断变化的，因此有必要引入电压参考方向的概念。

在一段电路中，电压的参考方向可以任意设定，即从假定的高电位指向假定的低电位。当电压的实际方向与参考方向一致时，电压为正值；两者相反时，电压为负值。电压的参考方向可以用三种方法表示：

①用“＋”“－”符号分别表示假定的高电位点和低电位点。

②用箭头表示，由假定的高电位点指向低电位点。

③用双下标字母表示。如 $U_{ab}$ 表示电压参考方向从 $a$ 点指向 $b$ 点。

这三种方法都可以表示电压的参考方向，使用时可任选一种。图 1.4 为用“＋”“－”符号表示的电压参考方向。设定一段电路的电压参考方向后，可以根据电压的正、负值，确定这一段电路的电压实际方向。

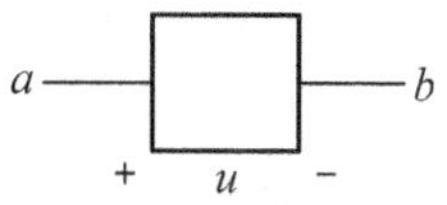

图 1.4 电压参考方向

4. 电压、电流的关联参考方向

电压参考方向的选取是任意的，与电流的参考方向无关。但为了分析、研究方便，常采用关联参考方向，即在一段电路中，电流的参考方向是从电压参考方向的“＋”极流向“－”极，也就是电流的参考方向与电压的参考方向一致。如图 1.5 所示为电压、电流的关联参考方向。

在一段电路中，当电流的参考方向是从电压参考方向的“－”极流向“＋”极，或电压、电流参考方向相反时，称为非关联参考方向，如图 1.6 所示。

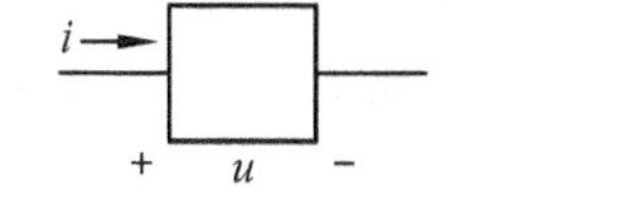

图 1.5 关联参考方向

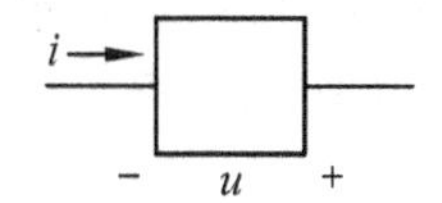

图 1.6 非关联参考方向

### 1.2.3 电功率与电能

1. 电功率

电功率是指单位时间内电场力所做的功，简称功率。从电压定义式可知，正电荷 $dq$ 在电场力作用下，从高电位点 $a$ 移动到低电位点 $b$ 时，电场力做功 $dw=u\,dq$。因电流 $i=\frac{dq}{dt}$，所以在此过程中，电路吸收的功率为

$$P=\frac{dw}{dt}=u\frac{dq}{dt}=ui$$

上式说明，当电流、电压取关联参考方向时，电路吸收的功率为 $u$ 与 $i$ 两者的乘积。所以实际电路进行功率计算，当电流、电压取关联参考方向时，功率为

$$P=ui$$

直流时写成

$$P=UI \tag{1-5}$$

当电流、电压取非关联参考方向时，功率为

$$P=-ui$$

直流时写成

$$P=-UI \tag{1-6}$$

在用式(1-5)、式(1-6)计算时，若计算结果 $P>0$，则表示该元件吸收(或消耗)功率；若 $P<0$，则表示该元件提供(或产生)功率。

这里要注意的是：公式 $P=ui$ 或 $P=-ui$ 中的 $u$、$i$ 相对于各自的参考方向而言可正可负，而公式本身有正、负号，两套符号不能混淆。

在 SI 制中，功率的单位是瓦特，简称瓦(W)，1 W=1 V×1 A，其他常用单位有千瓦(kW)、毫瓦(mW)等，它们之间的关系为

$$1\ \text{kW}=10^3\ \text{W},\ 1\ \text{mW}=10^{-3}\ \text{W}$$

2. 电能

电能是功率对时间的积分，在 $t_0$ 到 $t$ 时间内电路吸收的电能为

$$w=\int_{t_0}^{t}P\,dt=\int_{t_0}^{t}ui\,dt \tag{1-7}$$

直流时为

$$W=P(t-t_0) \tag{1-8}$$

电能的 SI 单位为焦耳(J)，1 J 等于功率为 1 W 的用电设备在 1 s 内消耗的电能。电能的其他常用单位还有千瓦时(kW·h)，1 kW·h 俗称 1 度电。1 度电可以这样理解：额定功率为 1 kW 的用电设备，正常工作 1 小时所消耗的电能。

**例 1.1** 如图 1.7 所示电路，已知电压 $U=10$ V，电流 $I=2$ A，求理想电压源 $U_S$ 和电阻 $R$ 的功率。

解：对于理想电压源来说，电压 $U_S$ 与电流 $I$ 为非关联参考方向，所以由式(1-6)，可得理想电压源的功率为

$$P_S=-U_SI=-10\times2=-20(\text{W})$$

功率 $P_S<0$，说明理想电压源提供功率 20 W。对于电阻元件来说，其电压 $U$ 与电流 $I$ 为关联参考方向，所以由式(1-5)，可得电阻的功率为

$$P=UI=10\times2=20(\text{W})$$

功率 $P>0$，说明电阻吸收功率 20 W。

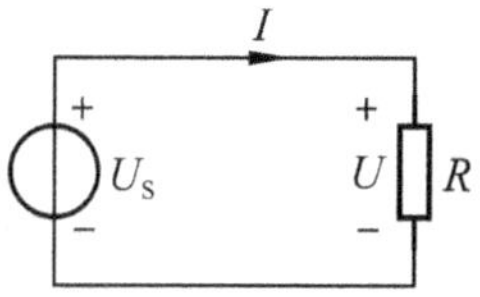

图 1.7 例 1.1 电路

对于一个完整的电路，各元件吸收的功率之和与提供的功率之和总是相等的，称为功率平衡。

**核心阅读：** 电能，是指使用电以各种形式做功(即产生能量)的能力。电能既是一种经济、实用、清洁且容易控制和转换的能源形态，又是发、供、用三方共同保证质量的一种特殊产品(它同样具有产品的若干特征，如可被测量、预估、质量保证或改善)。电能被广泛应用在动力、照明、化学、纺织、通信、广播等各个领域，是科学技术发展、人民经济飞跃的主要动力。电能在我们的生活中起到重大的作用。

## 1.3 电阻元件

### 1.3.1 电阻元件

电阻元件是最常见的电路元件，日常生活中使用的钨丝灯泡、电子产品中常用的贴片电阻等一般都可看作电阻元件。在某些特定场合，电阻还有特定的用途，如人们利用某些材料的电阻值随温度变化或随应力变化的特性，通过测量电阻值来测量温度或力。习惯上，人们常把电阻元件称为电阻，用 $R$ 表示，它反映导体对电流的阻碍作用。电阻的图形符号如图 1.8(a)所示。电阻有两个端钮，称为二端元件，如果加在电阻两端的电压或通过电阻中的电流发生变化时，电阻的阻值恒定不变，则称该电阻为线性电阻。如果把电阻的电流取为横坐标(或纵坐标)，把其两端的电压取为纵坐标(或横坐标)，改变电流或电压值可以绘出 $i$-$u$ 平面上的曲线，该曲线称为电阻的伏安特性曲线。对于线性电阻，伏安特性曲线为通过坐标原点的直线，如图 1.8(b)所示。对于非线性电阻，伏安特性曲线不是直线。如图 1.8(c)所示为非线性电阻(二极管)的伏安特性曲线。如无特殊说明，本书中的电阻元件均指线性电阻。只含有线性元件的电路称为线性电路。

电阻的 SI 单位是欧姆，简称欧(Ω)，当电阻元件两端电压为 1 V，通过的电流为 1 A 时，其电阻值是 1 Ω。电阻的其他单位有千欧(kΩ)和兆欧(MΩ)，它们之间的关系为

$$1\ \text{k}\Omega=10^3\ \Omega,\ 1\ \text{M}\Omega=10^6\ \Omega$$

### 1.3.2 欧姆定律

电阻元件两端的电压 $u$ 与通过它的电流 $i$ 成正比，这就是欧姆定律。在关联参

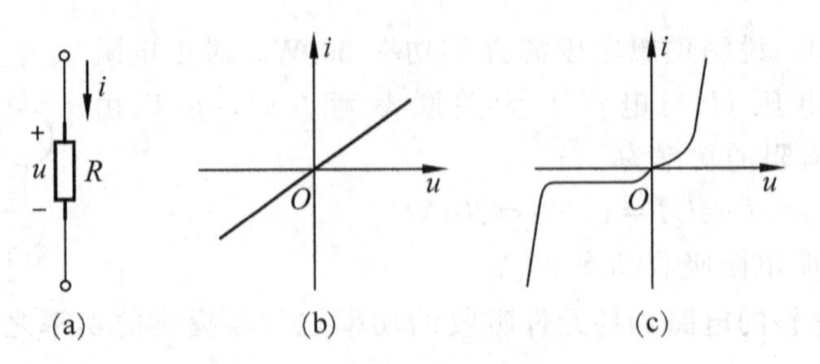


图 1.8　电阻元件

考方向下，欧姆定律表达式为

$$u=Ri$$

直流时

$$U=RI \tag{1-9}$$

电阻的倒数称为电导，用符号 $G$ 表示，即

$$G=\frac{1}{R}$$

在 SI 单位制中，电导的单位是西门子，简称西(S)。欧姆定律在关联参考方向下也可表示为

$$I=GU \tag{1-10}$$

在非关联参考方向下，欧姆定律的表达式为

$$U=-RI \quad 或 \quad I=-GU \tag{1-11}$$

**例 1.2**　如图 1.9 所示为某电路的一部分，已知 $R_1=5\ \Omega$，$R_2=3\ \Omega$，$R_3=2\ \Omega$，$I_1=3$ A，$I_2=-4$ A，$I_3=-1$ A。试求：$U_1$、$U_2$、$U_3$。

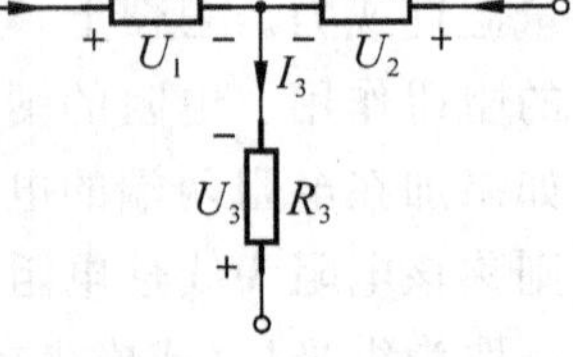


图 1.9　例 1.2 电路

解：$R_1$、$R_2$ 的电压与电流为关联参考方向，故由式(1-9)可得

$$U_1=R_1I_1=5\times3=15(\text{V})$$
$$U_2=R_2I_2=3\times(-4)=-12(\text{V})$$

$R_3$ 的电压与电流为非关联参考方向，故由式(1-11)可得

$$U_3=-R_3I_3=-2\times(-1)=2(\text{V})$$

应注意，在应用欧姆定律时，公式本身有正号或负号，而电压、电流对于各自的参考方向也有正号或负号，两套符号不要混淆。

### 1.3.3　开路和短路

当线性电阻的阻值为无限大时，由于电压为有限值，所以通过的电流为零，电路的这种状态称为开路。

当电阻为零时，由于电流为有限值，则其电压为零，电路的这种状态称为短路。当电路中两点间用理想导线(电阻为零)连接时就形成短路。

对于电力系统，电源两端不允许短路。由于电源短路时电流 $I=U_S/R_S$，电源

内阻 $R_S$ 较小，会使短路电流较大而损坏电气设备。

### 1.3.4 电阻元件的功率

直流电路中，在关联参考方向下，电阻元件的功率为

$$P=UI=RI^2=\frac{U^2}{R} \tag{1-12}$$

或

$$P=UI=\frac{I^2}{G}=GU^2 \tag{1-13}$$

可见，电阻的功率与电流的平方或电压的平方成正比。所以不论电流或电压为正值还是负值，平方后均为正值，即电阻的功率 $P>0$，电阻总是吸收功率的，所以电阻是耗能元件。

直流电路中，电阻元件在 $\Delta t=t-t_0$ 时间内消耗的电能为

$$W=P(t-t_0)=RI^2\Delta t=GU^2\Delta t \tag{1-14}$$

电阻消耗的电能转换为热能，在使用电阻器时必须注意它的电压、电流和功率不能超过其额定值。一般用电设备都存在电阻，使用时会发热，所以使用时应在额定状态下工作。

**例 1.3** 有一个 100 Ω、0.25 W 的碳膜电阻，能否接于 50 V 电源上使用？

解：由式(1-12)，对于额定功率为 0.25 W，阻值为 100 Ω 的电阻，其额定电压为

$$U=\sqrt{PR}=\sqrt{0.25\times 100}=5(\text{V})$$

当把它接于 50 V 电源时，实际电压 50 V 大大超过其额定电压 5 V，电阻将被烧坏。

## 1.4 理想电压源和理想电流源

常用的直流电源有电池、直流发电机、直流稳压电源等，常用的交流电源有交流发电机、交流稳压电源及发出多种波形的信号发生器等。为了得到实际电源的电路模型，本节介绍两种理想电源——理想电压源和理想电流源。

### 1.4.1 理想电压源

1. 理想电压源及其电路符号

把输出电压总保持为某一定值或某一给定时间函数的电源称为理想电压源。这是实际电源的理想化。如当干电池的内阻为零时，无论外接负载如何变化，干电池两端电压总保持为某一常数，即内阻可忽略的干电池为理想电压源。

理想电压源的电路符号如图 1.10(a)所示。图 1.10(b)表示直流电压为 $U_S$ 的理想电压源的电路符号，图 1.10(c)为直流理想电压源的伏安特性曲线，它是一条与电流轴平行的直线，其纵坐标为常数 $U_S$。

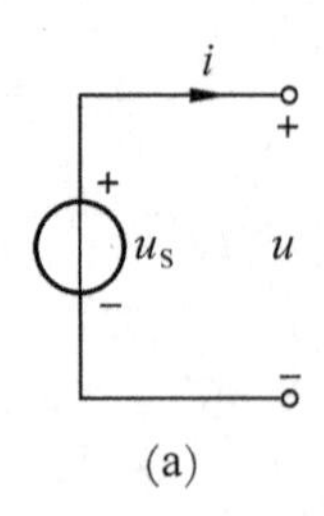

(a)

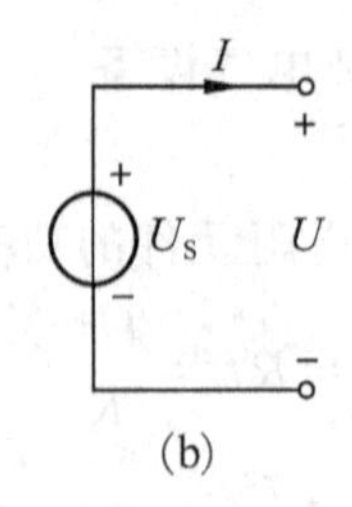

(b)

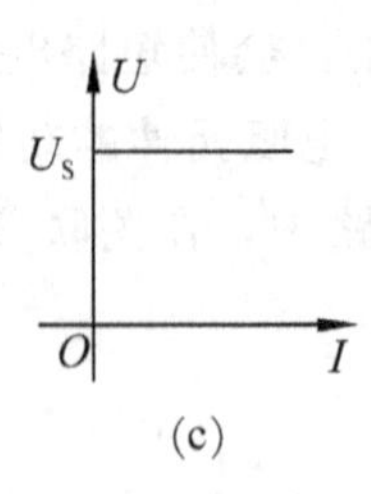

(c)

图 1.10　理想电压源及其伏安特性

2. 理想电压源的两个特性

(1)理想电压源的端电压 $u_S$ 为某一常数或某给定的时间函数，与流过它的电流无关。

(2)流过理想电压源的电流是由其端电压 $u_S$ 和负载共同决定的。

当理想电压源 $U_S$ 接于负载 $R$ 两端时，电阻中的电流为 $I=U/R=U_S/R$，则在 $U_S$ 为某一常数时 $I$ 随 $R$ 而变化。

若理想电压源 $U_S=0$，则伏安特性曲线与电流 $I$ 轴重合，它相当于短路线。理想电压源是一种理想的二端元件，输出电流及功率可以为任意数值，但实际电源是不应超过其额定值的。

### 1.4.2　理想电流源

1. 理想电流源及其电路符号

把输出电流总保持为某一定值或某一给定时间函数的电源称为理想电流源。如光电池输出的电流只与照度有关，与它的两端电压无关，当照度一定，电流基本为常数，可以把它看作理想电流源。

理想电流源的电路符号如图 1.11(a)所示，箭头方向表示电流 $i_S$ 的参考方向。图 1.11(b)为直流理想电流源，其伏安特性曲线如图 1.11(c)所示，它是一条与电压 $U$ 轴平行的直线，电流 $I$ 为常数 $I_S$。

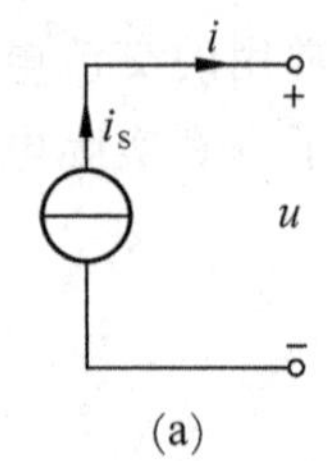

(a)

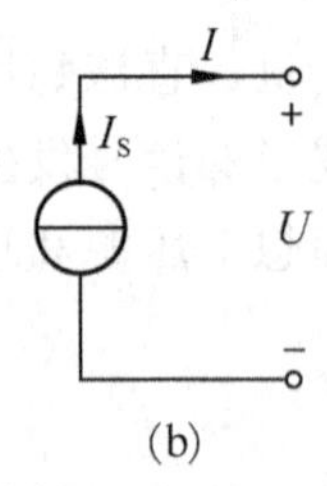

(b)

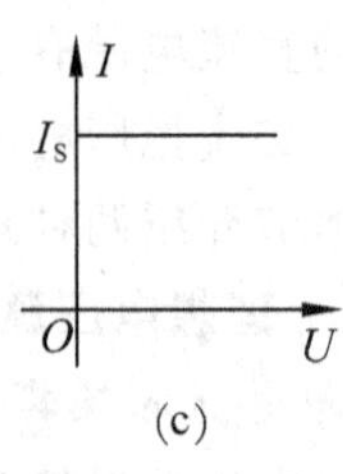

(c)

图 1.11　理想电流源及其伏安特性

2. 理想电流源的两个特性

(1)理想电流源向外电路输出的电流为某一常数或给定时间函数，与它两端电压无关。

(2)理想电流源两端电压是由其电流及负载共同决定的。

当理想电流源 $I_S$ 接于负载 $R$ 两端时，$I=I_S$ 恒定，则其两端电压 $U=IR=I_SR$，由于 $I_S$ 为常数，所以端电压 $U$ 随 $R$ 而变化。

若理想电流源的电流 $I_S=0$，则伏安特性曲线与电压 $U$ 轴重合，它相当于开路。同样，理想电流源是理想的二端元件，其端电压可以取任意数值，但实际电源不应超过其额定值。

## 1.5 受控源

前面介绍的理想电压源或理想电流源都是独立电源，即理想电压源的电压或理想电流源的电流与外电路无关，是独立存在的。本节介绍的电源，其电压源的电压或电流源的电流是受电路中其他支路或其他元件的电压或电流控制的。这类电源统称为受控源，它是非独立电源。

受控源分成两部分：一部分是控制电路，它分为电压控制和电流控制两类；另一部分是受控电路，它分为受控电压源和受控电流源两类。这样可组成四种形式的受控源，如图 1.12 所示。

1. 电压控制电压源(VCVS)

图 1.12(a)中输出电压 $U_2$ 是受输入电压 $U_1$ 控制的，它们的关系为

$$U_2=\mu U_1$$

式中，$\mu$ 称为转移电压比，或电压放大系数。

2. 电压控制电流源(VCCS)

图 1.12(b)中输出电流 $I_2$ 是受输入电压 $U_1$ 控制的，它们的关系为

$$I_2=gU_1$$

式中，$g$ 称为转移电导，单位为西门子(S)。

3. 电流控制电压源(CCVS)

图 1.12(c)中输出电压 $U_2$ 是受输入电流 $I_1$ 控制的，它们的关系为

$$U_2=rI_1$$

式中，$r$ 称为转移电阻，单位为欧姆(Ω)。

4. 电流控制电流源(CCCS)

图 1.12(d)中输出电流 $I_2$ 是受输入电流 $I_1$ 控制的，它们的关系为

$$I_2=\beta I_1$$

式中，$\beta$ 称为转移电流比。

上述四种受控源的系数 $\mu$、$g$、$r$、$\beta$ 为常数时，称为线性受控源。本书只讨论线性受控源。

在分析含受控源电路时首先应注意以下几点：

(1)分清电路中的独立源与受控源。独立电源用圆形符号表示，受控电源用菱

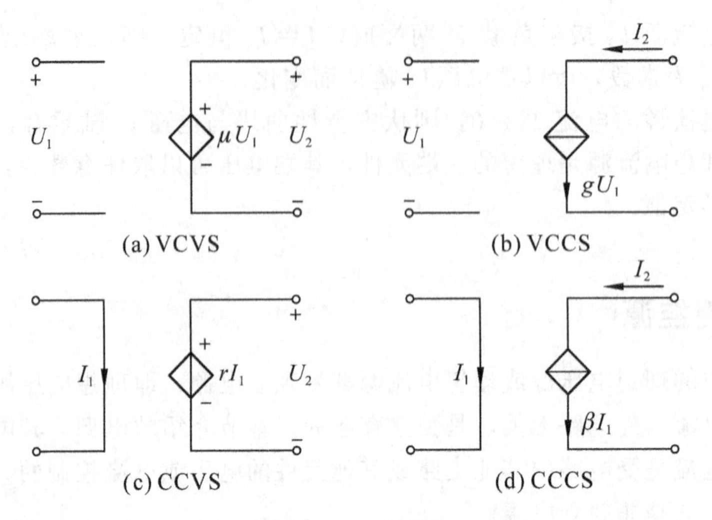


图 1.12　受控源

形符号表示。

(2)从受控源的不同符号上分清受控源是受控电压源还是受控电流源。

(3)注意受控源的控制量在哪里，控制量是电压还是电流。在图 1.12 中，把控制电路和受控电路画在一起，而实际电路中有可能两者分开较远。

含受控源电路的分析计算放在第 2 章中讨论。

## 1.6　基尔霍夫定律

欧姆定律表明了线性电阻两端电压与通过的电流之间的关系，是电路中元件的电压、电流关系。本节要讨论的基尔霍夫定律则是反映电路各部分的电压、电流之间的关系，是从电路的整体上阐明电压、电流必须遵守的规律。这个定律是分析计算电路的基本依据。

### 1.6.1　电路中的几个专用名词

1. 支路

由一个或几个元件组成的无分支的电路称为支路。同一支路中的各元件流过同一个电流。如图 1.13 中，共有三条支路，即 $abcd$、$ad$ 和 $afed$。

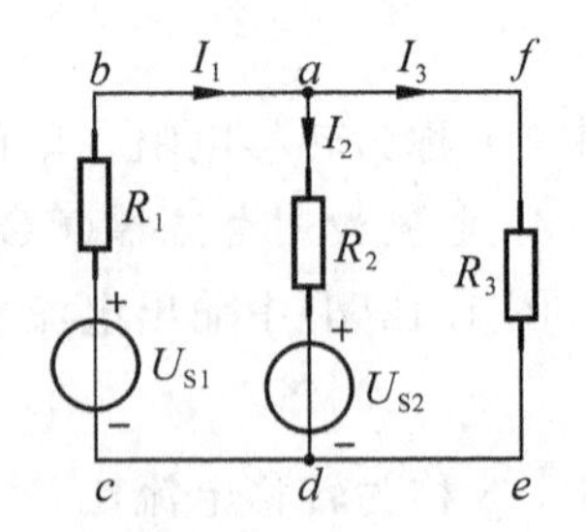


图 1.13　支路、节点、回路和网孔

2. 节点

电路中三条或三条以上支路的连接点称为节点。图 1.13 的电路共有两个节点，即节点 $a$ 和节点 $d$。

3. 回路

电路中任一闭合路径称为回路。图 1.13 的电路中有三个回路，即 $abcda$、$afeda$ 和 $abcdefa$。

4. 网孔

中间没有支路穿过的回路称为网孔。网孔是最简单的回路，就像渔网中的一个网眼。图1.13电路中有两个网孔，即 $abcda$ 和 $afeda$。

### 1.6.2 基尔霍夫电流定律

基尔霍夫电流定律

基尔霍夫电流定律(KCL)的基本内容：在任何时刻，流入任一节点的电流之和等于流出该节点的电流之和。例如，对图1.13节点 $a$ 列KCL方程，为

$$I_1=I_2+I_3$$

上式左边为流入 $a$ 节点的电流，右边为流出 $a$ 节点的电流之和。若将上式改写成

$$-I_1+I_2+I_3=0$$

即

$$\sum I=0 \tag{1-15}$$

因此，基尔霍夫电流定律也可表述为：在任何时刻，流入(或流出)任一节点电流的代数和恒等于零。如果规定电流的参考方向流出节点为“+”，则流入节点为“-”。

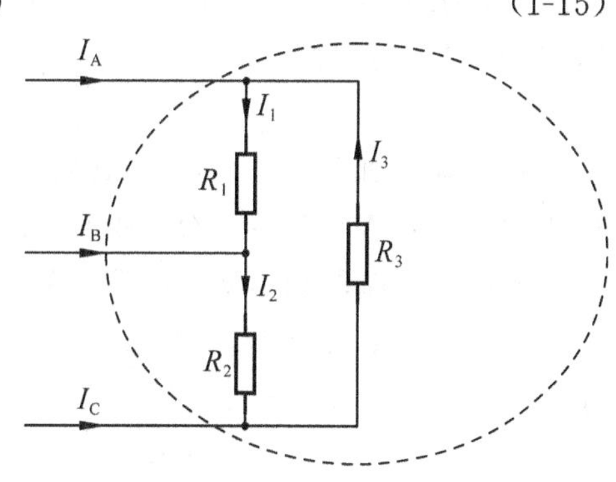

图1.14 KCL的推广

基尔霍夫电流定律的基本原理是基于电流的连续性，即电路中任一节点，在任一时刻不能堆积电荷，所以流入节点的电流必然等于流出该节点的电流。在列写KCL方程时，按电流的参考方向列，不必考虑电流的实际方向。

KCL不仅适用于节点，也可以推广到电路中任一假设的封闭面，即流入任一假设的封闭面的电流之和等于流出该封闭面的电流之和。该假设的封闭面也称为广义节点。例如，图1.14虚线所示为假设的封闭面，封闭面内有电路元件，应用KCL方程可列出

$$I_A+I_B+I_C=0$$

封闭面内的电流 $I_1$、$I_2$、$I_3$ 没有流出封闭面，所以不能列入KCL方程。

### 1.6.3 基尔霍夫电压定律

基尔霍夫电压定律

基尔霍夫电压定律(KVL)的内容叙述：任何时刻，沿任一回路的各支路电压的代数和恒等于零。其数学表达式为

$$\sum U=0 \tag{1-16}$$

基尔霍夫电压定律的基本原理是由于电路中每一点都有确定的电位值，所以一个单位正电荷从电路某一点出发，沿任一回路

绕行一周回到出发点，它的能量不变。

列写 KVL 方程的方法：

(1)标出电路元件端电压参考方向(包括理想电流源 $i_S$ 两端电压的参考方向)，对于电阻元件，标出电流的参考方向，那么，电压的参考方向即为已知。

(2)选择回路绕行方向。可任选顺时针方向绕行或逆时针方向绕行。

(3)根据式(1-16)列写 KVL 方程。当电压参考方向与回路绕行方向一致时，该电压取正号；相反时取负号。当电阻的电流参考方向与回路绕行方向一致时，该电阻的电压取正号；相反时取负号。

例如，对图 1.13 中 *adcba* 回路取顺时针绕行方向列 KVL 方程：

$$I_1R_1+I_2R_2+U_{S2}-U_{S1}=0$$

KVL 不仅适用于闭合回路，也可用于假想回路。如图 1.15 为某电路的一部分，可假想在 $A$、$B$ 端存在一条支路，电压为 $U_{AB}$，对于假想回路 $ABOA$(顺时针绕行方向)列 KVL 方程为

$$U_{AB}+U_{BO}-U_{AO}=0$$

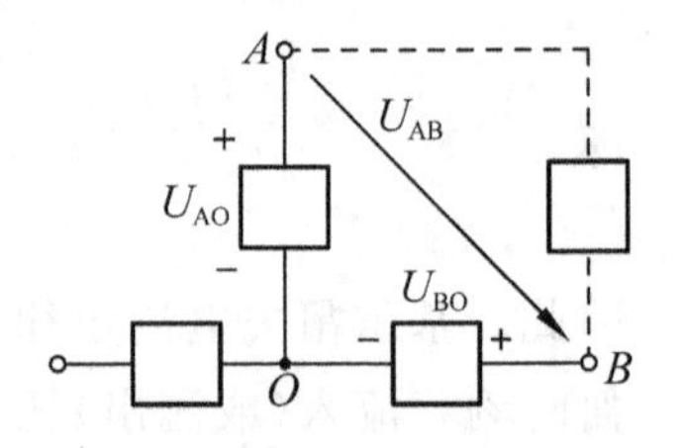


图 1.15 KVL 的推广

**例 1.4** 如图 1.16 所示电路，$U_{S1}=6$ V，$U_{S2}=12$ V，$U_{S3}=4$ V，$R_1=2\ \Omega$，$R_2=5\ \Omega$。求：$I_1$、$I_2$、$I_3$。

解：对回路②列 KVL 方程，为

$$I_2R_2-U_{S2}+U_{S3}=0$$

即

$$5I_2-12+4=0$$

$$I_2=1.6\ \text{A}$$

对回路①列 KVL 方程，为

$$I_1R_1-U_{S1}+U_{S2}-I_2R_2=0$$

即

$$2I_1-6+12-1.6\times5=0$$

$$I_1=1\ \text{A}$$

由 KCL 知

$$I_3=I_1+I_2=2.6\text{A}$$

图 1.16 例 1.4 电路

## 本章小结

1. 电路的基本组成是电源、负载和中间环节。理想元件是对实际元件的主要电磁性能的抽象，用理想元件构成的电路称为电路模型。

2. 参考方向是假想的一个方向。电路理论中的电流或电压都是对应于所选参考方向的代数量。当电流和电压的参考方向一致时，称为关联参考方向。

3. 独立电源分为理想电压源和理想电流源，这是性质完全不同的两种理想电源。理想电压源的特性是：两端电压为定值或给定的时间函数，与流过的电流无关；流过的电流由端电压和负载共同决定。理想电流源的特性是：输出(或输入)的电流为定值或给定的时间函数，与它两端的电压无关；其两端的电压由其电流和负载共同决定。

4. 受控源是电压源的电压或电流源的电流受其他支路或其他元件的电压或电流控制的电源。根据控制变量与受控量之间的不同控制方式，可分为四种形式：电压控制电压源(VCVS)、电流控制电压源(CCVS)、电压控制电流源(VCCS)和电流控制电流源(CCCS)。

5. 任何一个二端电路元件在任一瞬间，其吸收的功率为

$$P=ui \qquad (u、i\ \text{为关联参考方向})$$

或

$$P=-ui \qquad (u、i\ \text{为非关联参考方向})$$

其中，$u$ 为该元件两端的电压，$i$ 为通过该元件的电流。

当计算结果 $P>0$，说明该元件吸收或消耗功率；$P<0$，说明该元件提供或产生功率。

6. 欧姆定律和基尔霍夫定律是分析计算电路的基本定律。

(1)对于线性电阻，其端电压与电流成正比。欧姆定律的数学表达式为

$$u=Ri \qquad (u、i\ \text{为关联参考方向})$$

或

$$u=-Ri \qquad (u、i\ \text{为非关联参考方向})$$

(2)KCL 用于节点及电路的假想封闭面，其数学表达式为

$$\sum i=0$$

(3)KVL 用于回路及电路的假想回路，其数学表达式为

$$\sum u=0$$

## 习题与思考题

1.1 如图 1.17(a)中已知 $U_{ab}=-10$ V，问 $a$、$b$ 中哪一点电位高？在图 1.17(b)中已知 $U_1=-10$ V，$U_2=5$ V，求 $U_{ab}$。

1.2 试求如图 1.18 所示各电路中电阻的端电压 $U_{ab}$。

1.3 计算如图 1.19 所示各电路中的电流 $I$。

1.4 如图 1.20 所示各电路，求 $U_{ab}$。

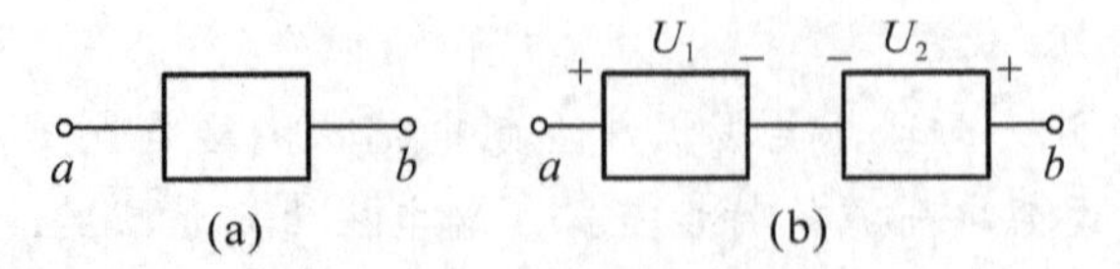


图 1.17　习题 1.1 电路

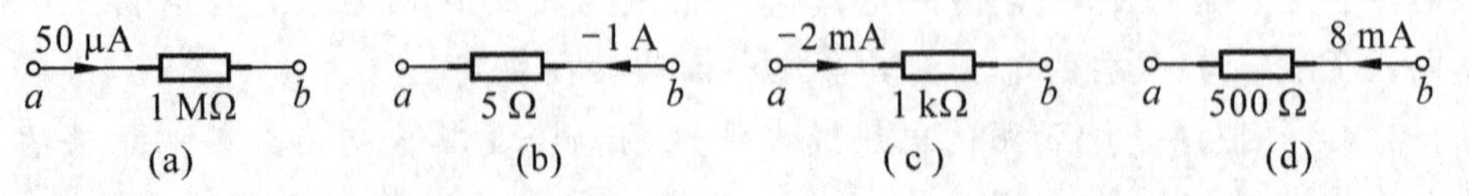


图 1.18　习题 1.2 电路

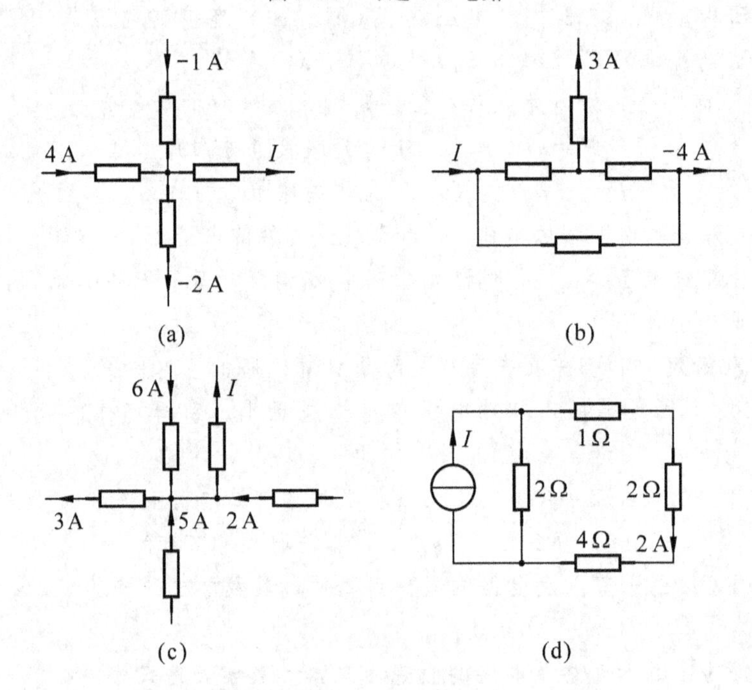


图 1.19　习题 1.3 电路

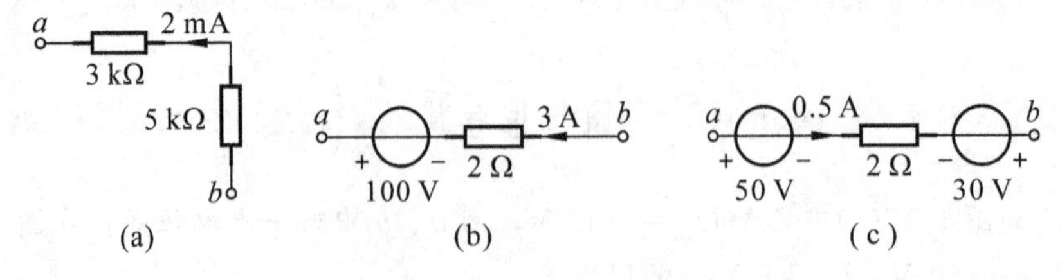


图 1.20　习题 1.4 电路

1.5　如图 1.21 所示电路，试求(1)电流 $I_1$ 和 $I_2$；(2)各元件的功率，并判断该元件是吸收功率还是发出功率。

1.6　如图 1.22 所示电路，求电压 $U$ 和电流 $I$。

1.7　计算如图 1.23 所示电路中电流 $I_1$、$I_2$、$I_3$ 及两电源和电阻的功率。

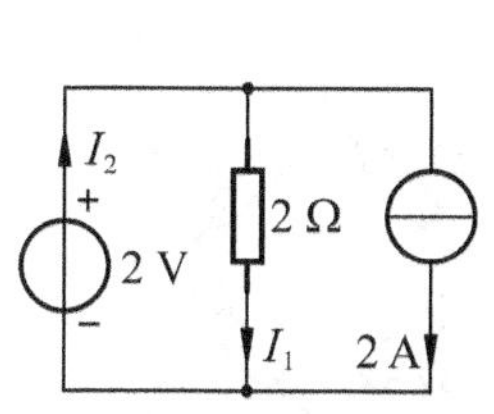

图 1.21 习题 1.5 电路

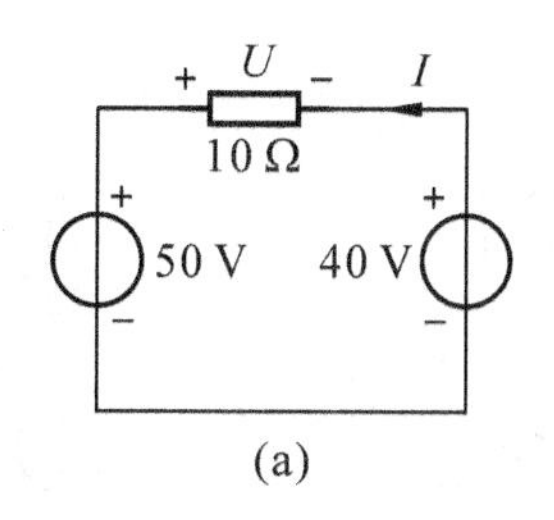


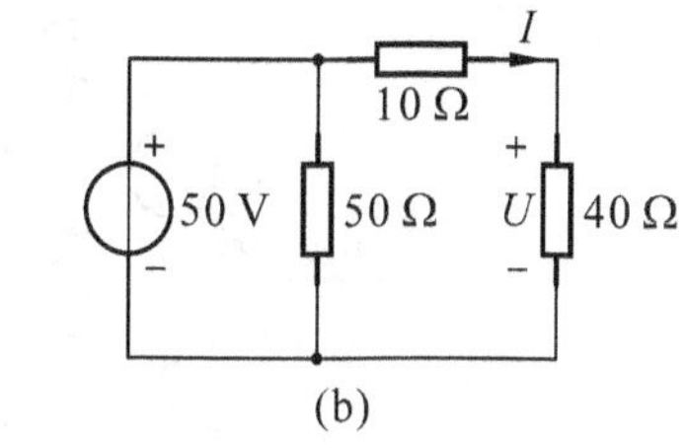


图 1.22 习题 1.6 电路

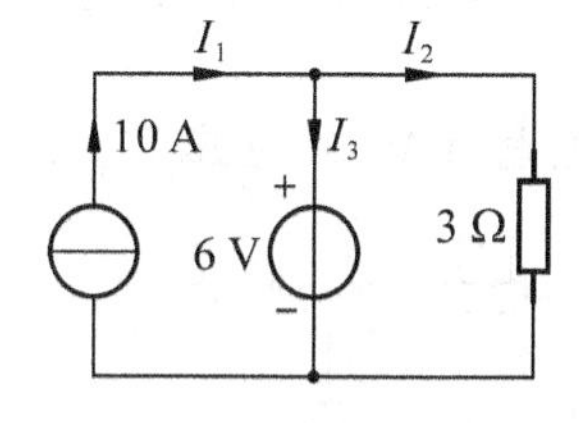


图 1.23 习题 1.7 电路

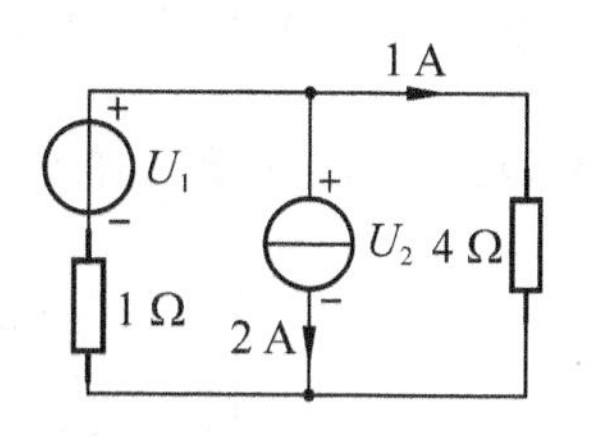


图 1.24 习题 1.8 电路

1.8 如图 1.24 所示电路，求电压 $U_1$、$U_2$。

1.9 如图 1.25 所示电路，求电压 $U_{ab}$。

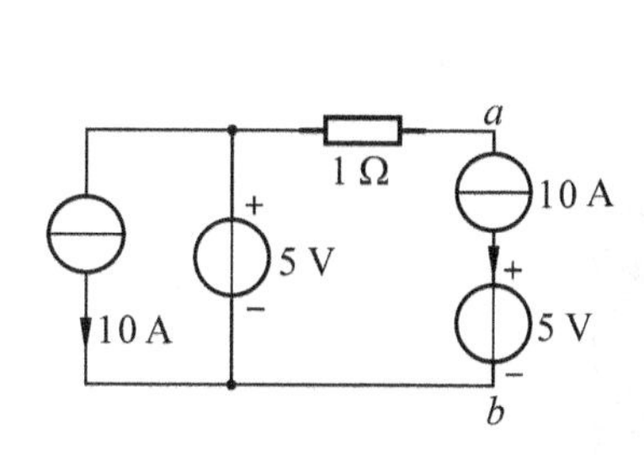


图 1.25 习题 1.9 电路

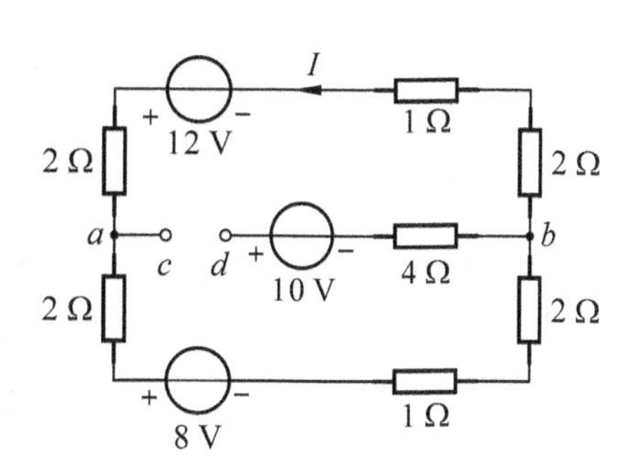


图 1.26 习题 1.10 电路

1.10 如图 1.26 所示电路，求(1)电流 $I$；(2)电压 $U_{ab}$、$U_{cd}$。

1.11 求如图 1.27 所示电路中电压 $U$。

1.12 试求如图 1.28 所示电路中电压 $U_{ab}$。

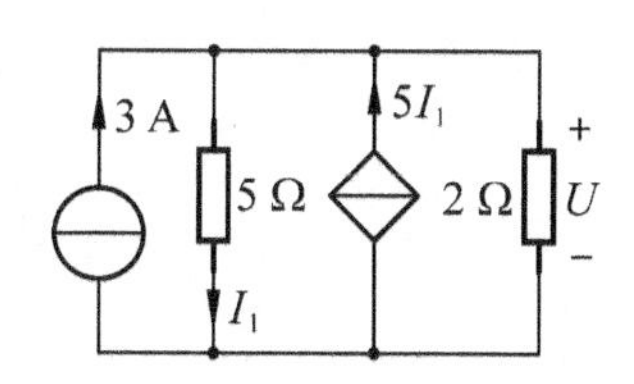


图 1.27 习题 1.11 电路

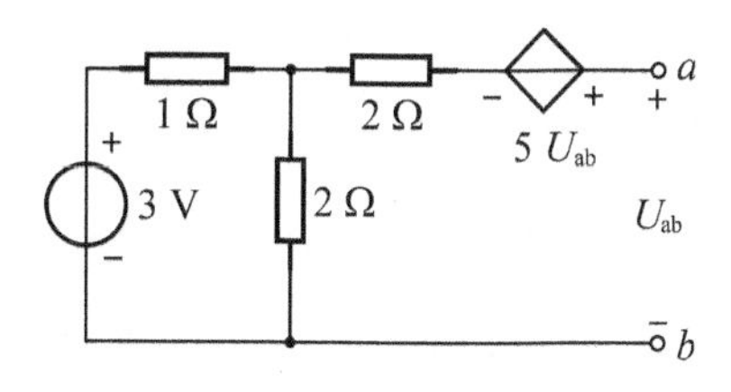


图 1.28 习题 1.12 电路

1.13 计算如图 1.29 所示电路的 $I$、$U_S$ 和 $R$。

1.14 计算如图 1.30 所示电路 $a$、$b$ 间电压 $U_{ab}$。

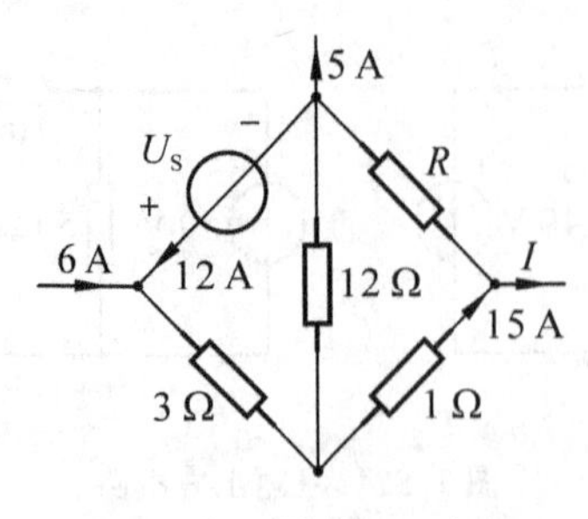


图 1.29 习题 1.13 电路

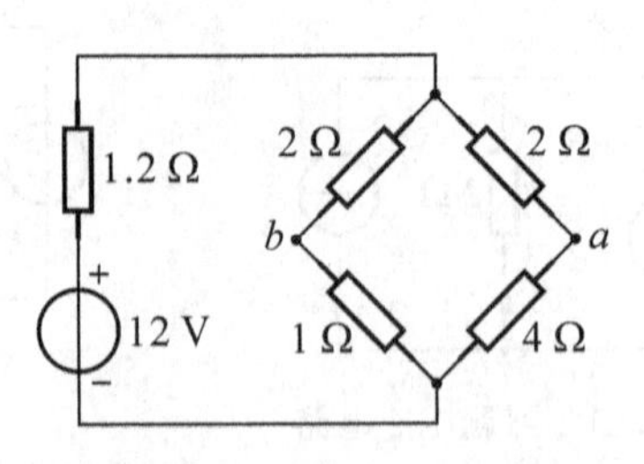


图 1.30 习题 1.14 电路

1.15 求如图 1.31 所示电路中电流 $I$、$a$ 点电位 $V_a$ 及电压 $U_S$。

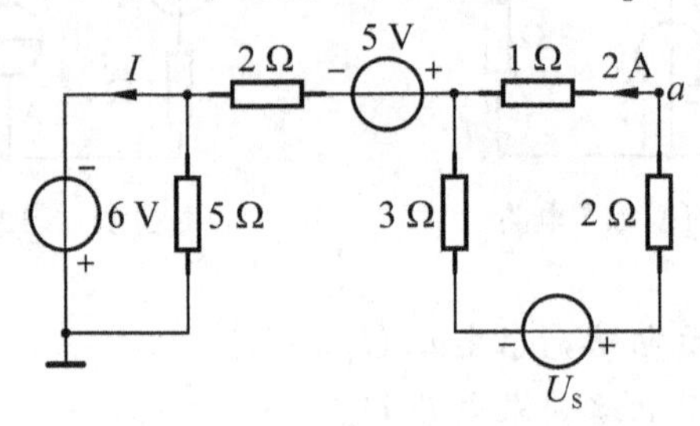


图 1.31 习题 1.15 电路

思政元素进课堂-中国科学家介绍-陈敬熊

# 第 2 章　线性电阻电路

主要内容

1. 线性电阻电路等效变换的概念及等效变换方法，包括电阻的串联、并联、电阻的星形与三角形等效变换，实际电源的等效变换。

2. 线性电阻电路的常用分析计算方法：支路电流法、网孔电流法和节点电压法。

3. 含有受控源电路的分析方法。

## 2.1　电路的等效变换

### 2.1.1　等效二端网络的定义

1. 二端网络

在电路分析中，可以把若干元件组成的电路当作一个整体，当该整体只有两个端钮可与外部电路连接，且进出这两个端钮的电流是同一个电流时，则这若干元件组成的整体称为二端网络或一端口网络。如图 2.1(a)中，$R_1$、$R_2$、$R_3$ 组成的电路可视为二端网络，$U$ 与 $R$ 为该二端网络的外部电路。二端网络可用方框 N 来表示，如图 2.1(b)所示。如果二端网络仅由电阻元件组成，内部没有独立电源，则称该二端网络为无源二端网络；如果网络内部有独立电源，则称该二端网络为有源二端网络。单个二端元件是二端网络最简单的形式。

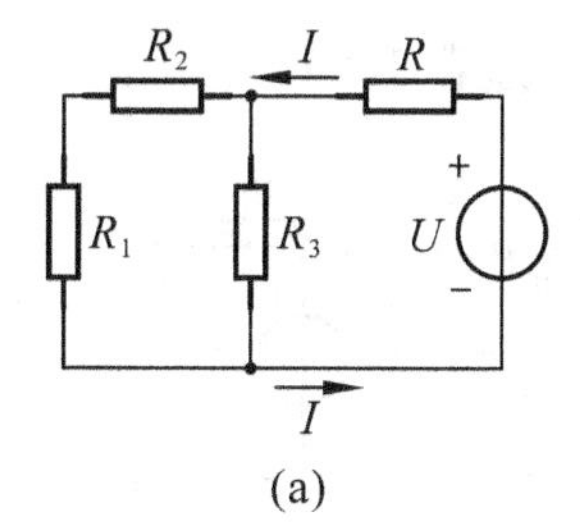


(a)

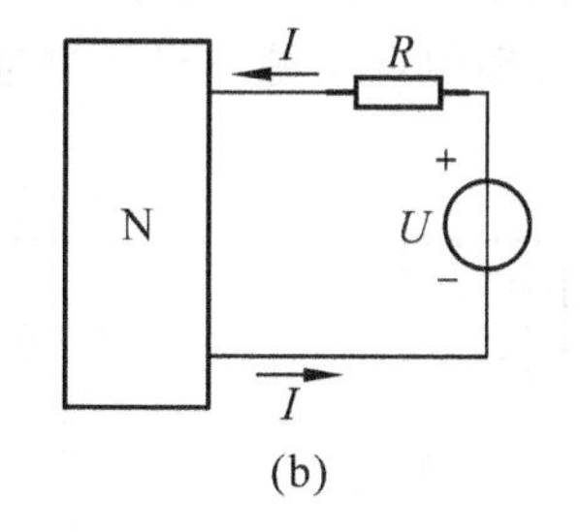


(b)

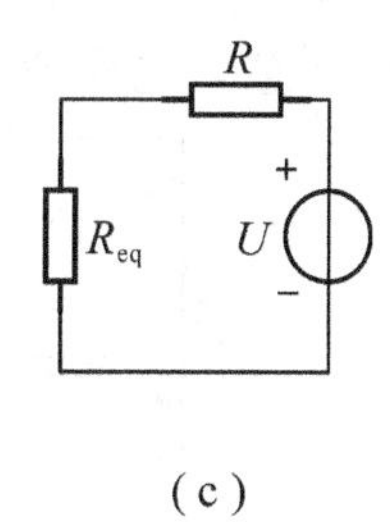


(c)

图 2.1　二端网络

2. 二端网络等效的定义

如果一个二端网络 $N_1$ 的端口处电压、电流关系(伏安关系)与另一个二端网络 $N_2$ 的端口处电压、电流关系完全相同，从而对连接在端口处相同的外部电路的作

用效果相同，则二端网络 $N_1$ 与 $N_2$ 等效。

这里需要注意的是：①"等效"是对二端网络以外的电路而言，而 $N_1$ 与 $N_2$ 内部可以具有完全不同的结构。②等效是对任意外电路等效，而不是对某一特定的外电路等效。如图 2.2(a)(b)两个端口处的电压、电流相同即 $U=3$ V、$I=0$，这仅是外电路开路时的特定情况，当端口接上同一电阻元件时，它们端口处的电压、电流就不同，所以图 2.2(a)(b)这两个二端网络是不等效的。

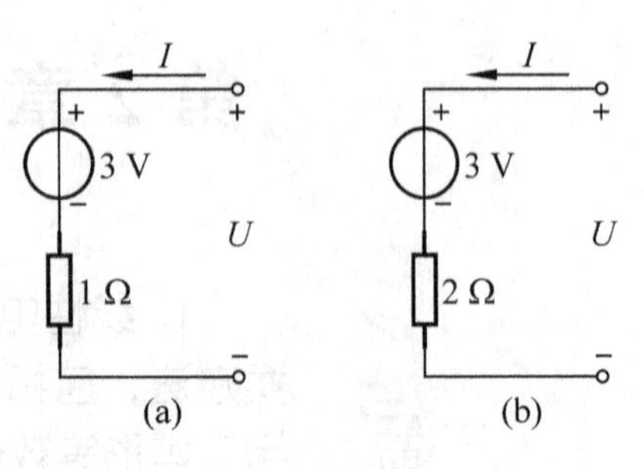


图 2.2　两个不等效的二端网络

当二端网络 $N_1$ 与 $N_2$ 等效时，它们对外电路具有完全相同的伏安特性或外特性，可以相互替代，这种替代称为等效变换。如图 2.1(a)中 $R_1$、$R_2$、$R_3$ 组成的二端网络可用一个电阻 $R_{eq}$ 组成的二端网络替代，如图 2.1(c)所示，这里

$$R_{eq}=\frac{(R_1+R_2)R_3}{R_1+R_2+R_3}$$

### 2.1.2　含独立源的二端网络的等效

根据理想电压源、理想电流源的伏安特性，可以得到以下几种含独立源的二端网络的等效电路。

(1)几个理想电压源相串联的二端网络，可以等效为一个理想电压源。如图 2.3(a)所示，$U_S=U_{S1}+U_{S2}-U_{S3}$。$U_{S1}$、$U_{S2}$ 与 $U_S$ 的参考方向相同，取正号；$U_{S3}$ 与 $U_S$ 的参考方向相反，取负号。

(2)理想电压源与电阻或理想电流源并联的二端网络，可以等效为一个理想电压源。如图 2.3(b)所示，根据理想电压源特性，二端网络两端电压 $U$ 总是等于理想电压源电压 $U_S$，当理想电压源 $U_S$ 与电阻 $R$ 并联后二端网络两端电压 $U$ 仍等于理想电压源电压 $U_S$，对外电路来讲可等效为理想电压源 $U_S$。

应注意：电压值不同的理想电压源不允许并联，因为违背 KVL。

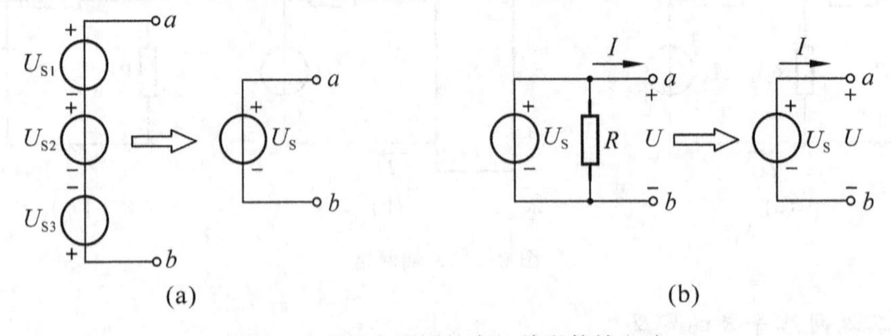


图 2.3　理想电压源的串、并联等效电路

(3)几个理想电流源并联的二端网络，可以等效为一个理想电流源。如

图 2.4(a)所示，$I_S=I_{S1}+I_{S2}-I_{S3}$。$I_{S1}$、$I_{S2}$ 与 $I_S$ 的参考方向相同，取正号；$I_{S3}$ 与 $I_S$ 的参考方向相反，取负号。

(4)理想电流源与电阻或理想电压源串联的二端网络，可以等效为一个理想电流源。如图 2.4(b)所示，根据理想电流源特性，端口电流 $I$ 总是等于理想电流源电流 $I_S$，不随端口电压改变，即端口电流不会因串联电阻或理想电压源而改变。

应注意：电流值不同的理想电流源不允许串联，因为违背 KCL。

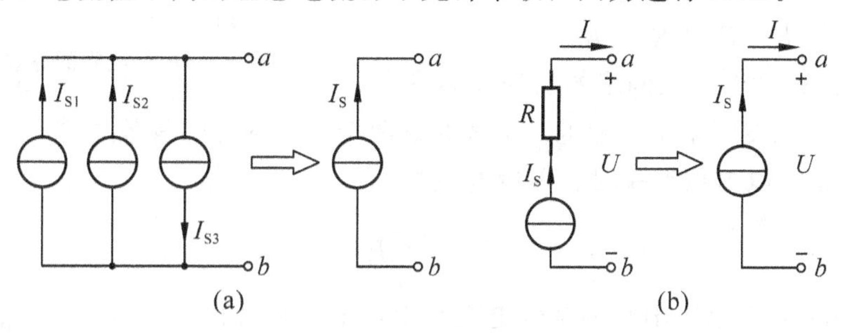


图 2.4 理想电流源的串、并联等效电路

**例 2.1** 如图 2.5(a)所示，已知：$I_S=5$ A，$U_S=2$ V，$R_1=1\ \Omega$，$R_2=2\ \Omega$，求电流 $I$。

解：把待求电流 $I$ 所在支路视为外电路，$I_S$、$U_S$、$R_1$ 并联电路看作二端网络，则该二端网络等效为理想电压源 $U_S$，如图 2.5(b)所示。则

$$I=\frac{U_S}{R_2}=\frac{2}{2}=1(\text{A})$$

由电路等效的定义可知图 2.5(a)中电流 $I=1$ A。

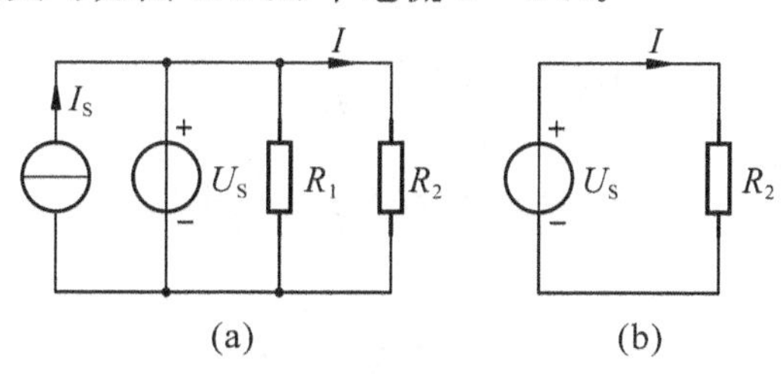


图 2.5 例 2.1 电路

## 2.2 电阻的串联、并联和电阻的星形与三角形连接的等效变换

### 2.2.1 电阻的串联

几个电阻顺次连接，中间没有节点，不产生分支电路，这种连接方式称为电阻的串联。如图 2.6(a)为三个电阻串联组成的电路。在串联电路中，通过各电阻的电流相等；串联电路的端电压是各串联电阻电压之和。

1. 等效电阻

由 KVL 和欧姆定律，图 2.6(a)二端网络的伏安关系为

$$U=R_1I+R_2I+R_3I=(R_1+R_2+R_3)I$$

图 2.6(b)的伏安关系为

$$U=RI$$

如果 $$R=R_1+R_2+R_3$$

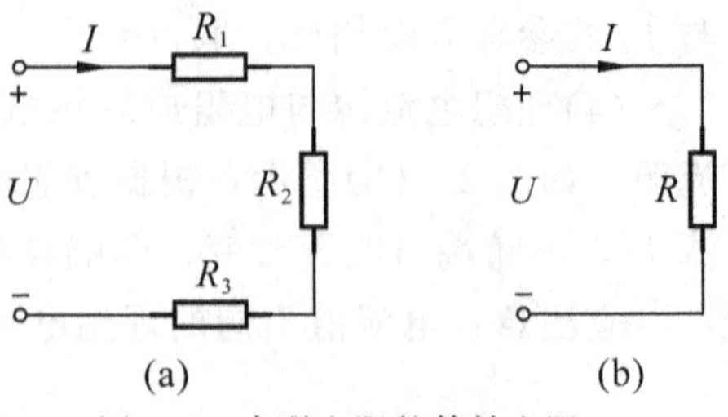

图 2.6　串联电阻的等效电阻

则图 2.6(a)(b)两个二端网络的伏安关系完全相同，这两个二端网络是等效的。上式为这两个二端网络的等效条件。

显然，$n$ 个电阻相串联时，等效电阻为

$$R=\sum_{i=1}^{n}R_i \tag{2-1}$$

式(2-1)说明：$n$ 个电阻串联的等效电阻等于 $n$ 个电阻之和。

电阻串并联及等效变换

2. 串联电阻分压公式

对于图 2.6(a)电路，设 $R_1$、$R_2$、$R_3$ 三个电阻的端电压分别为 $U_1$、$U_2$、$U_3$，且与电流 $I$ 为关联参考方向，则

$$U_1:U_2:U_3=R_1I:R_2I:R_3I=R_1:R_2:R_3$$

上式说明串联电阻电路中，每个电阻的电压与其电阻值成正比，而每个电阻的电压可由下式计算

$$U_1=R_1I=R_1\frac{U}{R}=\frac{R_1}{R}U$$

$$U_2=R_2I=R_2\frac{U}{R}=\frac{R_2}{R}U$$

$$U_3=R_3I=R_3\frac{U}{R}=\frac{R_3}{R}U$$

写成一般形式为

$$U_i=\frac{R_i}{R}U \tag{2-2}$$

式(2-2)称为电阻串联电路的分压公式，其中 $U$ 为串联电路端电压，$R$ 为串联电路的等效电阻，$U_i$ 为电阻 $R_i$ 的端电压。$R_i$ 与 $R$ 的比值称为分压比。

**例 2.2**　有一只量程为 1 V 的电压表如图 2.7 所示，其内阻 $R_g=10\ \text{k}\Omega$，欲将其测量电压扩大到 25 V，求所需串联的电阻 $R$。

图 2.7　例 2.2 电路

解：电压表量程是指它可测量的最大电压。当该电压表指针满偏时，其两端电压为 1 V。当测量 25 V 电压时，电压表内

阻 $R_g$ 只能承受 $U_1=1$ V，其余 24 V 电压降落在分压电阻 $R$ 上。由式(2-2)可得

$$U_1=\frac{R_g}{R_g+R}\times U$$

代入数据，即
$$1=\frac{10}{10+R}\times 25$$

解得
$$R=240\ \text{k}\Omega$$

### 2.2.2 电阻的并联

如果几个电阻接于相同的两节点之间，这种连接方式称为并联。如图 2.8(a)为两个电阻的并联电路。在并联电路中，各并联电阻的电压相等，总电流为各并联电阻电流之和。

1. 等效电阻

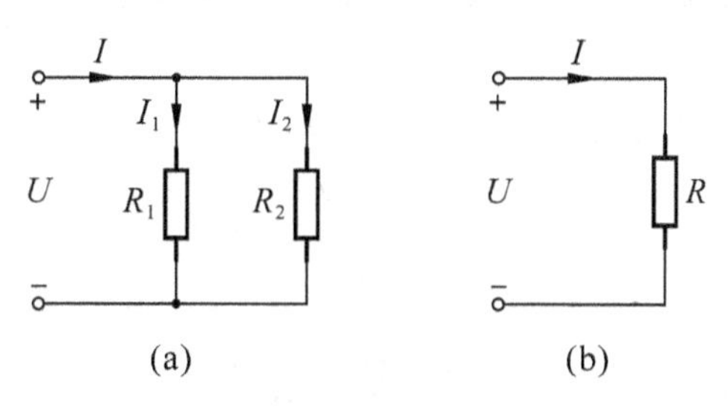


图 2.8　并联电阻的等效电阻

对图 2.8(a)电路运用 KCL 和欧姆定律可得

$$I=I_1+I_2=\frac{U}{R_1}+\frac{U}{R_2}=\left(\frac{1}{R_1}+\frac{1}{R_2}\right)U$$

对图 2.8(b)电路有

$$I=\frac{U}{R}$$

如果$\frac{1}{R}=\frac{1}{R_1}+\frac{1}{R_2}$，则图 2.8(a)(b)两个二端网络的伏安关系完全相同，这两个二端网络是等效的。图 2.8(b)中的 $R$ 是图 2.8(a)的等效电阻。

$n$ 个电阻相并联时，等效电阻为

$$\frac{1}{R}=\sum_{i=1}^{n}\frac{1}{R_i} \tag{2-3}$$

用电导表示为

$$G=\sum_{i=1}^{n}G_i \tag{2-4}$$

可见，$n$ 个电阻并联时，其等效电导 $G$ 等于各电导之和。

对于图 2.8(a)两个电阻并联的电路，由于

$$\frac{1}{R}=\frac{1}{R_1}+\frac{1}{R_2}=\frac{R_1+R_2}{R_1R_2}$$

故等效电阻
$$R=\frac{R_1R_2}{R_1+R_2} \tag{2-5}$$
式(2-5)为两个电阻并联的等效电阻计算公式。

2. 并联电阻分流公式

图 2.8(a)中两个并联电阻的电流分别为
$$I_1=\frac{U}{R_1}=\frac{R}{R_1}I，I_2=\frac{U}{R_2}=\frac{R}{R_2}I$$
因此有分流公式的一般形式为
$$I_i=\frac{U}{R_i}=\frac{R}{R_i}I \tag{2-6}$$
式中，$I$ 为并联电路的总电流，$R$ 为并联电路的等效电阻，$I_i$ 为电阻 $R_i$ 支路中的电流。

对于两个并联电阻的分流公式可进一步写为
$$\begin{cases} I_1=\dfrac{R_2}{R_1+R_2}I \\ I_2=\dfrac{R_1}{R_1+R_2}I \end{cases} \tag{2-7}$$

**例 2.3** 某微安表头满刻度偏转电流 $I_g=50\ \mu A$，内阻 $R_g=1\ k\Omega$，若要改装成能测量 $I=10\ mA$ 的直流电流表，如图 2.9 所示，试求并联电阻 $R$ 的阻值。

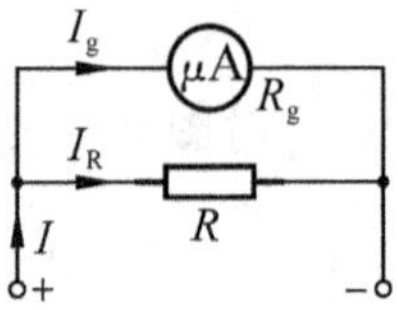

图 2.9 例 2.3 电路

解：按题意，改装后的微安表，当表头指针满刻度偏转时，总电流为 $I=10\ mA$，由于表头所在支路只允许通过电流 $50\ \mu A$，所以其余电流 $9950\ \mu A$ 要分流到电阻 $R$ 中。运用分流公式(2-7)可得
$$I_g=\frac{R}{R+R_g}I$$
即
$$50\times10^{-6}=\frac{R}{R+1\ 000}\times(10\times10^{-3})$$
解得
$$R\approx5.03\ \Omega$$

### 2.2.3 电阻的混联

既有电阻串联，又有电阻并联的电路称为电阻的混联电路。混联电路的串联部分具有串联电路特点；并联部分具有并联电路特点。对于混联的二端电阻网络，就其端口特性而言，可以等效为一个电阻。简化的方法是把其串、并联部分分别按串、并联电路特点求等效电阻，有些混联电路需要进行多次简化，直至简化为一个等效电阻。

**例 2.4** 如图 2.10(a)所示电路，已知 $R_1=6\ \Omega$，$R_2=8\ \Omega$，$R_3=12\ \Omega$，$R_4=5\ \Omega$，$U=100$ V，试求电流 $I_1$、$I_2$ 和 $I_3$。

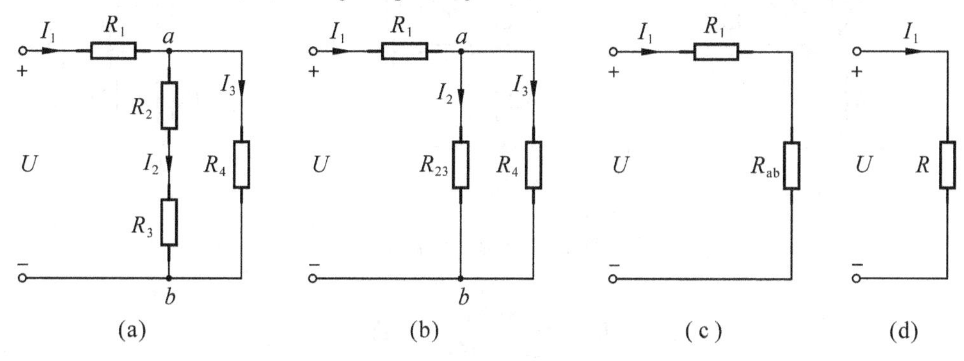


图 2.10 例 2.4 电路

解：电路的简化顺序如图 2.10(b)(c)和(d)所示。

(1)计算各等效电阻。

由图 2.10(a)可得 $$R_{23}=R_2+R_3=8+12=20(\Omega)$$

由图 2.10(b)可得 $$R_{ab}=\frac{R_{23}\times R_4}{R_{23}+R_4}=\frac{20\times 5}{20+5}=4(\Omega)$$

由图 2.10(c)可得 $$R=R_1+R_{ab}=6+4=10(\Omega)$$

所以图 2.10(a)二端电阻网络的等效电阻 $R=10\ \Omega$

(2)计算各电流。

对图 2.10(d)，由欧姆定律 $I_1=\dfrac{U}{R}=\dfrac{100}{10}=10(\text{A})$

根据并联分流公式可得

$$I_2=\frac{R_4}{R_{23}+R_4}I_1=\frac{5}{20+5}\times 10=2(\text{A})$$

所以 $$I_3=I_1-I_2=10-2=8(\text{A})$$

求解复杂混联电路简化为简单电路的关键是正确判断电阻的串、并联关系。当电路中电阻的串、并联关系不易看出时，可在不改变元件连接方式的条件下，将电路画成易判断串、并联的形式。方法为：先在原图上标出各节点代号，一根导线连接的点为同一节点，标以同一代号，然后将各元件连接在相应节点间。

**例 2.5** 电路如图 2.11(a)所示，$R_1=0.5\ \Omega$，$R_2=4\ \Omega$，$R_3=4\ \Omega$，$R_4=7\ \Omega$，$R_5=10\ \Omega$，$R_6=10\ \Omega$，试求等效电阻 $R_{ab}$。

解：将图 2.11(a)电路各节点标上代号，如图 2.11(b)所示，将各元件画到相应代号的节点上，如图 2.11(c)所示，$R_2$ 和 $R_3$ 并联，$R_5$ 和 $R_6$ 并联，

所以 $$R_{23}=\frac{R_2R_3}{R_2+R_3}=2\ \Omega$$

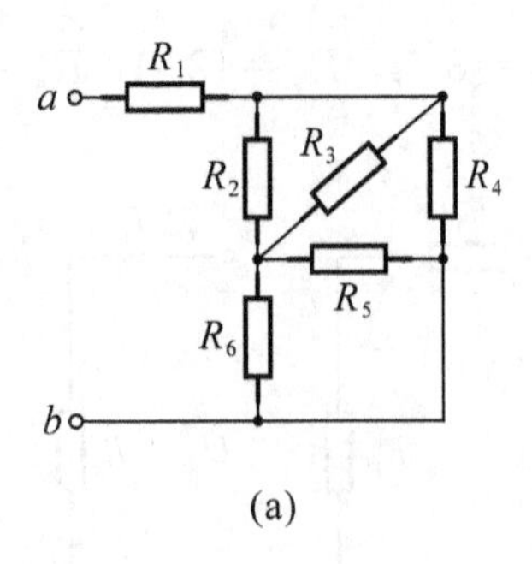

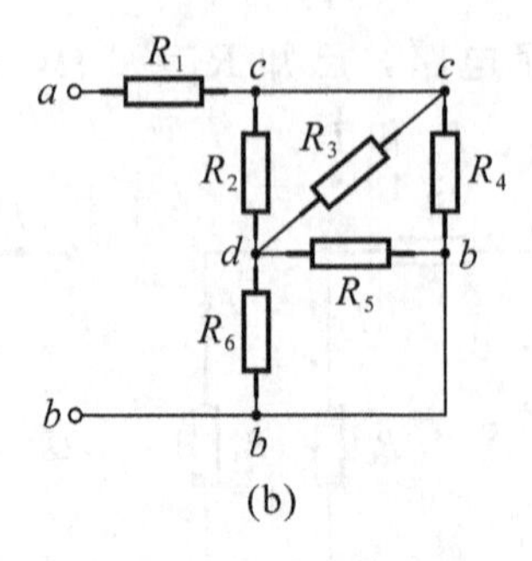

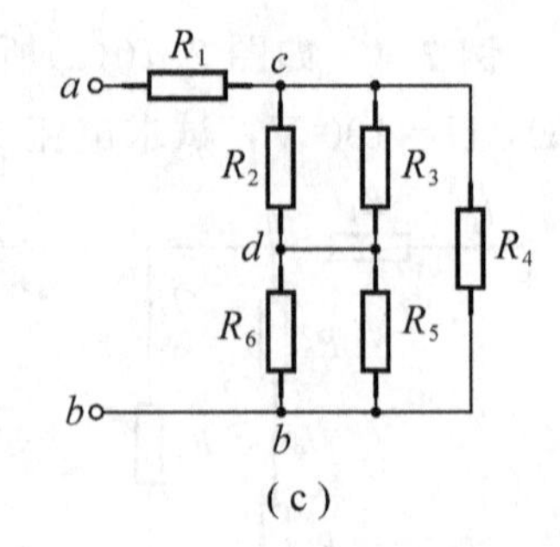

(a) (b) (c)

图 2.11 例 2.5 电路

$$R_{56}=\frac{R_5R_6}{R_5+R_6}=5\ \Omega$$

$R_{23}$ 与 $R_{56}$ 串联，再与 $R_4$ 并联

所以
$$R_{cb}=\frac{(R_{23}+R_{56})R_4}{R_{23}+R_{56}+R_4}=\frac{(2+5)\times 7}{2+5+7}=3.5(\Omega)$$

$$R_{ab}=R_1+R_{cb}=0.5+3.5=4(\Omega)$$

### 2.2.4 电阻的星形连接与三角形连接的等效变换

在分析计算电路时，有些电路可将部分电阻元件运用串、并联关系化简，但有些电路不能直接运用串、并联关系化简。如图 2.12 所示电路为不平衡电桥电路，它的五个电阻既不是串联，也不是并联，不能运用串、并联关系直接化简。

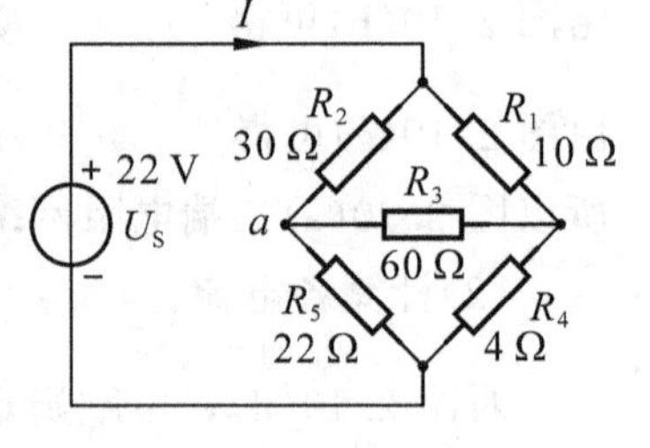


图 2.12 不平衡电桥电路

1. 电阻的星形连接与三角形连接

电阻的星形(Y 形)连接如图 2.13(a)所示，三个电阻 $R_1$、$R_2$、$R_3$ 的一端连接在一个公共节点上，而它们的另一端分别接到三个不同的端钮上。电阻的三角形(△形)连接如图 2.13(b)所示，三个电阻 $R_{12}$、$R_{23}$、$R_{31}$ 分别接到两个端钮之间，三个电阻构成一个回路。

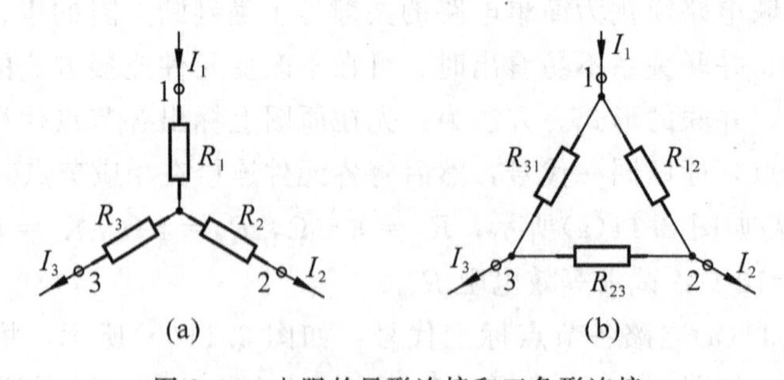


图 2.13 电阻的星形连接和三角形连接

2. 电阻的星形连接与三角形连接的等效变换

当满足一定条件时，电阻的星形连接与三角形连接可以相互等效变换。所谓条件就是对应端口的外特性一样。

一种简单的推导等效变换的方法是：在一个对应端钮悬空的同等条件下，分别计算或测量图2.13(a)(b)两电路其余两端钮间的电阻，要求测得的电阻相等。

悬空端钮3时，可得

$$R_1+R_2=\frac{R_{12}(R_{23}+R_{31})}{R_{12}+R_{23}+R_{31}}$$

悬空端钮2时，可得

$$R_3+R_1=\frac{R_{31}(R_{12}+R_{23})}{R_{12}+R_{23}+R_{31}}$$

悬空端钮1时，可得

$$R_2+R_3=\frac{R_{23}(R_{12}+R_{31})}{R_{12}+R_{23}+R_{31}}$$

联立以上三式，可求得

$$\begin{cases}R_1=\dfrac{R_{12}R_{31}}{R_{12}+R_{23}+R_{31}}\\[2ex]R_2=\dfrac{R_{12}R_{23}}{R_{12}+R_{23}+R_{31}}\\[2ex]R_3=\dfrac{R_{23}R_{31}}{R_{12}+R_{23}+R_{31}}\end{cases}\tag{2-8}$$

式(2-8)是已知三角形连接的三个电阻求等效星形连接的三个电阻的公式，其规律是Y形中连接于端钮$K$的电阻$R_K=\dfrac{\triangle\text{形中连接于端钮}K\text{的两电阻之积}}{\triangle\text{形中三个电阻之和}}$

从式(2-8)可解得

$$\begin{cases}R_{12}=\dfrac{R_1R_2+R_2R_3+R_3R_1}{R_3}\\[2ex]R_{23}=\dfrac{R_1R_2+R_2R_3+R_3R_1}{R_1}\\[2ex]R_{31}=\dfrac{R_1R_2+R_2R_3+R_3R_1}{R_2}\end{cases}\tag{2-9}$$

式(2-9)是已知星形连接的三个电阻求等效三角形连接的三个电阻的公式，其规律是

$$\triangle\text{形中连接于}J\text{、}K\text{端钮间的电阻}R_{JK}=\frac{\text{Y形连接中每两个电阻乘积之和}}{\text{Y形中接于}J\text{、}K\text{端钮之外的另一端钮电阻}}$$

必须注意，在Y-△等效变换时，Y形连接的三个端钮与△形连接的三个端钮

变换前后必须一一对应。

特殊情况，若△形连接的三个电阻相等，即

$$R_{12}=R_{23}=R_{31}=R_{\triangle}$$

等效变换后，Y形连接的三个电阻必然相等，为

$$R_{Y}=\frac{1}{3}R_{\triangle} \tag{2-10}$$

反过来，若Y形连接的三个电阻相等，即

$$R_1=R_2=R_3=R_Y$$

等效变换后，△形连接的三个电阻也必然相等，且满足

$$R_{\triangle}=3R_{Y} \tag{2-11}$$

**例 2.6** 如图2.14(a)所示电路，$R_1=30\ \Omega$，$R_2=20\ \Omega$，$R_3=50\ \Omega$，$R_4=3\ \Omega$，$R_5=8\ \Omega$，$U_S=15\ \text{V}$，试求电流$I$。

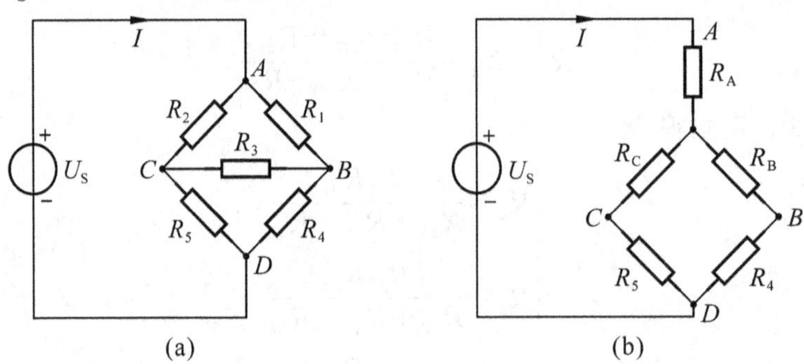


图2.14 例2.6电路

解：可运用星形与三角形等效变换。该电路有几种Y-△等效变换方式可采用，如可以把$R_1$、$R_2$和$R_3$组成的△形连接变换为等效Y形连接，也可以把$R_2$、$R_3$和$R_5$组成的Y形连接变换为等效△形连接。把原电路等效变换为简单电路后求解电流$I$。如采用第一种变换方式，把图2.14(a)等效变换成图2.14(b)，此时应注意，图2.14(a)中的$A$、$B$、$C$三个端钮与图2.14(b)中的$A$、$B$、$C$三个端钮必须一一对应。由式(2-8)可得等效Y形连接的三个电阻为

$$R_A=\frac{R_1R_2}{R_1+R_2+R_3}=\frac{20\times30}{20+30+50}=6(\Omega)$$

$$R_B=\frac{R_1R_3}{R_1+R_2+R_3}=\frac{30\times50}{20+30+50}=15(\Omega)$$

$$R_C=\frac{R_2R_3}{R_1+R_2+R_3}=\frac{20\times50}{20+30+50}=10(\Omega)$$

由图2.14(b)已知等效变换为简单的电阻串并联电路，可计算

$$R_{AD}=R_A+\frac{(R_B+R_4)(R_C+R_5)}{R_B+R_4+R_C+R_5}=6+\frac{(15+3)(10+8)}{15+3+10+8}=15(\Omega)$$

故有
$$I=\frac{U_S}{R_{AD}}=\frac{15}{15}=1(\text{A})$$

## 2.3　电压源、电流源模型及其等效变换

第 1 章已介绍了两种理想电源：理想电压源和理想电流源，而实际电源是存在电阻的。本节对实际电源的两种模型进行讨论。

两种电源模型的等效变换

### 2.3.1　实际电源的电压源模型

当实际电源接上负载电阻后，其两端电压将低于定值电压 $U_S$，如图 2.15(a)所示为实际电源与外电路相接时实际电源输出的电压 $U$ 和电流 $I$，我们可以用一个理想电压源 $U_S$ 与内阻 $R_S$ 相串联的模型来表征实际电源，如图 2.15(b)所示，该图为实际电源的电压源模型，简称电压源模型。

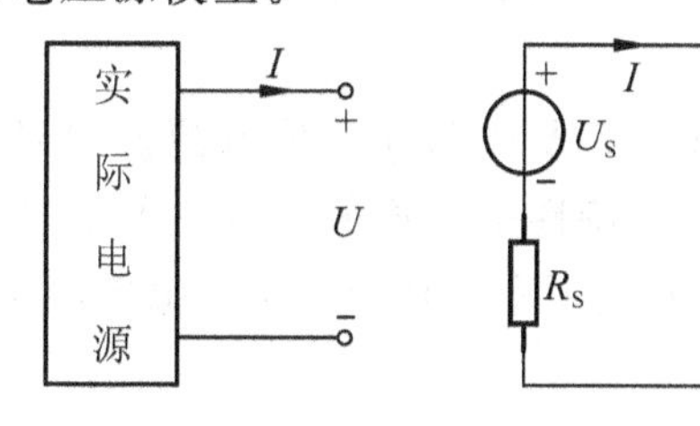


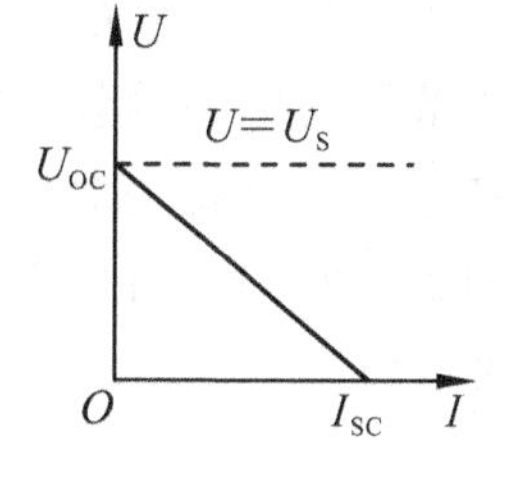


(a)实际电源　　(b)电压源模型　　(c) 电压源模型伏安特性

图 2.15　实际电源的电压源模型

在图 2.15(b)的电压、电流参考方向下，可以得到
$$U=U_S-R_SI \tag{2-12}$$
式(2-12)所表示的电压、电流关系可用图 2.15(c)表示，图中 $U_{OC}$ 表示实际电源的开路电压，随着负载电流的增大，电源端电压 $U$ 下降，这是由于实际电源存在内阻并消耗能量；$I_{SC}$ 表示短路电流，此时 $U=0$。

显然，当 $R_S=0$ 时，实际电压源即为理想电压源。

### 2.3.2　实际电源的电流源模型

实际电源也可以用电流源模型表示，如图 2.16(a)为实际电源的电流源模型，它是由理想电流源 $I_S$ 与内阻 $R_S$ 并联的模型表征。

当实际电流源连接外电路后向外输出电流 $I$，在外电路两端形成电压 $U$。在图 2.16(a)所示 $U$、$I$ 参考方向下，电压、电流关系式为
$$I=I_S-\frac{U}{R_S} \tag{2-13}$$
式中，$I$ 为理想电流源的电流，$U/R_S$ 为内阻 $R_S$ 上分得的电流，当内阻 $R_S$ 越大时，电源内部分流越小，$I$ 越接近 $I_S$，也就是说实际电流源越接近理想电流源，当 $R_S=$

∞时，实际电流源即为理想电流源。由式(2-13)可知，实际电流源两端电压、电流关系如图 2.16(b)所示，虚线为理想电流源伏安特性。

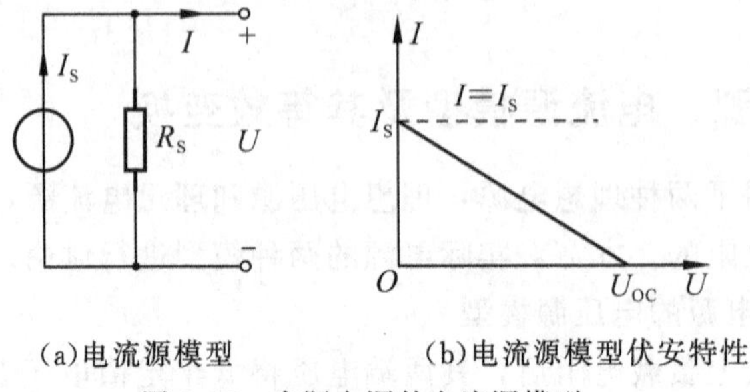


(a)电流源模型　　(b)电流源模型伏安特性

图 2.16　实际电源的电流源模型

### 2.3.3　两种实际电源模型的等效变换

对于同一实际电源，既可以用理想电压源与电阻串联组合的电路模型表征，也可以用理想电流源与电阻并联组合的电路模型来表征。这说明两种实际电源模型在一定条件下是可以等效变换的。

根据 2.1 节所述电路等效变换的定义，只要这两种实际电源模型对外电路提供相同的电压和电流，也就是对外电路的伏安特性是一样的，则它们对外电路的作用是一样的，因此，它们是可以等效互换的。把图 2.15(b)电压源模型的伏安关系，即式(2-12)改写为

$$I=\frac{U_S}{R_S}-\frac{U}{R_S} \tag{2-14}$$

设电流源内阻为 $R_S'$，则从图 2.16(a)电流源模型的输出电流为

$$I=I_S-\frac{U}{R_S'} \tag{2-15}$$

从式(2-14)和式(2-15)可知，当满足下列条件，即

$$\begin{cases} I_S=\dfrac{U_S}{R_S} \\ R_S=R_S' \end{cases} \quad 或 \quad \begin{cases} U_S=R_S I_S \\ R_S=R_S' \end{cases} \tag{2-16}$$

则式(2-14)和式(2-15)完全相同，所以式(2-16)是实际电源两种模型等效变换的条件。

应指出：①等效变换仅对外电路等效，电源内部不等效；②两个实际电源模型进行等效变换时，$I_S$ 与 $U_S$ 的参考方向应如图 2.17 所示，即 $I_S$ 的参考方向应由 $U_S$ 的负极指向正极；③理想电压源与理想电流源之间不能等效变换；④实际电源模型的等效变换可以进一步理解为含源支路的等效变换。如果在理想电压源 $U_S$ 所在支路中有其他串联电阻 $R$ 时，根据计算需要可把 $R$ 当作内阻看待，与 $U_S$ 一起等效变换成相应的电流源模型；同样，如果理想电流源 $I_S$ 两端有其他并联电阻 $R$，也可以把 $R$ 看作内阻与 $I_S$ 一起等效变换成相应的电压源模型。应用实际电源等效变换

的方法，能够简化一些复杂电路的计算。

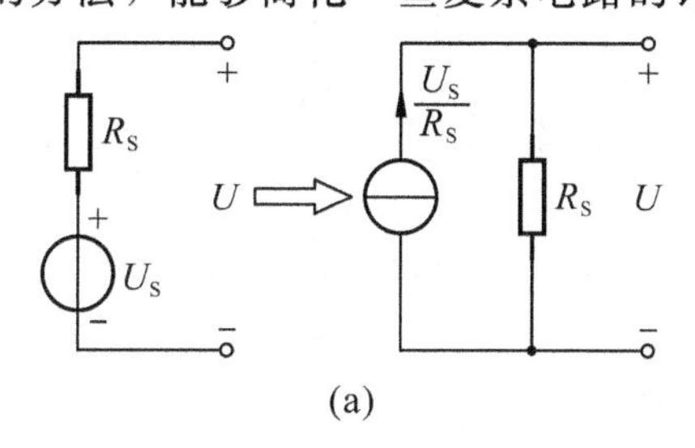


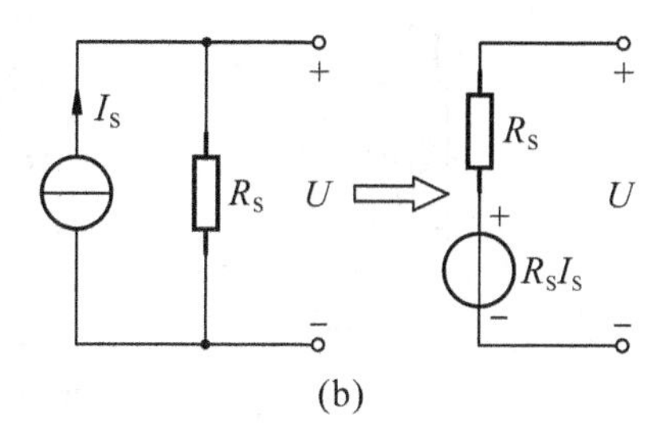


图 2.17　实际电源两种模型的等效变换

**例 2.7**　把如图 2.18(a)(b)电路分别等效变换为实际电流源模型。

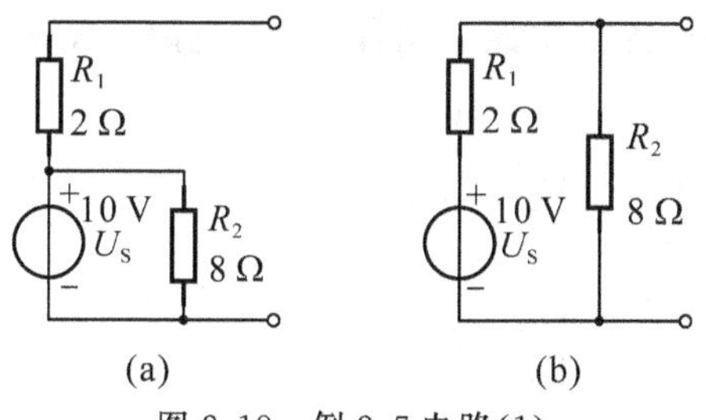


图 2.18　例 2.7 电路(1)

解：(1)图 2.18(a)电路中，理想电压源 $U_S$ 与电阻 $R_2$ 并联部分可以等效为理想电压源 $U_S$，如图 2.19(b)所示，然后再等效变换为实际电流源模型，如图 2.19(c)所示，其中

$$I_S=\frac{U_S}{R_1}=\frac{10}{2}=5(\text{A})$$

$$R_S=R_1=2\ \Omega$$

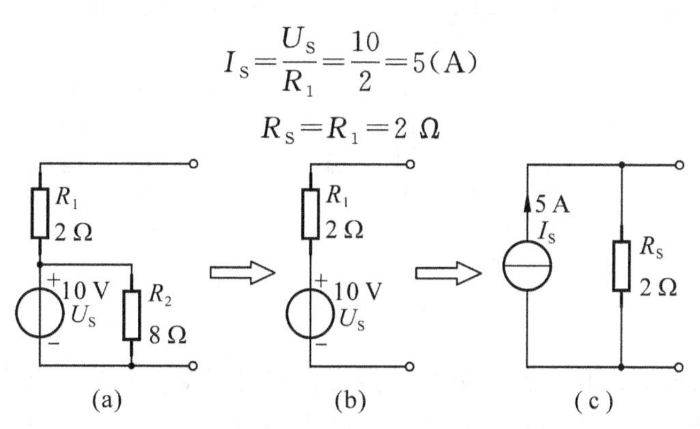


图 2.19　例 2.7 电路(2)

(2)图 2.18 中(a)与(b)电路是不同的。对于图 2.18(b)电路，先把 $U_S$ 与 $R_1$ 串联部分等效变换为理想电流源 $I_S$ 与电阻 $R_1$ 并联，如图 2.20(b)所示，这里

$$I_S=\frac{U_S}{R_1}=\frac{10}{2}=5(\text{A})$$

$$R_1=2\ \Omega$$

然后再将 $R_1$ 与 $R_2$ 并联等效为一个电阻 $R_S=1.6\ \Omega$，如图 2.20(c)所示。

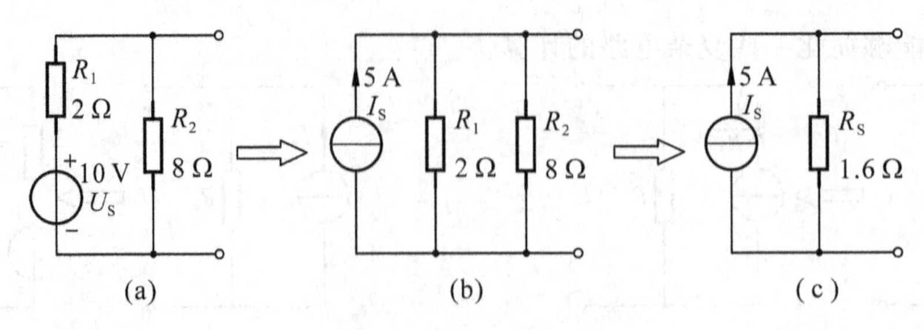


图 2.20　例 2.7 电路(3)

**例 2.8**　如图 2.21 所示电路，已知 $R_1=R_2=20\ \Omega$，$R=10\ \Omega$，$U_{S1}=60$ V，$U_{S2}=40$ V，求电流 $I$。

解：把 $R$ 所在支路作为外电路，对图 2.21 电路作等效变换，如图 2.22(a)所示。

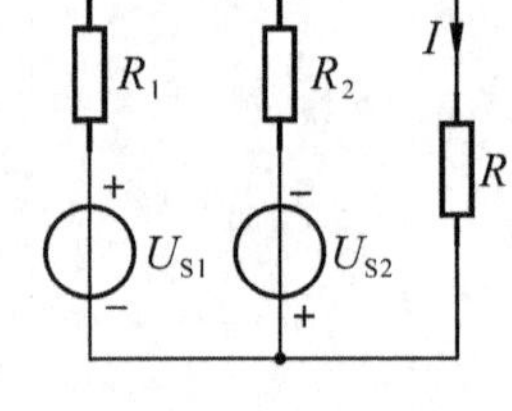


图 2.21　例 2.8 电路(1)

$$I_{S1}=\frac{U_{S1}}{R_1}=\frac{60}{20}=3(\text{A})$$

$$I_{S2}=\frac{U_{S2}}{R_2}=\frac{40}{20}=2(\text{A})$$

将 $I_{S1}$ 和 $I_{S2}$ 合并为　$I_S=I_{S1}-I_{S2}=3-2=1(\text{A})$

$$R_S=\frac{R_1\times R_2}{R_1+R_2}=\frac{20\times 20}{20+20}=10(\Omega)$$

由图 2.22(b)，可得　　$I=\dfrac{R_S}{R_S+R}I_S=\dfrac{10}{10+10}\times 1=0.5(\text{A})$

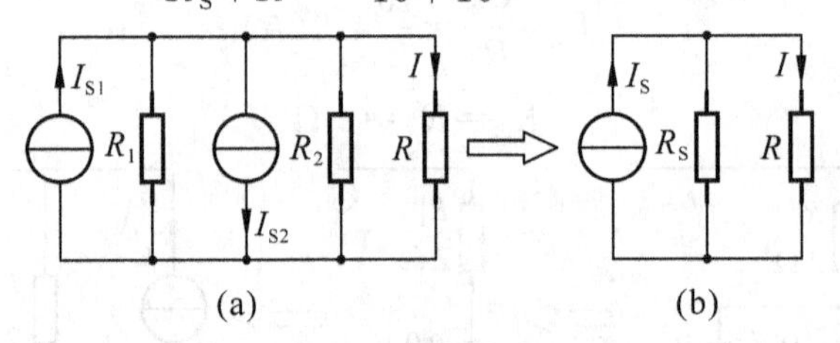


图 2.22　例 2.8 电路(2)

由例 2.8 可知，利用实际电源的等效变换法可以对含源支路进行等效变换，从而方便地计算待求的支路电流。应注意：待求支路不参与等效变换。

### 2.3.4　最大功率传输

实际电源与负载电阻连接后，当负载发生变化时，电源输出的电流 $I$ 及端电压 $U$ 也会发生变化，所以负载得到的功率也会随之变化，但在一定条件下，负载可以获得最大功率。

当实际电压源的参数为 $U_S$ 和 $R_S$，接上负载电阻 $R_L$ 后，电阻吸收的功率

$$P=I^2R_L=\left(\frac{U_S}{R_L+R_S}\right)^2R_L=U_S^2\,\frac{R_L}{(R_L+R_S)^2}$$

式中，$U_S$ 和 $R_S$ 为定值，功率 $P$ 和负载 $R_L$ 为变量。当 $R_L$ 变化时，要使 $P$ 最大，应满足$\frac{dP}{dR_L}=0$。

即
$$\frac{dP}{dR_L}=U_S^2\left[\frac{(R_S+R_L)^2-2(R_L+R_S)R_L}{(R_L+R_S)^4}\right]=U_S^2\left[\frac{R_S-R_L}{(R_S+R_L)^3}\right]=0$$

可得
$$R_L=R_S \tag{2-17}$$

所以当 $R_L=R_S$ 时负载获得的最大功率为
$$P_{max}=\frac{U_S^2}{4R_S} \tag{2-18}$$

式(2-17)称为 $R_L$ 与 $R_S$ 匹配。在电子和信息工程中，信号一般很弱，常要求电源(信号源)向负载提供最大功率，因而必须满足匹配条件，这在移动和无线传输设备中已得到了广泛的应用，如移动电话、车载天线、蓝牙装置等。由于匹配时负载与电源内阻消耗同样的功率，传输效率只有50%，这在电力工程中是不希望的。电力工程中一般要求电源的内阻越小越好，以便减少能源消耗，当然也要避免因内阻产热温度过高，损坏电源。

## 2.4 支路电流法

支路电流法是以支路电流为未知量，根据基尔霍夫定律列出所需要的方程组，然后求解未知电流的方法。对于一个具有 $b$ 条支路的电路，以 $b$ 条支路电流为未知量列出 $b$ 个独立的电路方程，然后求出各支路电流。

支路电流法

### 2.4.1 支路电流法

下面以图2.23为例介绍支路电流法。设电路中 $U_{S1}=5$ V，$U_{S2}=1$ V，$R_1=1$ Ω，$R_2=2$ Ω，$R_3=3$ Ω，求支路电流 $I_1$、$I_2$ 和 $I_3$。该电路有两个节点 $A$、$B$，有三条支路，支路电流 $I_1$、$I_2$ 和 $I_3$ 的参考方向如图2.23所示。

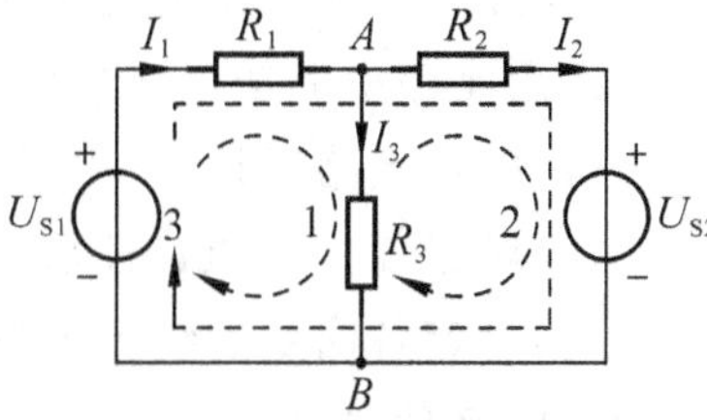

图2.23 支路电流法

(1)列出电路的KCL方程。

应用KCL，可列出两个节点电流方程

节点 $A$ $\quad -I_1+I_2+I_3=0$

节点 $B$ $\quad I_1-I_2-I_3=0$

可见两个电流方程中，有一个不是独立的(可由另一个方程导出)。这两个方程中只能取一个作为独立方程，可以任选一个节点列写。一般地说，对于具有 $n$ 个节点的电路，只能列出$(n-1)$个独立的节点电流方程。

(2)列出电路的 KVL 方程。

对于图 2.23 电路共有三个回路，如取顺时针方向绕行，应用 KVL，共可列出三个回路电压方程

回路 1 $$I_1R_1+I_3R_3-U_{S1}=0$$

回路 2 $$I_2R_2-I_3R_3+U_{S2}=0$$

回路 3 $$I_1R_1+I_2R_2+U_{S2}-U_{S1}=0$$

这三个回路方程中，任意一个方程可从其他两个推出，可见这三个回路方程中只有两个是独立的。对于平面电路，通常选取网孔来列写独立 KVL 方程，网孔数就是独立回路数。可以证明：对于 $b$ 条支路、$n$ 个节点的电路，其网孔数目恰好等于 $b-(n-1)$。

运用支路电流法，对于图 2.23 电路，共可列出三个独立方程，即

节点 $A$ $$-I_1+I_2+I_3=0$$

回路 1 $$I_1R_1+I_3R_3-U_{S1}=0$$

回路 2 $$I_2R_2-I_3R_3+U_{S2}=0$$

代入数值，即

$$-I_1+I_2+I_3=0$$

$$1I_1+3I_3-5=0$$

$$2I_2-3I_3+1=0$$

解方程组，可得

$$I_1=2\ \text{A}，I_2=1\ \text{A}，I_3=1\ \text{A}$$

综上所述，运用基尔霍夫定律，一共可列出$(n-1)$个独立的节点电流方程和$[b-(n-1)]$个独立回路电压方程，即共可列出$(n-1)+[b-(n-1)]=b$ 个独立方程，将这 $b$ 个独立方程联立求解可求得 $b$ 条支路电流。

### 2.4.2 应用支路电流法解题步骤

运用支路电流法，一般可按下列步骤进行：

(1)确定支路数目 $b$，标出各支路电流及参考方向。

(2)对于 $n$ 个节点，任取$(n-1)$个独立节点，列出$(n-1)$个 KCL 方程。

(3)设定各回路的绕行方向，列出所有回路的 KVL 方程，即$[b-(n-1)]$个。当回路中有理想电流源时，可设其两端电压 $U$，然后列写 KVL 方程。

(4)联立方程组，求各支路电流。

**例 2.9** 电路如图 2.24 所示，已知 $U_S=10$ V，$I_S=5$ A，$R_1=6\ \Omega$，$R_2=4\ \Omega$，求支路电流 $I_1$、$I_2$ 及 $U$。

解：两个节点可列一个独立节点方程，列 $a$ 节点

$$I_1+I_S-I_2=0$$

有两个网孔，设按顺时针绕行方向列网孔的电压方程

$$I_1R_1+U-U_S=0$$

$$I_2R_2-U=0$$

代入数据，得

$$I_1+5-I_2=0$$

$$6I_1+U-10=0$$

$$4I_2-U=0$$

图 2.24　例 2.9 电路

解方程组可得　$I_1=-1$ A(负号表示电流的实际方向与参考方向相反)

$I_2=4$ A

$U=16$ V

## 2.5　网孔电流法

网孔电流法

用支路电流法解题时，当电路的支路数目较多时，所列方程数目就多，不便求解。如果采用网孔电流法，可省去$(n-1)$个节点电流方程。

### 2.5.1　网孔电流法

1. 网孔电流

网孔电流指的是电路中沿网孔环行的假想电流。如图 2.25 所示电路，左边网孔有网孔电流 $I_{m1}$，右边网孔有网孔电流 $I_{m2}$，绕行方向如图中所示，在电阻 $R_3$ 上有方向相反的两个网孔电流 $I_{m1}$ 和 $I_{m2}$ 通过。可以看出，支路电流与网孔电流的关系为

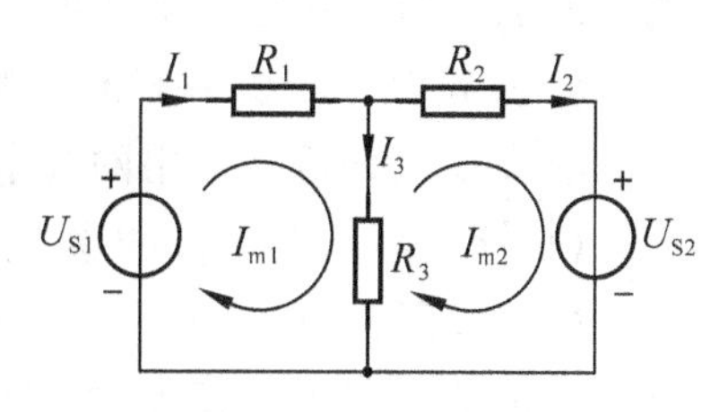


图 2.25　网孔电流法

$$I_1=I_{m1}$$

$$I_2=I_{m2}$$

$$I_3=I_{m1}-I_{m2}$$

可见所有支路电流都可以用网孔电流线性表示，求得网孔电流可进一步求出支路电流。由于每个网孔电流是环绕各自网孔流动，不能从其他网孔电流导出，所以网孔电流是一组独立的电流变量，以网孔电流为变量所列出的所有网孔方程都是独立的电压方程。而且网孔电流的数目等于电路中网孔数，比支路电流的数目要少，如图 2.25，有三个支路电流，但网孔电流只有两个。

2. 网孔电流法

网孔电流法是以网孔电流为未知量，利用基尔霍夫电压定律列写网孔的电压方程，求解网孔电流，然后再根据电路要求，求出其他待求量。

用网孔电流法列写 KVL 方程的方法原则上与支路电流法中列写 KVL 方程一

样，但用网孔电流来表示各电阻的电压。一般选取网孔的绕行方向为网孔电流的方向。对于图 2.25 所示电路及网孔电流绕行方向，列写网孔的电压方程

网孔 1 $$R_1I_{m1}+R_3I_{m1}-R_3I_{m2}-U_{S1}=0$$

网孔 2 $$R_2I_{m2}+R_3I_{m2}-R_3I_{m1}+U_{S2}=0$$

整理可得 $$(R_1+R_3)I_{m1}-R_3I_{m2}-U_{S1}=0$$

$$-R_3I_{m1}+(R_2+R_3)I_{m2}+U_{S2}=0$$

可进一步写成

$$\begin{cases}R_{11}I_{m1}+R_{12}I_{m2}=U_{S11}\\R_{21}I_{m1}+R_{22}I_{m2}=U_{S22}\end{cases}\tag{2-19}$$

式(2-19)是具有两个网孔电路的网孔电流方程的一般形式，其中 $R_{11}$、$R_{22}$ 分别代表两个网孔的自电阻。自电阻为网孔中所有电阻之和，这里 $R_{11}=R_1+R_3$，$R_{22}=R_2+R_3$，由于网孔绕行方向与网孔电流参考方向一致，所以自电阻总是正的。$R_{12}$ 和 $R_{21}$ 表示两个网孔的公共电阻，称为互电阻，当流过互电阻的两个网孔电流参考方向一致时，互电阻为正；相反时，互电阻为负。这里 $R_{12}=R_{21}=-R_3$。当然，自电阻、互电阻也可以等于零。式(2-19)中列于方程等式右边的 $U_{S11}$ 或 $U_{S22}$ 为该网孔中理想电压源代数和。当网孔电流从理想电压源的"+"端流出时，该理想电压源取正号；从理想电压源"−"端流出时，该理想电压源取负号。

*3. 应用网孔电流法解题步骤*

综合以上分析，采用网孔电流法解题的一般步骤如下：

(1)标出各网孔电流的参考方向和网孔序号。

(2)列写 $[b-(n-1)]$ 个独立的网孔电流方程。自电阻符号总是正的，互电阻符号可正可负，列于方程等式右边的为相应网孔中理想电压源的代数和。

(3)联立求解方程，求得各网孔电流。

(4)根据支路电流的参考方向及支路电流与相关网孔电流的关系求各支路电流。

**例 2.10** 如图 2.25 所示电路，已知：$R_1=1\ \Omega$，$R_2=2\ \Omega$，$R_3=3\ \Omega$，$U_{S1}=5\ \text{V}$，$U_{S2}=1\ \text{V}$，试求各支路电流。

解：自电阻分别为 $R_{11}=R_1+R_3=4\ \Omega$ 和 $R_{22}=R_2+R_3=5\ \Omega$

互电阻为 $R_{12}=R_{21}=-R_3=-3\ \Omega$

按图示电路的网孔电流参考方向有

网孔 1 $$4I_{m1}-3I_{m2}=5$$

网孔 2 $$-3I_{m1}+5I_{m2}=-1$$

解方程组可得 $$I_{m1}=2\ \text{A},\ I_{m2}=1\ \text{A}$$

根据支路电流与网孔电流的关系可得

$$I_1=I_{m1}=2\ \text{A}$$

$$I_2=I_{m2}=1\ \text{A}$$

$$I_3=I_{m1}-I_{m2}=1\ \text{A}$$

可见，这与用支路电流法计算的结果一样。

### 2.5.2　电路中含有理想电流源支路的处理方法

(1)当电路中存在理想电流源与电阻并联组合时，可把它们等效变换为理想电压源与电阻串联组合，然后再列网孔方程。

(2)当支路中含有理想电流源且无与之并联电阻时，理想电流源不能等效变换为理想电压源。因网孔方程中每一项均是电压，对不同的电路结构可采取以下处理方法：

①理想电流源中只有一个网孔电流通过，则该网孔电流等于理想电流源电流，不必再列该网孔方程。

②当理想电流源中流过两个网孔电流，可增设理想电流源端电压为未知量列入网孔方程，并补充理想电流源电流与有关的网孔电流关系式。

**例 2.11**　用网孔电流法求图 2.26 所示电路的各支路电流。

解：网孔电流参考方向及序号如图所示，题中有两个理想电流源，其中 10 A 的理想电流源只流过一个网孔电流 $I_{m1}$，即 $I_{m1}=10$ A，则 $I_{m1}$ 的网孔方程可省略；而 2 A 的理想电流源中流过两个网孔电流 $I_{m2}$ 和 $I_{m3}$，所以设 2 A 理想电流源端电压为 $U$，

图 2.26　例 2.11 电路

列方程为

$$I_{m1}=10\ \text{A}$$
$$-1I_{m1}+(2+1)I_{m2}=U$$
$$-2I_{m1}+5I_{m3}=-U$$

补充方程为　$I_{m2}-I_{m3}=2$

联立求解方程组得　$I_{m2}=5$ A，$I_{m3}=3$ A

由网孔电流求得各支路电流分别为

$$I_1=I_{m1}=10\ \text{A},\ I_2=I_{m2}=5\ \text{A},\ I_3=I_{m3}=3\ \text{A}$$
$$I_4=I_{m1}-I_{m2}=5\ \text{A},\ I_5=I_{m1}-I_{m3}=7\ \text{A},\ I_6=I_{m2}-I_{m3}=2\ \text{A}$$

## 2.6　节点电压法

节点电压法是分析计算电路的基本方法之一，对于分析支路数目较多、节点数较少的电路较方便，它也是计算机辅助电路分析常用的方法之一。

节点电压法

### 2.6.1 节点电压法

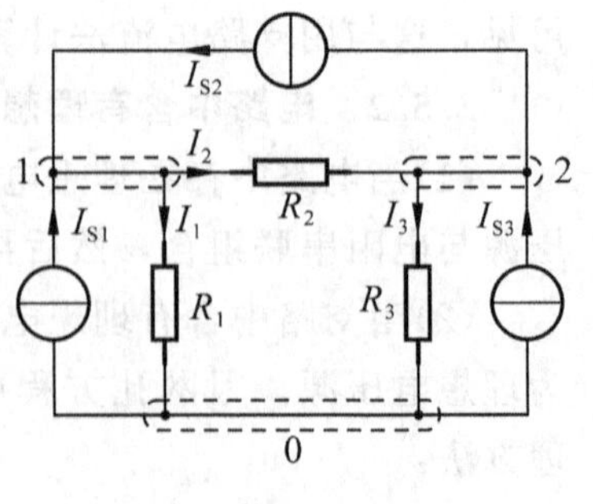

图 2.27 节点电压法

在具有 $n$ 个节点的电路中，任选一个节点为参考节点，其余$(n-1)$个节点称为独立节点。独立节点与参考节点之间的电压，称为节点电压。节点电压的参考方向通常是从独立节点指向参考节点。如图2.27电路中有三个节点，如选0节点为参考节点，则节点1和节点2为独立节点，节点电压为 $U_{10}$ 和 $U_{20}$。为方便起见将节点电压写为 $U_1$ 和 $U_2$。

1. 节点电压方程的一般形式

设图2.27电路各支路电流的参考方向如图所示，应用KCL对节点1和节点2分别列写节点电流方程为

节点1 $-I_{S1}-I_{S2}+I_1+I_2=0$

节点2 $-I_{S3}-I_2+I_{S2}+I_3=0$

用节点电压表示各支路电流

$$I_1=\frac{U_1}{R_1}=G_1U_1$$

$$I_2=\frac{U_1-U_2}{R_2}=G_2(U_1-U_2)$$

$$I_3=\frac{U_2}{R_3}=G_3U_2$$

代入节点1、节点2方程中，即

$$-I_{S1}-I_{S2}+G_1U_1+G_2(U_1-U_2)=0$$
$$-I_{S3}-G_2(U_1-U_2)+I_{S2}+G_3U_2=0$$

整理后可得

$$(G_1+G_2)U_1-G_2U_2=I_{S1}+I_{S2}$$
$$-G_2U_1+(G_2+G_3)U_2=I_{S3}-I_{S2}$$

令 $G_{11}=G_1+G_2$ 称为节点1的自电导，$G_{22}=G_2+G_3$ 称为节点2的自电导，自电导指的是直接汇集于独立节点的全部电导之和。由于选取节点电压的参考方向是从独立节点指向参考节点，所以自电导总是正的。$G_{12}=-G_2$ 称为连接节点1与节点2之间的互电导，互电导为两节点之间的公共电导之和，互电导总是负的。$G_{21}=-G_2$ 称为连接节点2与节点1之间的互电导之和，$G_{21}$ 也是负值。

令 $I_{S11}=I_{S1}+I_{S2}$ 是流向节点1的理想电流源电流的代数和，$I_{S22}=I_{S3}-I_{S2}$ 是流向节点2的理想电流源电流的代数和，流入各节点的电流取“+”，流出各节点的电流取“−”，这样节点电压方程可写成

$$\begin{cases}G_{11}U_1+G_{12}U_2=I_{S11}\\G_{21}U_1+G_{22}U_2=I_{S22}\end{cases}\tag{2-20}$$

式(2-20)是具有两个独立节点电路的节点电压方程的一般形式。

2. *应用节点电压法的解题步骤*

综合以上分析，采用节点电压法解题的一般步骤如下：

(1)选定一个参考节点，一般选取汇集支路数较多的节点为参考节点，其余节点为独立节点，将独立节点电压作为未知量，其参考方向由独立节点指向参考节点。标出各节点电压的序号。

(2)按节点电压方程的一般形式列写$(n-1)$个独立节点的电压方程。注意自电导总为正，互电导总为负；流入独立节点的电流源电流取正，反之取负。

(3)联立求解方程组，求各节点电压。

(4)确定各支路电流的参考方向，根据欧姆定律由各节点电压求支路电流。

**例 2.12** 如图 2.28 所示电路，$R_1=3\ \Omega$，$R_2=2\ \Omega$，$R_3=1\ \Omega$，$I_{S1}=7\ \text{A}$，$I_{S2}=3\ \text{A}$。用节点电压法求支路电流 $I_1$、$I_2$ 和 $I_3$。

解：选取节点 0 为参考节点，节点 1、2 为独立节点，列出节点电压方程分别为

$$\left(\frac{1}{R_1}+\frac{1}{R_2}\right)U_1-\frac{1}{R_2}U_2=I_{S1}$$

$$-\frac{1}{R_2}U_1+\left(\frac{1}{R_2}+\frac{1}{R_3}\right)U_2=-I_{S2}$$

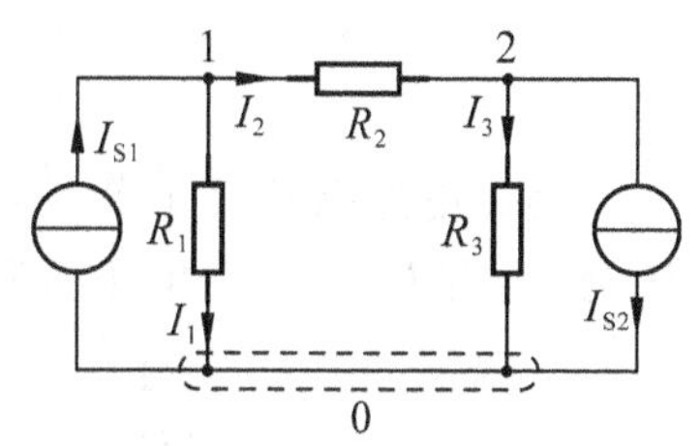

图 2.28 例 2.12 电路

代入数据
$$\left(\frac{1}{3}+\frac{1}{2}\right)U_1-\frac{1}{2}U_2=7$$

$$-\frac{1}{2}U_1+\left(\frac{1}{2}+1\right)U_2=-3$$

联立求解方程可得

$$U_1=9\ \text{V},\ U_2=1(\text{V})$$

所以
$$I_1=\frac{U_1}{R_1}=\frac{9}{3}=3(\text{A})$$

$$I_2=\frac{U_1-U_2}{R_2}=\frac{9-1}{2}=4(\text{A})$$

$$I_3=\frac{U_2}{R_3}=\frac{1}{1}=1(\text{A})$$

### 2.6.2 电路中含理想电压源支路的处理方法

(1)当电路中存在理想电压源与电阻串联支路时，可把它们等效变换为理想电流源与电阻并联，然后再列写节点电压方程；或直接根据 $I_S=U_S/R_S$ 的等效变换关系列写节点电压方程。

(2)对于一条支路中只含有理想电压源而无串联电阻时，不能将理想电压源等效变换为理想电流源，这里介绍两种处理方法。

①某一条支路含有理想电压源或有几条支路有理想电压源，但它们有一端连在一起时，可选择理想电压源的一端或几个理想电压源的公共端为参考节点，则另一端节点电压为已知量，即为理想电压源电压，也就是该节点电压方程。

②增设通过理想电压源的电流为未知量，列入节点方程，再补充该节点电压与理想电压源之间关系的方程。

**例 2.13** 如图 2.29 所示电路，试列出电路的节点电压方程。

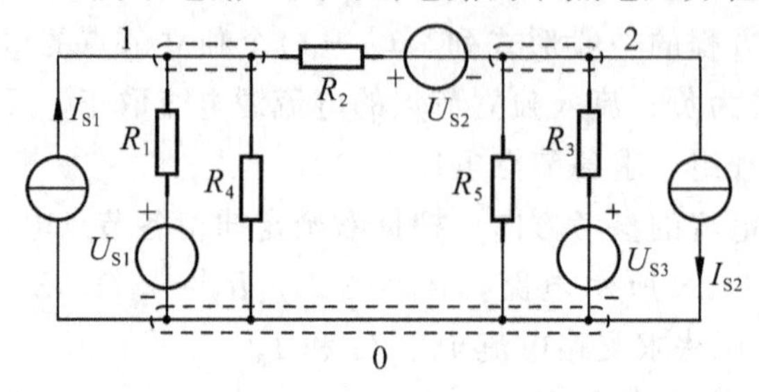


图 2.29 例 2.13 电路

解：电路共有三个节点，用 0、1、2 表示，选节点 0 为参考节点，待求节点电压为 $U_1$ 和 $U_2$，节点电压方程为

$$\left(\frac{1}{R_1}+\frac{1}{R_2}+\frac{1}{R_4}\right)U_1-\frac{1}{R_2}U_2=I_{S1}+\frac{U_{S1}}{R_1}+\frac{U_{S2}}{R_2}$$

$$-\frac{1}{R_2}U_1+\left(\frac{1}{R_2}+\frac{1}{R_3}+\frac{1}{R_5}\right)U_2=\frac{U_{S3}}{R_3}-I_{S2}-\frac{U_{S2}}{R_2}$$

**例 2.14** 如图 2.30 所示电路，求节点电压 $U_1$、$U_2$、$U_3$。

解：该电路有两个理想电压源，选择节点 0 为参考节点，则节点 1 的节点电压为已知，即 $U_1=14$ V，增设 8 V 的理想电压源通过的电流为 $I$(参考方向如图所示)，所列节点电压方程为

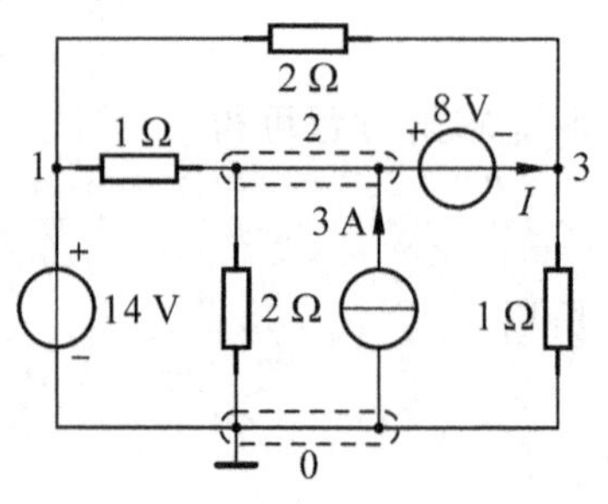


图 2.30 例 2.14 电路

$$U_1=14$$

$$-\frac{1}{1}U_1+\left(\frac{1}{1}+\frac{1}{2}\right)U_2=3-I$$

$$-\frac{1}{2}U_1+\left(\frac{1}{1}+\frac{1}{2}\right)U_3=I$$

补充方程为

$$U_2-U_3=8$$

联立求解方程组得

$$U_1=14\ \text{V},\ U_2=12\ \text{V},\ U_3=4\ \text{V},\ I=-1\ \text{A}$$

### 2.6.3 弥尔曼定理

对于有多条支路，但只有两个节点的电路，如图 2.31 所示电路，如用支路电流法需列出四个方程，如用网孔电流法需要列三个方程，而用节点电压法来分析计

算该电路将非常方便。设节点 0 为参考节点，则只有一个独立节点 1，因此，只需列一个节点方程就可求解电路。

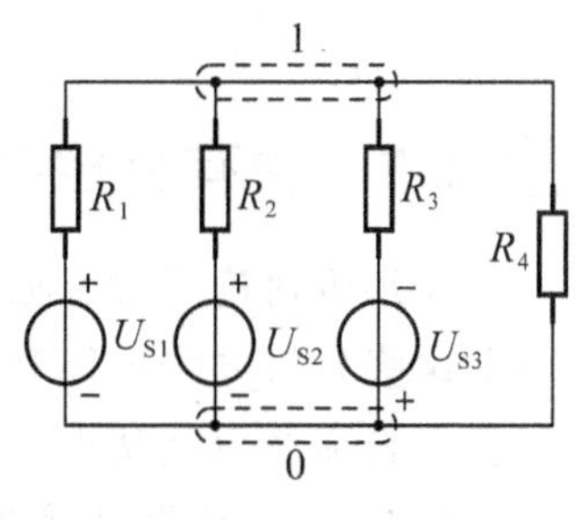

图 2.31 具有两个节点的电路

节点方程为

$$\left(\frac{1}{R_1}+\frac{1}{R_2}+\frac{1}{R_3}+\frac{1}{R_4}\right)U_1=\frac{U_{S1}}{R_1}+\frac{U_{S2}}{R_2}-\frac{U_{S3}}{R_3}$$

即

$$U_1=\frac{\dfrac{U_{S1}}{R_1}+\dfrac{U_{S2}}{R_2}-\dfrac{U_{S3}}{R_3}}{\dfrac{1}{R_1}+\dfrac{1}{R_2}+\dfrac{1}{R_3}+\dfrac{1}{R_4}} \quad 或 \quad U_1=\frac{G_1U_{S1}+G_2U_{S2}-G_3U_{S3}}{G_1+G_2+G_3+G_4}$$

一般形式为

$$U_1=\frac{\sum G_iU_{Si}}{\sum G_i} \tag{2-21}$$

式(2-21)称为弥尔曼定理。式中，$\sum G_i$ 为与节点 1 直接相连的各支路电导之和；$\sum G_iU_{Si}$ 为各电流源流入节点 1 的电流代数和。

**例 2.15** 如图 2.32 所示电路，已知 $U_{S1}=12\ \text{V}$，$R_1=4\ \Omega$，$R_2=10\ \Omega$，$R_3=20\ \Omega$，$I_S=1\ \text{A}$，求支路电流 $I_1$、$I_2$ 和 $I_3$。

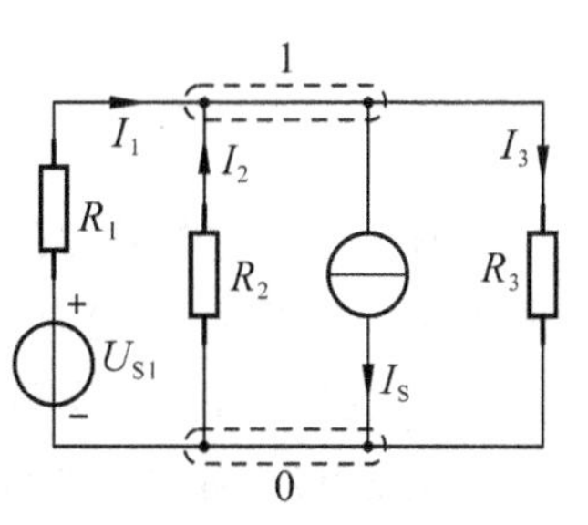

图 2.32 例 2.15 电路

解：应用弥尔曼定理，设节点 0 为参考节点，则节点电压方程为

$$U_1=\frac{\dfrac{U_{S1}}{R_1}-I_S}{\dfrac{1}{R_1}+\dfrac{1}{R_2}+\dfrac{1}{R_3}}=\frac{\dfrac{12}{4}-1}{\dfrac{1}{4}+\dfrac{1}{10}+\dfrac{1}{20}}=5(\text{V})$$

各支路电流分别为

$$I_1=\frac{U_{S1}-U_1}{R_1}=\frac{12-5}{4}=1.75(\text{A})$$

$$I_2=-\frac{U_1}{R_2}=-\frac{5}{10}=-0.5(\text{A})$$

$$I_3=\frac{U_1}{R_3}=\frac{5}{20}=0.25(\text{A})$$

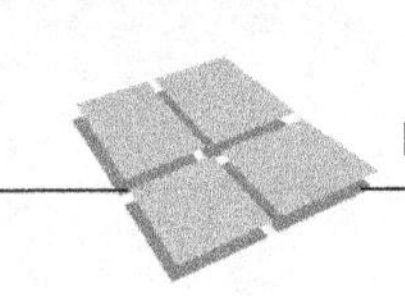

## 2.7 含有受控源的简单电路的分析计算

前几节讨论了含有独立电源电路的分析方法，对于含有受控源的线性电路，原则上这些分析方法也能对其进行分析计算，但受控源自身具有特殊性，在分析计算过程中必须注意其特点。

### 2.7.1 受控源的等效变换

2.3 节中介绍了实际电源的电压源与电流源模型之间的等效变换，同样，一个受控电压源(仅指受控支路)和电阻串联的二端电路，也可以与一个受控电流源和电阻并联的二端电路之间进行等效变换。其等效变换的方法与独立电源的等效变换方法一样，但在变换过程中，受控源的控制量必须保持不变。

**例 2.16** 如图 2.33(a)所示电路，将受控电压源 $3I$ 与电阻 6 Ω 的串联电路等效变换为受控电流源与电阻并联电路。

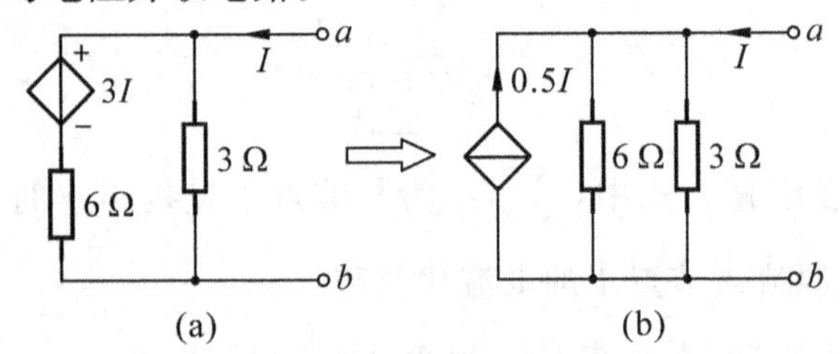


图 2.33 例 2.16 电路

解：受控电压源 $3I$ 与 6 Ω 电阻的串联部分可等效变换为受控电流源与电阻并联电路，变换后受控电流源为 $3I/6=0.5I$，电阻 6 Ω 不变，等效变换后电路如图 2.33(b)所示。变换前、后的控制量 $I$ 保持不变。

**例 2.17** 如图 2.34(a)所示电路，求电流 $I$。

解：受控电流源 $2I$ 与电阻 2 Ω 并联，可等效变换为受控电压源 $4I$ 与电阻 2 Ω 串联，如图 2.34(b)所示，然后等效变换为受控电流源 $0.5I$ 与电阻 8 Ω 并联，如图 2.34(c)所示。

对图 2.34(c)，由 KCL 得 $-2-0.5I+I+I_1=0$

又因为 4 Ω 与 8 Ω 两电阻并联，即 $4I=8I_1$

所以，可得

$$I=2\ \text{A}$$

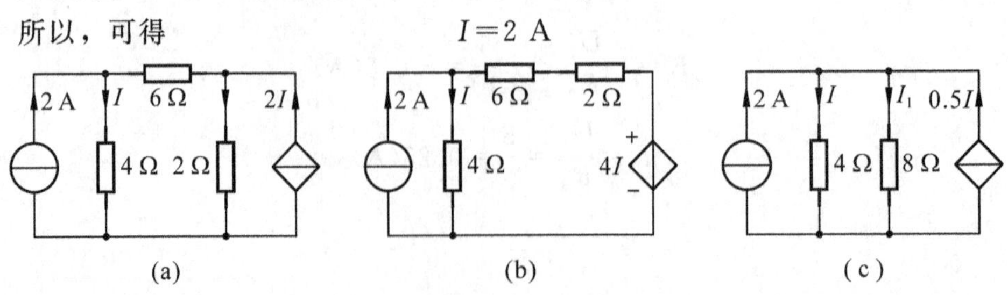


图 2.34 例 2.17 电路

注意：等效变换过程中不能将受控源的控制支路变换掉，即不能把本例中 4 Ω 支路中的电流 $I$ 变换掉。

### 2.7.2 含有受控源的二端网络的简化

1. 只含有受控源和电阻的二端网络的等效电路

只含有受控源和电阻，不含有独立电源的二端网络，对外可等效为一个电阻。其等效电阻的求解不能只运用电阻的串并联公式，需要采用求等效电阻的一般方法，先设 $a$、$b$ 两端钮间的电压为 $U$，流入端钮的电流为 $I$，则端钮电压 $U$ 与电流 $I$ 的比值为等效电阻，即

$$R_{ab}=\frac{U}{I}$$

**例 2.18** 电路如图 2.35 所示，求 $a$、$b$ 端的等效电阻 $R_{ab}$。

解：$a$、$b$ 端电压 $U$ 和电流 $I$ 的参考方向如图 2.35 所示，由 KVL 取顺时针方向绕行可得

$$8I+6I-U=0$$

$$U=14I$$

则
$$R_{ab}=\frac{U}{I}=14\ \Omega$$

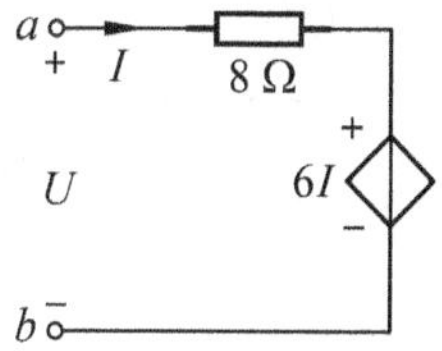

图 2.35 例 2.18 电路

**例 2.19** 电路如图 2.36(a)所示，求 $a$、$b$ 端的等效电阻 $R_{ab}$。

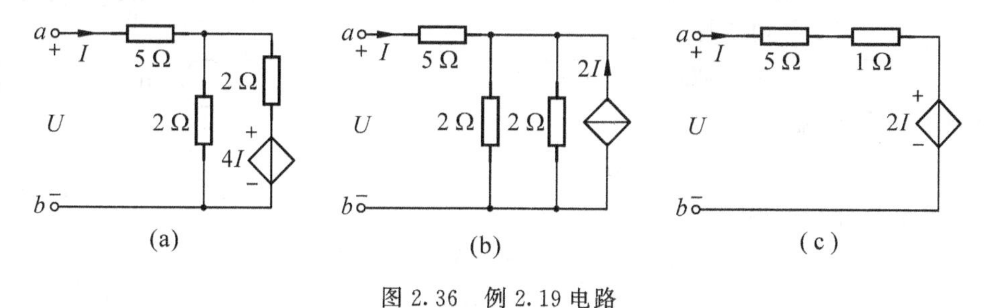


图 2.36 例 2.19 电路

解：应用受控源的等效变换，由图 2.36(a)等效变换为图 2.36(b)，再等效变换为图 2.36(c)，由图 2.36(c)可列方程

$$(5+1)I+2I-U=0$$

所以 $a$、$b$ 端等效电阻为
$$R_{ab}=\frac{U}{I}=8\ \Omega$$

2. 含有受控源、电阻和独立电源的二端网络的等效电路

含有受控源、电阻和独立电源的二端网络的最简等效电路是理想电压源与电阻串联电路或理想电流源与电阻并联电路。等效化简方法是：首先运用电路等效变换方法进行初步化简，但要注意受控源的控制量应保留，然后列写端钮的伏安关系并简化之，从而得到最简伏安关系表达式。

**例 2.20** 电路如图 2.37(a)所示，求其最简等效电路。

解：先把受控电流源支路与 1 Ω 电阻并联部分等效变换为受控电压源与电阻的串联，如图 2.37(b)所示。再对图 2.37(b)列写端钮的伏安关系表达式

$$U=-0.5I+2I+5$$

化简为

$$U=1.5I+5$$

根据上式可知其等效电路为如图 2.37(c)所示。

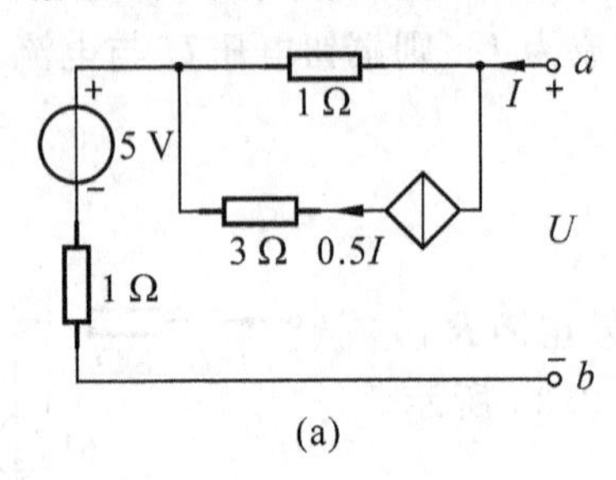


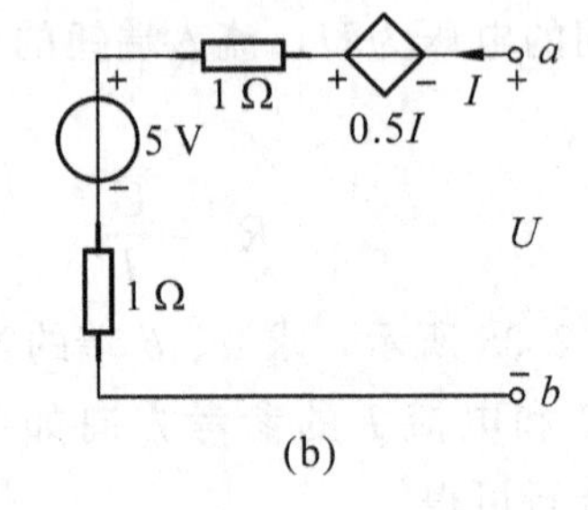


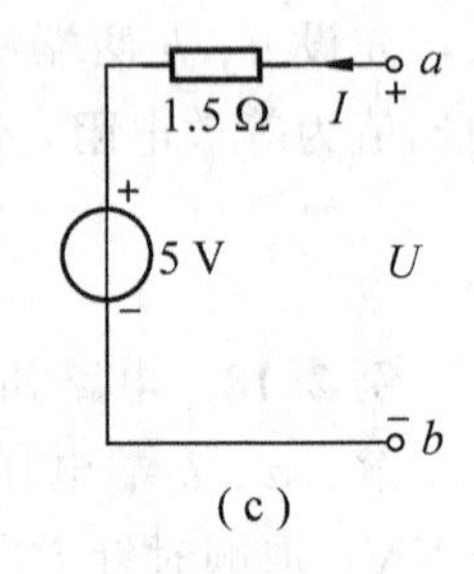


图 2.37 例 2.20 电路

3. 含有受控源的线性电路的分析

对含有受控源的线性电路的分析，原则上可用前几节介绍的分析计算方法，但要注意受控源自身的特殊性。现举例说明。

**例 2.21** 电路如图 2.38 所示，求电流 $I$ 和电压 $U$。

解：由 KVL 可列方程

$$30I+2U+U-150=0$$

将控制量 $U$ 用电流 $I$ 表示为

$$U=15I$$

将上两式联立求解，得

$$I=2\ \text{A}$$

$$U=30\ \text{V}$$

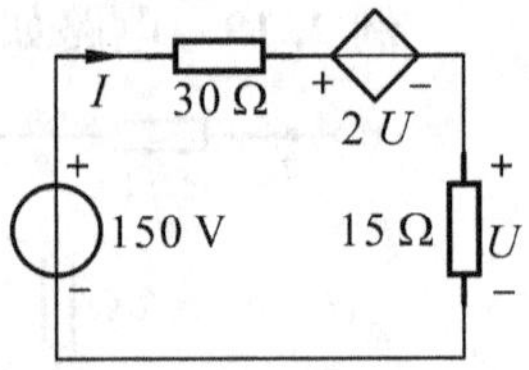

图 2.38 例 2.21 电路

注意：本题不要将 30 Ω 与 15 Ω 两电阻合并，否则受控源的控制量 $U$ 会消失，将无法算出结果。

**例 2.22** 电路如图 2.39 所示，求电压 $U$。

解：用弥尔曼定理求 $U$。

$$U=\frac{\frac{12}{2}-2U}{\frac{1}{2}+\frac{1}{2}}=6-2U$$

解得

$$U=2\ \text{V}$$

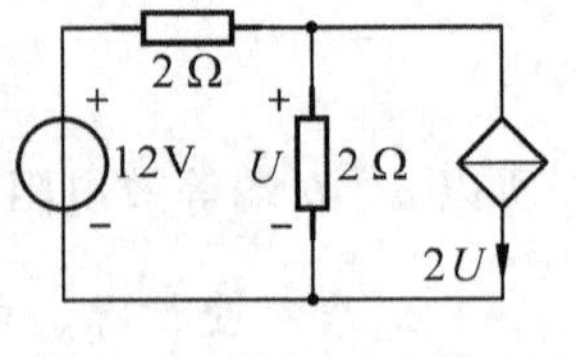


图 2.39 例 2.22 电路

**例 2.23** 求图 2.40 所示电路中的电流 $I$ 和受控源的功率 $P$。

解：设网孔电流 $I_1$、$I_2$ 如图所示，可得网孔方程为

$$(2+6)I_1-2I_2-49=0$$
$$-2I_1+(2+5)I_2+0.5I=0$$

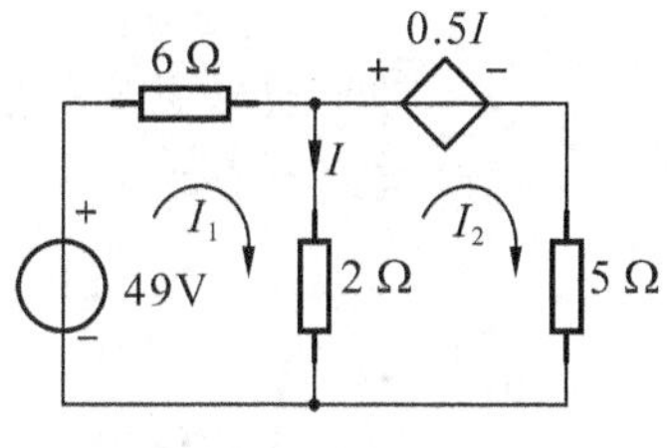

图 2.40　例 2.23 电路

将控制量 $I$ 用网孔电流表示，即

$$I=I_1-I_2$$

将上述方程联立求解可得

$$I_2=1.5\ \text{A}$$
$$I_1=6.5\ \text{A}$$
$$I=I_1-I_2=6.5-1.5=5(\text{A})$$

受控源的功率为

$$P=0.5I\times I_2=0.5\times5\times1.5=3.75(\text{W})$$

通过上述几个例题可以看出，分析含受控源的电路与分析不含受控源的电路方法相同，只要注意把控制量用所采用方法对应的变量来表示即可。

**例 2.24**　图 2.41(a)是一含有电压控制电压源的二端网络，试求对于 $a$、$b$ 端口的等效电阻。

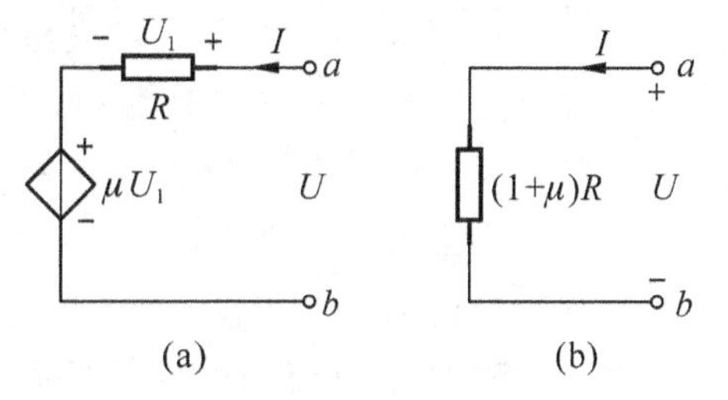

图 2.41　例 2.24 电路

解：在 $a$、$b$ 端口处施加电压，写出端口电压表达式为

$$U=U_1+\mu U_1=(1+\mu)U_1=(1+\mu)RI$$

由此求得二端网络的等效电阻为

$$R_0=\frac{U}{I}=\frac{(1+\mu)RI}{I}=(1+\mu)R$$

由 $R_0=(1+\mu)R$ 可以看到，由于受控源的存在，使端口等效电阻增至$(1+\mu)$倍。若$\mu=-2$，则等效电阻 $R_0=-R$，表明该电路可将正电阻变换为负电阻。含受控源的二端网络等效为一个正电阻，说明该二端网络从外电路吸收电能；等效为一个负电阻，则说明该二端网络向外电路提供电能。

## 本章小结

1. 等效变换是简化电路的常用方法。

①等效变换：仅对二端网络以外的电路而言，对端口以内部分并不等效。

②两个二端网络等效变换的条件：二端网络的端口具有完全相同的电压电流关系。

2. 一个无源二端网络可等效为一个电阻，该电阻等于关联参考方向下端口电压与端口电流的比值。

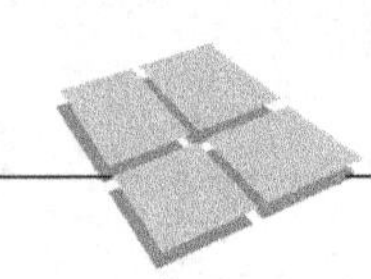


①串联电阻的等效电阻等于各电阻的和，总电压按各个串联电阻的电阻值进行分配

$$R=\sum_{i=1}^{n}R_i,\ U_i=\frac{R_i}{R}U$$

②并联电阻的等效电阻等于各电阻的倒数之和的倒数，总电流按各个并联电阻的电导值进行分配

$$\frac{1}{R}=\sum_{i=1}^{n}\frac{1}{R_i}\quad 或\quad G=\sum_{i=1}^{n}G_i,\ I_i=\frac{G_i}{G}I$$

3. 电源的电压源模型与电流源模型之间等效变换的条件是

$$\begin{cases}U_S=R_S I_S\\R_S=R_S'\end{cases}$$

4. 支路电流法是以各支路电流为未知量，直接运用基尔霍夫定律和欧姆定律列写与支路数相同的方程。对于具有 $n$ 个节点、$b$ 条支路的电路，可列 $(n-1)$ 个独立节点的 KCL 方程和 $[b-(n-1)]$ 个独立的 KVL 方程联立求解 $b$ 个方程，可得 $b$ 个支路电流。支路电流法对于求解支路数较少的电路较方便。

5. 网孔电流法是以假想的网孔电流为未知量求解电路的方法。可列 $[b-(n-1)]$ 个网孔的 KVL 方程。使用该方法时，首先应标出各网孔电流的方向及序号，求出网孔电流后，再根据网孔电流与支路电流关系求支路电流或电压。

6. 节点电压法是以独立节点电压为未知量求解电路的方法。使用该方法时，首先应选定参考节点，列出 $(n-1)$ 个独立节点的 KCL 方程，解方程求得各节点电压后，由节点电压与相应支路电流的关系求支路电流。

7. 弥尔曼定理用于只有一个独立节点的电路，其一般形式为

$$U_1=\frac{\sum G_i U_{Si}}{\sum G_i}$$

求出独立节点的电压后再求各支路电流。

8. 含有受控源的简单电路的分析。

①对于只含有受控源及电阻的二端网络，可以等效为一个电阻。一般采用外加端口电压，求出端口电压与流入端口电流的比值，即为等效电阻

$$R=\frac{U}{I}$$

②受控电压源与电阻串联的组合和受控电流源与电阻并联的组合之间可以等效变换，但受控源的控制量应保留。

③用节点电压法或网孔电流法分析含受控源的电路，受控源先当作独立源处理，然后再将受控源的控制量用节点电压或网孔电流来表示。

## 习题与思考题

2.1 计算图2.42所示各电路的电压$U$或电阻$R$。

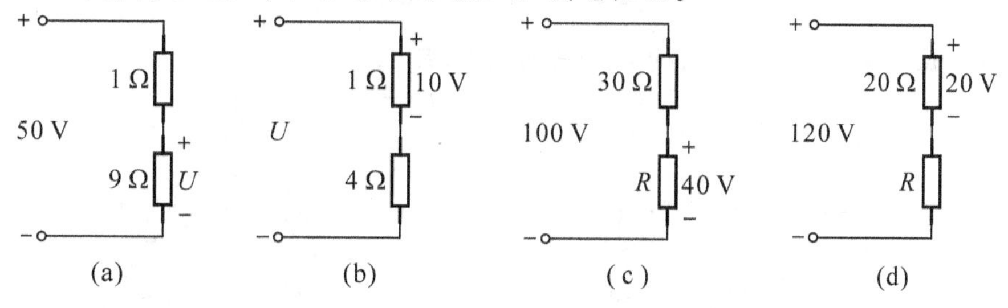


图2.42 习题2.1电路

2.2 如图2.43所示电压表电路中，表头内阻$R_g$=1.25 kΩ，表头满量程电流$I_g$=100 μA，试求电阻$R_1$、$R_2$、$R_3$。

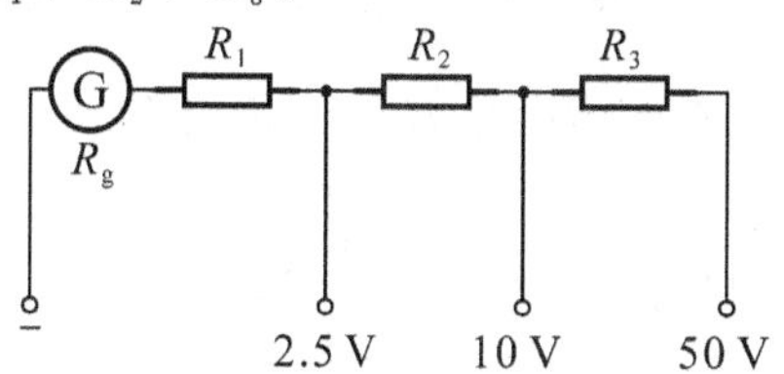


图2.43 习题2.2电路

2.3 如图2.44所示电路，$R_1$=2.7 kΩ，$R_2$=4.7 kΩ，可调电阻$R_P$=5.1 kΩ，$U$=24 V，试求输出电压$U_0$的变化范围。

2.4 两个电阻串联时等效电阻为18 Ω，并联时等效电阻为4 Ω，求这两个电阻的阻值。

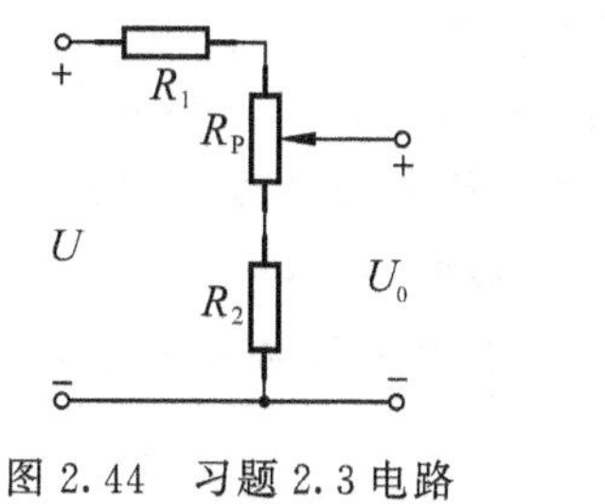


图2.44 习题2.3电路

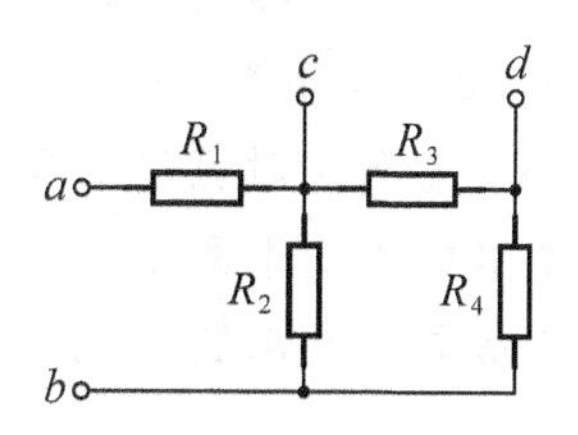


图2.45 习题2.5电路

2.5 图 2.45 所示电路中，$R_1=6\ \Omega$，$R_2=15\ \Omega$，$R_3=R_4=5\ \Omega$，分别求 $ab$ 两端和 $cd$ 两端的等效电阻。

2.6 试求图 2.46 所示各电路的等效电阻 $R_{ab}$。

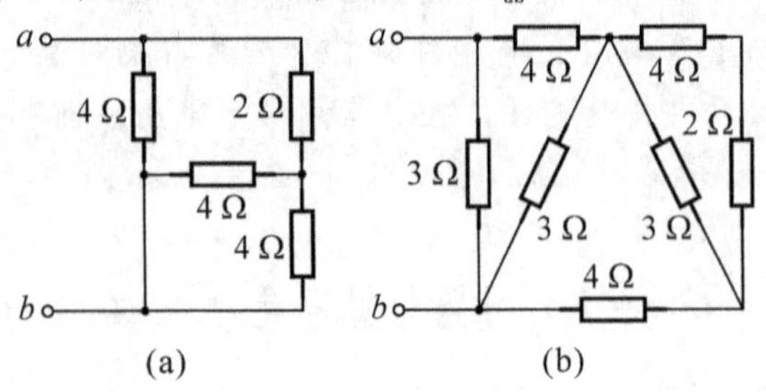


图 2.46　习题 2.6 电路

2.7 试求图 2.47 所示各电路的等效电阻 $R_{ab}$。

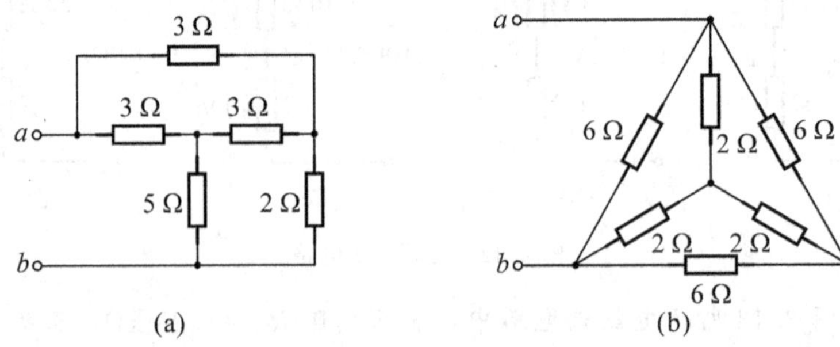


图 2.47　习题 2.7 电路

2.8 试求图 2.48 所示各电路的等效电压源模型。

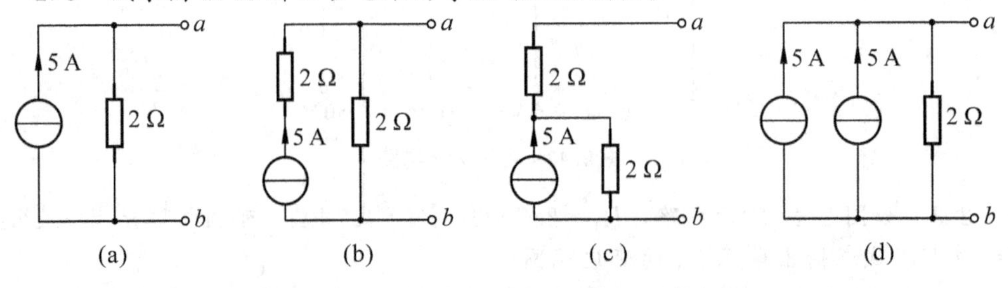


图 2.48　习题 2.8 电路

2.9 试求图 2.49 所示各电路的等效电流源模型。

2.10 如图 2.50 所示电路，(1)当 $R_L=4\ \Omega$ 时，用电压源与电流源的等效变换求电流 $I$；(2)当 $R_L$ 为多少时获得功率最大？最大功率为多少？

2.11 试用支路电流法求图 2.51 所示电路中各支路电流。

2.12 试用支路电流法求图 2.52 所示电路中支路电流 $I_1$、$I_2$ 和 $I_3$。

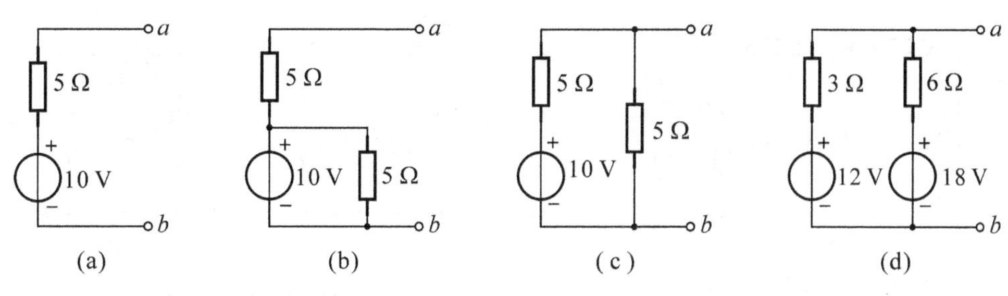


图 2.49　习题 2.9 电路

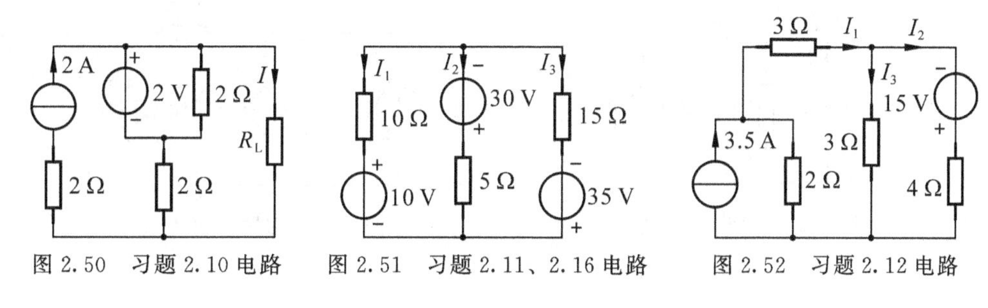


图 2.50　习题 2.10 电路　　图 2.51　习题 2.11、2.16 电路　　图 2.52　习题 2.12 电路

2.13　试用网孔电流法求图 2.53 所示电路中各支路电流。

2.14　用网孔电流法求图 2.54 所示电路中支路电流 $I$。

2.15　用节点电压法求图 2.55 所示电路中支路电流 $I_1$、$I_2$ 和 $I_3$。

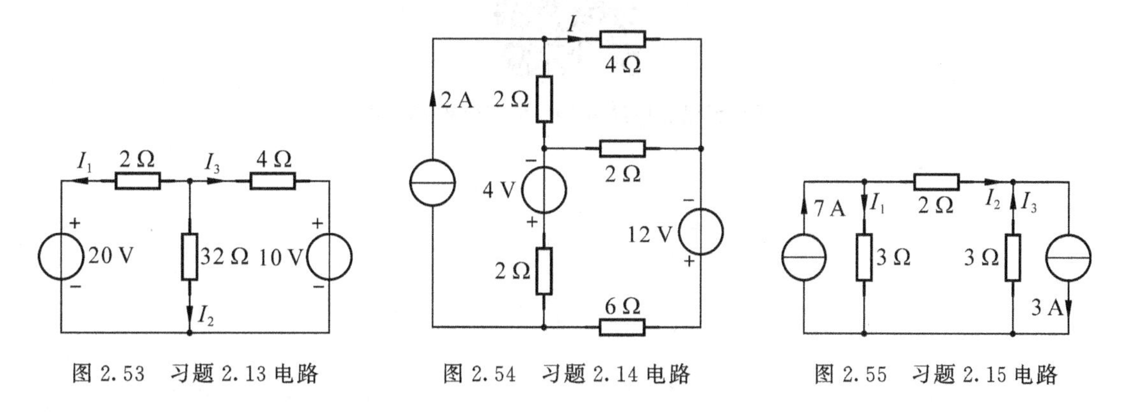


图 2.53　习题 2.13 电路　　图 2.54　习题 2.14 电路　　图 2.55　习题 2.15 电路

2.16　试用弥尔曼定理求图 2.51 所示电路中支路电流 $I_1$、$I_2$ 和 $I_3$。

2.17　试用节点电压法求图 2.56 所示电路中电流 $I$。

2.18　试求图 2.57 所示各电路的等效电阻 $R_{ab}$。

2.19　试求图 2.58 所示电路中电流 $I$。

2.20　如图 2.59 所示电路，求电压 $U$ 和电流 $I$。

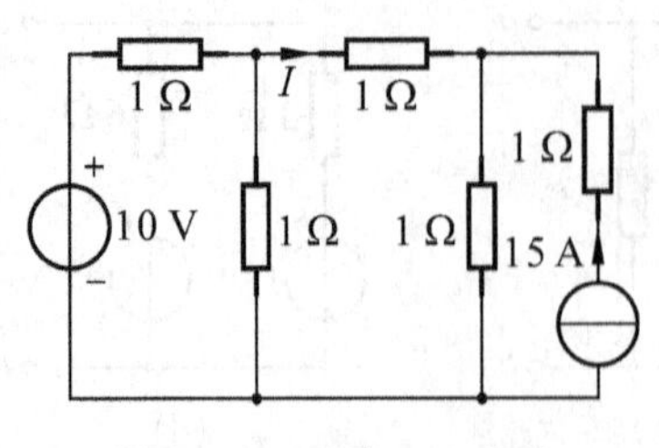

图 2.56　习题 2.17 电路

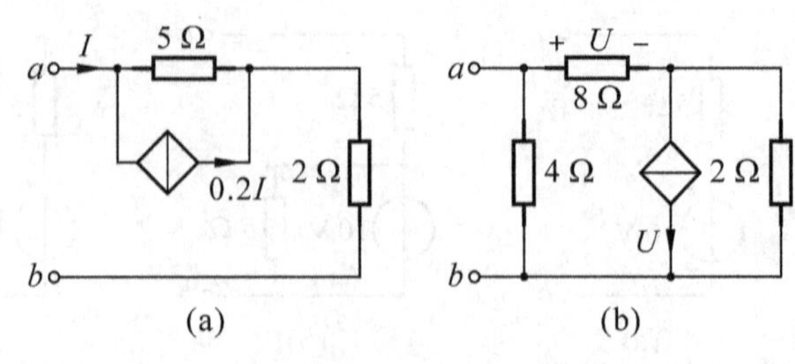

图 2.57　习题 2.18 电路

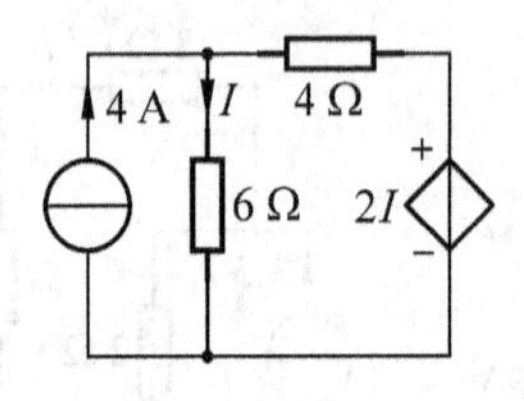

图 2.58　习题 2.19 电路

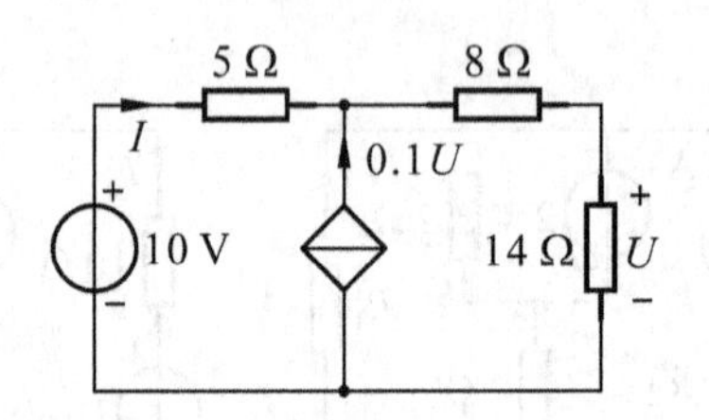

图 2.59　习题 2.20 电路

思政元素进课堂-中国科学家介绍-陈俊亮

# 第 3 章　电路定理

主要内容

1. 一些常用的电路定理：叠加定理、齐性定理、替代定理、戴维南定理和诺顿定理。

2. 这些定理不但能用于分析计算直流线性电阻网络，也可以扩展应用到交流线性电路中。

## 3.1　叠加定理

叠加定理

叠加定理是线性电路中一个重要的定理。如图 3.1(a)所示电路中，含有两个理想电压源，各支路电流实际上是由这两个理想电压源共同作用的结果。利用叠加定理可以把复杂电路的计算化为简单电路的计算。叠加定理可表述为：当线性电路有多个独立电源共同作用时，对于任一瞬间，任何一条支路电流(或电压)可以看作由各个独立电源单独作用时在该支路产生的电流(或电压)的代数和(叠加)。应用叠加定理可以把图 3.1(a)所示的复杂电路转化为图 3.1(b)和图 3.1(c)所示的两个简单电路，图 3.1(b)电路由理想电压源 $U_{S1}$ 单独作用、$U_{S2}$ 作零值处理(短路)后产生支路电流 $I_1'$、$I_2'$、$I_3'$。图 3.1(c)电路由理想电压源 $U_{S2}$ 单独作用、$U_{S1}$ 作零值处理(短路)后产生支路电流 $I_1''$、$I_2''$、$I_3''$。

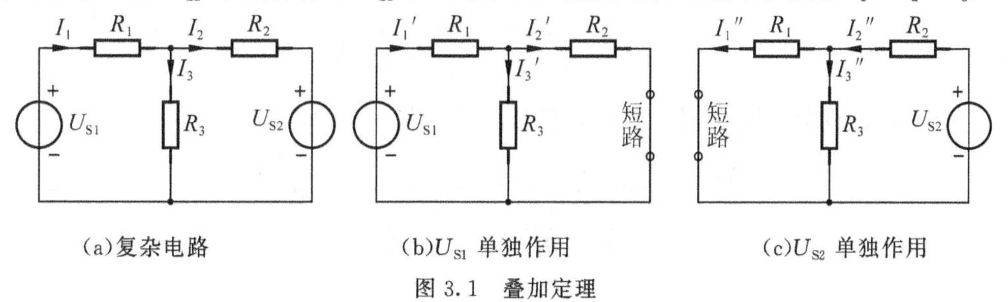


(a)复杂电路　　(b)$U_{S1}$ 单独作用　　(c)$U_{S2}$ 单独作用

图 3.1　叠加定理

叠加得

$$I_1 = I_1' - I_1''$$
$$I_2 = I_2' - I_2''$$
$$I_3 = I_3' + I_3''$$

式中，因 $I_1''$的参考方向与图 3.1(a)即原电路中 $I_1$ 参考方向相反，所以冠以负号。同理，$I_2''$也冠以负号。

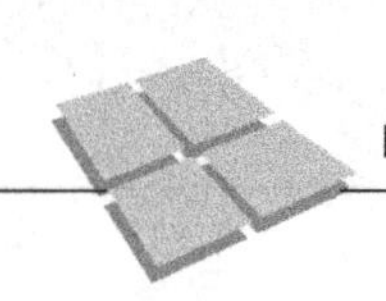



应用叠加定理的步骤是：

(1)把含有若干个电源的复杂电路分解为若干个理想电压源或理想电流源单独作用的分电路。应注意：分电路中当一个独立电源单独作用时，①其他独立电源不起作用(作零值处理)，即将理想电压源用短路替代，理想电流源用开路替代；②原电路中所有电阻，包括电源内阻，都应保留，电阻元件的参数及连接方式不变。

(2)标出原复杂电路和分电路中各电流的参考方向。

(3)计算各电源单独作用时的电流(或电压)。

(4)将各分电路中相应支路的电流(或电压)叠加，求其代数和。当分电路的支路电流(或电压)的参考方向与原电路中相应支路电流(或电压)的参考方向相同时，该分电路的支路电流(或电压)取正号，相反时取负号。

使用叠加定理时还应注意以下两点：

(1)叠加定理只适用于线性电路。

(2)叠加定理只适用于计算电流和电压，不能直接用于计算功率。因为功率是与电流或电压的平方成正比，与电流或电压不是线性关系。

**例 3.1** 如图 3.1(a)所示电路，$U_{S1}=5$ V，$U_{S2}=1$ V，$R_1=1\ \Omega$，$R_2=2\ \Omega$，$R_3=3\ \Omega$，试用叠加定理计算支路电流 $I_1$、$I_2$、$I_3$。

解：把图 3.1(a)分解为(b)(c)两个分电路，分别计算两个分电路的电流。

在图 3.1(b)中，$R_2$ 和 $R_3$ 并联，然后与 $R_1$ 串联，所以

$$I_1'=\frac{U_{S1}}{R_1+\dfrac{R_2R_3}{R_2+R_3}}=\frac{5}{1+\dfrac{2\times3}{2+3}}=\frac{25}{11}(\text{A})$$

由分流公式
$$I_2'=\frac{R_3}{R_2+R_3}\times I_1'=\frac{3}{2+3}\times\frac{25}{11}=\frac{15}{11}(\text{A})$$

故
$$I_3'=I_1'-I_2'=\frac{25}{11}-\frac{15}{11}=\frac{10}{11}(\text{A})$$

在图 3.1(c)中，$R_1$ 和 $R_3$ 并联，然后与 $R_2$ 串联，所以

$$I_2''=\frac{U_{S2}}{R_2+\dfrac{R_1R_3}{R_1+R_3}}=\frac{1}{2+\dfrac{1\times3}{1+3}}=\frac{4}{11}(\text{A})$$

$$I_1''=\frac{R_3}{R_1+R_3}\times I_2''=\frac{3}{1+3}\times\frac{4}{11}=\frac{3}{11}(\text{A})$$

$$I_3''=I_2''-I_1''=\frac{4}{11}-\frac{3}{11}=\frac{1}{11}(\text{A})$$

根据叠加定理并由原电路图，即图 3.1(a)可得各支路电流分别为

$$I_1=I_1'-I_1''=\frac{25}{11}-\frac{3}{11}=2(\text{A})$$

$$I_2=I_2'-I_2''=\frac{15}{11}-\frac{4}{11}=1(\mathrm{A})$$

$$I_3=I_3'+I_3''=\frac{10}{11}+\frac{1}{11}=1(\mathrm{A})$$

**例 3.2** 如图 3.2(a)所示电路，已知：$R_1=2\ \Omega$，$R_2=3\ \Omega$，$R_3=6\ \Omega$，$U_S=9\ \mathrm{V}$，$I_S=6\ \mathrm{A}$。试用叠加定理计算 $R_3$ 中的电流 $I_3$，并计算消耗的功率 $P$。

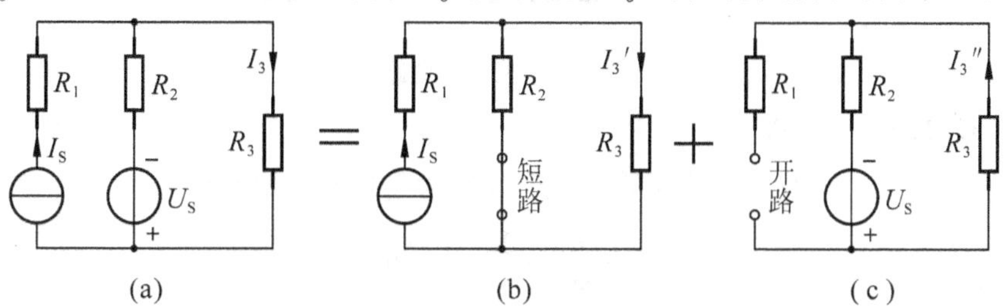


图 3.2 例 3.2 电路

解：将图 3.2(a)电路分解为理想电流源和理想电压源单独作用的电路，如图 3.2(b)和图 3.2(c)所示。

(1)由图 3.2(b)可得

$$I_3'=\frac{R_2}{R_2+R_3}\times I_S=\frac{3}{3+6}\times 6=2(\mathrm{A})$$

由图 3.2(c)可得

$$I_3''=\frac{U_S}{R_2+R_3}=\frac{9}{3+6}=1(\mathrm{A})$$

根据叠加定理，得

$$I_3=I_3'-I_3''=2-1=1(\mathrm{A})$$

(2)电阻 $R_3$ 所消耗的功率为

$$P=I_3^2R_3=1^2\times 6=6(\mathrm{W})$$

齐性定理和替代定理

## 3.2 齐性定理和替代定理

### 3.2.1 齐性定理

齐性定理的内容：在线性电路中，当所有激励(电压源和电流源)都同时增大或缩小 $K$ 倍($K$ 为实常数)，电路的电压(或电流)响应也将同样增大或缩小 $K$ 倍。齐性定理可以从叠加定理推得。应当指出，这里的激励是指独立电源，并且必须全部激励同时增大或缩小 $K$ 倍，否则将导致错误。

如果例 3.2 中，电压源由 9 V 增至 18 V，电流源由 6 A 增至 12 A，则根据齐性定理，电路中的 $I_3$ 就要同时增大 2 倍，计算可得 $I_3=2$ A。

用齐性定理分析梯形电路特别方便。

**例 3.3** 如图 3.3 所示梯形电路，求各支路电流。

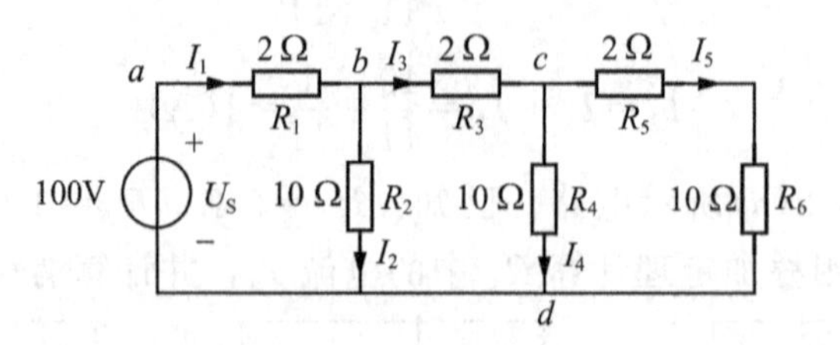


图 3.3　例 3.3 电路

解：设 $I'_5=1$ A，则

$$U_{cd}'=I_5'(R_5+R_6)=1\times(2+10)=12(\text{V})$$

$$I_4'=\frac{U_{cd}'}{R_4}=\frac{12}{10}=1.2(\text{A})$$

$$I_3'=I_4'+I_5'=1.2+1=2.2(\text{A})$$

$$U_{bd}'=I_3'R_3+U_{cd}'=2.2\times2+12=16.4(\text{V})$$

$$I_2'=\frac{U_{bd}'}{R_2}=\frac{16.4}{10}=1.64(\text{A})$$

$$I_1'=I_2'+I_3'=1.64+2.2=3.84(\text{A})$$

$$U_S'=U_{ad}'=I_1'R_1+U_{bd}'=3.84\times10+16.4=54.8(\text{V})$$

现给定 $U_S=100$ V，相当于将激励 $U_S'$ 增大 $\frac{100}{54.8}$ 倍，即 $K=\frac{100}{54.8}=1.825$，故各支路电流应同时增大 1.825 倍。

$$I_1=KI_1'=1.825\times3.84=7.01(\text{A})$$

$$I_2=KI_2'=1.825\times1.64=2.99(\text{A})$$

$$I_3=KI_3'=1.825\times2.2=4.02(\text{A})$$

$$I_4=KI_4'=1.825\times1.2=2.19(\text{A})$$

$$I_5=KI_5'=1.825\times1=1.83(\text{A})$$

### 3.2.2　替代定理

替代定理是用等效变换的方法求解电路响应时常用的一个定理。替代定理的内容：在任一电路中，当第 $K$ 条支路的电压 $U_K$ 或电流 $I_K$ 为已知时，可把该条支路移去，而用一个电压值为 $U_K$ 且方向与原支路电压方向一致的理想电压源代替；或者用一个电流值为 $I_K$ 且方向与原支路电流方向一致的理想电流源代替，这样替代后不会影响其他支路的电压和电流。这是因为以各支路电压或电流为未知量所列出的方程是一个代数方程，这个代数方程组只要存在唯一解，则将其中一个未知量用其解去替代，不会影响其余未知量的值。由于替代定理的实质来源于解的唯一性定理，故替代前后，电路各处的电流、电压不变。

如图 3.4(a)所示电路，已知 $R_1=1$ Ω，$R_2=2$ Ω，$R_3=3$ Ω，$U_{S1}=5$ V，$U_{S2}=$

1 V，用支路电流法可计算出 $I_1=2$ A，$I_2=1$ A，$I_3=1$ A，以及 $U_{AB}=-I_1R_1+U_{S1}=-2\times1+5=3$ V，现在应用替代定理，用 $U_S=3$ V 的理想电压源代替 $U_{S1}$ 与 $R_1$ 串联支路，如图 3.4(b)所示，重新计算支路电流，为

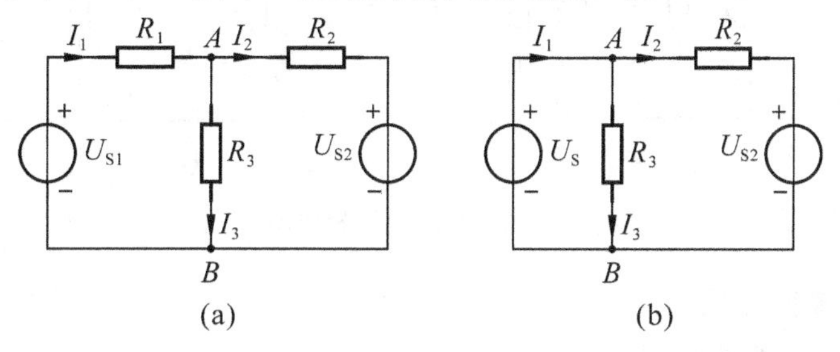


图 3.4　替代定理

$$I_2=\frac{U_{AB}-U_{S2}}{R_2}=\frac{3-1}{2}=1(\text{A})$$

$$I_3=\frac{U_{AB}}{R_3}=\frac{3}{3}=1(\text{A})$$

$$I_1=I_2+I_3=1+1=2(\text{A})$$

可见，用替代定理解得的支路电流值与用支路电流法所求得的支路电流值相等。这说明了 $U_{S1}$ 与 $R_1$ 串联支路可以用一个电压源替代，这样替代后对原电路中的各支路电流和电压不会产生影响。

## 3.3　戴维南定理和诺顿定理

如图 3.5(a)所示电路，4 Ω 电阻左边电路有两个出线端 $a$、$b$，其内部含有独立电源。从 $a$、$b$ 两端向左看进去的网络称为有源二端网络。如果要求当 4 Ω 电阻接入 $a$、$b$ 端后通过的电流 $I$，则可用电压源与电流源的等效变换把该有源二端网络简化。简化过程如图 3.5(b)(c)所示，最后将图 3.5(c)电路等效变换为一个理想电压源与电阻串联电路，即图 3.5(d)。

这就告诉我们，一个有源二端网络对于待求支路来说，可以等效变换为一个理想电压源和内阻串联的实际电压源或一个理想电流源和内阻并联的实际电流源。这就是下面我们要讨论的戴维南定理和诺顿定理。

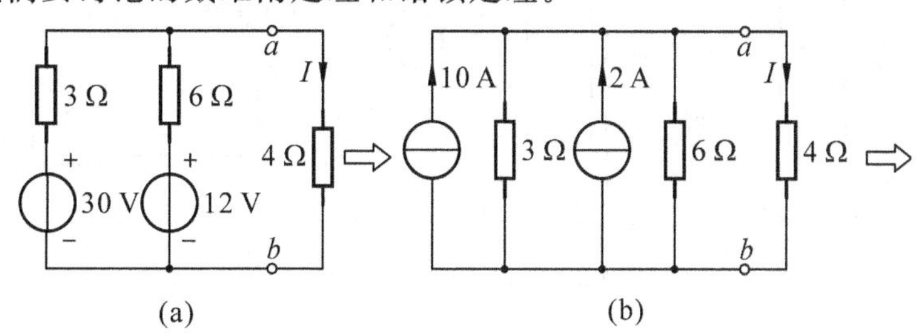

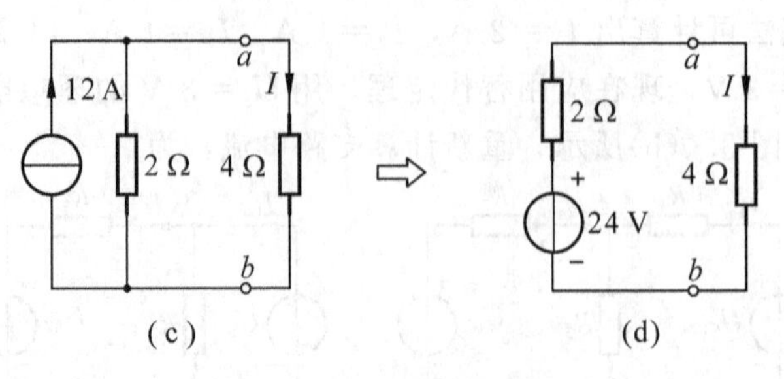


图 3.5　电源的等效变换

### 3.3.1　戴维南定理

戴维南定理

1. 戴维南定理及其证明

戴维南定理的内容：对于任意一个线性有源二端网络，对外电路而言，可以等效为一个理想电压源与电阻串联的电压源模型，其理想电压源的电压等于有源二端网络端口处的开路电压 $U_{OC}$，其串联电阻(内阻)的阻值等于有源二端网络内所有独立电源为零时，端口处的等效(或称输入)电阻 $R_0$。这个电压源模型称为戴维南等效电路(或支路)。

戴维南定理可以证明如下：设一个含源二端网络 $N$ 与外电路相连，如图 3.6(a)所示，端口 $ab$ 的电压为 $U$，电流为 $I$。首先，根据替代定理用 $I_S=I$ 的电流源代替外电路，如图 3.6(b)所示。其次，根据叠加定理，含独立源的二端网络 $N$ 的端口电压 $U$ 可以看成由网络内部电源和网络外部电流源共同作用的结果，即

$$U=U'+U'' \tag{3-1}$$

式中，$U'$是网络内部电源作用、外部的电流源为零(即电流源用开路代替)时的端口电压，即含独立源的二端网络 $N$ 的开路电压 $U_{OC}$，如图 3.6(c)所示，所以

$$U'=U_{OC} \tag{3-2}$$

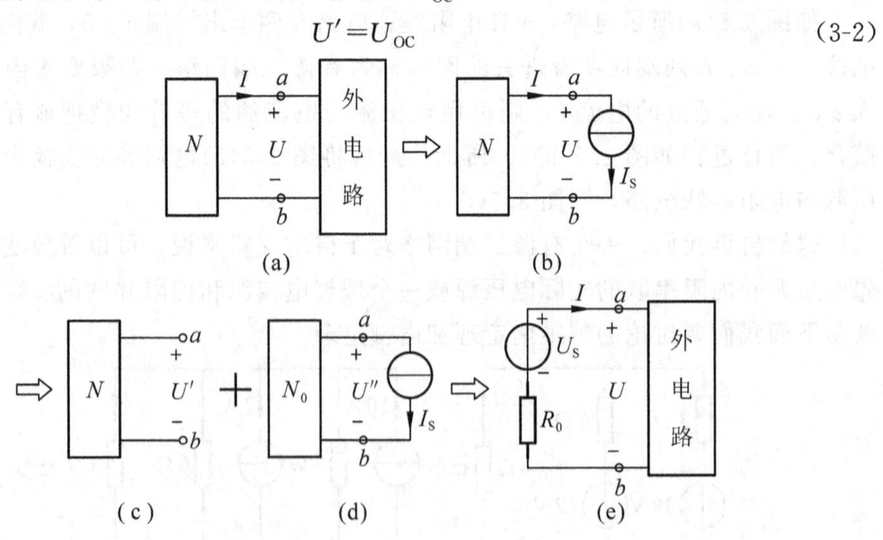


图 3.6　戴维南定理证明

而$U''$是外部电流源作用、网络内部所有独立源为零(即电压源用短路代替，电流源用开路代替)时的端口电压，如图3.6(d)所示，这时含独立源的网络变成不含独立源的网络(图中用$N_0$表示)，端口$ab$间呈现的电阻为输入电阻$R_0$，电流源$I_S$流过这个电阻产生的电压降正好是$U''$的负值，所以

$$U''=-R_0I_S=-R_0I \tag{3-3}$$

由式(3-1)、式(3-2)和式(3-3)可得

$$U=U_{OC}-R_0I \tag{3-4}$$

根据式(3-4)画出的等效电路正好是一个电压源与电阻串联组合，电压源电压等于含独立源的二端网络的开路电压$U_{OC}$，电阻等于该二端网络所有独立源为零时，端口$ab$的输入电阻$R_0$，如图3.6(e)所示。

从以上证明可以看到，它和等效的含独立源的二端网络具有完全相同的外特性。这就证明了戴维南定理。

戴维南定理可用图3.7的图形表示。

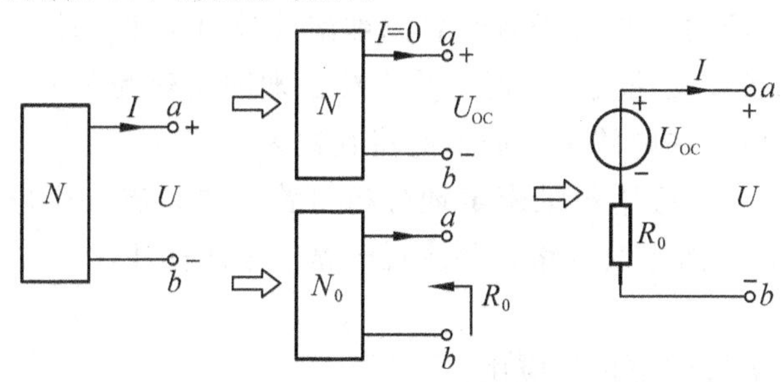


图3.7 戴维南定理

2. 应用戴维南定理的解题步骤

戴维南定理适用于求解复杂电路中的一部分电路，或电路中某一条支路或元件的电流、电压。在电路其他参数不变的情况下，某支路的元件参数改变时，应用戴维南定理也比较方便。解题步骤如下：

(1)将待求支路或元件从原电路中断开、分离，原电路的剩余部分为有源二端网络。

(2)求解有源二端网络的开路电压$U_{OC}$。

(3)将有源二端网络变换为无源二端网络(所有独立电源为零)，即理想电压源短路，理想电流源开路，然后求无源二端网络端口处的等效电阻$R_0$。

(4)用戴维南等效支路代替有源二端网络并将待求支路或元件接回到戴维南等效电路相应端口，求电流或电压。

应用戴维南定理的关键是求有源二端网络的开路电压$U_{OC}$和无源二端网络的等效电阻$R_0$。

求$U_{OC}$的方法一般有两种：一种是用前面已介绍的分析计算方法如支路电流

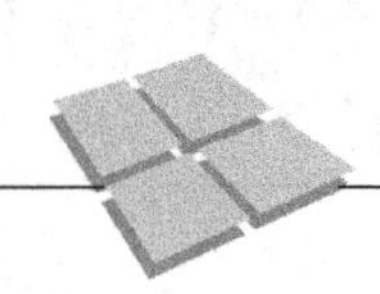


法、叠加定理、电压源与电流源的等效变换等方法求 $U_{OC}$。另一种是用实验测量方法，测量端口处开路电压 $U_{OC}$。

求 $R_0$ 的方法有：

(1)直接计算：如二端网络内无受控源，可将无源二端网络用电阻的串、并联及Y-△等效变换方法计算等效电阻 $R_0$。

(2)开路/短路法：测量或计算二端网络开路电压 $U_{OC}$ 和短路电流 $I_{SC}$，则

$$R_0=\frac{U_{OC}}{I_{SC}}$$

(3)伏安法：对无源二端网络，在端口处外加电压 $U$，输入端口电流为 $I$，则

$$R_0=\frac{U}{I}$$

应用戴维南定理时要注意以下几点。

(1)戴维南定理只适用于线性电路的分析，不适用于非线性电路。

(2)求含有受控源的有源二端网络的戴维南等效电阻 $R_0$ 时，只能采用开路/短路法和伏安法。而且在应用伏安法时，将有源二端网络化为无源二端网络时，要将受控源像电阻一样保留在电路中，而不能将其视为零。

(3)在一般情况下，应用戴维南定理分析电路，要画出三个电路，即求 $U_{OC}$ 电路、求 $R_0$ 电路和戴维南等效电路，并注意电路变量的标注。

3. 举例

下面举例说明戴维南定理的应用。

**例 3.4** 用戴维南定理求图 3.8(a)所示电路中的电流 $I$。已知 $R_1=3\ \Omega$，$R_2=6\ \Omega$，$R=4\ \Omega$，$U_{S1}=30\ \text{V}$，$I_S=2\ \text{A}$。

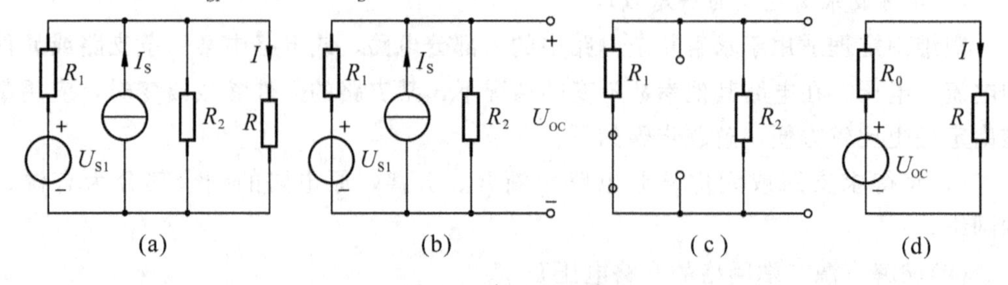


图 3.8 例 3.4 电路

解：将待求支路电阻 $R$ 从电路中断开，余下部分为有源二端网络，如图 3.8(b)所示。

(1)求开路电压 $U_{OC}$。

根据弥尔曼定理，有

$$U_{OC}=\frac{\frac{U_{S1}}{R_1}+I_{S2}}{\frac{1}{R_1}+\frac{1}{R_2}}=\frac{\frac{30}{3}+2}{\frac{1}{3}+\frac{1}{6}}=24(\text{V})$$

(2)求无源二端网络的等效电阻 $R_0$。

将图 3.8(b)电路的 $U_{S1}$ 短路、$I_S$ 开路，得到如图 3.8(c)所示的无源二端网络，其等效电阻为

$$R_0=\frac{R_1\times R_2}{R_1+R_2}=\frac{3\times 6}{3+6}=2(\Omega)$$

(3)将电压 $U_{OC}=24$ V 的理想电压源与 $R_0=2$ Ω 的内阻串联组成电压源(即戴维南等效电路)，把待求支路 $R$ 接回到该电源上，如图 3.8(d)所示，可求得

$$I=\frac{U_{OC}}{R_0+R}=\frac{24}{2+4}=4(\text{A})$$

**例 3.5** 如图 3.9(a)电路，用戴维南定理求电流 $I$。

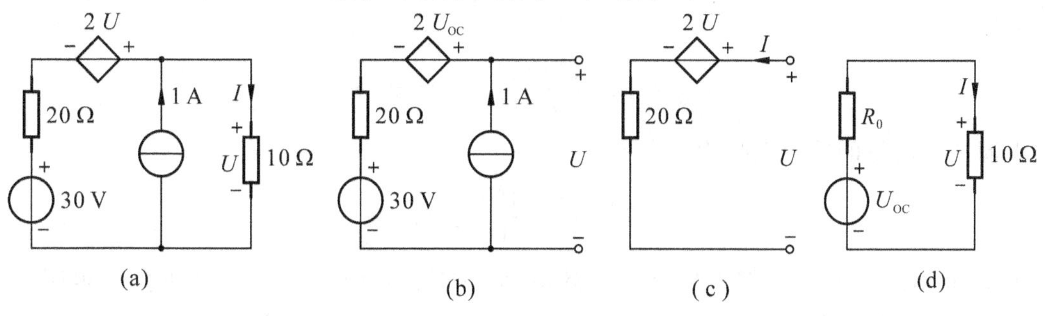


图 3.9 例 3.5 电路

解：(1)求开路电压 $U_{OC}$。

将待求支路从图 3.9(a)电路中断开、移走，剩余电路为含有受控源的有源二端网络，端口开路电压 $U_{OC}$，则受控源电压为 $2U_{OC}$，如图 3.9(b)所示，根据 KVL，得

$$2U_{OC}+20\times 1+30-U_{OC}=0$$

解得

$$U_{OC}=-50\ \text{V}$$

(2)求等效电阻 $R_0$。

将有源二端网络如图 3.9(b)所示电路中的独立电源置为零，受控源保留并在端口外加电压 $U$，流入端口电流 $I$，如图 3.9(c)所示，根据 KVL，得

$$2U+20I-U=0$$

解得等效电阻为

$$R_0=\frac{U}{I}=-20\ \Omega$$

(3)求电流 $I$。

将 $U_{OC}$、$R_0$ 串联组成戴维南等效电路，把待求支路接回去，如图 3.9(d)所示，

可得

$$I=\frac{U_{OC}}{R_0+R}=\frac{-50}{-20+10}=5(\mathrm{A})$$

**例 3.6** 电路如图 3.10(a)所示，$R$ 是可调电阻，问当 $R$ 为何值时获得最大功率。

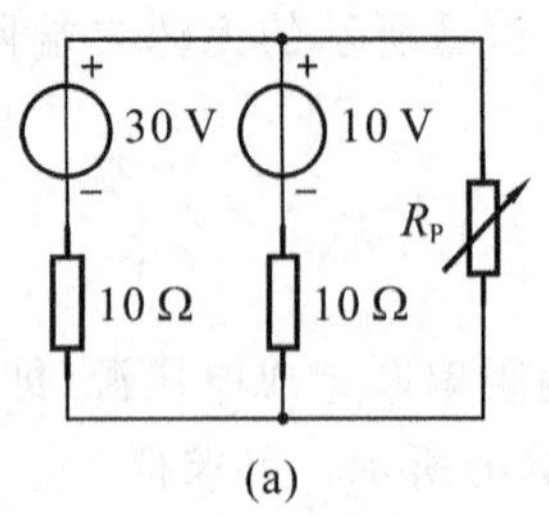


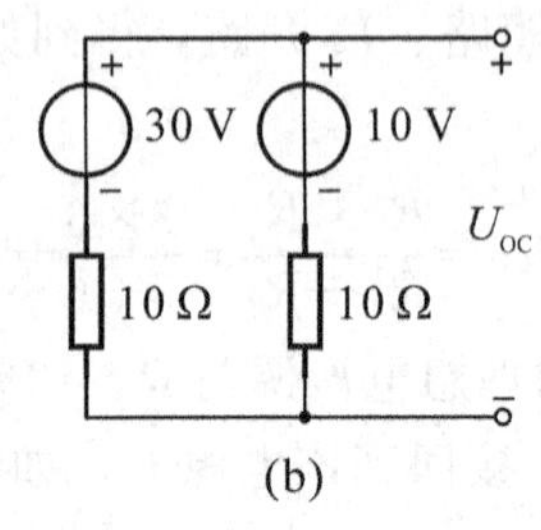


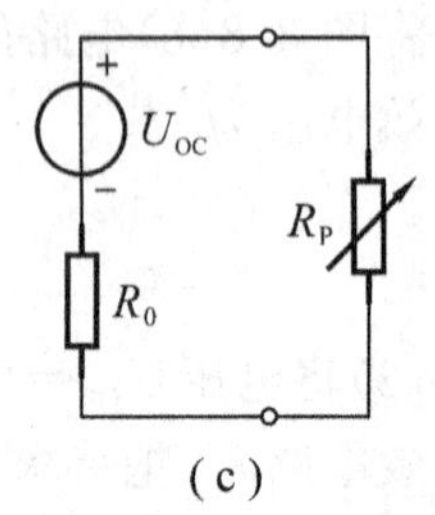


图 3.10 例 3.6 电路

解：将图 3.10(a)电路中的 $R_P$ 与网络断开、移走，如图 3.10(b)所示，求开路电压

$$U_{OC}=10+\frac{30-10}{10+10}\times 10=20(\mathrm{V})$$

无源二端网络的等效电阻为

$$R_0=\frac{10\times 10}{10+10}=5(\Omega)$$

由此可得图 3.10(a)电路的戴维南等效电路为如图 3.10(c)所示，根据负载电阻 $R$ 获得最大功率的条件可得，当 $R=R_0=5\ \Omega$ 时，电阻 $R$ 可获得最大功率，为

$$P_{max}=\frac{U_{OC}^2}{4R_0}=\frac{20^2}{4\times 5}=20(\mathrm{W})$$

即，当负载电阻等于有源二端网络的戴维南等效电阻时，获得最大功率。

### 3.3.2 诺顿定理

诺顿定理可陈述为：任一线性有源二端网络，对外电路而言，可以等效为一个理想电流源与电阻并联的电流源模型；其理想电流源的电流为有源二端网络在端口处的短路电流 $I_{SC}$，其并联电阻为有源二端网络内独立电源为零时，端口处的等效(或称输入)电阻 $R_0$。这个电流源模型称为诺顿等效电路(或支路)。

利用戴维南定理可以直接导出诺顿定理。设某一含独立源的二端网络如图 3.11(a)所示，其戴维南等效电路如图 3.11(b)所示，则由电源模型的等效变换可将其变换为图 3.11(c)，用公式表示为

$$I=I_{SC}-\frac{U}{R_0}$$

式中，电流源的电流为

$$I_{SC}=\frac{U_{OC}}{R_0}$$

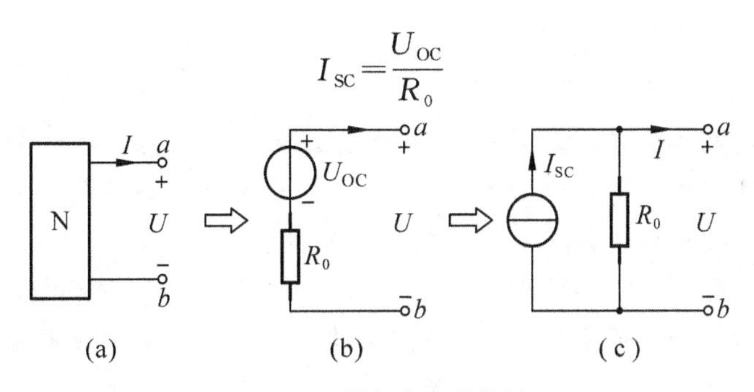


图 3.11 诺顿定理的推导

当然，诺顿定理也可以应用替代定理和叠加定理直接证明，其方法与戴维南定理的证明方法相似，这里不再重述。

下面举例说明用诺顿定理解题的方法和步骤。

**例 3.7** 用诺顿定理求图 3.12(a)所示电路中电流 $I$。

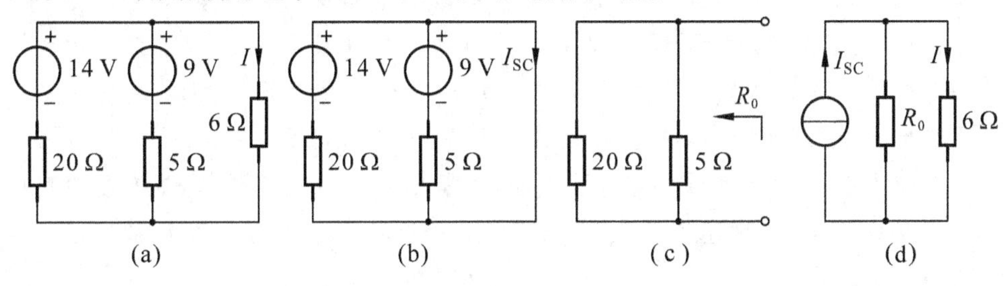


图 3.12 例 3.7 电路

解：将待求支路 6 Ω 电阻从图 3.12(a)电路中断开、移走，把有源二端网络的端口短路，如图 3.12(b)所示，求短路电流 $I_{SC}$，为

$$I_{SC}=\frac{14}{20}+\frac{9}{5}=2.5(\text{A})$$

求等效电阻，如图 3.12(c)所示，为

$$R_0=\frac{20\times5}{20+5}=4(\Omega)$$

画出诺顿等效电路，如图 3.12(d)所示，可求得电流 $I$，为

$$I=\frac{R_0}{R_0+6}\times I_{SC}=\frac{4}{4+6}\times2.5=1(\text{A})$$

## 本章小结

1. 叠加定理。在有多个独立电源的线性电路中，任一支路电流(或电压)等于各独立电源单独作用于该支路时，在该支路产生的各电流(或

电压)的代数和。

独立电源单独作用，是指当某一独立电源作用时，其余独立电源应为零，即理想电压源用短路替代、理想电流源用开路替代，对于电源内阻应保留，其他的电路参数和连接方式不变。

求各分电流(或电压)的代数和时，应注意分电流(或电压)的正负：分电流(或电压)与原电路支路电流(或电压)参考方向一致时取正号，相反时取负号。

叠加定理适用于线性电路中电流和电压的计算，而功率不能直接用叠加定理计算。

2. 替代定理是对于任意具有唯一解的线性或非线性电路，一条电流(或电压)已知的支路可以用一个等于该电流(或电压)的理想电流源(或理想电压源)替代，这样替代后不会影响其余电路的电流和电压。

3. 戴维南定理和诺顿定理。对于任意一个线性有源二端网络，对其外部电路而言，可以用一个理想电压源与一个电阻串联的组合或用一个理想电流源与一个电阻并联的组合来等效。理想电压源的电压等于该有源二端网络的开路电压 $U_{OC}$，理想电流源的电流为该有源二端网络端口处短路电流 $I_{SC}$，内阻 $R_0$ 等于有源二端网络内所有独立电源为零时端口处的等效电阻。

## 习题与思考题

3.1　试用叠加定理计算图 3.13 所示电路中电压 $U$。

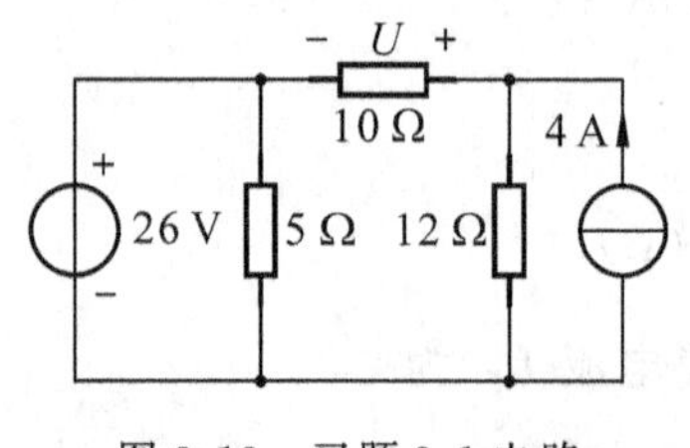


图 3.13　习题 3.1 电路

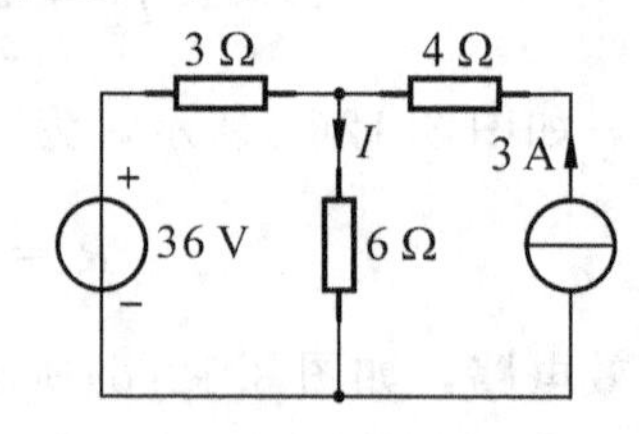


图 3.14　习题 3.2 电路

3.2　试用叠加定理计算图 3.14 所示电路中电流 $I$。

3.3　试用叠加定理求图 3.15 所示电路中电流 $I_x$ 和电压 $U_y$。

3.4　如图 3.16 所示电路中，用替代定理计算当 $R_x$ 为多少欧姆时，通过 40 Ω 电阻的电流为零?

3.5　计算图 3.17 所示电路中电阻 $R$ 的阻值。

3.6　如图 3.18 所示电路，(1)求 $a$、$b$ 两端的戴维南等效电路。(2)如果在 $a$、

$b$ 间接入电流表(设其内阻为零)，电流为多少？

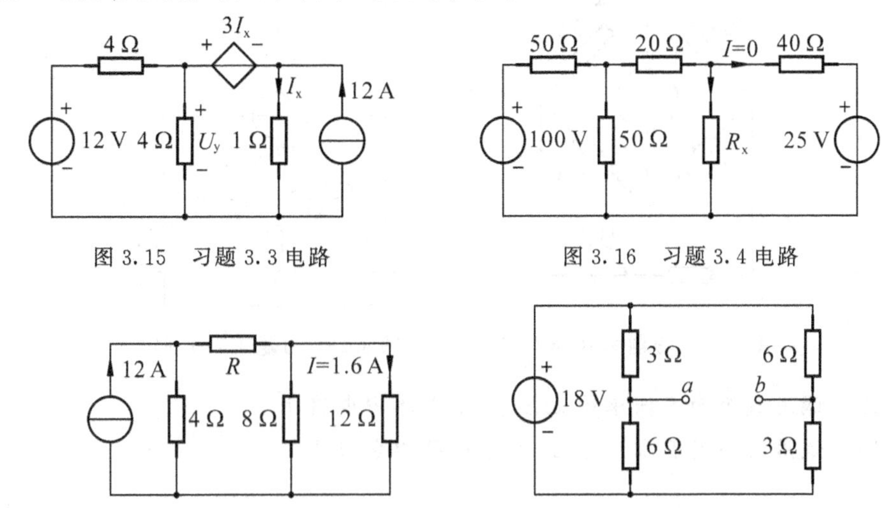


图 3.15 习题 3.3 电路

图 3.16 习题 3.4 电路

图 3.17 习题 3.5 电路

图 3.18 习题 3.6 电路

3.7 试求图 3.19 所示各电路中 $a$、$b$ 两端的戴维南等效电路。

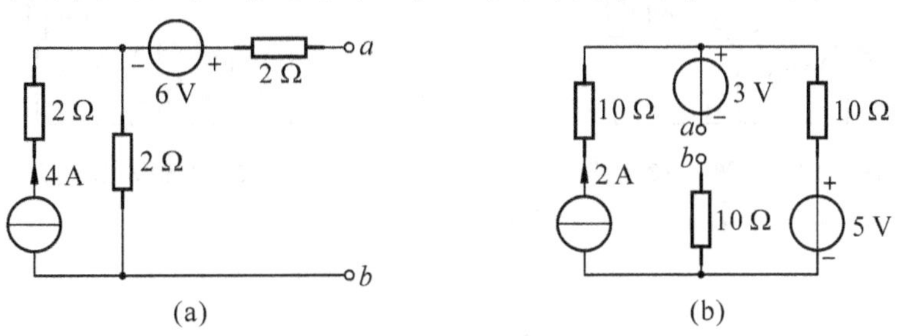


图 3.19 习题 3.7 电路

3.8 用戴维南定理求图 3.20 所示电路中电压 $U$。

3.9 用戴维南定理计算图 3.21 所示电路中电流 $I_1$。

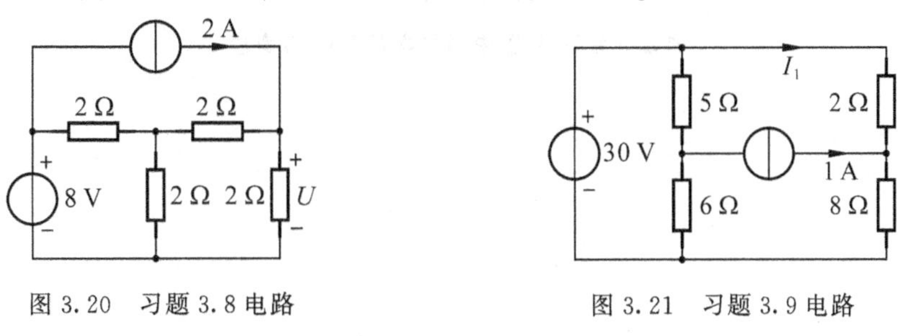


图 3.20 习题 3.8 电路

图 3.21 习题 3.9 电路

3.10 计算图 3.22 所示电路中电流 $I$。

3.11 图 3.23 所示电路中，负载电阻 $R_L$ 等于多少欧姆时可获得最大功率？并求该最大功率 $P_{max}$。

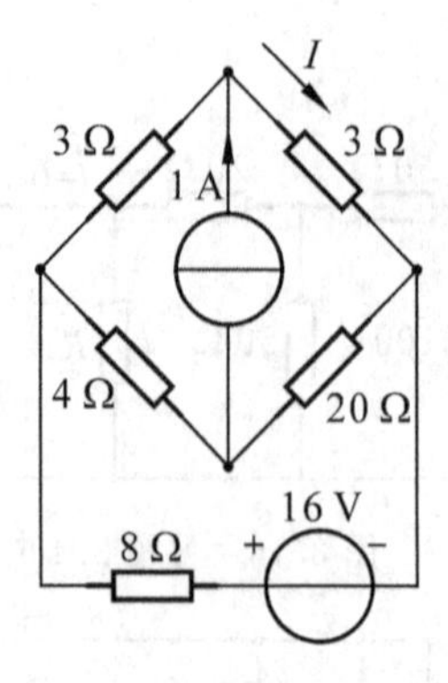


图 3.22　习题 3.10 电路

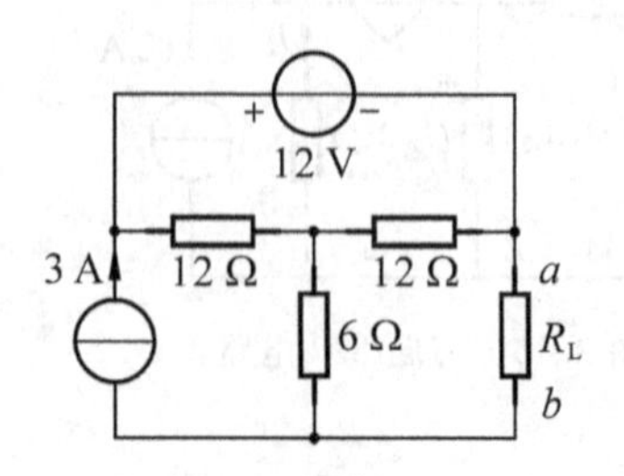


图 3.23　习题 3.11 电路

3.12　试用戴维南定理求图 3.24 所示电路中电流 $I$。

3.13　试用诺顿定理求图 3.25 所示电路中电流 $I$。

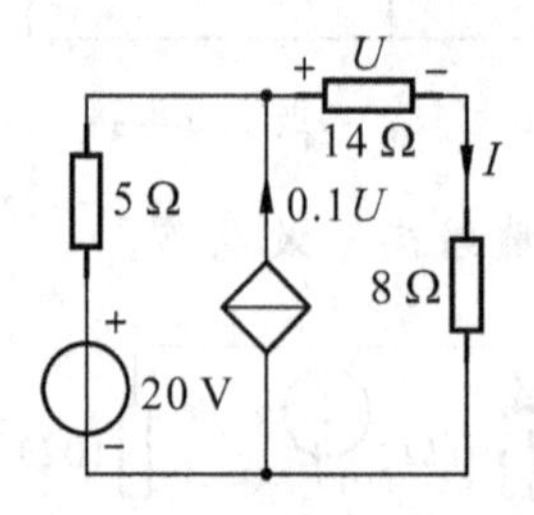


图 3.24　习题 3.12 电路

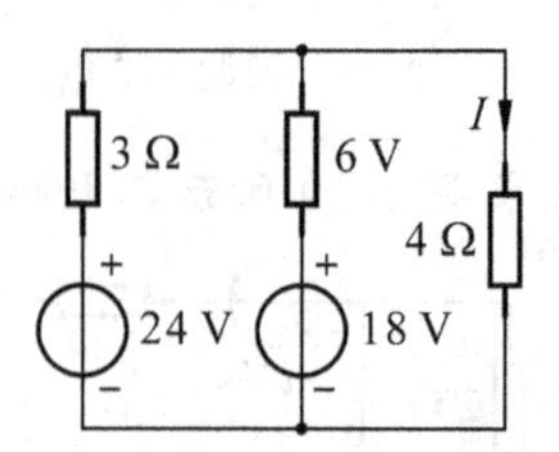


图 3.25　习题 3.13 电路

思政元素进课堂-中国科学家介绍-陈良惠

# 第 4 章　正弦电流电路

主要内容

1. 正弦量及其正弦量的相量表示法。

2. 正弦电流电路中的单一元件(电阻、电感、电容)及 $RLC$ 串、并联电路的电压与电流关系和功率。

3. 一般正弦电流电路的分析计算方法。

电路中的全部电源都是同一频率的正弦交流电源，电路中各处的电压和电流也是同一频率的正弦函数，这类电路称为正弦电流电路，通常简称为交流电路。

## 4.1　正弦量

单相交流电及产生装置

大小和方向随时间按正弦规律变化的电流、电压统称为正弦交流量，简称正弦量。

### 4.1.1　正弦量的三要素

随时间变化的电流、电压在任一瞬时的值称为瞬时值，用小写字母 $i$、$u$ 表示。以电流为例，一个正弦电流的瞬时值表达式为

$$i=I_m\sin(\omega t+\psi_i) \tag{4-1}$$

设参考方向如图 4.1(a)所示，其波形如图 4.1(b)所示(设 $\psi_i>0$)。正弦量的大小、方向随时间变化，瞬时值为正，表示其方向与参考方向一致；瞬时值为负，表示其方向与参考方向相反。

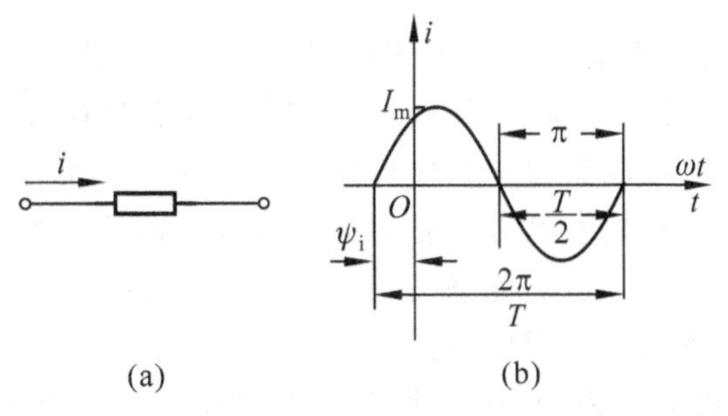


图 4.1　正弦电流波形

由式(4-1)可知，一个正弦量 $i$ 是由最大值 $I_m$、角频率 $\omega$ 和初相位 $\psi_i$ 三要素确

定的。下面分别解释它们的意义。

1. 最大值

$I_m$ 是正弦量各瞬时值中最大的值，称为正弦量的最大值或幅值，也称为振幅，用带下标 m 的大写字母表示。如图 4.2(a)所示，正弦量 $i_1$ 的幅值为 $I_{m1}$，而 $i_2$ 的幅值为 $I_{m2}$。

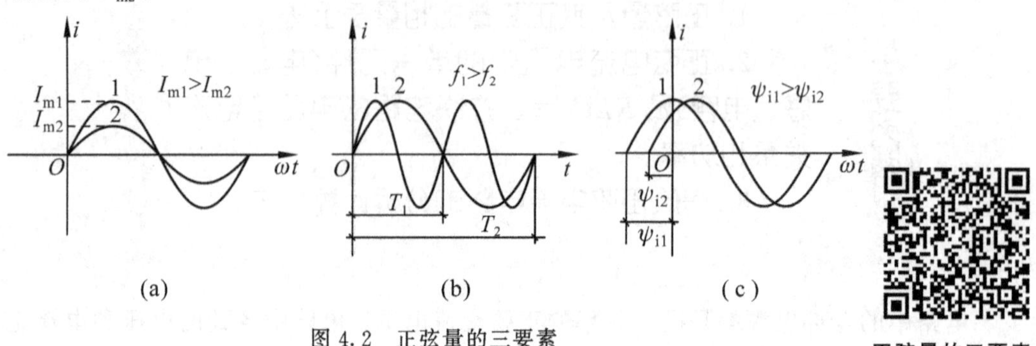


图 4.2 正弦量的三要素

正弦量的三要素

2. 角频率

正弦量每隔一定时间重复原来的变化，这种情况称为周期性。正弦量每变化一个循环所需要的时间，称为周期(用 $T$ 表示)，周期越短，表明正弦量变化得越快。周期的 SI 单位为秒(s)。周期的倒数 $1/T$ 表示正弦量在单位时间内变化的循环数，称为频率(用 $f$ 表示)，频率越高，表明正弦量变化得越快，如图 4.2(b)所示，$f_1$ 大于 $f_2$。频率的 SI 单位为赫兹(Hz)，也常用千赫(kHz)、兆赫(MHz)等。其换算关系为

$$1\ \text{MHz}=10^3\ \text{kHz}=10^6\ \text{Hz}$$

角频率(用 $\omega$ 表示)的定义是：单位时间内正弦量变化的弧度数。它的 SI 单位为弧度/秒(rad/s)。

频率 $f$、角频率 $\omega$ 及周期 $T$ 之间的关系

$$\omega=2\pi f=\frac{2\pi}{T} \tag{4-2}$$

$f$、$\omega$、$T$ 反映的都是正弦量循环变化的快慢，$\omega$ 越大，即 $f$ 越大、$T$ 越小，正弦量循环变化得越快；$\omega$ 越小，即 $f$ 越小、$T$ 越大，正弦量循环变化得越慢。直流量的大小、方向都不变，可以视为 $\omega=0$($f=0$、$T=\infty$)的正弦量。

我国和世界上大多数国家电力工业的标准频率，即工频是 50 Hz，少数国家的工频是 60 Hz。声音信号的频率范围为 20～20 000 Hz，广播中波段频率为 535～1 605 kHz，电视用的频率以 MHz 计。

**例 4.1** 正弦量的频率为 50 Hz，问对应的角频率 $\omega$ 及周期 $T$ 各是多少？

解：角频率 $\omega=2\pi f=2\pi\times 50\approx 314$(rad/s)

周期 $T=\frac{1}{f}=\frac{1}{50}=0.02$(s)

3. 初相位

初相位是描述正弦量初始状态的参数。式(4-1)中，$(\omega t+\psi_i)$称为正弦量的相位角，简称相位。$t=0$ 时的相位角称为初相位，或称为初相；$t=0$ 时正弦量的值称为初始值，简称初值，如图 4.2(c)所示。初相的大小与计时起点的选择有关，计时起点选择不同，初相和初值不同。初相表明正弦量从什么状态开始计时。为统一起见，规定初相的绝对值不大于 π。例如：某一正弦量的初相为 π/3，也可以看成初相为(2π+π/3)、(−2π+π/3)等，我们采用 π/3。

### 4.1.2 相位差

两个同频率正弦量的相位之差，称为相位差。

设 $i_1$ 和 $i_2$ 为两个同频率正弦量

$$i_1=I_{m1}\sin(\omega t+\psi_1)$$
$$i_2=I_{m2}\sin(\omega t+\psi_2)$$

$i_1$ 与 $i_2$ 的相位差为

$$\varphi=(\omega t+\psi_1)-(\omega t+\psi_2)=\psi_1-\psi_2 \tag{4-3}$$

可见，两个同频率正弦量，相位差在任何瞬时都是一个常数，等于它们的初相之差，而与时间无关，相位差是区分两个同频率正弦量的重要标志之一。相位差也采用绝对值不超过 π 的角度来表示。两个同频率的正弦量在时间上有如下几种情况。

1. 超前

若 $\varphi=\psi_1-\psi_2>0$，则 $i_1$ 相位超前 $i_2$ 相位的角度为 $\varphi$，简称 $i_1$ 超前 $i_2$ 角 $\varphi$，说明电流 $i_1$ 先于电流 $i_2$ 由零点出发升向正的最大值。当然也可以说电流 $i_2$ 滞后电流 $i_1$ 一个角度 $\varphi$，如图 4.3(a)所示。

2. 滞后

若 $\varphi=\psi_1-\psi_2<0$，结果恰好与上述情况相反。

3. 同相

若 $\varphi=2n\pi(n=0, 1, 2, \cdots)$，则称 $i_1$ 和 $i_2$ 同相，即 $i_1$ 和 $i_2$ 同时达到最大、最小，同时为零，如图 4.3(b)所示。

4. 反相

若 $\varphi=n\pi$($n$ 为奇数)，则称 $i_1$ 和 $i_2$ 反相，如图 4.3(c)所示。

5. 正交

若 $\varphi=\frac{n}{2}\pi$($n$ 为奇数)，则称 $i_1$ 和 $i_2$ 正交，即一个正弦量为零时，另一个正弦量为正的幅值(或负的幅值)，如图 4.3(d)所示。

**例 4.2** 有两个同频率的正弦量 $i_1=100\sin(\omega t+90°)$ A，$i_2=10\sin(\omega t-120°)$ A，问哪个电流超前，超前的角度为多少？

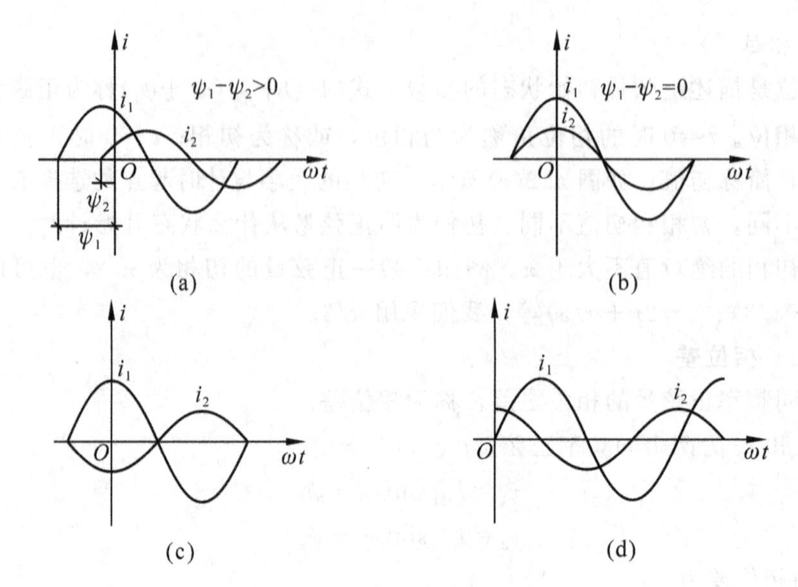


图 4.3　同频率正弦量的相位比较

解：初相位为　　　　　$\psi_1=90°$，$\psi_2=-120°$

由于相位差 $\varphi=\psi_1-\psi_2=90°-(-120°)=210°$，表示电流 $i_1$ 超前电流 $i_2$ 的角度是 210°，这个相位差超过了 180°。为使相位差的绝对值不超过 180°，可采用电流 $i_2$ 超前电流 $i_1$ 的说法，超前的角度为 360°−210°=150°。

### 4.1.3　有效值

交流电的有效值是用电流的热效应来确定的。若把一交变电流 $i$ 和一直流电流 $I$ 分别通过两个阻值相同的电阻 $R$，如果在一个周期内，它们产生的热量相等，便称此 $I$ 为交流电流 $i$ 的有效值，并用大写的英文字母 $I$ 表示。

根据交流电有效值的定义，可得

$$\int_0^T Ri^2\,\mathrm{d}t=RI^2T$$

因此，交流电流 $i$ 的有效值 $I$ 为

$$I=\sqrt{\frac{1}{T}\int_0^T i^2\,\mathrm{d}t} \tag{4-4}$$

由式(4-4)可知，交流电的有效值也称为方均根值。该公式适用于任何正弦和非正弦周期量。

将正弦电流解析式 $i=I_\mathrm{m}\sin\omega t$ 代入公式(4-4)，可得正弦电流的有效值 $I$ 为

$$I=\sqrt{\frac{1}{T}\int_0^T i^2\,\mathrm{d}t}=\sqrt{\frac{1}{T}\int_0^T I_\mathrm{m}^2\sin^2\omega t\,\mathrm{d}t}$$

$$=\sqrt{\frac{I_\mathrm{m}^2}{T}\int_0^T\frac{1}{2}[1-\cos 2\omega t]\mathrm{d}t}$$

$$=\frac{I_m}{\sqrt{2}}\approx 0.707I_m$$

或 $$I_m=\sqrt{2}I\approx 1.414I \tag{4-5}$$

同理 $$U_m=\sqrt{2}U\approx 1.414U$$

按照规定，有效值都用大写字母表示，有效值、最大值都是绝对值。

若无特殊声明，正弦电压、正弦电流的量值一般是指有效值。例如，交流测量仪表测出的交流电压、电流值是其有效值；家庭用电的交流电压 220 V 就是指交流电压的有效值。

**例 4.3** 已知正弦电压 $u(t)=310\sin\left(628t-\frac{\pi}{6}\right)$V，求电压的有效值、频率及 $t=0.005$ s 时瞬时值。

解：电压有效值为

$$U=\frac{U_m}{\sqrt{2}}=\frac{310}{\sqrt{2}}\approx 220(\text{V})$$

电压的频率为

$$f=\frac{\omega}{2\pi}=\frac{628}{2\pi}\approx 100(\text{Hz})$$

将 $t=0.005$ s 代入，得

$$u_{t=0.005\ \text{s}}=310\sin\left(628\times 0.005-\frac{\pi}{6}\right)\approx 155(\text{V})$$

## 4.2 正弦量的相量表示法

正弦量既可以用数学表达式(解析式)表示，也可以用波形表示，但是，用这两种表示方法直接进行正弦量的运算是非常烦琐的。在正弦电流电路中，各个电压、电流响应与激励均为同频率的正弦量，所以在分析正弦电流电路时只要计算出各电压、电流的有效值(或最大值)和初相位就可以了。为此引入相量，即将正弦量用相量表示。引入相量以后可以将正弦时间函数的分析计算简化为复数的分析计算，从而简化了正弦电流电路的分析计算。

在介绍正弦量的相量表示法之前，先介绍复数的概念和运算规则。

### 4.2.1 复数

复数及运算

1. 复数的几种表达式及其转换

复数常用的表达方式有：解析式法和图形法。

(1)解析式法。包括：代数式、三角函数式、指数式、极坐标式。

复数 $A$ 的代数式为

$$A=a+\mathrm{j}b \tag{4-6}$$

式中，$a$、$b$ 均为实数，$a$ 为 $A$ 的实部，$b$ 为 $A$ 的虚部；$a$、$b$ 可分别记为

$$a=\mathrm{Re}[A],\ b=\mathrm{Im}[A] \tag{4-7}$$

Re[]表示“取实数部分”，Im[]表示“取虚数部分”。$\mathrm{j}=\sqrt{-1}$，称为虚数单位。

复数 $A$ 的三角函数式为

$$A=|A|(\cos\varphi+\mathrm{j}\sin\varphi) \tag{4-8}$$

式中，$|A|$ 为 $A$ 的模，$\varphi$ 为 $A$ 的辐角。

复数的代数式与复数的三角函数式之间的转换关系为

$$\begin{cases}|A|=\sqrt{a^2+b^2}\\ \varphi=\arctan\dfrac{b}{a}\\ a=|A|\cos\varphi\\ b=|A|\sin\varphi\end{cases} \tag{4-9}$$

将欧拉公式 $\mathrm{e}^{\mathrm{j}\varphi}=\cos\varphi+\mathrm{j}\sin\varphi$ 代入式(4-8)，得出复数 $A$ 的指数形式

$$A=|A|\mathrm{e}^{\mathrm{j}\varphi} \tag{4-10}$$

为了便于书写，常将复数的指数形式写成极坐标形式，即

$$|A|=A\angle\varphi \tag{4-11}$$

根据式(4-8)、式(4-9)、式(4-10)、式(4-11)可进行复数的极坐标形式(或指数形式)、代数式(或三角函数式)之间的转换。

(2)图形法。用实轴“+1”和虚轴“+j”构成的平面称为复平面。一个复数在复平面上可以用一条有向线段 $OA$ 来表示；其中，线段 $OA$ 的长度为复数的模，线段 $OA$ 与正实轴的夹角为复数的辐角。从正实轴开始按逆时针转动的角度为正角，从正实轴按顺时针转动的角度为负角，如图 4.4 所示。

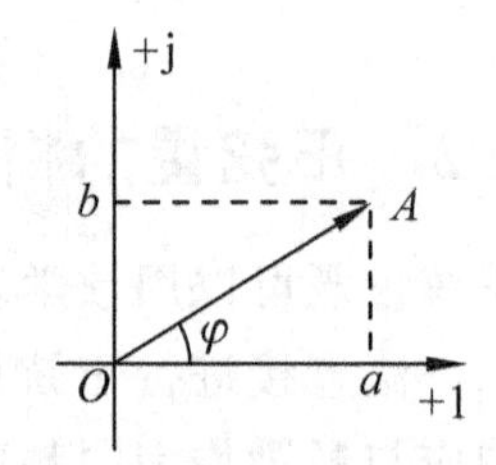

图 4.4　复数在复平面上的表示

2. 复数的运算

复数的运算符合代数运算中的交换律、结合律和分配律。

(1)复数的加、减运算。复数的加、减运算用代数式进行。运算时，只需把复数的实部与实部相加、减，虚部与虚部相加、减即可。

例如，已知 $A_1=a_1+\mathrm{j}b_1$，$A_2=a_2+\mathrm{j}b_2$，则

$$A=A_1\pm A_2=(a_1+\mathrm{j}b_1)\pm(a_2+\mathrm{j}b_2)=(a_1\pm a_2)+\mathrm{j}(b_1\pm b_2)$$

若复数为其他形式，应先把其转换成代数式后，再进行加、减运算。

(2)复数的乘、除运算。复数的乘、除运算用极坐标形式(或指数形式)进行。两个复数的乘积(或商)的模等于这两个复数的模的乘积(或商)，两个复数的乘积

(或商)的辐角等于这两个复数的辐角的和(或差)。

例如，已知 $A_1=|A_1|\angle\varphi_1$，$A_2=|A_2|\angle\varphi_2$，则

$$A_1A_2=|A_1|\,|A_2|\angle\varphi_1+\varphi_2$$

$$\frac{A_1}{A_2}=\frac{|A_1|\angle\varphi_1}{|A_2|\angle\varphi_2}=\frac{|A_1|}{|A_2|}\angle\varphi_1-\varphi_2$$

把实部相同、虚部数值相同而符号相反的两个复数称为共轭复数，$A$ 的共轭复数记作 $A^*$。

### 4.2.2　用相量表示正弦量

如果复数 $A=|A|e^{j\theta}$ 中的辐角 $\theta=\omega t+\psi$，则 $A$ 就是一个复指数函数，根据欧拉公式可展开为

$$A=|A|e^{j(\omega t+\psi)}=|A|\cos(\omega t+\psi)+j|A|\sin(\omega t+\psi)$$

显然有

$$\mathrm{Im}[A]=|A|\sin(\omega t+\psi)$$

所以正弦量可以用上述形式的复指数函数描述，使正弦量与其虚部一一对应起来。

设正弦电流

$$i=I_m\sin(\omega t+\psi) \tag{4-12}$$

而一个复指数函数

$$I_m e^{j(\omega t+\psi)}=I_m\cos(\omega t+\psi)+jI_m\sin(\omega t+\psi) \tag{4-13}$$

比较式(4-12)和式(4-13)，可以看出复指数函数的虚部正好是正弦电流 $i$，即

$$i=I_m\sin(\omega t+\psi)=\mathrm{Im}[I_m e^{j(\omega t+\psi)}]=\mathrm{Im}[I_m e^{j\psi}e^{j\omega t}] \tag{4-14}$$

复指数函数中的 $I_m e^{j\psi}$ 是以正弦量的最大值为模，以初相 $\psi$ 为辐角的一个复常数，这个复常数定义为正弦电流的最大值相量，记作

$$\dot{I}_m=I_m\angle\psi$$

类似地，正弦电流的有效值相量为

$$\dot{I}=I\angle\psi$$

在实际问题中涉及的往往是正弦量的有效值，因此经常使用的是有效值相量，并把它简称为相量。

正弦量的相量形式是用大写字母上面加小圆点“·”表示，如 $u$ 对应的相量形式用符号“$\dot{U}$”表示，$i$ 对应的相量形式用符号“$\dot{I}$”表示。

在实际应用中，不必经过上述的变换步骤，可以直接根据正弦量写出与之对应的相量；反之，也可以从相量直接写出相对应的正弦量，只是必须给出正弦量的角频率 $\omega$，因为相量没有反映出正弦量的频率。例如，角频率为 $\omega=314$ rad/s 的正弦量的有效值相量为 $50\angle 30^\circ$，则此正弦量的瞬时值表达式为 $50\sqrt{2}\sin(314t+30^\circ)$。

相量在复平面上的几何图形称为相量图。同频率的正弦量，它们之间相位的相

对位置不变，即相位差不变，因而可以将它们的相量画在同一个相量图上。不同频率的正弦量，不能画在同一相量图上。

式(4-14)与正弦量相对应的复指数函数在复平面上可用旋转相量表示出来。其中复常数 $I_m e^{j\psi}=I_m \underline{/\psi}$ 称为旋转相量的复振幅，$e^{j\omega t}$ 是一个随时间变化而以角速度 $\omega$ 不断逆时针方向旋转的因子，复振幅乘旋转因子 $e^{j\omega t}$ 即表示复振幅在复平面上不断逆时针方向旋转，称为旋转相量，这是复指数函数的几何意义。$i=I_m \sin(\omega t+\psi)=\mathrm{Im}[I_m e^{j\psi} e^{j\omega t}]$ 表示的几何意义为：正弦电流 $i$ 的瞬时值等于其对应的旋转相量在虚轴上的投影，这一关系和正弦量的波形的对应关系如图 4.5 所示。

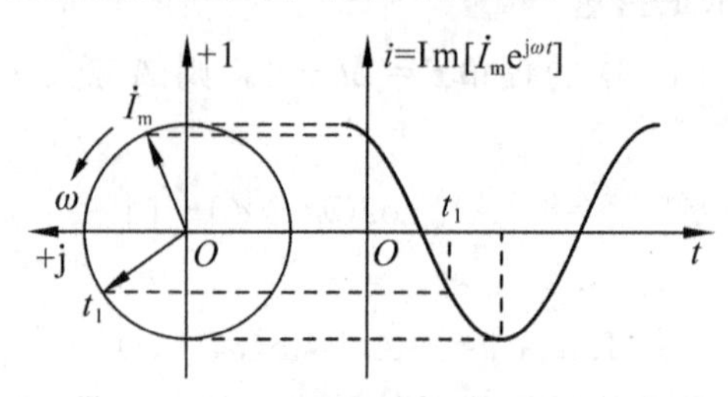


图 4.5 正弦波与旋转相量

### 4.2.3 同频率正弦量的运算

同频率正弦量的代数和，正弦量乘常数，正弦量的微分、积分，其结果仍是同一个频率的正弦量。因此，同频率正弦量的加、减、乘、除、微分、积分等运算，可化为其对应的相量形式进行，利用相量进行运算，可以大大简化运算过程。

**例 4.4** 如图 4.6(a)所示电路，已知两支路电流 $i_1=5\sqrt{2}\sin(\omega t+30°)$ A，$i_2=10\sqrt{2}\sin(\omega t-45°)$ A，写出 $i_1$ 和 $i_2$ 的相量形式，并求出电路总电流 $i$ 的瞬时值表达式。

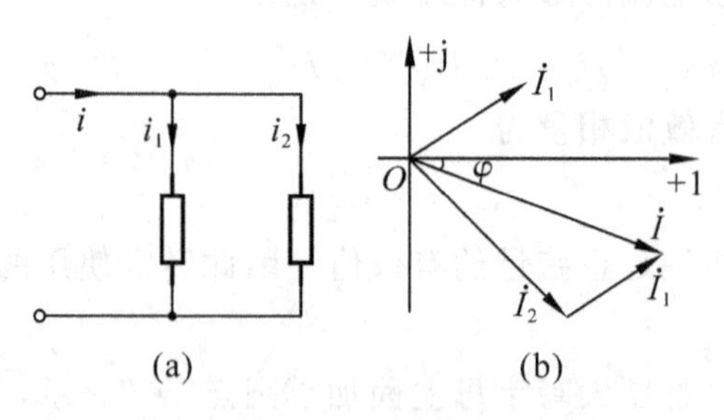


图 4.6 例 4.4 电路及其相量图

解：电流 $i_1$ 和 $i_2$ 对应的相量为

$$\dot{I}_1=5\underline{/30°}=5\cos 30°+\mathrm{j}5\sin 30°\approx(4.33+\mathrm{j}2.5)(\mathrm{A})$$

$$\dot{I}_2=10\underline{/-45°}=10\cos(-45°)+\mathrm{j}10\sin(-45°)\approx(7.07-\mathrm{j}7.07)(\mathrm{A})$$

总电流为

$$\dot{I}=\dot{I}_1+\dot{I}_2=(4.33+\mathrm{j}2.5)+(7.07-\mathrm{j}7.07)$$

$$=11.4-\mathrm{j}4.57\approx 12.3\angle -21.84^\circ(\mathrm{A})$$

所以，总电流 $i$ 的瞬时值表达式为

$$i=12.3\sqrt{2}\sin(\omega t-21.84^\circ)\mathrm{A}$$

**例 4.5** 设正弦电流 $i=\sqrt{2}I\sin(\omega t+\psi_{\mathrm{i}})$，求 $\mathrm{d}i/\mathrm{d}t$。

解：$$\frac{\mathrm{d}i}{\mathrm{d}t}=\frac{\mathrm{d}[\sqrt{2}I\sin(\omega t+\psi_{\mathrm{i}})]}{\mathrm{d}t}=\sqrt{2}I\omega\cos(\omega t+\psi_{\mathrm{i}})=\sqrt{2}I\omega\sin(\omega t+\psi_{\mathrm{i}}+90^\circ)$$

这说明正弦量的导数是一个同频率的正弦量，其相量等于原正弦量 $i$ 的相量 $\dot{I}$ 乘 $\mathrm{j}\omega$，即表示 $\mathrm{d}i/\mathrm{d}t$ 的相量为

$$\mathrm{j}\omega\dot{I}=\omega I\angle\psi_{\mathrm{i}}+90^\circ$$

## 4.3 相量形式的基尔霍夫定律

相量形式的基尔霍夫定律

在正弦电流电路中的任一瞬间，各支路电流和支路电压都是同频率正弦量，所以可以用相量法将 KCL 和 KVL 转换为相量形式。

对于电路中任一节点，根据 KCL 有

$$\sum i=0$$

由于所有支路电流都是同频率正弦量，故有其相量形式为

$$\sum\dot{I}=0 \tag{4-15}$$

同理，对于电路任一回路，根据 KVL 有

$$\sum u=0$$

由于所有支路电压都是同频率正弦量，故有其相量形式为

$$\sum\dot{U}=0 \tag{4-16}$$

电阻、电感和电容元件的 VCR 也可以用相量形式表示。

正弦电流电路中的电阻元件

## 4.4 正弦电流电路中的电阻、电感和电容

在正弦电流电路中，常见的无源元件有电阻、电感和电容。首先，我们介绍这些单一元件在正弦电流电路中的特性。

### 4.4.1 正弦电流电路中的电阻

1. 电压和电流关系

如图 4.7(a)所示电路为纯电阻电路，关联参考方向下电阻元件的电压与电流关系为

$$u=Ri$$

设电压为
$$u=\sqrt{2}U\sin(\omega t+\psi_{\mathrm{u}})$$

则
$$i=\frac{u}{R}=\frac{\sqrt{2}U\sin(\omega t+\psi_{\mathrm{u}})}{R}=\frac{\sqrt{2}U}{R}\sin(\omega t+\psi_{\mathrm{u}})$$

设
$$i=\sqrt{2}I\sin(\omega t+\psi_{\mathrm{i}})$$

对比上述两式有
$$U=IR,\ \psi_{\mathrm{i}}=\psi_{\mathrm{u}}$$

可见流过电阻中的电流与电阻两端的电压同相位，它们的有效值也符合欧姆定律，于是可写成相量形式
$$U\angle\psi_{\mathrm{u}}=RI\angle\psi_{\mathrm{i}}\ 或\ \dot{U}=R\dot{I} \tag{4-17}$$

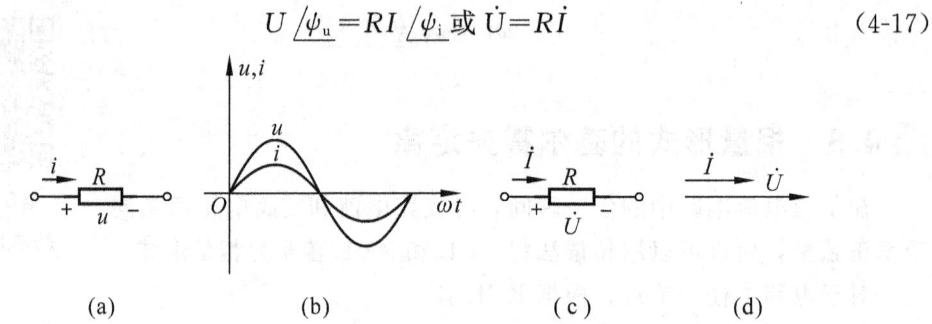


图 4.7　电阻中电压、电流的波形图及其相量图电路

式(4-17)也称作欧姆定律的相量形式，用电压、电流相量表示的电路图如图 4.7(c)所示，其相量图如图 4.7(d)所示。

2. 功率

电阻元件在正弦电流电路中也同样消耗功率。由于电压、电流随时间变化，所以每一瞬间消耗的功率也不同。电路在任一瞬间吸收或发出的功率称为瞬时功率，用小写字母 $p(t)$表示。即
$$p(t)=u(t)i(t)$$
瞬时功率的 SI 单位仍是瓦特(W)。

电阻元件中的瞬时功率 $p_{\mathrm{R}}$ 为(设 $\psi_{\mathrm{u}}=\psi_{\mathrm{i}}=0$)
$$\begin{aligned}p_{\mathrm{R}}(t)&=u_{\mathrm{R}}(t)i(t)=\sqrt{2}U_{\mathrm{R}}\sin\omega t\cdot\sqrt{2}I\sin\omega t\\&=U_{\mathrm{R}}I-U_{\mathrm{R}}I\cos 2\omega t\end{aligned} \tag{4-18}$$

由式(4-18)可见，电阻的瞬时功率由两部分构成，一部分是恒定值 $U_{\mathrm{R}}I$，它不随时间变化；另一部分是 $U_{\mathrm{R}}I\cos 2\omega t$，它是一个以两倍电压(或电流)频率变化的正弦量，如图 4.8 所示。但不管怎么变化，由于 $|\cos 2\omega t|\leqslant 1$，所以总有 $p=U_{\mathrm{R}}I-U_{\mathrm{R}}I\cos 2\omega t\geqslant 0$，即电阻上的功率永远大于或等于零，说明电阻是一个

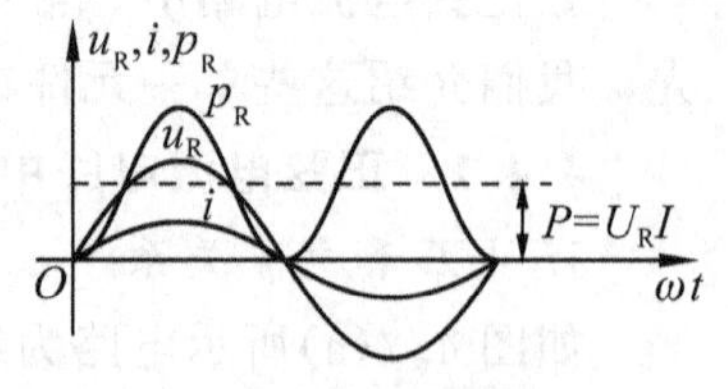


图 4.8　电阻中的功率

耗能元件。

瞬时功率在一个周期内的平均值称为平均功率，用大写字母 $P$ 表示。即

$$P=\frac{1}{T}\int_0^T p\,\mathrm{d}t=\frac{1}{T}\int_0^T ui\,\mathrm{d}t$$
$$=\frac{1}{T}\int_0^T (U_\mathrm{R}I-U_\mathrm{R}I\cos 2\omega t)\mathrm{d}t$$
$$=U_\mathrm{R}I=I^2R=\frac{U_\mathrm{R}^2}{R} \tag{4-19}$$

由式(4-19)可知，对于纯电阻电路，引用了有效值的概念后，正弦电流电路中平均功率的计算公式与直流电路中的功率计算公式形式相同，它代表了电路实际消耗的功率大小，其SI单位是瓦特(W)。

**例4.6** 将220 V的正弦电压加在额定值为220 V、25 W的白炽灯上，求白炽灯的电阻大小和流过白炽灯的电流。

解：由式(4-19)可得

$$R=\frac{U^2}{P}=\frac{220^2}{25}=1936(\Omega)$$

根据式 $P=UI$，得出流过白炽灯的电流为

$$I=\frac{P}{U}=\frac{25}{220}\approx 0.114(\mathrm{A})$$

### 4.4.2 正弦电流电路中的电感

1. 电压和电流关系

电路中经常用到导线绕制成的线圈，如图4.9(a)所示，当电流 $i$ 通过线圈时，线圈周围就建立了磁场，则有磁力线穿过线圈，其磁通为 $\Phi$，若线圈有 $N$ 匝，那么穿过线圈的磁链为 $\Psi=N\Phi$。

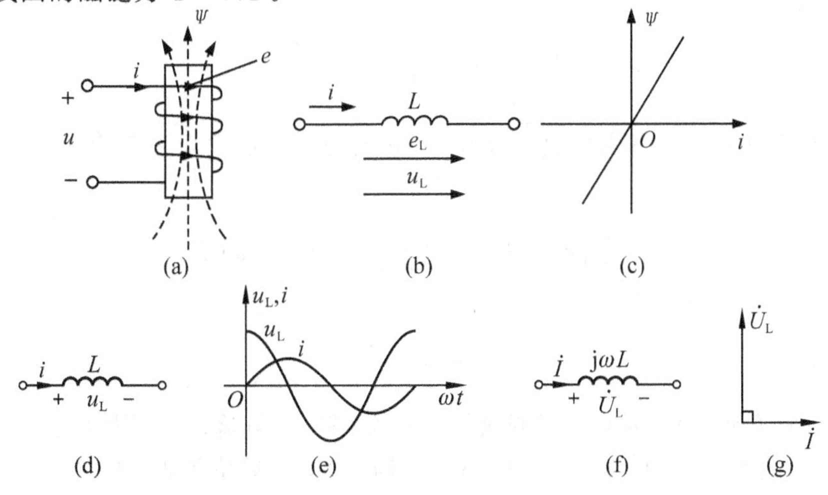


图4.9 线性电感元件及韦安特性和电感中电压、电流的波形图及其相量图

当线圈周围不存在铁磁物质时，并规定电流 $i$ 的参考方向与磁链 $\Psi$ 的参考方向符合右手螺旋法则，则电感元件的 $\Psi$ 与 $i$ 成正比关系，其比例常数称为线圈的自感系数，简称自感或电感，用 $L$ 表示。

$$L=\frac{\Psi}{i}$$

式中，$\Psi$——通过线圈的磁链，单位是韦伯(Wb)；

$i$——通过线圈的电流，单位是安培(A)；

$L$——线圈的电感。

电感的SI单位是亨利，简称亨，用H表示。电感的其他常用单位是毫亨(mH)、微亨(μH)。

$$1\mathrm{H}=10^{3}\,\mathrm{mH}=10^{6}\,\mu\mathrm{H}$$

若电感只与线圈的结构、形状有关，与通过线圈的电流大小无关，则该电感线圈称为线性电感元件。

实际的电感线圈是用导线绕制而成的，因此实际线圈应包含电感和损耗电阻两部分；如果线圈的损耗电阻很小可以忽略不计时，则线圈可以等效为一个纯电感元件。

如图4.9(d)为纯电感电路，关联参考方向下，设电感线圈中通有正弦电流

$$i=\sqrt{2}I\sin(\omega t+\psi_{\mathrm{i}})$$

根据 $u_{\mathrm{L}}=L\dfrac{\mathrm{d}i}{\mathrm{d}t}$，得出电感两端的感应电压 $u_{\mathrm{L}}$ 为

$$u_{\mathrm{L}}=L\frac{\mathrm{d}i}{\mathrm{d}t}=\sqrt{2}L\omega I\cos(\omega t+\psi_{\mathrm{i}})=\sqrt{2}\omega LI\sin\left(\omega t+\psi_{\mathrm{i}}+\frac{\pi}{2}\right)$$

设
$$u_{\mathrm{L}}=\sqrt{2}U_{\mathrm{L}}\sin(\omega t+\psi_{\mathrm{u}})$$

对比上述两式有

$$U_{\mathrm{L}}=\omega LI,\ \psi_{\mathrm{u}}=\psi_{\mathrm{i}}+\frac{\pi}{2}$$

可见电感中的电压超前电流 $\dfrac{\pi}{2}$ 或90°，它们的有效值关系为 $U_{\mathrm{L}}=\omega LI$，于是写成相量形式

$$U\underline{/\psi_{\mathrm{u}}}=\omega LI\underline{/\ \psi_{\mathrm{i}}+\pi/2}\ \text{或}\ \dot{U}_{\mathrm{L}}=\mathrm{j}\omega L\dot{I} \tag{4-20}$$

由式(4-20)可知，令

$$X_{\mathrm{L}}=\omega L=\frac{U_{\mathrm{L}}}{I} \tag{4-21}$$

$X_{\mathrm{L}}$ 称为感抗，$X_{\mathrm{L}}$ 具有电阻的量纲，具有“阻止”电流通过的性质。在SI单位制中，当 $L$ 的单位为H，$\omega$ 的单位为rad/s时，$X_{\mathrm{L}}$ 的单位是欧姆(Ω)。

式(4-21)中，感抗 $X_{\mathrm{L}}=\omega L=2\pi fL$ 与频率 $f$ 和电感 $L$ 成正比。因为频率越高，

电流变化越快，即$\frac{di}{dt}$越大，电感$L$越大，感应电压$u_L$就越大，对电流的阻碍作用就越大，所以感抗$X_L$就越大。反之，低频、小电感所呈现的感抗小。感抗只有在一定频率下才是常数。对于直流来说，由于$\omega=0$，所以$X_L=0$，也就是说，电感对于直流相当于短路。当$\omega\to\infty$时，感抗也随之趋于无限大，虽有电压作用于电感，但电流为零，此时电感相当于开路。

注意：感抗$X_L$只能代表电压和电流的极大值之比，或有效值之比，不能代表它们的瞬时值之比。

引进了感抗$X_L(=\omega L)$后，式(4-20)可写作

$$\dot{U}_L=jX_L\dot{I} \tag{4-22}$$

有时要用到感抗的倒数，记作

$$B_L=1/X_L=1/\omega L \tag{4-23}$$

$B_L$称为感纳，其SI单位是西门子(S)，于是式(4-22)可写作

$$\dot{I}=-jB_L\dot{U}_L \tag{4-24}$$

图4.9(e)为电感上电压与电流的波形图；即反映出电感上电压和电流同频，且电压超前电流$\frac{\pi}{2}$或90°的关系。

电压、电流用相量表示的电路图如图4.9(f)所示，其相量图如图4.9(g)所示。

**例4.7** 有一个线圈，其电感$L$为0.04 H，线圈电阻可忽略不计。当它接在直流电源，或接在50 Hz、100 Hz的正弦电源中时，线圈呈现的感抗各为多大？已知直流电路的电源电压为25.12 V，正弦电压的有效值也为25.12 V，求通过线圈中电流(有效值)的大小。

解：直流时，$X_{L0}=0$

频率为$f_1=50$ Hz时，$X_{L1}=2\pi f_1L=2\times3.14\times50\times0.04=12.56(\Omega)$

频率为$f_2=100$ Hz时，$X_{L2}=2\pi f_2L=2\times3.14\times100\times0.04=25.12(\Omega)$

由于直流电源电压是25.12 V，正弦电压的有效值也是25.12 V，

所以

$$I_0=\frac{U}{X_{L0}}\to\infty$$

$$I_1=\frac{U}{X_{L1}}=\frac{25.12}{12.56}=2(\text{A})$$

$$I_2=\frac{U}{X_{L2}}=\frac{25.12}{25.12}=1(\text{A})$$

可见，(1)纯电感对于直流相当于短路，因而不能将纯电感直接接在直流电源上，否则，会将电源短路，造成电路中电流过大，引起事故；

(2)对正弦电路来说，电压有效值相等，但频率变化，感抗随着变化，所以电路中的电流也变化；频率越高，感抗越大，电流越小，反之则相反。

2. 功率

设 $i=\sqrt{2}I\sin\omega t$，则 $u_L=\sqrt{2}U_L\sin\left(\omega t+\frac{\pi}{2}\right)$

瞬时功率为

$$\begin{aligned} p_L &= u_L i=\sqrt{2}U_L\sin(\omega t+\pi/2)\cdot\sqrt{2}I\sin\omega t \\ &=2U_L I\sin\omega t\cdot\cos\omega t \\ &=U_L I\sin 2\omega t \end{aligned} \tag{4-25}$$

由式(4-25)可见，电感的瞬时功率是正弦函数，其最大值为 $U_L I$，频率是电压(或电流)频率的两倍，如图 4.10 所示。在 $0\sim\frac{\pi}{2}$之间，$u_L$ 和 $i$ 的方向一致，瞬时功率 $p_L$ 为正值，表示电感在吸收能量，并把吸收的能量转换成磁场能量储存在电感线圈中；$\frac{\pi}{2}\sim\pi$ 之间，$u_L$ 和 $i$ 方向相反，瞬时功率 $p_L$ 为负值，表示电感在供出能量，把原先储存在磁场中的能量释放出来，以下两个$\frac{1}{4}$周期过程与前面相似。可见，电感在电路中起能量交换作用。因为电感在一个周期内的平均功率恒为零，说明电感是一个储能元件，它不消耗能量，即

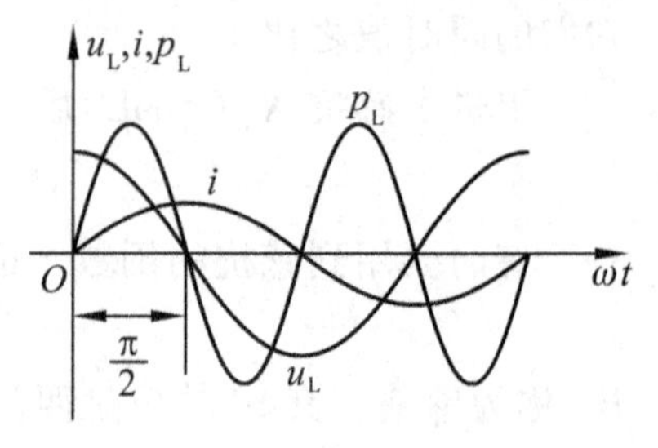

图 4.10　纯电感电路中的功率

$$P_L=\frac{1}{T}\int_0^T p_L\mathrm{d}t=0$$

电感元件的电压有效值为 $U_L$，电流有效值为 $I$，但平均功率却为零，这是因为电压与电流在相位上恰好相差$\frac{\pi}{2}$(即相位正交)的缘故。工程上将具有$\frac{\pi}{2}$相位差的电压与电流的有效值的乘积称为无功功率。电感的无功功率为

$$Q_L=U_L I=I^2X_L=\frac{U_L^2}{X_L} \tag{4-26}$$

电感元件的无功功率有其物理意义。由于电感不断储存、释放能量，或者说电感元件和外部之间有能量交换，瞬时功率不为零。由式(4-26)和式(4-25)可以看出，电感元件的无功功率 $Q_L$ 等于瞬时功率的最大值，也就是磁场与外电路交换能量的最大速率。无功功率反映了储能元件与外部交换能量的规模。无功的含义不是消耗而是交换。电感元件上的无功功率是感性无功功率，感性无功功率在电力供电中占有很重要的地位。电力系统中具有电感的如变压器、电动机等设备，没有磁场就不能工作，而它们的磁场能量是由电源提供的，电源必须和具有电感的设备进行一定规模的能量交换，或者说电源必须向具有电感的设备提供一定数量的感性无功功率。

无功功率与平均功率具有一样的量纲，因无功功率并不是实际做功的平均功率，所以为了区别于平均功率，平均功率的单位是瓦(W)，而无功功率的单位是乏(var)或千乏(kvar)，平均功率又称为有功功率。

3. 电感元件的磁场能量

在电压和电流关联参考方向下，电感元件吸收的功率为

$$p=ui=Li\frac{\mathrm{d}i}{\mathrm{d}t}$$

在 $\mathrm{d}t$ 时间内，电感元件的磁场能量增加量为

$$\mathrm{d}w=p\,\mathrm{d}t=Li\,\mathrm{d}i$$

当电流为零时，磁场亦为零，即无磁场能量，当电流由 0 增大到 $i$ 时，电感元件储存的磁场能量为

$$w=\int_0^i Li\,\mathrm{d}i=\frac{1}{2}Li^2$$

可以看出，磁场能量只与最终的电流值有关，而与电流的建立过程无关。当电流的绝对值增加时，电感元件吸收能量并全部转换为磁场能量；当电流的绝对值减小时，电感元件释放磁场能量。电感元件并不把吸收的能量消耗掉，而是以磁场能量的形式储存在磁场中，所以说电感元件是一种储能元件。当然电感元件也不会释放出多于它吸收或储存的能量，因此电感元件又是一种无源元件。

### 4.4.3 正弦电流电路中的电容

1. 电压和电流关系

由绝缘体或电介质隔离开的两个导体就构成电容器。它是存放电荷的容器。电容器储存电荷的能力叫电容器的电容量，简称电容，用 $C$ 来表示，其电路符号如图 4.11(a)所示。

$$C=\frac{q}{u_C}$$

电容的 SI 单位是法拉，简称法，用 F 表示。电容的其他常用单位有微法(μF)、皮法(pF)。

$$1\mathrm{F}=10^6\mu\mathrm{F}=10^{12}\mathrm{pF}$$

当电容器的电容 $C$ 只与电容器的结构、介质、形状有关，与电容两端的电压大小无关时，是一个常数，该电容是一个线性电容元件。根据电容的定义，实际上任意两个绝缘的导体之间都可以构成一个电容器。例如，两根绝缘的导线之间、线圈的两匝之间、晶体管的各电极之间等都已构成了电容器，这种非人为制成的电容器，称为分布电容。分布电容的电容量通常很小(几皮法)，在低频时，可以不考虑它对电路的影响；但在高频时，分布电容的作用不可忽视，因为它可能会使电路改变原来的工作状态，或使电路完全不能工作。

如图 4.11(c)为纯电容电路，关联参考方向下，若电容器上加有正弦电压

$$u_C=\sqrt{2}U_C\sin(\omega t+\psi_u)$$

可得出通过电容器的电流 $i$ 为

$$\begin{aligned} i &= C\frac{\mathrm{d}u_c}{\mathrm{d}t} \\ &= \sqrt{2}C\omega U_C\cos(\omega t+\psi_u) \\ &= \sqrt{2}\omega CU_C\sin(\omega t+\psi_u+\pi/2) \end{aligned}$$

设

$$i=\sqrt{2}I\sin(\omega t+\psi_i)$$

对比上述两式有

$$I=\omega CU_C \quad 及 \quad \psi_i=\psi_u+\pi/2$$

可见电容的电流超前电压$\frac{\pi}{2}$或 90°，它们的有效值关系为 $I=\omega CU_C$，于是写成相量形式

$$I\angle\psi_i=\omega CU_C\angle\psi_u+\pi/2 \text{ 或 } \dot{I}=\mathrm{j}\omega C\dot{U}_C \tag{4-27}$$

由式(4-27)可知，令

$$X_C=\frac{1}{\omega C}=\frac{U_C}{I} \tag{4-28}$$

$X_C$ 称为容抗，$X_C$ 具有电阻的量纲，具有“阻止”电流通过的性质。在 SI 单位制中，当 $C$ 的单位为 F，$\omega$ 的单位为 rad/s 时，$X_C$ 的单位是欧姆(Ω)。

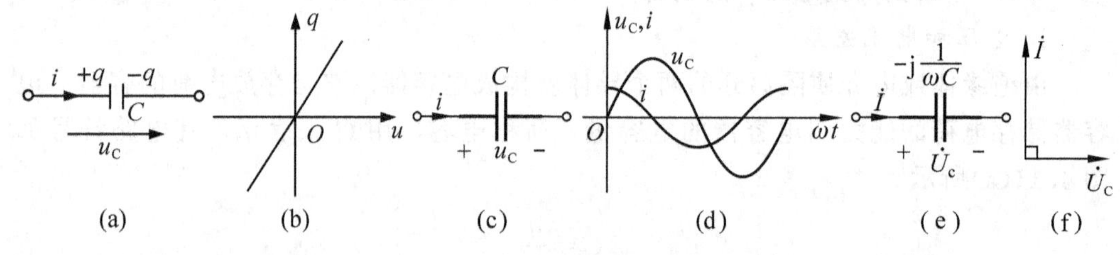


图 4.11　线性电容元件及库伏特性和电容中电压、电流的波形及其相量图

由式(4-28)可知，容抗 $X_C=\frac{1}{\omega C}=\frac{1}{2\pi fC}$与频率 $f$ 和电容 $C$ 成反比。频率越高，电容器充、放电越快，即$\frac{\mathrm{d}u_C}{\mathrm{d}t}$越大，在同样电压条件下，单位时间移动的电荷就越多，所以电流就越大，因而容抗越小；电容 $C$ 越大，在一定电压作用下，能充入电容器的电荷就越多，电流也就越大，容抗越小。

容抗只有在频率一定时才是常数。对于直流来说，由于 $\omega=0$，所以 $X_C=\frac{1}{\omega C}\to\infty$，也就是说，电容器对直流相当于开路(断路)。当频率很高时，即 $\omega\to\infty$时，$X_C=\frac{1}{\omega C}\to 0$，表明电容器对极高的频率相当于短路。所以说，电容器具有“通交流、隔直流”的作用。

注意：

(1)容抗 $X_C$ 只能代表电容上的电压和电流的极大值之比，或有效值之比，不能代表它们的瞬时值之比。

(2)电容器两极板中间是绝缘层，因而正弦电流电路中通过电容器的电流并没有流过电容器的内部，只是在电源的作用下，电容器处于反复的充、放电当中，使整个电路中有电流来回流动，就好像电容器中有电流流过一样。

引进了容抗 $X_C\left(=\dfrac{1}{\omega C}\right)$后，式(4-27)可写作

$$\dot{U}_C=-jX_C\dot{I} \tag{4-29}$$

有时要用到容抗的倒数，记做

$$B_C=\frac{1}{X_C}=\omega C \tag{4-30}$$

$B_C$ 称为容纳，其 SI 单位是西门子(S)。于是式(4-29)可以写成

$$\dot{I}=jB_C\dot{U}_C \tag{4-31}$$

图 4.11(d)为电容上电压与电流的波形图，反映出电容上电压和电流同频、且电流超前电压$\dfrac{\pi}{2}$或 90°的关系。

电压、电流用相量表示的电路图如图 4.11(e)所示，其相量图如图 4.11(f)所示。

2. 功率

设 $u_C=\sqrt{2}U_C\sin\omega t$，则 $i=\sqrt{2}I\sin\left(\omega t+\dfrac{\pi}{2}\right)$

瞬时功率为

$$\begin{aligned} p_C&=u_Ci=\sqrt{2}U_C\sin\omega t\times\sqrt{2}I\sin\left(\omega t+\frac{\pi}{2}\right)\\ &=2U_CI\sin\omega t\cos\omega t\\ &=U_CI\sin 2\omega t \end{aligned} \tag{4-32}$$

由式(4-32)可见，电容的瞬时功率是正弦函数，其最大值为 $U_CI$，频率是电压(或电流)频率的两倍，如图 4.12 所示。在 $0\sim\dfrac{\pi}{2}$之间，$u_C$ 和 $i$ 的方向一致，瞬时功率 $p_C$ 为正值，表示电容在吸收能量，并把吸收的能量转换成电场能量储存在电容器中；在$\dfrac{\pi}{2}\sim\pi$之间，$u_C$ 和 $i$ 方向相反，瞬时功率

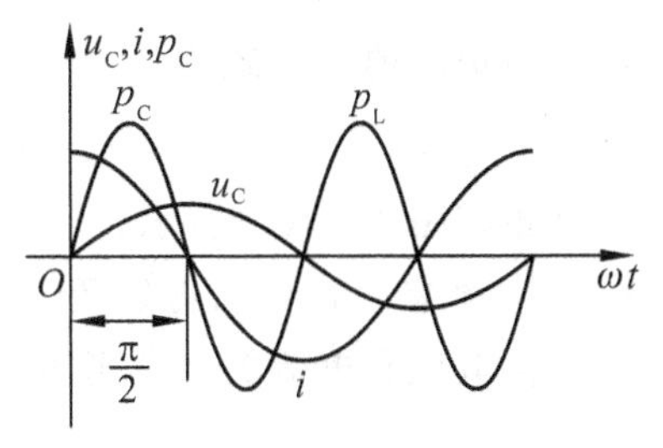


图 4.12　纯电容电路的功率

$p_C$ 为负值，表示电容在供出能量，把原先储存在电场中的能量释放出来，接下来的两个$\frac{1}{4}$周期过程与前面相似。可见，电容在电路中起能量交换作用。因为电容在一个周期内的平均功率恒为零，说明电容是一个储能元件，它不消耗能量，即

$$P_C=\frac{1}{T}\int_0^T p_C \mathrm{d}t=0$$

同理，电容元件上的电压有效值为 $U_C$，电流有效值为 $I$，而平均功率为零，是因为电压与电流在相位上恰好相差$\frac{\pi}{2}$(相位正交)的缘故。将电容元件的端电压与电流的有效值的乘积称为电容的无功功率，为

$$Q_C=U_C I=I^2 X_C=\frac{U_C^2}{X_C} \tag{4-33}$$

由式(4-32)和式(4-33)可以看出，电容元件上的无功功率 $Q_C$ 等于瞬时功率的最大值，也就是电场与外电路交换能量的最大速率。

$Q_C$ 的单位是乏(var)或千乏(kvar)。

**例 4.8** 将一个 2 μF 的电容器接在电压为 10 V，初相为 60°，角频率为 $10^6$ rad/s 的正弦电源上，试求电容器的容抗，流过电容的电流，写出电流的瞬时值解析式并画出相量图。

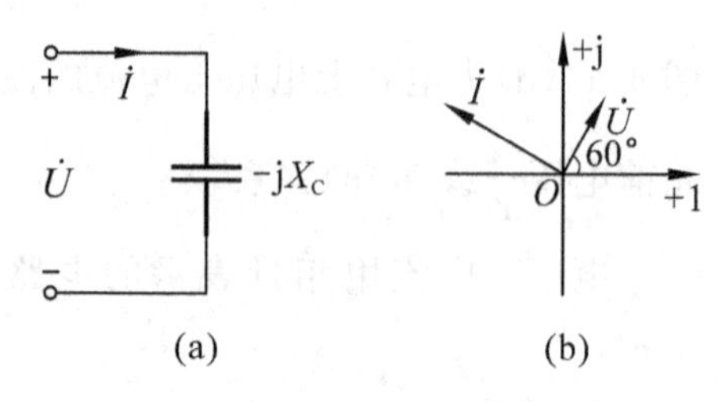


图 4.13 例 4.8 电路及其相量图

解：依题意和图 4.13(a)所示的电路图，可得

$$\dot{U}=10\angle 60^\circ \text{ V}$$

$$X_C=\frac{1}{\omega C}=\frac{1}{10^6\times 2\times 10^{-6}}=0.5(\Omega)$$

由式(4-29)得

$$\dot{I}=\mathrm{j}\frac{1}{X_C}\dot{U}=\mathrm{j}\frac{1}{0.5}\times 10\angle 60^\circ$$

$$=20\angle 60^\circ+90^\circ=20\angle 150^\circ \text{(A)}$$

电流的瞬时值解析式为

$$i=20\sqrt{2}\sin(10^6 t+150^\circ)\text{A}$$

相量图如图 4.13(b)所示。

3. 电容元件的电场能量

在电压和电流关联参考方向下，电容元件吸收的功率为

$$p=ui=Cu\frac{\mathrm{d}u}{\mathrm{d}t}$$

在 $\mathrm{d}t$ 时间内，电容元件的电场能量增加量为

$$dw = p\,dt = Cu\,du$$

当电压为零时，电荷亦为零，即无电场能量，当电压由0增大到 $u$ 时，电容元件储存的电场能量为

$$w = \int_0^u Cu\,du = \frac{1}{2}Cu^2$$

可以看出，电场能量只与最终的电压值有关，而与电压的建立过程无关。当电压的绝对值增加时，电容元件吸收能量并全部转换为电场能量；当电压的绝对值减小时，电容元件释放电场能量。电容元件并不把吸收的能量消耗掉，而是以电场能量的形式储存在电场中，所以说电容元件是一种储能元件。当然，电容元件也不会释放出多于它吸收或储存的能量，因此电容元件又是一种无源元件。

## 4.5 电阻、电感、电容串联电路

### 4.5.1 电压和电流关系

图4.14(a)所示电路为 $RLC$ 串联电路，图4.14(b)是它的相量电路图。按照图中选取的电流、电压关联参考方向，并设电流为

$$i = \sqrt{2}I\sin(\omega t + \psi_i) \tag{4-34}$$

则各元件的电压及端口电压都是与电流同频率的正弦量。根据KVL，端口电压的解析式为

$$u = u_R + u_L + u_C = \sqrt{2}U\sin(\omega t + \psi_u) \tag{4-35}$$

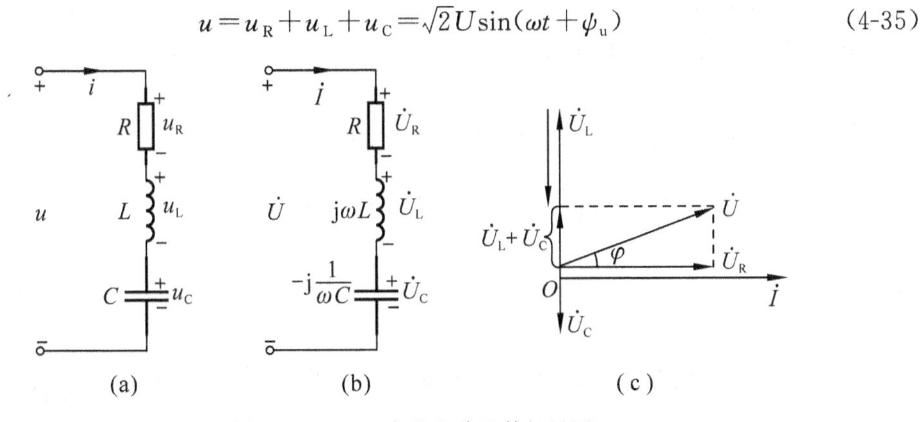


图4.14 $RLC$ 串联电路及其相量图

用相量表示式(4-34)和式(4-35)，参考方向如图4.14(b)所示，得

$$\dot{I} = I\angle\psi_i \tag{4-36}$$

$$\dot{U} = \dot{U}_R + \dot{U}_L + \dot{U}_C = U\angle\psi_u \tag{4-37}$$

根据各元件的电压、电流相量关系，即式(4-17)、式(4-20)和式(4-27)，可将式(4-37)写成

$$
\begin{aligned}
\dot{U} &= R\dot{I} + \mathrm{j}\omega L\dot{I} - \mathrm{j}\frac{1}{\omega C}\dot{I} \\
&= \left[R + \left(\mathrm{j}\omega L - \mathrm{j}\frac{1}{\omega C}\right)\right]\dot{I} = [R + \mathrm{j}(X_\mathrm{L} - X_\mathrm{C})]\dot{I} \\
&= (R + \mathrm{j}X)\dot{I} = Z\dot{I}
\end{aligned} \tag{4-38}
$$

称为欧姆定律的相量形式，式中 $X = X_\mathrm{L} - X_\mathrm{C}$ 称为电抗，复数 $Z$ 称为复阻抗。

根据式(4-37)可画出相量图如图 4.14(c)所示，由相量图可得

$$U = \sqrt{U_\mathrm{R}^2 + (U_\mathrm{L} - U_\mathrm{C})^2} = \sqrt{U_\mathrm{R}^2 + U_\mathrm{X}^2} \tag{4-39}$$

$$\varphi = \arctan\frac{U_\mathrm{L} - U_\mathrm{C}}{U_\mathrm{R}} = \arctan\frac{U_\mathrm{X}}{U_\mathrm{R}} \tag{4-40}$$

式(4-39)为电阻、电感、电容电压有效值与总电压有效值之间的关系。其中 $U_\mathrm{X} = U_\mathrm{L} - U_\mathrm{C}$，称为电抗电压。式(4-40)为总电压与电流的相位差。由图 4.14(c)看出，$\dot{U}$、$\dot{U}_\mathrm{R}$、$\dot{U}_X$ 组成一个直角三角形，该直角三角形称为电压三角形，如图 4.15 所示。

图 4.15　电压三角形

图 4.16　阻抗三角形

### 4.5.2　复阻抗

复阻抗等于端口的电压相量与电流相量的比值，即 $Z = \dot{U}/\dot{I}$，如图 4.14(b)所示。

由式(4-38)，可知 $RLC$ 串联电路的复阻抗为

$$Z = R + \mathrm{j}\left(\omega L - \frac{1}{\omega C}\right) = R + \mathrm{j}(X_\mathrm{L} - X_\mathrm{C}) = R + \mathrm{j}X \tag{4-41}$$

或

$$Z = \frac{\dot{U}}{\dot{I}} = |Z| \angle\varphi \tag{4-42}$$

式中，$Z$ 称为电路的复阻抗，单位是欧姆(Ω)；$X = X_\mathrm{L} - X_\mathrm{C} = \omega L - \dfrac{1}{\omega C}$ 称为电抗，单位是欧姆(Ω)；$|Z| = \sqrt{R^2 + X^2}$ 为复阻抗 $Z$ 的模，也称为阻抗；$\varphi = \arctan\dfrac{X}{R}$ 为复阻抗 $Z$ 的辐角，也称为阻抗角。

在 $RLC$ 串联电路中，由于电流处处相等，将电压三角形的每边除以 $I$，得出新的三边$\left(|Z| = \dfrac{U}{I},\ R = \dfrac{U_\mathrm{R}}{I},\ X = X_\mathrm{L} - X_\mathrm{C} = \dfrac{U_\mathrm{X}}{I}\right)$，构成阻抗三角形，如图 4.16 所示。可见，阻抗三角形与电压三角形相似。

电源电压与电流的相位差即为阻抗角，可根据电压三角形或阻抗三角形求出，即

$$\varphi = \arctan \frac{U_L - U_C}{U_R} = \arctan \frac{X_L - X_C}{R} = \arctan \frac{X}{R} \tag{4-43}$$

**例 4.9** 如图 4.17(a)所示电路中，$i_S = 5\sqrt{2}\sin 10^3 t$ A，$R=3\ \Omega$，$L=1$ H，$C=1\ \mu$F。试求电压 $u_{ad}$ 和 $u_{bd}$。

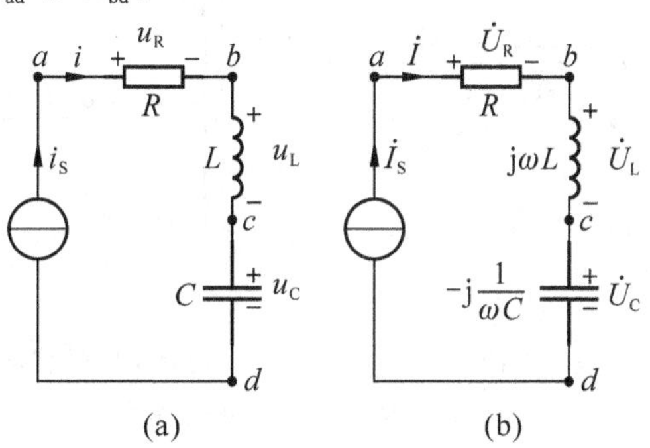


图 4.17　例 4.9 电路

解：画出相应的相量电路如图 4.17(b)所示，并设电流参考方向如图，则 $\dot{I} = \dot{I}_S = 5\angle 0°$ A，根据元件的 VCR，有

$$\dot{U}_R = R\dot{I} = 3\times 5\angle 0° = 15\angle 0° \text{(V)}$$

$$\dot{U}_L = j\omega L\dot{I} = j10^3\times 1\times 5\angle 0° = 5\ 000\angle 90° \text{(V)}$$

$$\dot{U}_C = -j\frac{1}{\omega C}\dot{I} = -j\frac{1}{10^3\times 1\times 10^{-6}}\times 5\angle 0° = 5\ 000\angle -90° \text{(V)}$$

根据 KVL，有

$$\dot{U}_{bd} = \dot{U}_L + \dot{U}_C = 0$$

$$\dot{U}_{ad} = \dot{U}_R + \dot{U}_{bd} = 15\angle 0° \text{ V}$$

所以，电压的瞬时值为

$$u_{bd} = 0$$

$$u_{ad} = 15\sqrt{2}\sin(10^3 t)\text{V}$$

### 4.5.3　电路的三种情况及其相量图

电路元件参数的不同，电路所呈现的状态不同。*RLC* 串联电路可分为下列三种情况。

(1)当 $X_L > X_C$，即 $U_L > U_C$ 时，由式(4-43)得出 $\varphi > 0$，端口电压超前其电流角 $\varphi$，如图 4.14(c)所示，电路呈感性。这表明电感的作用大于电容的作用，电路阻抗是电感性的。

(2)当 $X_L < X_C$，即 $U_L < U_C$ 时，由式(4-43)得出 $\varphi < 0$，端口电压滞后其电流

角 $\varphi$，如图 4.18(a)所示，电路呈容性。这表明电容的作用大于电感的作用，电路阻抗是电容性的。

(3)当 $X_L=X_C$，即 $U_L=U_C$ 时，由式(4-43)得出 $\varphi=0$，端口电压与电流同相，如图 4.18(b)所示，电路呈电阻性。这表明电容与电感的作用达到平衡，电路阻抗是电阻性的。这种情况又称为谐振。有关谐振的内容将在后续章节中介绍。

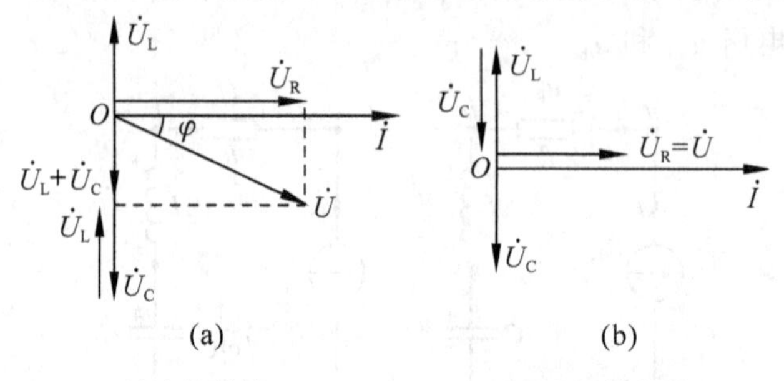


(a)呈容性特性　　(b)呈电阻性特性

图 4.18　*RLC* 串联电路相量图

**例 4.10**　日光灯导通后，整流器与灯管串联。整流器可用电感元件作为其模型，灯管可用电阻元件作为其模型，如图 4.19 所示。一个日光灯电路的电阻 $R$ 为 300 Ω，电感 $L$ 为 1.66 H，工频电源的电压为 220 V。试求电路的阻抗角、灯管电流、灯管电压以及整流器的电压。

图 4.19　例 4.10 电路

解：整流器的感抗为

$$X_L=\omega L=314\times1.66=521.24(\Omega)$$

电路的复阻抗为

$$Z=R+\mathrm{j}X_L=300+\mathrm{j}521.24\approx601.41\angle60^\circ(\Omega)$$

所以电路的阻抗角为 60°。灯管电流为

$$I=\frac{U}{|Z|}=\frac{220}{601.41}\approx0.366(\mathrm{A})$$

灯管电压、整流器电压分别为

$$U_R=RI=300\times0.366\approx110(\mathrm{V})$$

$$U_L=X_LI=521.24\times0.366\approx191(\mathrm{V})$$

当然，电流和电压也可以先求出相量，然后得出其有效值。

**核心阅读**：日光灯又名荧光灯(*Fluorescent lamp*)，一般的荧光管以玻璃制造，在两端装有插口以连接电源及固定荧光管的位置。与传统的白炽灯相比，日光灯具有节能、价格低廉且使用寿命长的优点。

与白炽灯不同，荧光管必须有镇流器，与启辉器配合产生让气体发生电离的瞬间高压。

为了取代传统白炽灯，近年来发展出将灯管、镇流器、启辉器结合在一起，配合使用白炽灯灯座的改良型荧光灯泡，称为节能灯或悭电胆，可以在不更换灯具基座的情况下，直接取代白炽灯使用。在同样瓦数之下，一盏节能灯比白炽灯节能80%，平均寿命延长8倍，热辐射仅20%。

从白炽灯到日光灯再到节能灯意味着科学技术的进步，也意味着节约能源减少碳排放。

**例4.11** 将$RLC$串联电路接到220 V正弦电源上，已知$R=50\ \Omega$，$L=0.1\ \text{H}$，$C=10\ \mu\text{F}$。试求在50 Hz和400 Hz两种情况下电路中的电流并分析电路的性质。

解：(1)$f_1=50$ Hz时，有

$$X_{L1}=2\pi fL=2\times3.14\times50\times0.1=31.4(\Omega)$$

$$X_{C1}=\frac{1}{2\pi fC}=\frac{1}{2\times3.14\times50\times10\times10^{-6}}\approx318.5(\Omega)$$

由于$X_{L1}<X_{C1}$，故电路呈容性。

电路中的电流为

$$I_1=\frac{U}{|Z_1|}=\frac{U}{\sqrt{R^2+(X_{L1}-X_{C1})^2}}=\frac{220}{\sqrt{50^2+(31.4-318.5)^2}}\approx\frac{220}{291}\approx0.756(\text{A})$$

$$\varphi_1=\arctan\frac{X_L-X_C}{R}=\arctan\frac{31.4-318.5}{50}\approx-80.1^\circ$$

所以，电压滞后电流80.1°。

(2)当频率$f_2=400$ Hz时，有

$$X_{L2}=2\pi fL=2\times3.14\times400\times0.1=251.2(\Omega)$$

$$X_{C2}=\frac{1}{2\pi fC}=\frac{1}{2\times3.14\times400\times10\times10^{-6}}\approx39.8(\Omega)$$

由于$X_{L2}>X_{C2}$，故电路呈感性。

电路中的电流为

$$I_2=\frac{U}{|Z_2|}=\frac{U}{\sqrt{R^2+(X_{L2}-X_{C2})^2}}=\frac{220}{\sqrt{50^2+(251.2-39.8)^2}}\approx\frac{220}{217}\approx1.014(\text{A})$$

$$\varphi=\arctan\frac{X_L-X_C}{R}=\arctan\frac{251.2-39.8}{50}\approx76.7^\circ$$

所以，电压超前电流76.7°。

## 4.6 电阻、电感、电容并联电路

### 4.6.1 电压和电流关系

电阻、电感、电容并联电路如图4.20(a)所示。设电压为

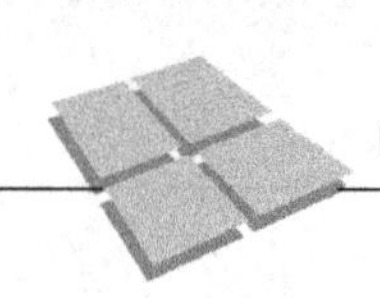



$$u=\sqrt{2}U\sin(\omega t+\psi_{\mathrm{u}}) \tag{4-44}$$

电压及各支路电流参考方向如图 4.20 所示，根据 KCL 可写出

$$i=i_{\mathrm{R}}+i_{\mathrm{L}}+i_{\mathrm{C}} \tag{4-45}$$

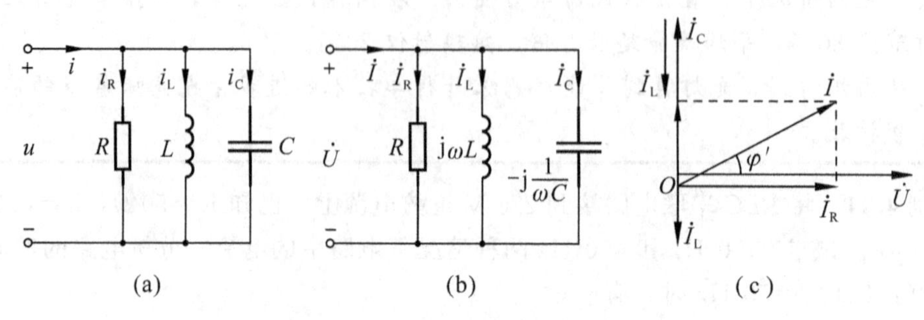


图 4.20　*RLC* 并联电路及其相量图

用相量表示式(4-44)、式(4-45)，参考方向如图 4.20(b)所示，为

$$\dot{U}=U\angle\psi_{\mathrm{u}} \tag{4-46}$$

$$\dot{I}=\dot{I}_{\mathrm{R}}+\dot{I}_{\mathrm{L}}+\dot{I}_{\mathrm{C}} \tag{4-47}$$

根据各元件的电压与电流相量关系，式(4-47)可写成

$$\dot{I}=\frac{\dot{U}}{R}+\frac{\dot{U}}{\mathrm{j}\omega L}=\frac{\dot{U}}{\frac{1}{\mathrm{j}\omega C}}=\left[\frac{1}{R}+\mathrm{j}\left(-\frac{1}{\omega L}+\omega C\right)\right]\dot{U}=Y\dot{U} \tag{4-48}$$

式(4-48)也称为欧姆定律的相量形式，复数 $Y$ 称为复导纳。

根据式(4-47)可画出相量图如图 4.20(c)所示，由相量图可得

$$I=\sqrt{I_{\mathrm{R}}^2+(I_{\mathrm{C}}-I_{\mathrm{L}})^2} \tag{4-49}$$

$$\varphi'=\arctan\frac{I_{\mathrm{C}}-I_{\mathrm{L}}}{I_{\mathrm{R}}} \tag{4-50}$$

式(4-49)为各支路电流与总电流有效值之间的关系，式(4-50)为总电流与电压的相位差。

### 4.6.2　复导纳

由式(4-48)可知 *RLC* 并联电路的复导纳为

$$Y=\frac{1}{R}+\mathrm{j}\left(\omega C-\frac{1}{\omega L}\right)=G+\mathrm{j}(B_{\mathrm{C}}-B_{\mathrm{L}})=G+\mathrm{j}B \tag{4-51}$$

或

$$Y=\frac{\dot{I}}{\dot{U}}=|Y|\angle\varphi' \tag{4-52}$$

式中，$Y$ 称为电路的复导纳，单位是西门子(S)；

实部 $G(G=1/R)$ 是该电路的电导，单位是西门子(S)；

虚部 $B=B_{\mathrm{C}}-B_{\mathrm{L}}=\omega C-\frac{1}{\omega L}$ 称为电纳，单位是西门子(S)，为容纳 $B_{\mathrm{C}}$ 与感纳

$B_L$ 之差；$|Y|=\sqrt{G^2+B^2}$ 为复导纳 $Y$ 的模，也称为导纳；$\varphi'=\arctan\dfrac{B}{G}=\arctan\left(\dfrac{B_C-B_L}{G}\right)$为复导纳 $Y$ 的辐角，也称为导纳角，反映的是电路总电流超前电压的角度，即：$\varphi'=\psi_i-\psi_u$。

因此，有　$\dot{I}=Y\dot{U}=|Y|\angle\varphi'\ U\angle\varphi_u=|Y|U\angle\psi_u+\varphi'=I\angle\psi_i$

**4.6.3　电路的三种情况及其相量图**

同 $RLC$ 串联电路一样，电路参数不同，电路呈现的状态不同。

(1)当 $B_L>B_C$，即 $I_L(=B_LU)>I_C(=B_CU)$时，由式(4-50)得出 $\varphi'<0$，总电流滞后电压，如图 4.21(a)所示，电路呈感性。

(2)当 $B_L<B_C$，即 $I_L<I_C$ 时，由式(4-50)得出 $\varphi'>0$，总电流超前电压，如图 4.21(b)所示，电路呈容性。

(3)当 $B_L=B_C$，即 $I_L=I_C$ 时，由式(4-50)得出 $\varphi'=0$，总电流 $I=I_R$ 最小，且与电压同相，如图 4.21(c)所示，电路呈电阻性。这种状况又称为 $RLC$ 并联电路的谐振。有关并联谐振的内容将在后续章节中介绍。

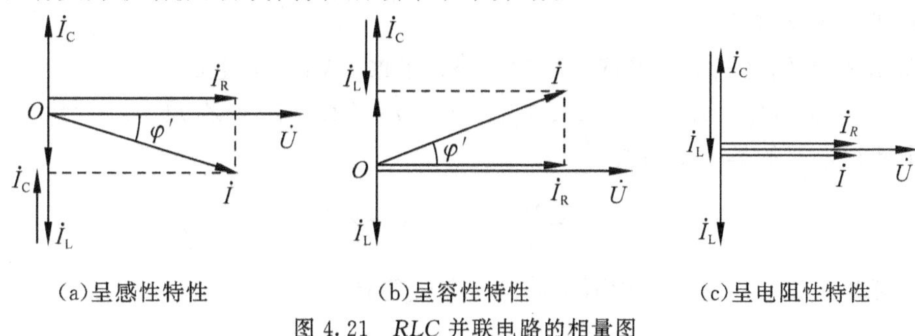


(a)呈感性特性　　(b)呈容性特性　　(c)呈电阻性特性

图 4.21　$RLC$ 并联电路的相量图

**例 4.12**　在 $RLC$ 并联电路中，已知 $R=20\ \Omega$，$L=50\ \text{mH}$，$C=40\ \mu\text{F}$，当该电路接入 220 V、50 Hz 的正弦电源时，求电路的复导纳为多少？写出电路中总电流瞬时值表达式。

解：电路的复导纳为

$$
\begin{aligned}
Y&=G+\text{j}(B_C-B_L)=\frac{1}{R}+\text{j}\left(\omega C-\frac{1}{\omega L}\right)\\
&=\frac{1}{20}+\text{j}(314\times40\times10^{-6}-\frac{1}{314\times50\times10^{-3}})\\
&\approx0.05-\text{j}0.051\\
&\approx0.0714\angle-45.57^\circ(\text{S})
\end{aligned}
$$

设电压的初相位为 0°，根据式(4-48)，得

$$\dot{I}=Y\dot{U}=0.0714\angle-45.57^\circ\times220\angle0^\circ\approx15.71\angle-45.57^\circ(\text{A})$$

所以，电流的瞬时值表达式为

$$i=15.71\sqrt{2}\sin(314t-45.57^\circ)\text{A}$$

## 4.7 复阻抗、复导纳及其等效变换

### 4.7.1 复阻抗的串、并联

复阻抗的串、并联电路如图 4.22 和图 4.23 所示。

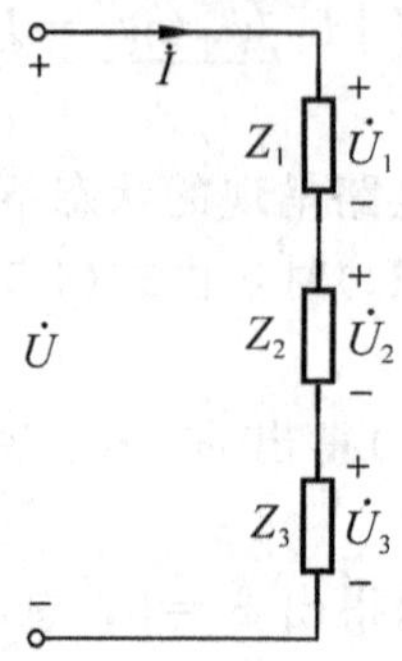


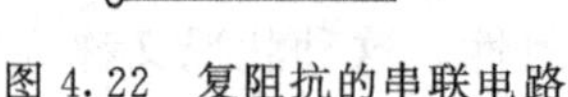
图 4.22 复阻抗的串联电路

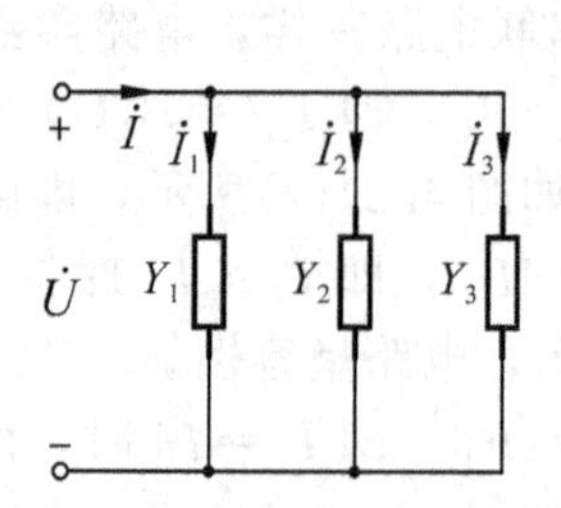


图 4.23 复阻抗的并联电路

1. 复阻抗的串联

图 4.22 所示是三个复阻抗串联的电路，根据 KVL，总电压为

$$\dot{U}=\dot{U}_1+\dot{U}_2+\dot{U}_3=Z_1\dot{I}+Z_2\dot{I}+Z_3\dot{I}=(Z_1+Z_2+Z_3)\dot{I}=Z\dot{I}$$

由此得电路的等效复阻抗

$$Z=\frac{\dot{U}}{\dot{I}}=Z_1+Z_2+Z_3$$

同理，对于 $n$ 个复阻抗串联电路的等效复阻抗为

$$Z=Z_1+Z_2+\cdots+Z_n=\sum_{k=1}^{n}Z_k \tag{4-53}$$

复阻抗串联时，流过 $n$ 个阻抗的电流相等，因此各个复阻抗上的电压与总电压的关系为

$$\dot{U}_1=\dot{I}Z_1=\frac{\dot{U}}{Z}Z_1=\frac{Z_1}{Z}\dot{U} \text{ 及 } \dot{U}_2=\dot{I}Z_2=\frac{Z_2}{Z}\dot{U}$$

由此可得一般式，即第 $k$ 个阻抗的端电压为

$$\dot{U}_k=\dot{I}Z_k=\frac{Z_k}{Z}\dot{U}$$

上式为复阻抗的分压公式，可见复阻抗的端电压与复阻抗的大小成正比。

2. 复阻抗的并联

复阻抗的并联，用复导纳计算较为方便。图 4.23 所示是三个复导纳并联的电路，根据 KCL，其总电流为

$$\dot{I}=\dot{I}_1+\dot{I}_2+\dot{I}_3=Y_1\dot{U}+Y_2\dot{U}+Y_3\dot{U}=(Y_1+Y_2+Y_3)\dot{U}=Y\dot{U}$$

由此可得并联电路的等效复导纳

$$Y=\frac{\dot{I}}{\dot{U}}=Y_1+Y_2+Y_3$$

同理，对于 $n$ 个复导纳并联的等效复导纳为

$$Y=Y_1+Y_2+\cdots+Y_n=\sum_{k=1}^{n}Y_k \tag{4-54}$$

当两个复导纳并联时，如图 4.24 所示，可直接用复阻抗进行运算，等效复阻抗为

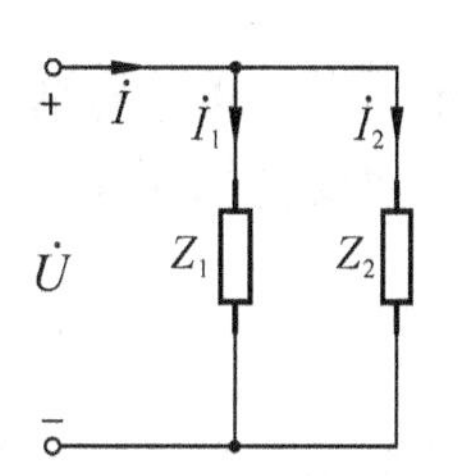

图 4.24　两个复导纳并联

$$Z=\frac{Z_1Z_2}{Z_1+Z_2}$$

$Z_1$ 和 $Z_2$ 支路中的电流可由分流公式求得，即

$$\dot{I}_1=\frac{Z_2}{Z_1+Z_2}\dot{I}$$

$$\dot{I}_2=\frac{Z_1}{Z_1+Z_2}\dot{I}$$

两个复阻抗串联和并联的分压公式和分流公式是我们经常用到的公式，必须熟练掌握。

由以上分析可知，复阻抗串、并联电路的特性和等效复阻抗的求解公式，与电阻串、并联电路相似；不同的是，复阻抗中含有实部、虚部或阻抗模、阻抗角参数，因此，复阻抗的计算要按复数的运算规则进行。

### 4.7.2　复阻抗与复导纳的等效变换

图 4.25(a)是一个无源二端网络，端口电压、电流相量分别为 $\dot{U}$ 和 $\dot{I}$，且为关联参考方向。$\dot{U}$ 与 $\dot{I}$ 之间的关系由欧姆定律决定，即

$$\dot{U}=Z\dot{I}\ \text{或}\ \dot{I}=Y\dot{U}$$

其中，$Z$ 和 $Y$ 为此二端网络的输入复阻抗和输入复导纳或称为等效复阻抗和等效复导纳。如果用等效复阻抗 $Z=R+\mathrm{j}X$ 表示，则此二端网络可以被看作由电阻 $R$ 与电抗 $X$ 串联组成的电路，称为串联等效电路，如图 4.25(b)所示。如果用等效复导纳 $Y=G+\mathrm{j}B$ 表示，则此二端网络可以被看作由电导 $G$ 与电纳 $B$ 并联组成的电路，称为并联等效电路，如图 4.25(c)所示。

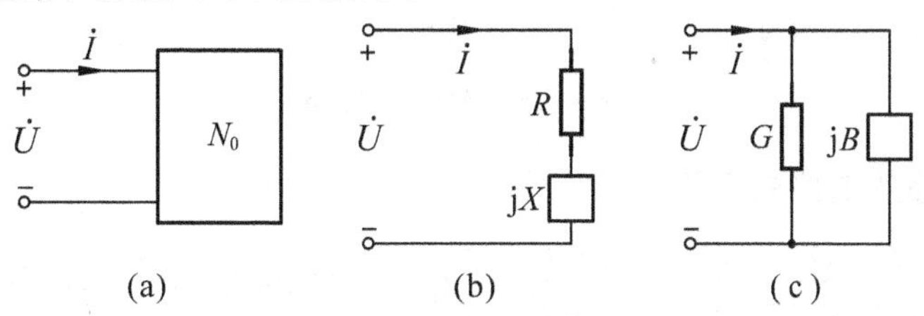

图 4.25　二端网络的两种等效电路

由于这两种等效电路有相同的 VCR，显然有

$$Z=\frac{1}{Y}=\frac{1}{|Y|\underline{/\varphi'}}=|Z|\underline{/-\varphi'}=|Z|\underline{/\varphi} \tag{4-55}$$

等效复阻抗和等效复导纳互为倒数，即等效复阻抗和等效复导纳的模互为倒数，而它们的辐角大小相等而符号相反，即

$$|Z|=1/|Y| \text{ 及 } \varphi=-\varphi'$$

利用上式可以进行两种等效电路参数的互换。

如果已知串联等效电路的阻抗为 $Z=R+\mathrm{j}X$，则它的并联等效电路的复导纳为

$$Y=\frac{1}{Z}=\frac{1}{R+\mathrm{j}X}=\frac{R}{R^2+X^2}-\mathrm{j}\frac{X}{R^2+X^2}=G+\mathrm{j}B$$

即

$$G=\frac{R}{R^2+X^2},\ B=-\frac{X}{R^2+X^2} \tag{4-56}$$

同理，如果已知并联等效电路的复导纳为 $Y=G+\mathrm{j}B$，则它的串联等效电路的复阻抗为

$$Z=\frac{1}{Y}=\frac{1}{G+\mathrm{j}B}=\frac{G}{G^2+B^2}-\mathrm{j}\frac{B}{G^2+B^2}=R+\mathrm{j}X$$

即

$$R=\frac{G}{G^2+B^2},\ X=-\frac{B}{G^2+B^2} \tag{4-57}$$

式(4-56)和式(4-57)就是二端网络的两种等效电路的互换条件。

应该注意，复阻抗中的虚部电抗定义为感抗与容抗的差值，即 $X=X_L-X_C$，而复导纳中的虚部电纳定义为容纳与感纳的差值，即 $B=B_C-B_L$。

**例 4.13**　如图 4.26(a)所示电路，已知 $Z_1=(20+\mathrm{j}50)\,\Omega$，$Z_2=-\mathrm{j}50\ \Omega$，$f=50$ Hz。试求其串联、并联等效电路。

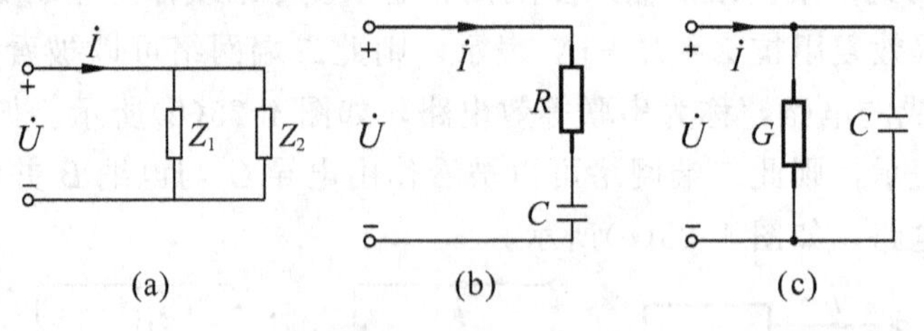


图 4.26　例 4.13 电路

解：串联等效电路的复阻抗为

$$Z=\frac{Z_1Z_2}{Z_1+Z_2}=\frac{(20+\mathrm{j}50)(-\mathrm{j}50)}{(20+\mathrm{j}50)+(-\mathrm{j}50)}=125-\mathrm{j}50\approx134.63\underline{/-21.8^\circ}(\Omega)$$

如图 4.26(b)所示，其等效电阻为 125 Ω，等效电容为

$$C=\frac{1}{\omega X_C}=\frac{1}{2\pi\times50\times50}\approx0.00006366(\text{F})=63.66\ \mu\text{F}$$

并联等效电路的复导纳为

$$Y=\frac{1}{Z}=\frac{1}{125-\text{j}50}\approx0.0074\angle21.8^\circ\approx(0.0069+\text{j}0.0028)(\text{S})$$

因电纳为正值，电路为容性，如图 4.26(c)所示，其并联等效电路的等效电导为 0.0069 S，等效电容为

$$C=\frac{B_C}{\omega}=\frac{0.0028}{2\pi\times50}\approx0.00000891(\text{F})=8.91\ \mu\text{F}$$

或

$$Y=Y_1+Y_2=\frac{1}{Z_1}+\frac{1}{Z_2}=\frac{1}{20+\text{j}50}+\frac{1}{-\text{j}50}$$
$$\approx0.0069+\text{j}0.0028\approx0.0074\angle21.8^\circ(\text{S})$$

应当注意，以上的等效条件是在 $f=50$ Hz 时才是正确的。

**例 4.14** 图 4.27(a)所示电路是一个 $RC$ 移相电路，其输出电压 $\dot{U}_c$ 比输入电压 $\dot{U}_i$ 超前一个相位角。若 $C=0.1\ \mu\text{F}$，$R=2\ \text{k}\Omega$，输入电压为 $u_i=\sqrt{2}\sin 3140t$ V。试求输出端开路电压 $u_o$。

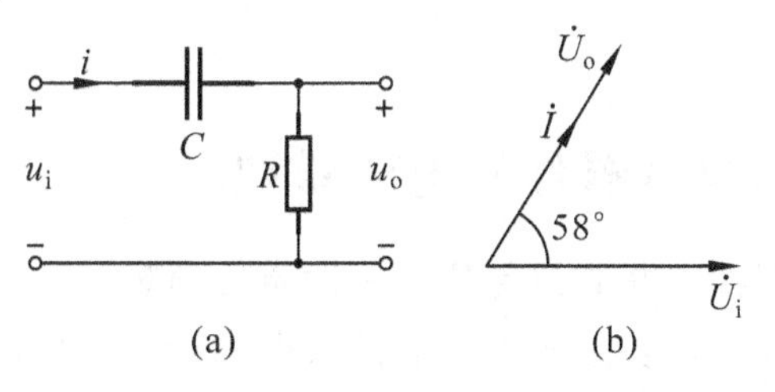


图 4.27 例 4.14 电路

解：由题意知：$\dot{U}_i=1\angle0^\circ$ V

容抗为

$$X_C=\frac{1}{\omega C}=\frac{1}{3140\times0.1\times10^{-6}}\approx3184(\Omega)\approx3.2\ \text{k}\Omega$$

由分压公式可得

$$\dot{U}_o=\frac{R}{R-\text{j}X_C}\dot{U}_i=\frac{2}{2-\text{j}3.2}\times1\angle0^\circ\approx0.53\angle58^\circ(\text{V})$$

所以输出端开路电压的瞬时值为

$$u_o=0.53\sqrt{2}\sin(3140t+58^\circ)\text{V}$$

可见输出端开路电压 $\dot{U}_o$ 比输入端电压 $\dot{U}_i$ 超前 58°，如图 4.27(b)所示。

**例 4.15** 图 4.28 所示电路为 $RC$ 选频电路，$R_1$、$R_2$、$C_1$、$C_2$ 为已知，串联网络 $R_1$、$C_1$ 的电压为 $\dot{U}_1$，并联网络 $R_2$、$C_2$ 的电压为 $\dot{U}_2$，欲使 $\dot{U}_2$ 与 $\dot{U}_1$ 同相，试求电源的角频率。

解：只要串联网络的等效复阻抗的阻抗角与并联网络等效复阻抗的阻抗角相等，电压 $\dot{U}_2$ 就与电压 $\dot{U}_1$ 同相。

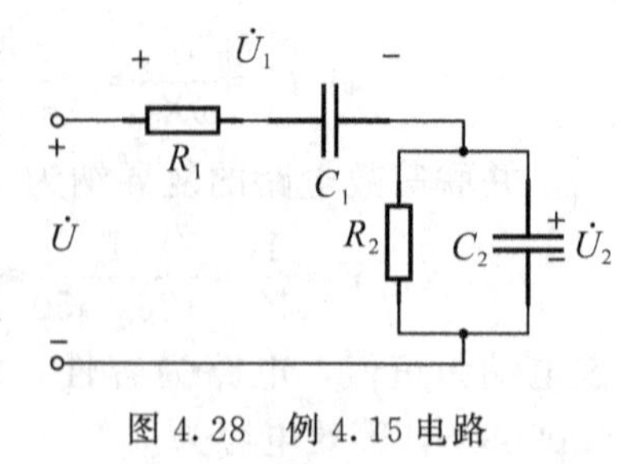


图 4.28　例 4.15 电路

串联网络的等效复阻抗为 $Z_1=R_1-\mathrm{j}\dfrac{1}{\omega C_1}$，其阻抗角为

$$\varphi_1=\arctan\left(\frac{-1}{\omega C_1R_1}\right)$$

并联网络的等效复阻抗为 $Z_2=\dfrac{1}{(1/R_2)+\mathrm{j}\omega C_2}$，其阻抗角为

$$\varphi_2=-\arctan(\omega C_2R_2)$$

要求 $\varphi_2=\varphi_1$，所以有

$$\omega C_2R_2=\frac{1}{\omega C_1R_1}$$

得电源角频率为

$$\omega=\frac{1}{\sqrt{R_1R_2C_1C_2}}$$

## 4.8　几种实际电气器件的电路模型

实际使用的电气器件，并非只包括单一性质的理想元件，而是若干种不同性质的理想元件的组合。因此，实际的电气器件根据其特点，可以用一些理想的电路元件的组合来等效。

### 4.8.1　电阻器

电阻器又称为电阻，可以是固定的，也可以是可变的。大多数电阻为固定的，即其电阻值固定。固定电阻的两种常见类型是线绕电阻和合成电阻，如图 4.29(a)(b)所示。合成电阻的电阻值可以做得较大。固定电阻在电路中的表示如图 1.8(a)所示。可变电阻的电阻值可以调整，其在电路中的符号如图 4.29(c)所示。电位器是常用的可变电阻，其符号如图 4.29(d)所示。

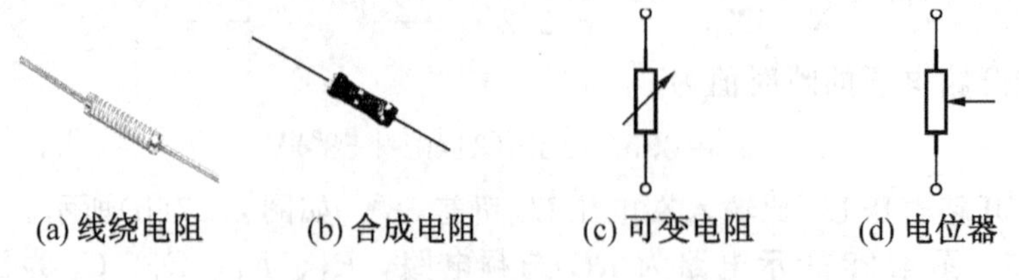


图 4.29　固定电阻及可变电阻符号

电位器是一个有三个端头的元件，其中一个端头是滑动抽头。借助于滑动抽头

的移动，该端点与其他两个固定端点之间的电阻值随着改变。同样，可变电阻可以是线绕的，也可以是合成的，如图 4.30 所示。

(a) 合成可变电阻

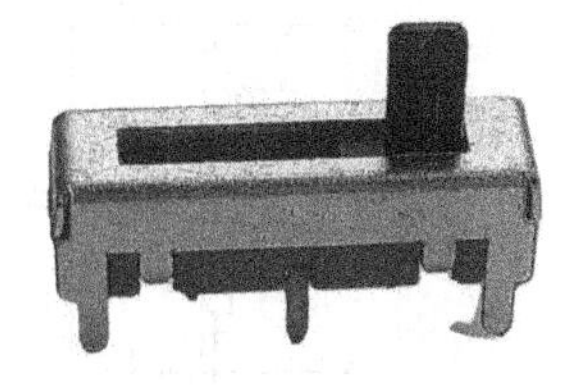

(b) 滑动电位器

图 4.30　可变电阻

当直流电流或低频电流通过线绕电阻器时，电流在导体截面上的分布是均匀的；但是当频率较高时，交流电流在导体截面的分布不再均匀，而是越靠近导线中间，电流密度越小；越靠近导线表面，电流密度越大，这种现象称为趋肤效应。

当频率很高时，由于趋肤效应，电流几乎都集中在导体的表面，导体中间的电流密度很小，相当于减小了导体的导电面积，根据导体电阻的定义 $R=\rho\,\dfrac{L}{S}$ 可知，导体的电阻在增加，即频率越高，电阻越大。

因此，在高频电路中，为减小趋肤效应对导线电阻的影响，导线常做成管状，或将多股互相绝缘的导线紧密地绞合在一起使用。

### 4.8.2　电感器

电感器，又称电感，是一个无源电路元件，它将能量储存在其磁场中，电感器在实际工程中有广泛应用，如变压器、收音机、电动机和雷达等。

任何载流导体都有电磁感应特性，可看作一个电感器。实际的电感器通常由导线绕制而成，如图 4.31(a)所示。电感器也有固定的和可变的，其芯子的材料有铁的、钢的、塑料的和空气的。电感器又称为电感线圈或扼流圈。常用的电感器和符号如图 4.31 所示。

(a) 螺线缠绕电感

(b) 环形电感

(c) 固定电感

(d) 可变电感

图 4.31　各种不同类别电感器及电感符号

由导线绕制而成的电感器，除了含有一定的电感 $L$ 外，还含有导线的损耗(称为线圈的损耗电阻 $R$)，同时在线圈的匝间还存在电容效应(称为线圈的分布电容 $C$)。因而，实际的电感线圈等效电路为图 4.32(a)所示。所以在不同频率的正弦激励作用下，电路模型是不同的。

在直流激励作用下，由于 $\omega=0$，所以 $X_L=\omega L=0$，相当于短路，$X_C=\dfrac{1}{\omega C}\rightarrow\infty$，相当于开路，因而线圈等效为一个电阻，如图 4.32(b)所示。

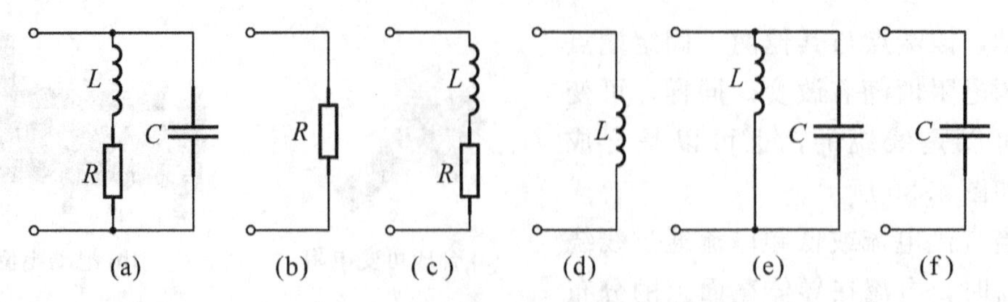


图 4.32　实际电感线圈的等效电路

在较低频率的正弦激励作用下，由于频率 $\omega$ 较小、线圈的分布电容 $C$ 很小，其容抗仍然可以看成 $X_C=\frac{1}{\omega C}\to\infty$，因而可以忽略电容效应，线圈等效为电阻和电感的串联，如图 4.32(c)所示。

当激励源频率较高(中频)时，感抗远远大于线圈的损耗电阻，却远远小于线圈分布电容的容抗，即 $X_L\gg R$，$X_L\ll X_C$，这时，线圈等效为一个纯电感，如图 4.32(d)所示。

当激励源频率相当高时，线匝之间的电容不能忽略，这时可用图 4.32(e)所示电路作为模型。

当激励源频率足够高时，感抗会远远大于容抗，可认为电感处于开路状态，这时线圈等效为一个纯电容，如图 4.32(f)所示。

可见建立电路模型时一般应指明它们的工作频率。

### 4.8.3　电容器

电容器，又称电容，是一个在其电场中储存能量的无源元件。除了电阻之外，电容器是最常用的电子元件，在电子学、通信、计算机中都被普遍使用，如收音机中的调谐电路，计算机系统中的动态记忆元件都用到电容器。

一个电容器由被介质隔开的两个导电平板组成，典型结构如图 4.33(a)所示。许多实际电容器中，金属板可以是铝箔，而介质可以是空气、陶瓷、纸或云母。电容器按其介质材料或可变、固定容量等分类，图 4.33(b)和(c)为固定电容器和可变电容器在电路中的符号表示。

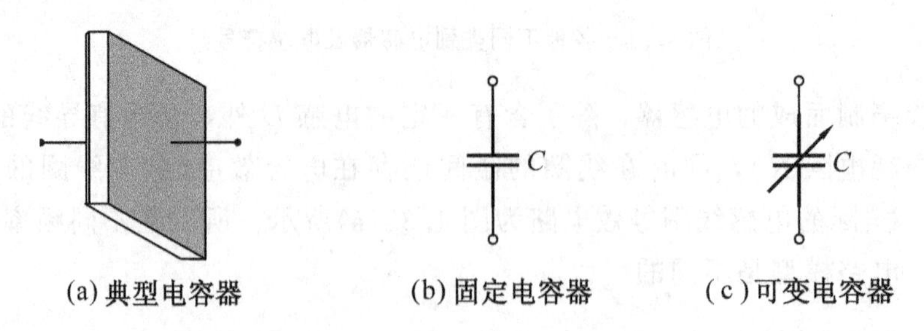


图 4.33　典型电容器及电容器符号

图 4.34(a)(b)(c)所示是固定电容器的几种常用类型，涤纶电容器重量轻、容量稳定，其随温度的变化是可预测的。除了涤纶介质外，也可以用云母、聚苯乙烯等介质。电解电容器的容量最大。

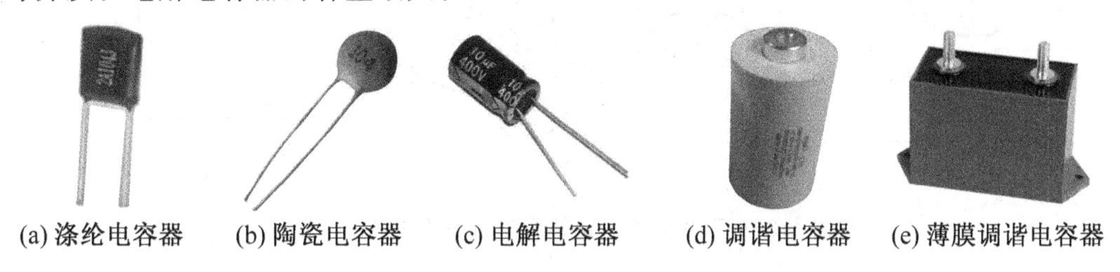
(a) 涤纶电容器　(b) 陶瓷电容器　(c) 电解电容器　(d) 调谐电容器　(e) 薄膜调谐电容器

图 4.34　固定电容器和可变电容器

图 4.34(d)和(e)所示是两种最常用的可变电容器，调谐电容器(微调电容)或玻璃柱电容器，它们的容量由转动螺旋钮来调节。电容器的用途有：隔直流、通交流、移相、存储能量、启动电机和抑制噪声等。

电容器是由绝缘介质隔离开的两个导体构成的。当正弦电压作用于电容器时，由于绝缘介质有能量损耗(包括极化损耗和漏电损耗)，所以，实际的电容器与理想电容元件不同，一般等效为一个理想的电容元件与其漏电阻的并联，如图 4.35 所示。

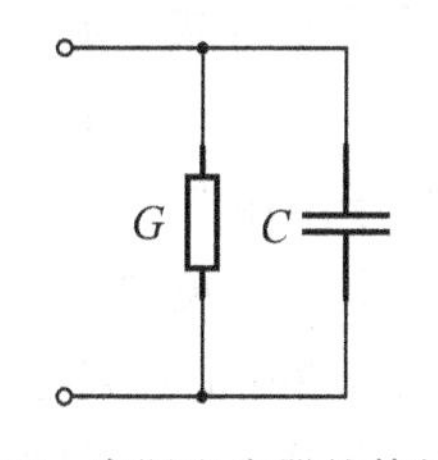

图 4.35　实际电容器的等效电路

通常，电容器的漏电阻很大，因此电容器等效为一个理想电容即纯电容。

## 4.9　正弦电流电路中的功率

### 4.9.1　瞬时功率

前面各节中分析了电阻、电感和电容单一元件的功率，下面分析无源二端网络的功率。

将正弦电压 $u=\sqrt{2}U\sin(\omega t+\psi_u)$加在一个无源二端网络上，由此产生的电流为 $i=\sqrt{2}I\sin(\omega t+\psi_i)$，电压、电流参考方向如图 4.36(a)所示，该无源二端网络的瞬时功率为

$$
\begin{aligned}
p &= ui=\sqrt{2}U\sin(\omega t+\psi_u)\sqrt{2}I\sin(\omega t+\psi_i)\\
&=UI\cos(\omega t+\psi_u-\omega t-\psi_i)-UI\cos(\omega t+\psi_u+\omega t+\psi_i)\\
&=UI\cos(\psi_u-\psi_i)-UI\cos(2\omega t+\psi_u+\psi_i)
\end{aligned}
$$

设 $\varphi=\psi_u-\psi_i$(电压与电流的相位差)，而且，为了简化设 $\psi_i=0$，上式可写成

$$
p=UI\cos\varphi-UI\cos(2\omega t+\varphi) \tag{4-58}
$$

可见，正弦电流电路的瞬时功率由恒定分量和正弦分量两部分构成；其中，正

弦分量的频率为电压、电流频率的两倍，其波形如图 4.36(b)所示。

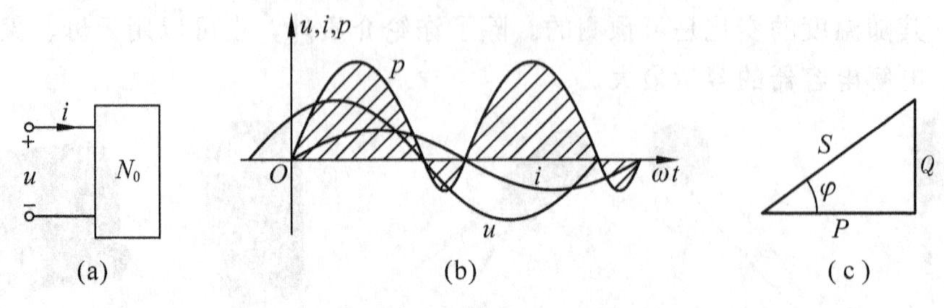


图 4.36　正弦电流电路的瞬时功率及功率三角形

由图可以看出，当 $u$、$i$ 瞬时值同号时 $p>0$，二端网络从外电路吸收功率；当 $u$、$i$ 瞬时值异号时 $p<0$，二端网络向外电路提供功率。瞬时功率有正有负的现象说明在外电路和二端网络之间有能量的往返交换，这种现象是储能元件造成的。作为储能元件的电感和电容，只能储存能量而不消耗能量。电感的磁场能量将随电感电流的增减而增减，电容的电场能量将随电容电压的增减而增减。当磁场能量或电场能量减少时，一个储能元件释放出来的能量，可以转移到另一个储能元件中，也可以消耗于电阻中，如有多余则必然要送回电源。这就造成了能量由二端网络反向传输到外电路的现象。

由图 4.36(b)还可以看到，在一个循环内，$p>0$ 的部分大于 $p<0$ 的部分，因此，平均来看，二端网络是从外电路吸收功率的，这是由于二端网络中存在着消耗能量的电阻。

### 4.9.2　有功功率、无功功率和视在功率

1. *有功功率*

一般二端网络中总有电阻，电阻就要消耗功率，所以，虽然二端网络的瞬时功率有正有负，但二端网络吸收的平均功率一般恒大于零。

前已叙述平均功率又称为有功功率，根据平均功率的定义，可求出正弦电流电路的有功功率为

$$
\begin{aligned}
P &= \frac{1}{T}\int_0^T p\,\mathrm{d}t = \frac{1}{T}\int_0^T [UI\cos\varphi - UI\cos(2\omega t+\varphi)]\mathrm{d}t \\
&= UI\cos\varphi = UI\lambda
\end{aligned} \tag{4-59}
$$

可见，正弦电流电路的有功功率即为瞬时功率的恒定值部分，它不仅与电压、电流的有效值有关，而且与它们的相位差 $\varphi$ 有关。式(4-59)中

$$\lambda = \cos\varphi \tag{4-60}$$

称为二端网络的功率因数，$\varphi$ 称为功率因数角，它等于二端网络的等效复阻抗的阻抗角。

当 $\varphi=0$，即 $\lambda=\cos\varphi=1$ 时，二端网络吸收的有功功率等于电压与电流有效值乘积，此时电压与电流同相位，二端网络等效于一个电阻。

当 $\varphi=\pm\frac{\pi}{2}$，即 $\lambda=\cos\varphi=0$ 时，二端网络不吸收有功功率，此时电压与电流相位正交，二端网络等效于一个电抗。

可以证明二端网络吸收的总的有功功率等于电路各部分有功功率之和，即

$$P=UI\cos\varphi=P_1+P_2+\cdots+P_n=\sum P_k \tag{4-61}$$

应该指出，在直流电路中，若测出电压与电流的量值，那么它们的乘积就是有功功率，因此在直流电路中一般不用功率表测量功率。但在正弦电流电路中，即使测量出电路中的电压与电流的有效值，它们的乘积也不是有功功率，因为有功功率还与功率因数有关，所以在正弦电流电路中需要用功率表测量有功功率。

*2. 无功功率*

电感与电容虽然并不消耗能量，但却会在二端网络与外电路之间进行能量的往返交换。无功功率就描述了能量交换的规模。

定义正弦电流电路的无功功率 $Q$ 为

$$Q=UI\sin\varphi=Q_L-Q_C \tag{4-62}$$

当 $\varphi=0$ 时，二端网络等效于一个电阻，它吸收无功功率为零。

当 $\varphi=\frac{\pi}{2}$时，二端网络等效于一个电感，它吸收无功功率为 $Q=Q_L=UI$，即电感元件吸收的无功功率。

当 $\varphi=-\frac{\pi}{2}$时，二端网络等效于一个电容，它吸收无功功率为 $Q=-Q_C=-UI$，即电容元件吸收的无功功率。

当 $\varphi>0$ 时，二端网络呈感性，则 $Q=UI\sin\varphi>0$。

当 $\varphi<0$ 时，二端网络呈容性，则 $Q=UI\sin\varphi<0$。

应该注意，若二端网络中既有电感又有电容时，电感与电容在二端网络内部先自行交换一部分能量，其差额再与外电路进行交换，因而二端网络从外电路吸收的无功功率等于电感吸收的无功功率与电容吸收的无功功率的差，即

$$Q=Q_L-Q_C=UI\sin\varphi \tag{4-63}$$

式中，$Q_L$ 和 $Q_C$ 总是正的，但 $Q$ 为一代数量，可正可负。

可以证明二端网络吸收的总的无功功率等于电路各部分无功功率之和，即

$$Q=UI\sin\varphi=Q_1+Q_2+\cdots+Q_n=\sum Q_k \tag{4-64}$$

*3. 视在功率*

视在功率是用来表示电气设备的容量大小的。例如，变压器、电机的容量由它们的额定电压与额定电流决定。对于一个二端网络，定义其端口电压与端口电流有效值的乘积为视在功率，即

$$S=UI \tag{4-65}$$

视在功率的量纲与有功功率相同，为区别有功功率、无功功率，视在功率的单位用伏安(V·A)。

有功功率、无功功率和视在功率的关系为

$$P=S\cos\varphi \tag{4-66}$$

$$Q=S\sin\varphi \tag{4-67}$$

$$S=\sqrt{P^2+Q^2} \tag{4-68}$$

$$\varphi=\arctan\frac{Q}{P} \tag{4-69}$$

即有功功率、无功功率和视在功率也构成一个直角三角形，该直角三角形称为功率三角形，如图 4.36(c)所示。它与串联电路中的阻抗三角形、电压三角形及并联电路中的电流三角形也是相似的。

### 4.9.3 复功率

式(4-68)和式(4-69)即

$$S=\sqrt{P^2+Q^2},\ \varphi=\arctan\frac{Q}{P}$$

式中，$\varphi=\psi_u-\psi_i$。这一关系可用下述复数表达，并定义为复功率，记为 $\overline{S}$，即

$$\overline{S}=P+\mathrm{j}Q=S\underline{/\varphi}=UI\underline{/\psi_u-\psi_i} \tag{4-70}$$

由于 $\dot{U}=U\underline{/\psi_u}$，$\dot{I}=I\underline{/\psi_i}$，及 $\dot{I}^*=I\underline{/-\psi_u}$（$\dot{I}$ 的共轭相量），所以复功率又可表示为

$$\overline{S}=UI\underline{/\psi_u-\psi_i}=U\underline{/\psi_u}\times I\underline{/-\psi_i}=\dot{U}\dot{I}^* \tag{4-71}$$

当计算某一阻抗 $Z$ 吸收的复功率时，把 $\dot{U}=Z\dot{I}$ 代入上式可得

$$\overline{S}=\dot{U}\dot{I}^*=Z\dot{I}\dot{I}^*=ZI^2=(R+\mathrm{j}X)I^2=RI^2+\mathrm{j}XI^2=P+\mathrm{j}Q \tag{4-72}$$

若已知导纳 $Y$，则可以把 $\dot{I}=Y\dot{U}$ 代入式(4-71)，得复功率的计算公式为

$$\overline{S}=\dot{U}\dot{I}^*=\dot{U}(Y\dot{U})^*=\dot{U}Y^*\dot{U}^*=Y^*U^2=(G-\mathrm{j}B)U^2=GU^2-\mathrm{j}BU^2=P+\mathrm{j}Q$$

复功率与阻抗相似，它们都是一个复数量，并不代表正弦量，因此不能作为相量对待。

对于正弦电流电路，由于有功功率和无功功率都是守恒的，所以复功率也应守恒，即在整个电路中某些支路吸收的复功率应该等于其余支路发出的复功率。

**例 4.16** 某一电路由三个复阻抗串联构成，其中 $Z_1=(30+\mathrm{j}40)\Omega$，$Z_2=(20-\mathrm{j}20)\Omega$，$Z_3=(80+\mathrm{j}60)\Omega$，电源电压 $\dot{U}=100\underline{/0^\circ}$ V，试求电路的有功功率、无功功率、视在功率及电路的功率因数。

解：根据题意，三个阻抗串联，则电路总的复阻抗为

$$
\begin{aligned}
Z &= Z_1 + Z_2 + Z_3 \\
&= (30+\mathrm{j}40)+(20-\mathrm{j}20)+(80+\mathrm{j}60) \\
&= 130+\mathrm{j}80 \\
&\approx 152.6\angle 31.6^\circ(\Omega)
\end{aligned}
$$

电路中的电流为

$$\dot{I}=\frac{\dot{U}}{Z}=\frac{100\angle 0^\circ}{152.6\angle -31.6^\circ}\approx 0.66\angle -31.6^\circ(\mathrm{A})$$

各阻抗的电压为

$$\dot{U}_1=\dot{I}Z_1=0.66\angle -31.6^\circ\times(30+\mathrm{j}40)\approx 33\angle 21.5^\circ(\mathrm{V})$$

$$\dot{U}_2=\dot{I}Z_2=0.66\angle -31.6^\circ\times(20-\mathrm{j}20)\approx 18.7\angle -76.6^\circ(\mathrm{V})$$

$$\dot{U}_3=\dot{I}Z_3=0.66\angle -31.6^\circ\times(80+\mathrm{j}60)\approx 66\angle 5.3^\circ(\mathrm{V})$$

电路的复功率为

$$\overline{S}=\dot{U}\dot{I}^*=100\angle 0^\circ\cdot 0.66\angle 31.6^\circ=66\angle 31.6^\circ\approx(56.2+\mathrm{j}34.6)(\mathrm{V\cdot A})$$

所以，电路中的有功功率为 $P=56.2\ \mathrm{W}$

电路中的无功功率为 $Q=34.6\ \mathrm{var}$

电路中的视在功率为 $S=66\ \mathrm{V\cdot A}$

电路的功率因数为 $\cos\varphi=\dfrac{P}{S}=\dfrac{56.2}{66}=0.85$

**例 4.17** 图 4.37 所示为采用电压表、电流表和功率表来测量一个电感线圈参数的电路。已知电源为工频情况下，测得下列数据：电压表的读数为 100 V，电流表的读数为 2 A，功率表的读数为 120 W。试求线圈参数电阻 $R$ 和电感 $L$。

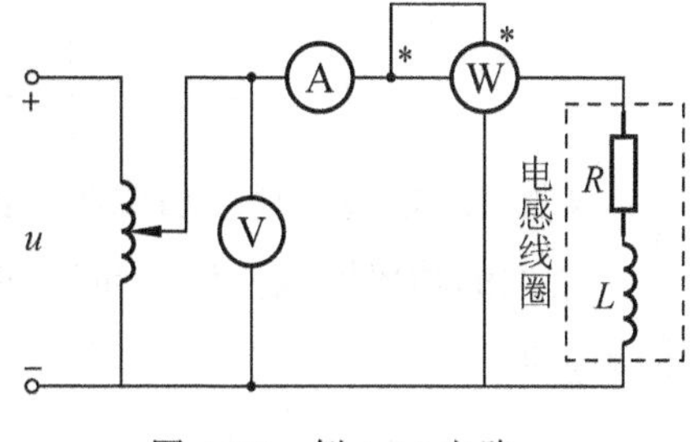


图 4.37 例 4.17 电路

解：(1)解法一。

用电阻与电感串联表示的电感线圈其复阻抗为 $Z=|Z|\angle\varphi$，根据测量的数据可得

复阻抗的模为电压表与电流表读数的比值，即

$$|Z|=\frac{U}{I}=\frac{100}{2}\ \Omega=50\ \Omega$$

电路的有功功率为功率表的读数，即 $P=120\ \mathrm{W}$。

所以功率因数为

$$\cos\varphi=\frac{P}{UI}=\frac{120}{100\times 2}=0.6$$

功率因数角即复阻抗角为

$$\varphi=\arccos 0.6=53.1°$$

从而得

$$Z=50\angle 53.1°\approx 30+\mathrm{j}40=R+\mathrm{j}\omega L$$

所以

$$R=30\ \Omega$$

$$L=\frac{40}{\omega}=\frac{40}{314}\approx 0.127(\mathrm{H})$$

(2)解法二。

因为电感不耗能，电路的有功功率即功率表的读数就是电阻所消耗的功率 $P=I^2R$，所以有

$$R=\frac{P}{I^2}=\frac{120}{2^2}=30(\Omega)$$

用电阻与电感串联表示的电感线圈的复阻抗的模为电压表与电流表读数的比值，即

$$|Z|=\frac{U}{I}=\frac{100}{2}=50(\Omega)$$

根据 $Z=\sqrt{R^2+(\omega L)^2}$，可得

$$L=\frac{\sqrt{|Z|^2-R^2}}{\omega}=\frac{\sqrt{50^2-30^2}}{314}\approx 0.127(\mathrm{H})$$

### 4.9.4 功率因数及功率因数的提高

负载的功率因数决定于负载的阻抗角 $\varphi$。同时，它的大小还可以由功率三角形得出，即

$$\lambda=\cos\varphi=\frac{P}{S} \tag{4-73}$$

当电路为纯阻性电路时，负载上获得的功率等于电源提供的视在功率($P=S$)，因而功率因数 $\lambda=\cos\varphi=\frac{P}{S}=1$(最大)；当电路为纯电抗性(电阻为零)电路时，电路的有功功率等于零($P=0$)，$\varphi=\pm 90°$，因而功率因数 $\lambda=\cos\varphi=\frac{P}{S}=0$；当电路中同时含有电阻和电抗元件时，电源提供的视在功率有一部分被电阻元件吸收，另一部分被电抗元件用来在电路中进行能量交换，此时的功率因数为 $0<\lambda<1$。

负载的功率因数低，使电源设备的容量不能得到充分利用。因为电源设备额定容量等于额定电压和额定电流的乘积，在相同的电压和电流情况下，负载的功率因数越低，发电机或变压器能提供的有功功率越少。例如，一台 1 000 kV·A 的变压器，当功率因数 $\lambda=1$ 时，变压器的输出功率是 1 000 kW；而当功率因数 $\lambda=0.7$ 时，变压器输出有功功率仅是 700 kW。为了充分利用发电机或变压器的容量，必须尽量提高功率因数。另外，功率因数过低，在供电线路上要引起较大的能量损耗和电压降低。这是因为在一定的电压下向负载输送一定的有功功率时，负载的功率因数越低，通过线路的电流$\left(I=\dfrac{P}{U\cos\varphi}\right)$越大，导线电阻的能量损耗和导线阻抗的电压降越大。线路电压降增大，引起负载电压的降低，影响负载的正常工作。

可见提高用电的功率因数，能使电源设备的容量得到合理地利用，能减少输电电能损耗，又能改善供电的电压质量，所以功率因数是电力技术经济中的一个重要指标，应该努力提高用电的功率因数。

**核心阅读：** **节能**

世界能源委员会 1979 年提出节能的定义：采取技术上可行、经济上合理、环境和社会可接受的一切措施，来提高能源资源的利用效率。节能就是应用技术上现实可靠、经济上可行合理、环境和社会都可以接受的方法，有效地利用能源，提高用能设备或工艺的能量利用效率。随着社会的不断进步与科学技术的不断发展，人们越来越关心人类赖以生存的地球，世界上大多数国家也充分认识到了环境对人类发展的重要性。各国都在采取积极有效的措施改善环境，减少污染，这其中最为重要也最为紧迫的问题就是能源问题。要从根本上解决能源问题，除了寻找新的能源，节能是关键的也是目前最直接有效的重要措施。最近几年，人们通过努力，在节能技术的研究和产品开发上都取得了巨大的成果。

一般负载都是感性的，即通常所说的功率因数滞后。对于感性负载，提高功率因数最常用的方法是采用在感性负载两端并联一个合适的补偿电容，使用电的综合功率因数得到提高。下面通过例题说明。

**例 4.18** 一台电动机用电阻 $R$ 和电感 $L$ 串联电路表示，其端电压有效值为 $U$，有功功率为 $P$。现要求把它的功率因数从 $\cos\varphi$ 提高到 $\cos\varphi'$，试确定需要并联多大的电容？

解：(1)解法一。

以电压 $\dot{U}$ 为参考相量，负载电流为 $\dot{I}_1$，其功率因数角为 $\varphi$。并联电容后，电容中电流为 $\dot{I}_C$，从而使线路电流由原来的 $\dot{I}_1$ 变为 $\dot{I}=\dot{I}_1+\dot{I}_C$，其功率因数角由原来的 $\cos\varphi$ 变为 $\cos\varphi'$，电路及其相量图如图 4.38(a)(b)所示。

未并联电容时，线路电流等于负载电流，即

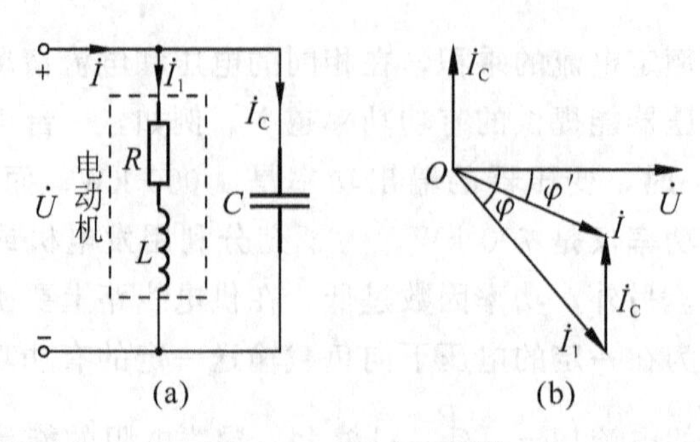


图 4.38　例 4.18 电路

$$I_1=\frac{P}{U\cos\varphi}$$

电流 $\dot{I}_1$ 与电压垂直的分量(称为无功分量)为 $I_1\sin\varphi$。

并联电容后，线路电流为

$$I=\frac{P}{U\cos\varphi'}$$

这时电流 $\dot{I}$ 与电压垂直的分量为 $I\sin\varphi'$。

显然所需电容电流等于两个无功电流的差值，即

$$I_C=I_1\sin\varphi-I\sin\varphi'$$

由于 $I_C=\omega CU$ 及 $I_1=\frac{P}{U\cos\varphi}$和 $I=\frac{P}{U\cos\varphi'}$，所以需要并联的电容为

$$C=\frac{I_C}{\omega U}=\frac{I_1\sin\varphi-I\sin\varphi'}{\omega U}=\frac{P}{\omega U^2}(\tan\varphi-\tan\varphi') \tag{4-74}$$

(2)解法二。

并联电容前后电路的有功功率不变。因为未并联电容时，无功功率为 $Q_1=P\tan\varphi$；并联电容后，无功功率为 $Q'=P\tan\varphi'$，所以所需并联电容的无功功率为

$$Q_C=P\tan\varphi-P\tan\varphi'$$

由于 $Q_C=\omega CU^2$，所以所需并联的电容为

$$C=\frac{P}{\omega U^2}(\tan\varphi-\tan\varphi')$$

**例 4.19**　一台单相感应电动机接到 50 Hz、220 V 供电线上，吸收功率为 700 W，功率因数为 $\cos\varphi=0.7$，今并联一电容器以提高功率因数至 0.9。试求所需电容。

解：未并联电容时，负载电流及功率因数角分别为

$$I_1=\frac{P}{U\cos\varphi}=\frac{700}{220\times0.7}\approx4.545(\text{A})$$

$$\varphi=\arccos 0.7\approx45.57°$$

并联电容后，线路电流及功率因数角分别为

$$I=\frac{P}{U\cos\varphi'}=\frac{700}{220\times0.9}\approx3.535(\mathrm{A})$$

$$\varphi'=\arccos 0.9\approx25.84^\circ$$

由式(4-74)可得所需并联的电容为

$$C=\frac{I_1\sin\varphi-I\sin\varphi'}{\omega U}=\frac{4.545\times\sin 45.57^\circ-3.535\times\sin 25.84^\circ}{314\times220}\mathrm{F}=24.46\ \mu\mathrm{F}$$

## 4.10 一般正弦电流电路的计算

对于正弦电流电路，一般采用相量方法进行分析计算，称为相量法。所谓相量法就是将正弦电流电路中的电压、电流用其相量表示，电路中的所有元件用它们的相量模型表示，即用它们的复阻抗或复导纳表示后所进行的分析计算。

应用相量法要注意如下几点：

(1)作电路的相量模型电路，即将原电路中的各元件都用它们的相量模型表示，而元件的连接方式不变。

(2)写出已知正弦电压、电流的相量，标出未知电压、电流的相量，并选定它们的参考方向，一并标注在相量模型电路上。

(3)对相量模型电路图根据两类约束的相量形式列写电路方程，然后解得未知量的相量解答。在这一过程中，用相量代表正弦量后，两类约束的相量形式与直流电路中所用同一公式在形式上完全相同，因此，分析计算直流电路的各种定理和计算方法完全适用于线性正弦电流电路，即同样可应用支路电流法、网孔电流法、节点电压法以及叠加定理、戴维南定理、诺顿定理等，只要用相量代替正弦量，用复阻抗或复导纳代替电阻或电导即可。

(4)分析计算时要充分利用相量图。因为有时可用相量图来简化计算，或者利用相量之间的几何关系帮助分析。如果在计算之前能先作出相量图，可使思路清晰，并可验证计算结果。

(5)如果需要，再写出与解答的相量形式对应的瞬时值解析式。

下面用一些例题说明相量法在分析计算一般正弦电流电路中的应用。

**例 4.20** 图 4.39 所示电路中，已知 $Z_1=(3.16+\mathrm{j}6)\Omega$，$Z_2=(3+\mathrm{j}3)\Omega$，$Z_3=(2.5-\mathrm{j}4)\Omega$，电源电压为 $\dot{U}=220\underline{/30^\circ}\ \mathrm{V}$。试求：(1)电路中电流及各复阻抗电压；(2)电路的有功功率。

解：(1)电路的等效复阻抗为

$$Z=Z_1+Z_2+Z_3$$
$$=(3.16+\mathrm{j}6)+(3+\mathrm{j}3)+(2.5-\mathrm{j}4)$$
$$\approx 8.66+\mathrm{j}5\approx 10\angle 30^\circ(\Omega)$$

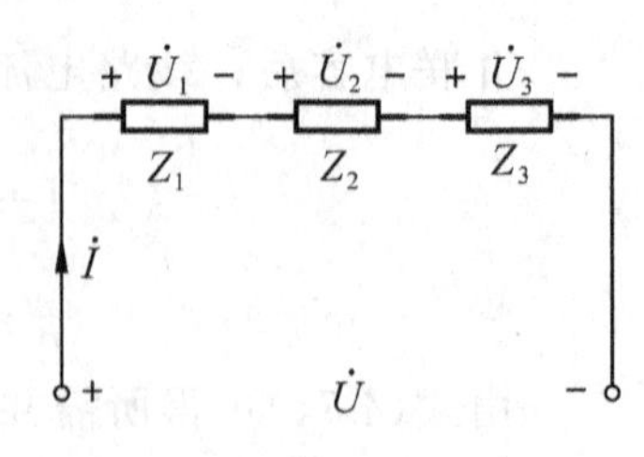

图 4.39　例 4.20 电路

电路中的电流为

$$\dot{I}=\frac{\dot{U}}{Z}=\frac{220\angle 30^\circ}{10\angle 30^\circ}=22\angle 0^\circ(\mathrm{A})$$

即
$$i=22\sqrt{2}\sin\omega t\ \mathrm{A}$$

各复阻抗的电压为

$$\dot{U}_1=Z_1\dot{I}=(3.16+\mathrm{j}6)\times 22\angle 0^\circ\approx 149.16\angle 62.2^\circ(\mathrm{V})$$
$$\dot{U}_2=Z_2\dot{I}=(3+\mathrm{j}3)\times 22\angle 0^\circ\approx 93.28\angle 45^\circ(\mathrm{V})$$
$$\dot{U}_3=Z_3\dot{I}=(2.5-\mathrm{j}4)\times 22\angle 0^\circ\approx 103.84\angle -58^\circ(\mathrm{V})$$

(2)电路的复功率为

$$\overline{S}=\dot{U}\dot{I}^*=220\angle 30^\circ\times 22\angle 0^\circ=4840\angle 30^\circ\approx(4192+\mathrm{j}2420)(\mathrm{V\cdot A})$$

即
$$S=4840\ \mathrm{V\cdot A},\ P=4192\ \mathrm{W},\ Q=2420\ \mathrm{var}$$

**例 4.21**　如图 4.40(a)所示电路，试分别用节点电压法和网孔电流法求电流 $I$。已知：$u_1=10\sqrt{2}\sin(1\,000t+60^\circ)$V，$u_2=6\sqrt{2}\sin 1\,000t$ V，$R=8\ \Omega$，$L=40$ mH，$C=20\ \mu$F。

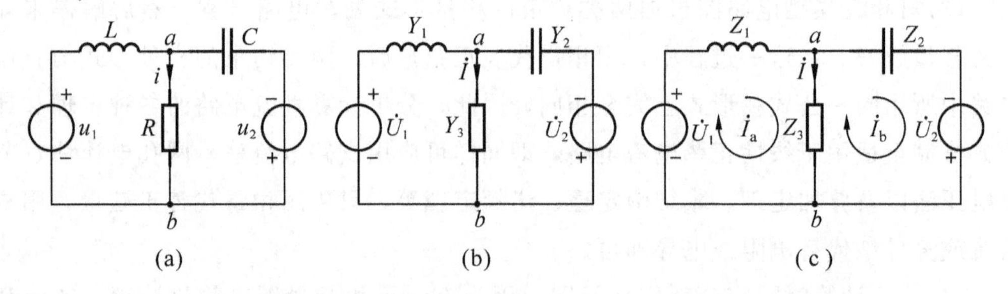

图 4.40　例 4.21 电路

解：(1)用节点电压法解。

根据图 4.40(a)所示电路，该电路有三条支路，两个节点。三条支路元件的复导纳如图 4.40(b)所示，分别为

$$Y_1=\frac{1}{\mathrm{j}\omega L}=\frac{1}{\mathrm{j}1\,000\times 40\times 10^{-3}}=-\mathrm{j}0.025=0.025\angle -90^\circ(\mathrm{S})$$
$$Y_2=\mathrm{j}\omega C=\mathrm{j}1\,000\times 20\times 10^{-6}=\mathrm{j}0.02=0.02\angle 90^\circ(\mathrm{S})$$
$$Y_3=\frac{1}{R}=\frac{1}{8}=0.125(\mathrm{S})$$

电压 $u_1$、$u_2$ 的相量形式为

$$\dot{U}_1=10\angle 60^\circ\ \mathrm{V},\ \dot{U}_2=10\angle 0^\circ\ \mathrm{V}$$

选择 $b$ 点为参考节点，则 $a$ 点的节点电压方程为

$$(Y_1+Y_2+Y_3)\dot{U}_a=Y_1\dot{U}_1-Y_2\dot{U}_2$$

则

$$\begin{aligned}\dot{U}_a&=\frac{Y_1\dot{U}_1-Y_2\dot{U}_2}{Y_1+Y_2+Y_3}\\&=\frac{0.025\angle -90^\circ\times 10\angle 60^\circ-0.02\angle 90^\circ\times 6\angle 0^\circ}{-\mathrm{j}0.025+\mathrm{j}0.02+0.125}\\&\approx 2.616\angle -46.2^\circ(\mathrm{V})\end{aligned}$$

所以 $$\dot{I}=Y_3\dot{U}_a=0.125\times 2.616\angle -46.2^\circ\approx 0.327\angle -46.2^\circ(\mathrm{A})$$

即 $$i=0.327\sqrt{2}\sin(1\,000t-46.2^\circ)\mathrm{A}$$

(2)用网孔电流法解。

根据图 4.40(a)所示电路，该电路有两个网孔。设网孔电流分别为 $\dot{I}_a$ 和 $\dot{I}_b$，其参考方向和各支路复阻抗如图 4.40(c)所示。

各支路复阻抗分别为

$$Z_1=\mathrm{j}\omega L=\mathrm{j}1\,000\times 40\times 10^{-3}=40\angle 90^\circ(\Omega)$$

$$Z_2=\frac{1}{\mathrm{j}\omega C}=\frac{1}{\mathrm{j}1\,000\times 20\times 10^{-6}}=50\angle -90^\circ(\Omega)$$

$$Z_3=R=8\ \Omega$$

列网孔电流方程为

$$(Z_1+Z_3)\dot{I}_a-Z_3\dot{I}_b=\dot{U}_1$$

$$-Z_3\dot{I}_a+(Z_2+Z_3)\dot{I}_b=\dot{U}_2$$

代入 $\dot{U}_1$、$\dot{U}_2$、$Z_1$、$Z_2$ 和 $Z_3$ 等数据，得

$$(\mathrm{j}40+8)\dot{I}_a-8\dot{I}_b=10\angle 60^\circ$$

$$-8\dot{I}_a+(-\mathrm{j}50+8)\dot{I}_b=6\angle 0^\circ$$

解得

$$\dot{I}_a=\frac{\begin{vmatrix}10\angle 60^\circ & -8\\ 6 & 8-\mathrm{j}50\end{vmatrix}}{\begin{vmatrix}8+\mathrm{j}40 & -8\\ -8 & 8-\mathrm{j}50\end{vmatrix}}\approx 0.28\angle 16.84^\circ(\mathrm{A})$$

$$\dot{I}_b=\frac{\begin{vmatrix}8+j40 & 10\angle 60^\circ \\ -8 & 6\end{vmatrix}}{\begin{vmatrix}8+j40 & -8 \\ -8 & 8-j50\end{vmatrix}}\approx 0.16\angle 76.41^\circ(\text{A})$$

根据支路电流与网孔电流的关系可得

$$\dot{I}=\dot{I}_a-\dot{I}_b=0.28\angle 16.84^\circ-0.16\angle 76.41^\circ\approx 0.327\angle -46.2^\circ(\text{A})$$

**例 4.22** 在图 4.41(a)所示电路中，已知：$\dot{U}_S=50\angle 0^\circ$ V，$\dot{I}_S=10\angle 30^\circ$ A，$Z_1=\text{j}5\ \Omega$，$Z_2=-\text{j}3\ \Omega$，求电流 $\dot{I}$。

解：(1)应用叠加定理求解。

先计算电压源单独作用的情况，这时电流源代以开路，如图 4.41(b)所示，可得

$$\dot{I}'=\frac{\dot{U}_S}{Z_1+Z_2}=\frac{50\angle 0^\circ}{\text{j}5-\text{j}3}=25\angle -90^\circ(\text{A})$$

再计算电流源单独作用的情况，这时电压源代以短路，如图 4.41(c)所示，可得

$$\dot{I}''=\frac{Z_1}{Z_1+Z_2}\dot{I}_S=\frac{\text{j}5}{\text{j}5-\text{j}3}\times 10\angle 30^\circ=25\angle 30^\circ(\text{A})$$

所以 $\dot{I}=\dot{I}'+\dot{I}''=25\angle -90^\circ+25\angle 30^\circ=25\angle -30^\circ(\text{A})$

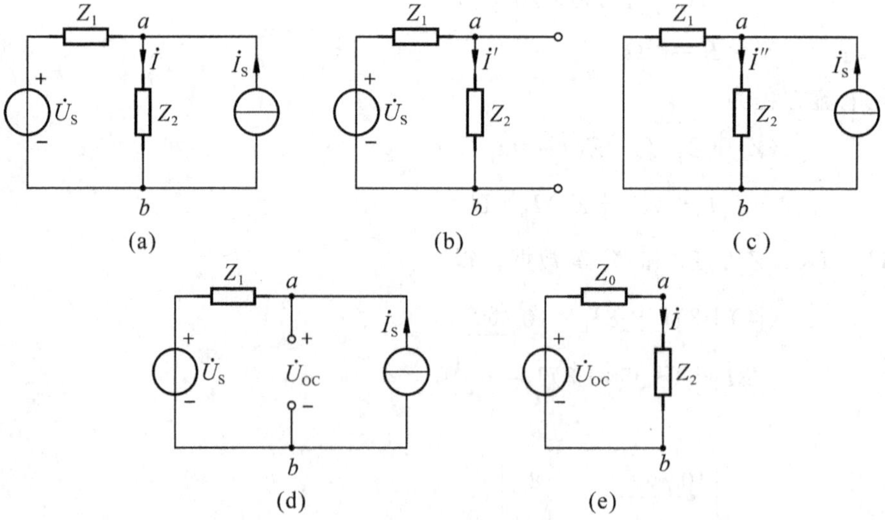

(a) (b) (c) (d) (e)

图 4.41 例 4.22 电路之一

(2)应用戴维南定理求解。

先求端口 $a$、$b$ 开路电压，如图 4.41(d)所示，可得

$$\dot{U}_{OC}=Z_1\dot{I}_S+\dot{U}_S=j5\times 10\angle 30^\circ+50\angle 0^\circ=50\angle 60^\circ\,(V)$$

等效复阻抗为

$$Z_0=Z_1=j5(\Omega)$$

从而得等效电路，如图 4.36(e)所示，可得

$$\dot{I}=\frac{\dot{U}_{OC}}{Z_0+Z_2}=\frac{50\angle 60^\circ}{j5-j3}=25\angle -30^\circ\,(A)$$

(3)应用诺顿定理求解。

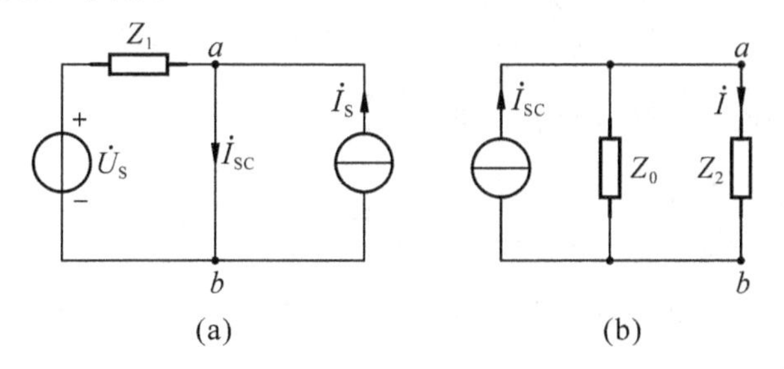


图 4.42　例 4.22 电路之二

对于端口 $a$、$b$ 短路电流，如图 4.42(a)所示，可得

$$\dot{I}_{SC}=\dot{I}_S+\frac{\dot{U}_S}{Z_1}=10\angle 30^\circ+\frac{50\angle 0^\circ}{j5}=10\angle -30^\circ\,(A)$$

等效复阻抗为

$$Z_0=Z_1=j5\ \Omega$$

因而得等效电路，如图 4.42(b)所示，可得

$$\dot{I}=\frac{Z_0}{Z_0+Z_2}\dot{I}_{SC}=\frac{j5}{j5-j3}\times 10\angle -30^\circ=25\angle -30^\circ\,(A)$$

**例 4.23**　两台相同的交流发电机并联运行，同时供电给负载 $Z$，如图 4.43 所示。已知发电机的电源电压 $\dot{U}_{S1}=\dot{U}_{S2}=220\angle 0^\circ$ V，内阻为 $Z_1=Z_2=(1+j2)\Omega$，负载 $Z=20\ \Omega$，试用戴维南定理求出负载上的电压 $\dot{U}$ 与电流 $\dot{I}$，以及负载消耗的功率。

解：依题意，将两台交流发电机看作有源二端网络，即两个电压源并联，负载 $Z$ 为有源二端网络的外电路，如图 4.43(a)所示。

求端口 $a$、$b$ 开路电压，如图 4.43(b)所示，可得

$$\dot{U}_{OC}=\dot{U}_{S1}-\frac{\dot{U}_{S1}-\dot{U}_{S2}}{Z_1+Z_2}Z_1=220\angle 0^\circ\ V$$

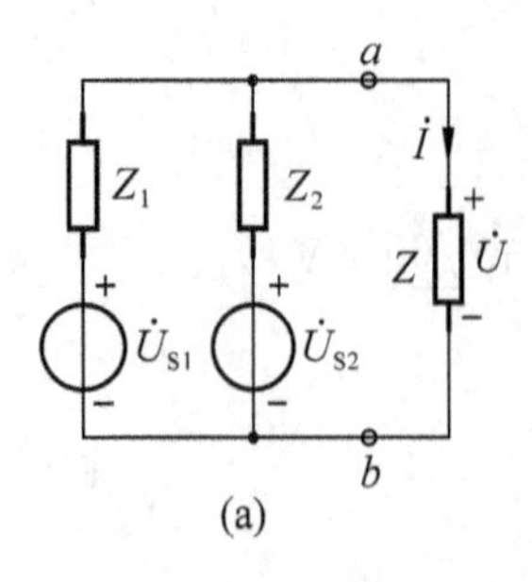


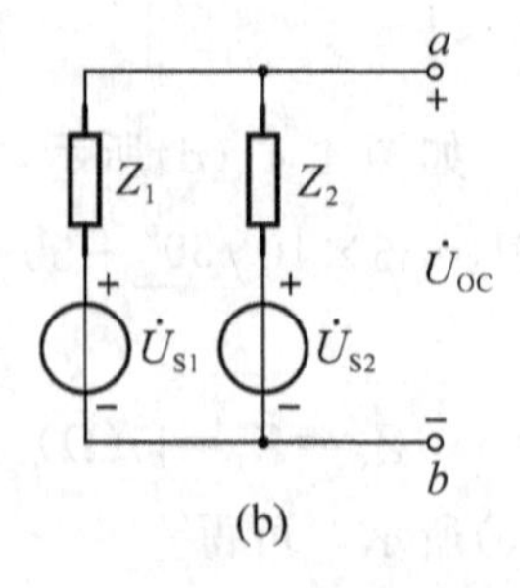


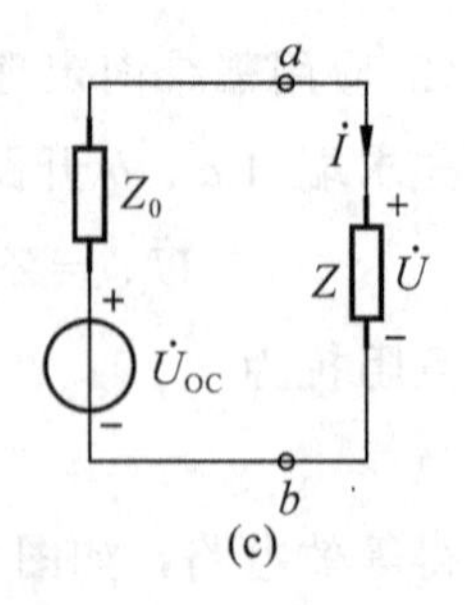


图 4.43　例 4.23 电路

等效复阻抗为

$$Z_0=\frac{Z_1Z_2}{Z_1+Z_2}=\frac{1}{2}Z_1=(0.5+\mathrm{j})(\Omega)$$

因而得等效电路如图 4.43(c)所示，可得

负载的电流为　$\dot{I}=\dfrac{\dot{U}_{OC}}{Z_0+Z}=\dfrac{220\angle 0°}{(0.5+\mathrm{j})+20}\approx 10.73\angle -2.8°(\mathrm{A})$

负载的电压为　$\dot{U}_0=\dot{I}_0Z=10.73\angle -2.8°\times 20\approx 214.6\angle -2.8°(\mathrm{V})$

负载消耗的功率为

$$P=UI=214.6\times 10.73\approx 2302.6(\mathrm{W})\approx 2.303\ \mathrm{kW}$$

**例 4.24**　在正弦电流电路中，给定一含独立源的二端网络，如接在它两端的负载复阻抗不同，从二端网络传输给负载的功率也不同。试求在什么条件下，负载获得最大功率？

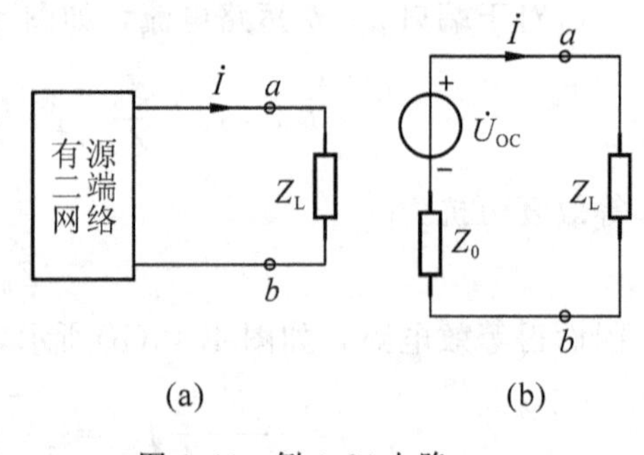


图 4.44　例 4.24 电路

解：根据戴维南定理，任何有源二端网络[如图 4.44(a)所示]都可以用一个有源支路[如图 4.44(b)所示]来替代。

在图 4.44 所示电路中，若 $\dot{U}_{OC}=U_{OC}\angle 0°$，其复阻抗 $Z_0=R_0+\mathrm{j}X_0$，负载 $Z_L=R_L+\mathrm{j}X_L$，则负载吸收的有功功率为

$$P=I^2R_L=\frac{U_{OC}^2}{|Z|^2}R_L=\frac{U_{OC}^2}{(R_0+R_L)^2+(X_0+X_L)^2}R_L \tag{4-75}$$

令 $\dfrac{\partial P}{\partial X_L}=0$，$\dfrac{\partial P}{\partial R_L}=0$，可求出负载获得的最大功率。

由 $\dfrac{\partial P}{\partial X_L}=0$，$\dfrac{\partial P}{\partial R_L}=0$，可求出 $X_L=-X_0$，$R_L=R_0$，即得出负载获得最大功率的条件为

$$R_L=R_0,\ X_L=-X_0 \tag{4-76}$$

也就是

$$Z_L=R_0-jX_0=Z_0^*$$

最大功率为

$$P_{max}=\frac{U_{OC}^2}{4R_0} \tag{4-77}$$

**例 4.25** 如图 4.45 所示电路，已知：$\dot{U}_S=10\angle 45^\circ$ V，$Z_0=R_0+jX_0=(10+j50)\Omega$。问负载为何值时，可获得最大功率。若 $X_0=-100\ \Omega$，则负载获得的最大功率有否变化？

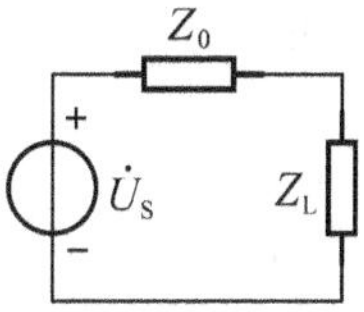

图 4.45 例 4.25 电路

解：根据负载获得最大功率的条件可知：当 $Z_L=Z_0^*=(10-j50)\Omega$ 时，负载可获得最大功率，最大功率为

$$P_{max}=\frac{U_S^2}{4R_0}=\frac{10^2}{4\times 10}=2.5(\text{W})$$

当 $X_0$ 由 50 Ω 变为 −100 Ω 时，负载为 $Z_L=Z_0^*=(10+j100)\Omega$ 时可获得最大功率为

$$P'_{max}=\frac{U_S^2}{4R_0}=\frac{10^2}{4\times 10}=2.5(\text{W})$$

可见 $X_0$ 由 50 Ω 变为 −100 Ω 时，负载获得的最大功率没有变化，即 $P'_{max}=P_{max}$。

**例 4.26** 如图 4.46(a)所示，一未知线圈 $Z_2=R_2+jX_2$ 与已知电阻 $R_1=32\ \Omega$ 串联接到 115 V 电源上，电阻 $R_1$ 电压为 $U_1=55.4$ V，线圈电压为 $U_2=80$ V，试求线圈的电阻和电抗。

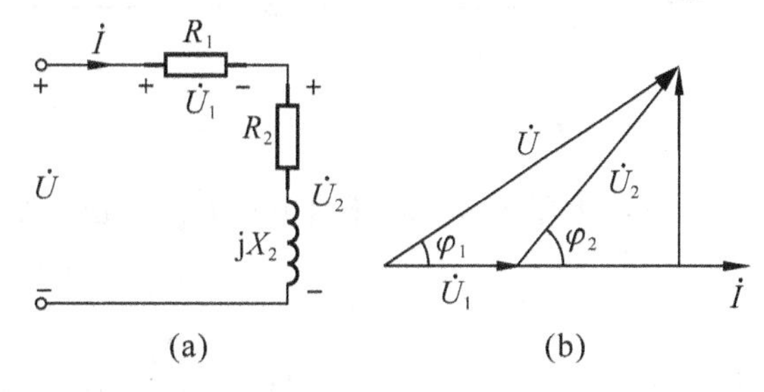


图 4.46 例 4.26 电路

解：设电流 $\dot{I}$ 为参考相量，根据题意可定性画出相量图，如图 4.46(b)所示，$\dot{U}_1$ 与 $\dot{I}$ 同相位，$\dot{U}_2$ 超前 $\dot{I}$ 的角度为 $\varphi_2$，电源电压 $\dot{U}=\dot{U}_1+\dot{U}_2$ 超前 $\dot{I}$ 的角度为 $\varphi_1$。由相量图并利用余弦定理可得

$$\cos\varphi_2=\frac{U^2-U_1^2-U_2^2}{2U_1U_2}=\frac{115^2-55.4^2-80^2}{2\times 55.4\times 80}\approx 0.424$$

$$\varphi_2=\arccos 0.424\approx 64.9^\circ$$

由于

$$I=\frac{U_1}{R_1}=\frac{55.4}{32}\approx 1.73(\text{A})\text{及 }\dot{I}=1.73\angle 0^\circ\ \text{A 和 }\dot{U}_2=80\angle 64.9^\circ\ \text{V}$$

所以

$$Z_2=\frac{\dot{U}_2}{\dot{I}}=\frac{80\angle 64.9^\circ}{1.73\angle 0^\circ}\approx 19.6+\mathrm{j}41.8=R_2+\mathrm{j}X_2$$

因此，可得线圈电阻为 19.6 Ω，电抗为 41.8 Ω。

**例 4.27** 试求图 4.47 所示电路电阻 $R$ 的端电压 $\dot{U}$。

解：因为 $\dot{U}_1$ 为开路电压，电阻 $R_1$ 中无电流流过，由 KVL 知

$$\dot{U}_1+R_2g\dot{U}_1=\dot{U}_S$$

所以 $$\dot{U}_1=\frac{\dot{U}_S}{1+R_2g}$$

根据欧姆定律，可得

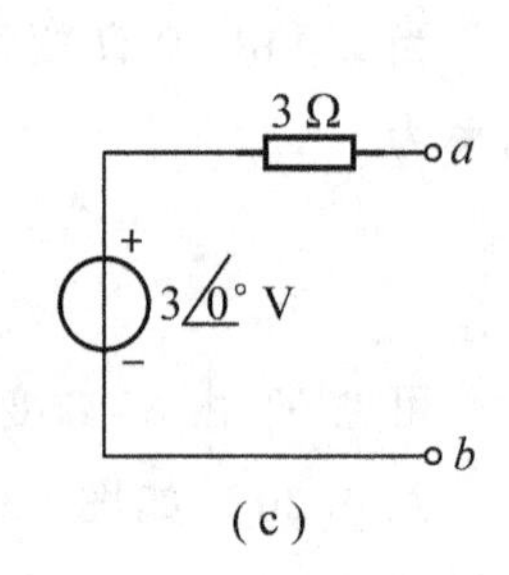

图 4.47 例 4.27 电路

$$\dot{U}=-Rg\dot{U}_1=-\frac{Rg\dot{U}_S}{1+R_2g}$$

**例 4.28** 试求图 4.48(a)所示电路的戴维南等效电路。

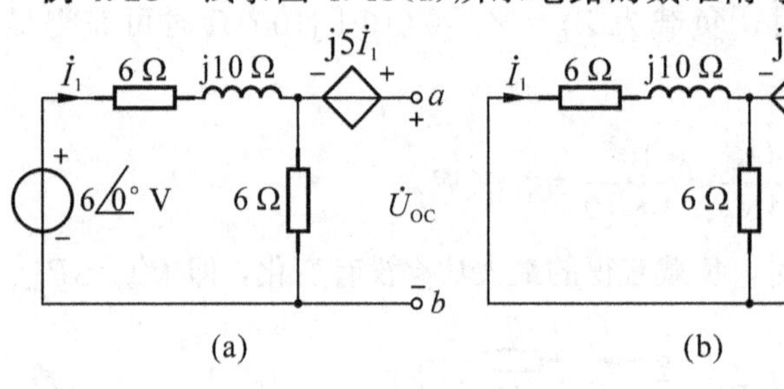

图 4.48 例 4.28 电路

解：求图 4.48(a)开路电压 $\dot{U}_{OC}$。由 KVL 可列方程

$$\dot{U}_{OC}=\mathrm{j}5\dot{I}_1+6\dot{I}_1$$

式中 $$\dot{I}_1=\frac{6\angle 0^\circ}{6+6+\mathrm{j}10}=\frac{6\angle 0^\circ}{12+\mathrm{j}10}\ (\mathrm{A})$$

因此 $$\dot{U}_{OC}=(6+\mathrm{j}5)\dot{I}_1=(6+\mathrm{j}5)\times\frac{6\angle 0^\circ}{12+\mathrm{j}10}=3\angle 0^\circ\ (\mathrm{V})$$

求电路的等效复阻抗。将电路中独立电源置为零并于端口外加一电压 $\dot{U}$ 和流入端口电流 $\dot{I}$，如图 4.48(b)所示，则电路等效复阻抗为

$$Z_0=\frac{\dot{U}}{\dot{I}}=\frac{\mathrm{j}5\dot{I}_1+6(\dot{I}+\dot{I}_1)}{\dot{I}}=3(\Omega)$$

且有$(6+\mathrm{j}10)\dot{I}_1+6(\dot{I}_1+\dot{I})=0$，即 $\dot{I}_1=\frac{-6}{12+\mathrm{j}10}\dot{I}$。

所以，可得戴维南等效电路，如图 4.48(c)所示。

## 本章小结

1. 正弦量

大小和方向随时间按正弦规律变化的电压、电流统称为正弦交流量，简称正弦量。

①瞬时值解析式

$$u=\sqrt{2}U\sin(\omega t+\psi_u)$$

式中，有效值$U$、角频率$\omega$、初相$\psi_u$是决定正弦量的三要素。

②正弦量的三要素

最大值(或有效值)：反映正弦量变化的大小，正弦量的最大值为有效值的$\sqrt{2}$倍。

频率$f$(或角频率$\omega$、周期$T$)：反映正弦量变化的快慢，$\omega=2\pi f$，$T=\dfrac{1}{f}$。

初相$\psi_u$：反映正弦量的初始位置。

2. 用相量表示正弦量

正弦量$u=\mathrm{Im}[\sqrt{2}U\mathrm{e}^{\mathrm{j}(\omega t+\psi_u)}]$，由于正弦电流电路中各正弦量都具有相同的角频率$\omega$，略去$\mathrm{e}^{\mathrm{j}\omega t}$，可以用有效值相量$\dot{U}=U\mathrm{e}^{\mathrm{j}\psi_u}=U\angle\psi_u$表示，正弦量与其相量之间是一一对应的关系。

同频率正弦量之和的相量等于正弦量的相量之和。

3. 同频率的正弦量可进行相位比较，它们具有超前、滞后、同相、反相、正交等关系。同频率正弦量可画在同一个相量图中，进行分析运算。

4. 正弦电流电路的基本性质和计算公式

①KCL、KVL的相量形式分别为：$\sum\dot{I}=0$和$\sum\dot{U}=0$。

②$R$、$L$、$C$元件是正弦电流电路中的基本元件，其相量关系、相位关系如下表。

| 电路名称 | 复阻抗 | 相量关系 | 相位关系 |
| --- | --- | --- | --- |
| 纯电阻 | $Z_R=R$ | $\dot{U}_R=R\dot{I}$ | $\psi_u=\psi_i$ |
| 纯电感 | $Z_L=\mathrm{j}X_L=\mathrm{j}\omega L$ | $\dot{U}_L=\mathrm{j}X_L\dot{I}$ | $\psi_u=\psi_i+90°$ |
| 纯电容 | $Z_C=-\mathrm{j}X_C=-\mathrm{j}\dfrac{1}{\omega C}$ | $\dot{U}_C=-\mathrm{j}X_C\dot{I}$ | $\psi_u=\psi_i-90°$ |

续表

| | | | |
|---|---|---|---|
| RLC 串联电路 | $Z=R+j(X_L-X_C)$<br>$=\|Z\|\angle\varphi$ | $\dot{U}=Z\dot{I}$ | $X_L>X_C$ 时，电压超前电流，电路呈感性。<br>$X_L<X_C$ 时，电压滞后电流，电路呈容性。<br>$X_L=X_C$ 时，电压与电流同相，电路呈电阻性 |
| RLC 并联电路 | $Y=G+j(B_C-B_L)$<br>$=\|Y\|\angle\varphi'$,<br>$Z=\frac{1}{Y}$ | $\dot{I}=Y\dot{U}$ | $B_L<B_C$ 时，电压滞后电流，电路呈容性。<br>$B_L>B_C$ 时，电压超前电流，电路呈感性。<br>$B_L=B_C$ 时，电压与电流同相，电路呈电阻性 |

5. 正弦电流电路的功率

①不含独立源的二端网络的功率。有功功率 $P=UI\cos\varphi=\lambda UI$，为二端网络吸收的平均功率，$\lambda=\cos\varphi$ 为功率因数，$\varphi$ 为功率因数角，等于二端网络的阻抗角，$P$ 的单位为瓦(W)。

无功功率 $Q=UI\sin\varphi$，为二端网络与外电路进行能量交换的最大速率。若 $Q>0$，说明二端网络吸收感性无功功率；若 $Q<0$，说明二端网络吸收容性无功功率，相当于提供感性无功功率。$Q$ 的单位为乏(var)。

视在功率 $S=UI$，表示电气设备的容量，$S$ 的单位为伏安(V·A)。

$P$、$Q$、$S$ 构成功率三角形，它们之间的关系为

$$S=\sqrt{P^2+Q^2}$$
$$P=S\cos\varphi$$
$$Q=S\sin\varphi$$
$$\varphi=\arctan\frac{Q}{p}$$

②复功率。复功率是一个复数量，在关联参考方向下二端网络的复功率定义为

$$\overline{S}=\dot{U}\dot{I}^*=P+jQ=S\angle\varphi$$

③为将功率因数由 $\cos\varphi$ 提高到 $\cos\varphi'$，通常采取在感性负载的两端并联电容器的方法，所需电容器的电容为

$$C=\frac{P}{\omega U^2}(\tan\varphi-\tan\varphi')$$

式中，$U$ 为电源电压有效值，$\omega$ 为电源角频率，$P$ 为负载的有功功率。

6. 相量法

①将电路元件用复阻抗表示，激励和响应用相量表示并选定它们的参考

方向，作出电路的相量模型；

②根据两类约束的相量形式列写电路方程并进行求解；

③根据需要写出所求量的瞬时值表达式。

## 习题与思考题

4.1 已知一段电路的电压、电流分别为

$$u=10\sqrt{2}\sin(1\,000t-20°)\text{V}$$

$$i=5\sqrt{2}\cos(1\,000t-50°)\text{A}$$

(1)画出它们的波形图并写出它们的相量表达式。

(2)画出相量图并求它们的相位差。

4.2 写出对应下列相量的正弦时间函数，并画出它们的相量图。

$$\dot{I}_1=(40+\text{j}30)\text{A},\ \dot{I}_2=(25-\text{j}50)\text{A}$$

$$\dot{I}_3=100\angle 30°\ \text{A},\ \dot{I}_4=35\angle -60°\ \text{A}$$

4.3 已知正弦量

$$i_1=3\sqrt{2}\sin(314t+20°)\text{A}\qquad i_2=5\sqrt{2}\sin(314t-35°)\text{A}$$

(1)试写出相量式；(2)用相量法求 $i_1+i_2$；(3)用相量法求 $i_1-i_2$。

4.4 在 20 Ω 电阻两端加上 $u=10\sqrt{2}\sin(314t+30°)\text{V}$ 的电压，写出通过电阻的电流瞬时值表达式，并求出电阻消耗的功率。

4.5 一个 220 V、75 W 的电烙铁接到 $u=220\sqrt{2}\sin(314t+30°)\text{V}$ 的电源上，试问电烙铁的电流、功率及 10 h 内消耗的电能各为多少？

4.6 $L=10$ mH 的电感通有 $i=10\sqrt{2}\sin(314t+36.9°)\text{mA}$ 的电流，求此时电感的感抗 $X_L$、电感的端电压 $\dot{U}_L$；若电源频率增加 3 倍，则以上各值为多少？

4.7 一个 10 μF 的电容器上加有 60 V、50 Hz 的正弦电压，问此时的容抗 $X_C$ 多大？写出该电容端电压和电流的瞬时值解析式，画出相量图，并求电容电路的无功功率 $Q_C$。

4.8 一电感线圈，其电阻 $R=7.5\ \Omega$，电感 $L=6$ mH，将此线圈与 $C=5\ \mu\text{F}$ 的电容串联后，接到有效值为 10 V、角频率为 5 000 rad/s 的正弦电源上，试求电路电流和 $R$、$L$、$C$ 上的电压，并画出相量图。

4.9 当一电感线圈接到 120 V 的直流电源上时，电流为 20 A；当接到 220 V、50 Hz 的正弦电源上时，电流为 28.2 A，试求线圈的电阻和电感。

4.10 日光灯管镇流器串联接到交流电源上，可看作 $RL$ 串联电路。如已知灯管的等效电阻 $R_1=280\ \Omega$，镇流器的电阻和电感分别为 $R_2=20\ \Omega$ 和 $L=1.65$ H，电源电压有效值$U=220$ V，频率$f=50$ Hz，试求电路中电流和灯管两端与镇流器上的电压。

4.11　如图4.49所示电路，已知$R=5$ kΩ，正弦电源频率$f=50$ Hz。若要求$u_{sc}$与$u_{sr}$的相位差为30°，则电容$C$应为多少？

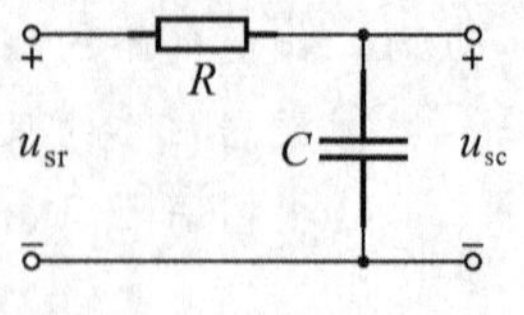

图4.49　习题4.11电路

4.12　图4.50所示电路中，若电源为频率相同、有效值相同的正弦电源且$R=X_L=X_C$，问哪个图中的灯泡最亮？哪个图中的灯泡最暗？若电源有效值不变，但频率是原来的$\frac{1}{2}$，情况又如何？

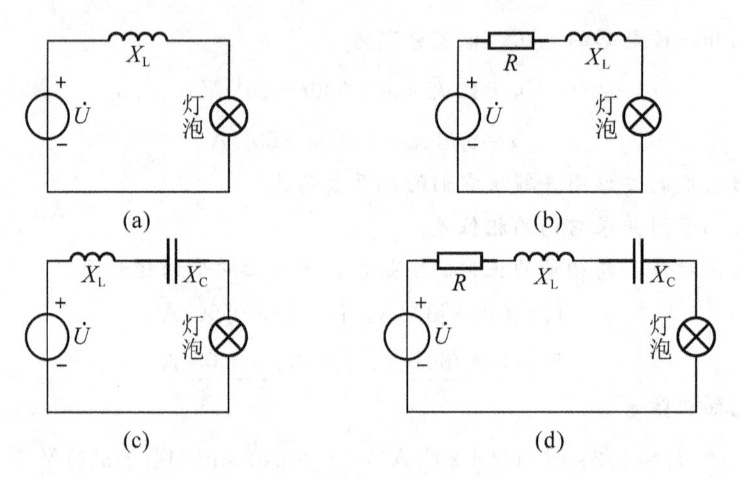

图4.50　习题4.12电路

4.13　$RLC$并联电路中，已知$R=10$ Ω，$X_L=15$ Ω，$X_C=8$ Ω，电源电压有效值$U=120$ V，电源频率$f=50$ Hz，试求各支路电流及电路的有功功率、无功功率和视在功率。

4.14　图4.51所示电路中，已知$Z_1=(1+\mathrm{j}3)\Omega$，$Z_2=(3+\mathrm{j}2)\Omega$，$\dot{I}_1=0.8\angle 0^\circ$ A，试求电流$\dot{I}_2$、$\dot{I}$和电压$\dot{U}$。

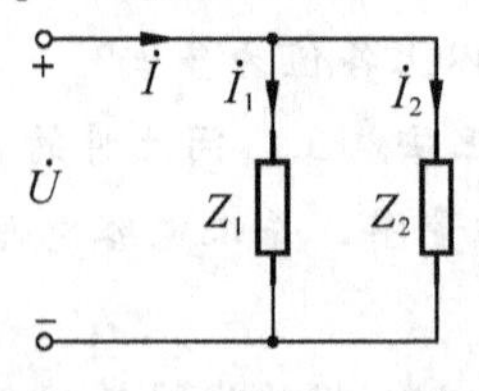

图4.51　习题4.14电路

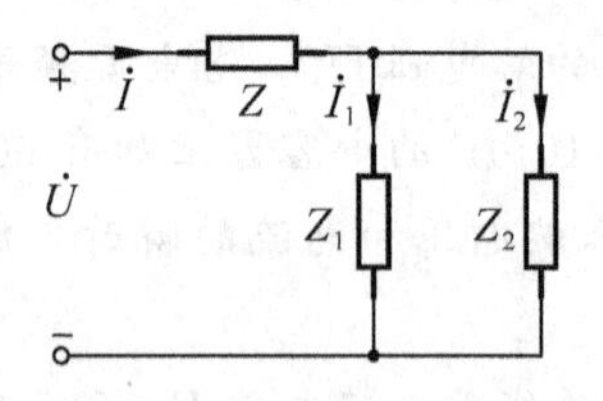

图4.52　习题4.15电路

4.15　图4.52所示电路中，已知$Z=(1-\mathrm{j}0.5)\Omega$，$Z_1=(1+\mathrm{j}1)\Omega$，$Z_2=(3-\mathrm{j}1)\Omega$，$U=8$ V，试求各支路电流，并画出相量图。

4.16　图4.53所示电路中，$u_S=100\sqrt{2}\sin(314t)$ V，电压表$V_2$的读数为60 V，试求电压表$V_1$的读数。

4.17　图4.54所示电路中，$u_S=200\sqrt{2}\sin(314t-30^\circ)$ V，电流表A的读数为

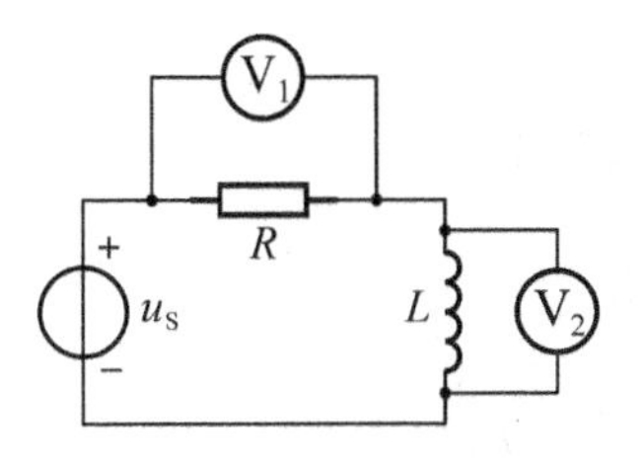

图 4.53　习题 4.16 电路

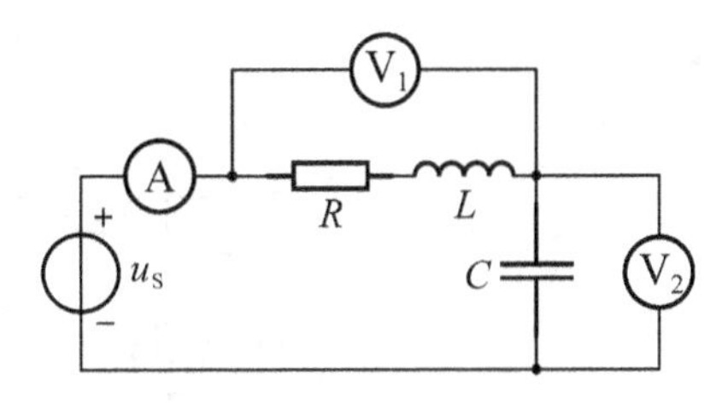

图 4.54　习题 4.17 电路

2 A，电压表 $V_1$、$V_2$ 的读数均为 200 V，求参数 $R$、$L$、$C$，并画出相量图。

4.18　单相感应电动机接到 50 Hz、220 V 供电线上，吸收功率为 700 W，功率因数 $\cos\varphi=0.65$。今并联一电容器以提高功率因数至 0.9，试求所需电容器的电容。

4.19　有一个 100 W 的电动机，接到 50 Hz、220 V 的正弦电源上，其功率因数为 0.6，问通过电动机的电流为多少？若在电动机两端并联一个 5.6 μF 的电容，则功率因数有何变化？

4.20　一台发电机的容量为 25 kV·A，供电给功率为 14 kW、功率因数为 0.8 的电动机。

(1)试问还可以供应几盏 25 W 的白炽灯用电？(2)如设法将电动机的功率因数提高到 0.9，试问可以供应几盏 25 W 的白炽灯用电？

4.21　已知两复阻抗 $Z_1=(10+\mathrm{j}20)\ \Omega$ 和 $Z_2=(20-\mathrm{j}50)\ \Omega$，将 $Z_1$、$Z_2$ 并联，电路的等效复阻抗和等效复导纳各为多少？电路呈感性还是容性？若使电路呈阻性，$Z_1$、$Z_2$ 的并联电路应串上一个什么样的元件？

4.22　图 4.55 所示电路中，各电压的有效值分别为 $U=150$ V，$U_1=200$ V，$U_2=80$ V，电源频率为 $f=50$ Hz，容抗为 $X_C=80\ \Omega$，试求 $R$ 和 $L$。

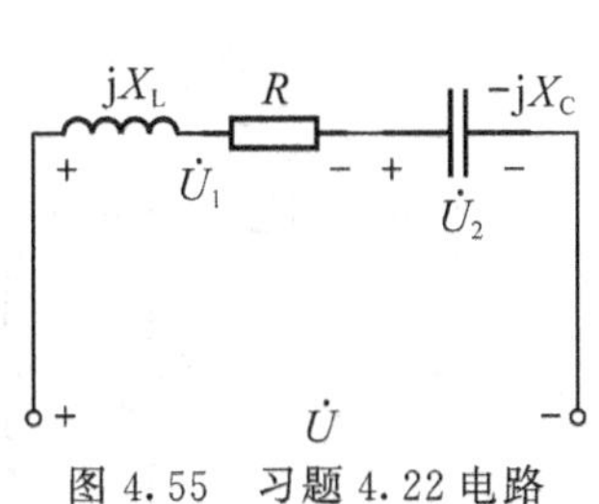

图 4.55　习题 4.22 电路

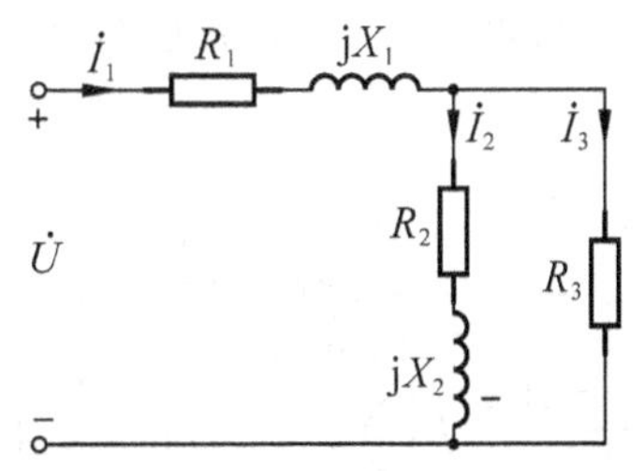

图 4.56　习题 4.23 电路

4.23　图 4.56 所示为某仪表的内部电路，其中 $R_1$、$X_1$ 和 $R_2$、$X_2$ 是两个电感线圈。为使通过 $R_2$、$X_2$ 线圈的电流 $\dot{I}_2$ 与外加电压 $\dot{U}$ 之间获得 90°相位差，在线圈两端并联一个电阻 $R_3$。已知 $R_1=200\ \Omega$，$X_1=1\,000\ \Omega$，$R_2=500\ \Omega$，$X_2=1500\ \Omega$，试计算满足上述条件的 $R_2$ 的电阻值。(提示：找出 $\dot{U}$ 与 $\dot{I}_2$ 比值，令其实部为零)

4.24　为了测阻抗 $R$、$X$，可按图 4.57 所示电路进行实验，在开关 S 闭合时，加工频电压 $U=220$ V，测得电流 $I=10$ A，功率 $P=1\,000$ W。为了进行判定负载是感性还是容性，可将开关 S 打开，并在同样电压 220 V 下，测量得 $I=12$ A。试求 $R$、$X$

及电容 $C$。

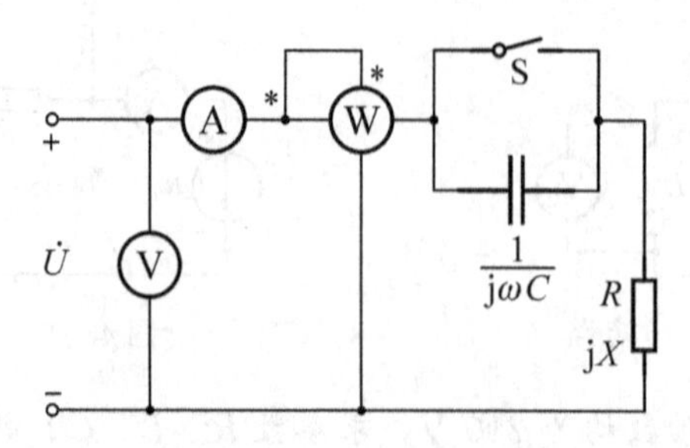


图 4.57　习题 4.24 电路

4.25　图 4.58 所示电路中，已知 $\dot{U}_1=7.07\angle 0^\circ$ V，$\dot{U}_2=14.14\angle 30^\circ$ V，$Z_1=$ j20 Ω，$Z_2=(6+\mathrm{j}8)$Ω，$Z_3=\mathrm{j}40$ Ω，$Z_4=(20-\mathrm{j}40)$Ω。试列出该电路的节点电压方程，并求出流过 $Z_1$ 中的电流。

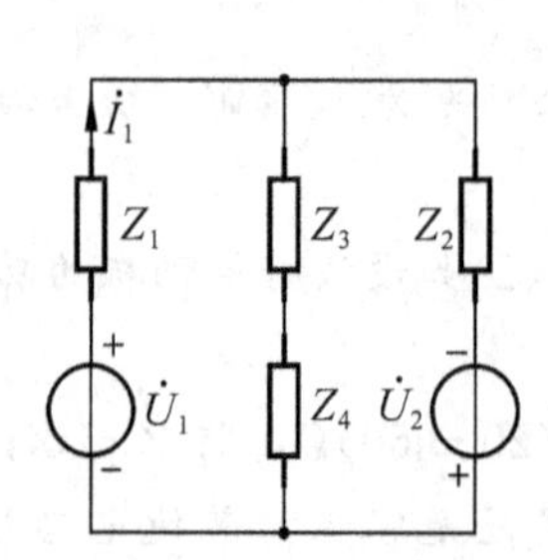


图 4.58　习题 4.25 电路

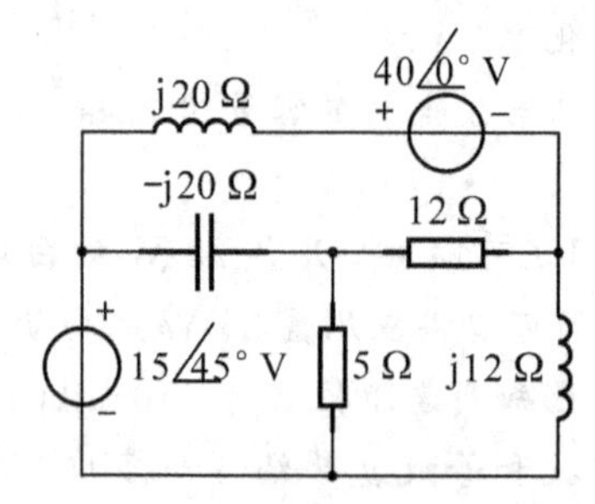


图 4.59　习题 4.26 电路

4.26　试列出图 4.59 所示电路的网孔电流方程。

4.27　试列出图 4.60 所示电路的节点电压方程。

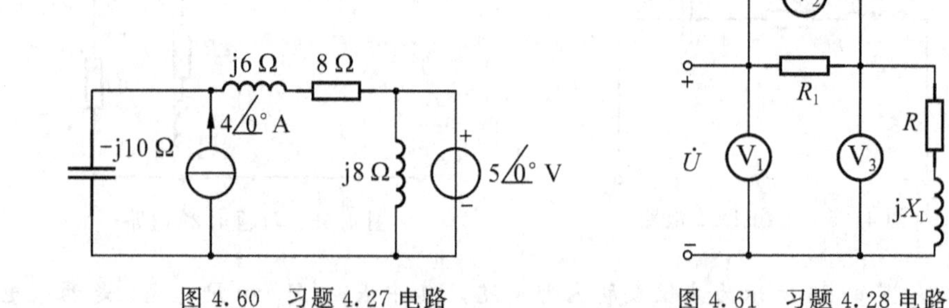


图 4.60　习题 4.27 电路

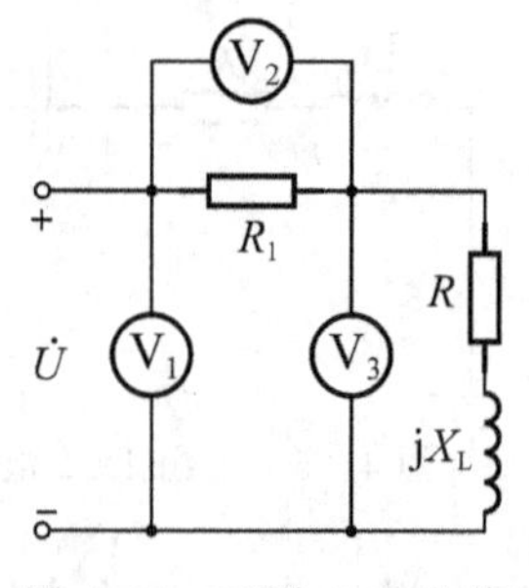


图 4.61　习题 4.28 电路

4.28　图 4.61 所示电路中，$R_1$ 为已知，3 个电压表 $V_1$、$V_2$、$V_3$ 的读数分别为 $U_1$、$U_2$、$U_3$，试证明负载 $R$、$\mathrm{j}X_L$ 的有功功率为 $P=\frac{1}{2R_1}(U_1^2-U_2^2-U_3^2)$。

4.29　已知图 4.62 所示正弦电流电路中电流表 $A_1$、$A_2$、$A_3$ 的读数分别为 5 A、20 A、25 A。试求(1)图中电流表 A 的读数。(2)如维持 $A_1$ 的读数不变，而把电源的频率提高一倍，再求电流表 A 的读数。

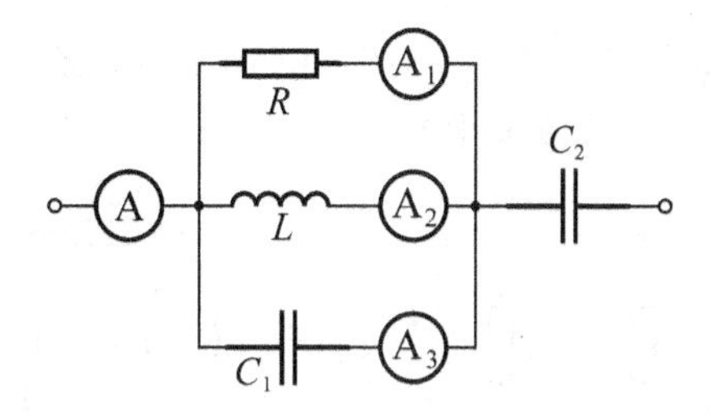


图 4.62 习题 4.29 电路

4.30 试用叠加定理求图 4.63 所示电路各支路电流。

已知：$\dot{U}_{S1}=\dot{U}_{S2}=220\angle 0^\circ$ V，$Z_1=Z_2=(1+j2)\Omega$，负载 $Z=20\ \Omega$。

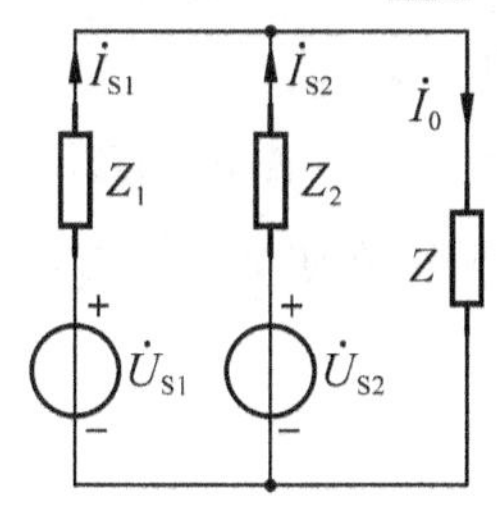


图 4.63 习题 4.30 电路

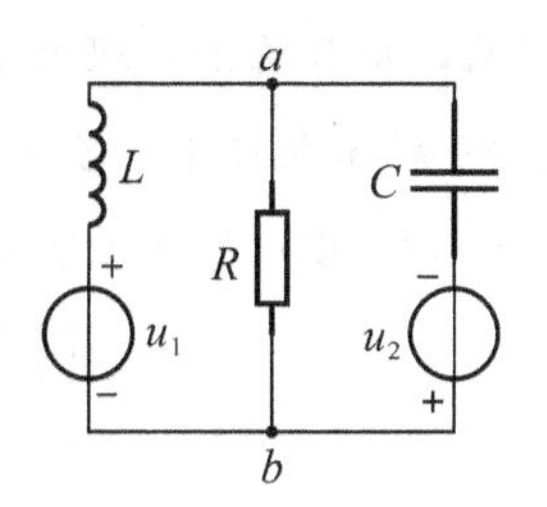


图 4.64 习题 4.31 电路

4.31 试用叠加定理求解图 4.64 所示电路的各支路电流。已知 $u_1=10\sin(10^4t+45^\circ)$mV，$u_2=5\sin(10^4t)$mV，$L=8$ mH，$R=40\ \Omega$，$C=5\ \mu$F。

4.32 试求图 4.65 所示电路的戴维南等效电路。

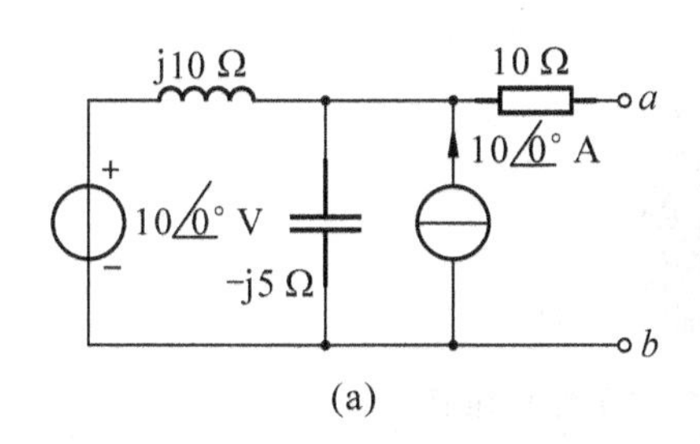


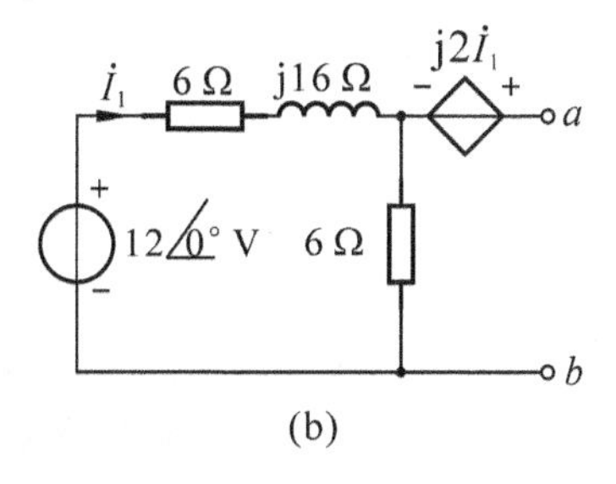


图 4.65 习题 4.32 电路

4.33 图 4.66 所示电路中，开关 S 断开时电压表读数为 120 V，$Z_1=(1+j2)\Omega$，$Z_2=(2+j2)\Omega$，$Z_3=(5+j8)\Omega$，$Z_4=(2+j4)\Omega$，$Z_5=(4+j4)\Omega$。试求 S 闭合后电流表的读数。

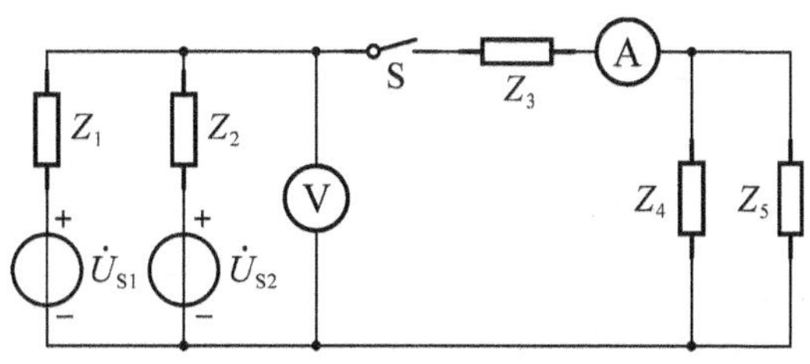


图 4.66 习题 4.33 电路

4.34　如图4.67所示电路，若 $i_s = 5\sqrt{2}\sin(10^5 t)$ A，$Z_1 = (4 + \mathrm{j}8)\Omega$，问 $Z_L$ 在什么条件下，获得最大的功率，其值为多少？

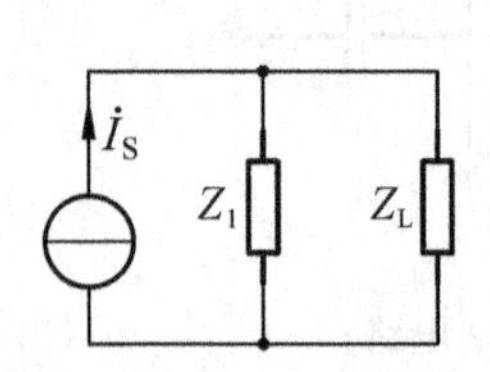


图4.67　习题4.34电路

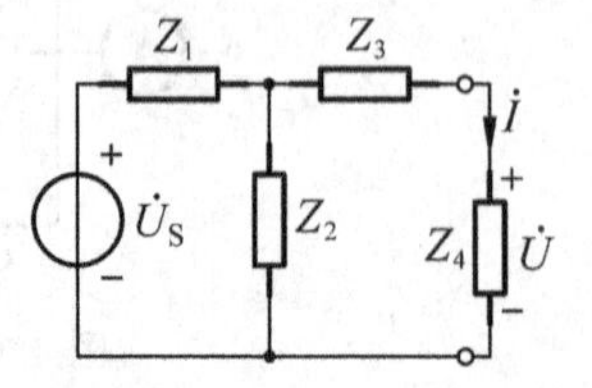


图4.68　习题4.35电路

4.35　如图4.68所示电路，已知 $\dot{U}_S = 100\angle{-30^\circ}$ V，$Z_1 = Z_3 = -\mathrm{j}40\ \Omega$，$Z_2 = 30\ \Omega$，$Z_4 = -\mathrm{j}50\ \Omega$，用戴维南定理求 $Z_4$ 的电流 $\dot{I}$ 和电压 $\dot{U}$。

4.36　图4.69所示电路中，$Z_1 = (10 + \mathrm{j}50)\Omega$，$Z_2 = (400 + \mathrm{j}1\,000)\Omega$，如果要使 $\dot{I}_2$ 和 $\dot{U}_S$ 的相位差为90°，$\beta$ 应等于多少？如果把图中CCCS换为可变电容 $C$，试求 $\omega C$。

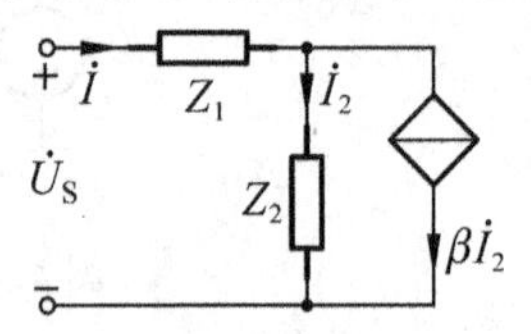


图4.69　习题4.36电路

思政元素进课堂-中国科学家介绍-何振亚

# 第 5 章　耦合电感和谐振电路

主要内容

1. 耦合电感元件的伏安关系、同名端的定义和判断方法。

2. 互感系数、耦合系数的含义，含有耦合电感电路的分析方法。

3. 空心变压器的特性和空心变压器电路的分析方法。

4. 串联谐振和并联谐振的条件、特点及应用。

## 5.1　耦合电感元件

互感现象

### 5.1.1　耦合线圈及互感

线圈中通过交变电流时在本线圈中产生的感应电动势称为自感电动势，线圈两端的电压称为自感电压。如果一个线圈中的交变电流产生的磁通还穿过相邻的另一个线圈，则在另一线圈中也会产生感应电动势和感应电压，这种现象称为互感现象，这个电动势和电压分别称为互感电动势和互感电压。自感电动势及互感电动势的大小满足法拉第电磁感应定律，方向可以使用楞次定律判断。

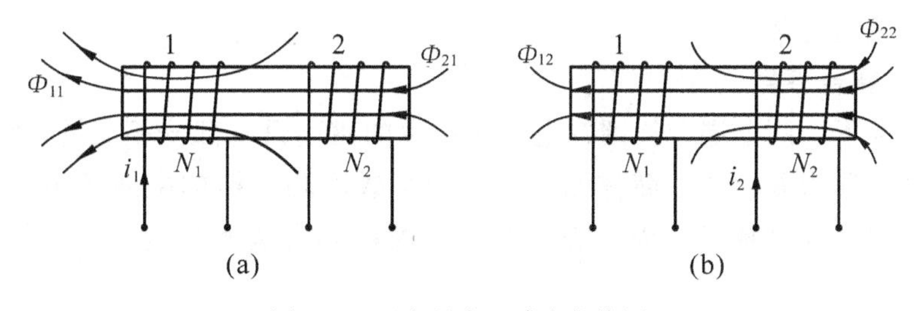


图 5.1　两个具有互感应的线圈

如图 5.1(a)(b)所示分别为两个靠得很近的线圈 1 和线圈 2，其匝数分别为 $N_1$、$N_2$。当图 5.1(a)线圈 1 中通过交变电流 $i_1$ 时，它不但产生交变磁通 $\Phi_{11}$，$\Phi_{11}$ 与本线圈相交链产生自感磁链 $\Psi_{11}=N_1\Phi_{11}$，而且还有部分互感磁通 $\Phi_{21}$ 穿过线圈 2，并与之交链产生磁链 $\Psi_{21}=N_2\Phi_{21}$。这种由一个线圈中电流产生的磁场在另一个线圈形成的磁链称为互感磁链。

同样，当图 5.1(b)线圈 2 中通过交变电流 $i_2$ 时，不仅在线圈 2 中产生自感磁通 $\Phi_{22}$ 和自感磁链 $\Psi_{22}$，而且还在线圈 1 中产生了互感磁通 $\Phi_{12}$ 和互感磁链 $\Psi_{12}$。

各磁通和磁链之间的关系满足式(5-1)

$$\begin{cases}\Psi_{11}=N_1\Phi_{11}, & \Psi_{22}=N_2\Phi_{22}\\ \Psi_{12}=N_1\Phi_{12}, & \Psi_{21}=N_2\Phi_{21}\end{cases} \tag{5-1}$$

本章在叙及两个线圈间的相关物理量时，均采用双下标。第一个下标是该量所在线圈的编号；第二个下标是产生该物理量原因所在线圈的编号。

彼此间具有互感现象的线圈称为互感耦合线圈，简称耦合线圈。

### 5.1.2 互感系数

在耦合线圈中，互感磁链的方向与产生它的电流方向符合右手螺旋法则，依照自感系数的定义，则它们的比值称为耦合线圈的互感系数，简称互感，用 $M$ 表示，即

$$M_{12}=\frac{\Psi_{12}}{i_2}\quad M_{21}=\frac{\Psi_{21}}{i_1} \tag{5-2}$$

式中，$M_{12}$ 是线圈 2 对线圈 1 的互感，$M_{21}$ 是线圈 1 对线圈 2 的互感，可以证明

$$M_{12}=M_{21}=M \tag{5-3}$$

即

$$M=\frac{\Psi_{12}}{i_2}=\frac{\Psi_{21}}{i_1} \tag{5-4}$$

互感的大小反映了一个线圈的电流在另一个线圈中产生磁链的能力。它的单位与自感一样，也为亨利(H)。

互感 $M$ 是一个正实数，它是线圈的固有参数，它与两线圈的几何尺寸、匝数、相对位置和磁介质有关。当介质为非铁磁性物质时，$M$ 为常数。本章无特别说明，所讨论的互感均为常数。

### 5.1.3 耦合系数

一般情况下，两个耦合线圈的电流所产生的磁通只有部分相交链，另一部分不相交链的磁通称为漏磁通，简称漏磁。两耦合线圈相交链的磁通越多，互感 $M$ 越大，两个线圈耦合也越紧。为了表征两个线圈的耦合紧密程度，引入耦合系数 $k$，并定义为

$$k=\frac{M}{\sqrt{L_1L_2}}=\sqrt{\frac{\Phi_{21}}{\Phi_{11}}\,\frac{\Phi_{12}}{\Phi_{22}}} \tag{5-5}$$

式中，$L_1$、$L_2$ 分别为线圈 1 和线圈 2 的自感。由于漏磁的存在，耦合系数 $k$ 和互感 $M$ 的取值范围为

$$0\leqslant k\leqslant 1$$

$$0 \leqslant M \leqslant \sqrt{L_1 L_2}$$

耦合系数的大小取决于两线圈的相对位置和磁介质的性质。如果两个线圈紧密绕在一起或铁心耦合，如图5.2(a)所示，则 $k$ 接近于1；$k$ 为1时称为全耦合；当两线圈相距较远，且线圈的轴线相互垂直放置，如图5.2(b)所示，则 $k$ 值很小，甚至可能为零，即表示两个线圈无耦合。

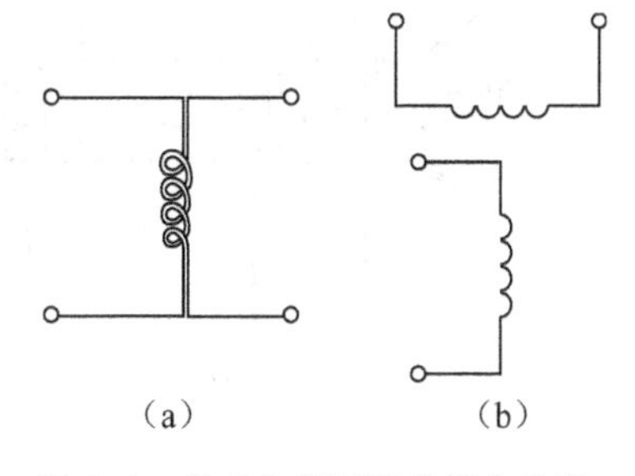

图5.2　相对位置不同的耦合线圈

在电力工程和无线电技术中，为了更有效地传输功率和信号，总是采用紧密耦合，使 $k$ 值尽可能地接近于1；但在控制电路或仪表电路中，为了避免干扰，则要极力减少耦合作用，除了必要的屏蔽手段外，也采用合理地布置线圈位置以降低耦合程度。

### 5.1.4　互感电压

在忽略互感线圈的内阻后，线圈的互感电压可用下式表示

$$u_{12}=\left|\frac{\mathrm{d}\Psi_{12}}{\mathrm{d}t}\right| \quad u_{21}=\left|\frac{\mathrm{d}\Psi_{21}}{\mathrm{d}t}\right| \tag{5-6}$$

如果选择互感电压的参考方向与互感磁链的参考方向符合右手螺旋法则，则式(5-6)变为

$$u_{12}=\frac{\mathrm{d}\Psi_{12}}{\mathrm{d}t}=M\frac{\mathrm{d}i_2}{\mathrm{d}t} \quad u_{21}=\frac{\mathrm{d}\Psi_{21}}{\mathrm{d}t}=M\frac{\mathrm{d}i_1}{\mathrm{d}t} \tag{5-7}$$

上式表明互感电压的大小与产生该互感电压的另一线圈的电流变化率成正比。当 $\frac{\mathrm{d}i}{\mathrm{d}t}>0$ 时，互感电压为正值，说明它的实际方向和参考方向相同。当 $\frac{\mathrm{d}i}{\mathrm{d}t}<0$ 时，互感电压为负值，说明它的实际方向和参考方向相反。

当线圈中的电流为正弦交流量时，互感电压用相量表示为

$$\dot{U}_{12}=\mathrm{j}\omega M\dot{I}_2=\mathrm{j}X_M\dot{I}_2 \quad \dot{U}_{21}=\mathrm{j}\omega M\dot{I}_1=\mathrm{j}X_M\dot{I}_1 \tag{5-8}$$

式中，$X_M=\omega M$ 称为互感电抗，单位为欧姆(Ω)。互感电抗只有在正弦交流电路中才有意义。

互感电压的方向与两耦合线圈的实际绕向有关。如图5.3(a)和图5.3(b)只是线圈2的绕向不同，其他情况均相同。当线圈1的电流 $i_1$ 增加 $\left(\frac{\mathrm{d}i_1}{\mathrm{d}t}>0\right)$ 时，$\Phi_{21}$ 增加，由楞次定律决定的互感电压 $u_{21}$ 的方向为由 $B$ 端指向 $Y$ 端，而在图5.3(b)中产生的互感电压 $u_{21}$ 的方向为由 $Y$ 端指向 $B$ 端。因此要正确写出互感电压的表达式，必须考虑线圈的绕向。但实际工程中，线圈的绕向一般不容易看出，而且在电路中画出每个线圈的绕向也是困难的，为此，引入同名端的概念。

### 5.1.5　同名端

同名端是用来反映耦合线圈的相对绕向，从而在分析互感电压时不需要考虑线

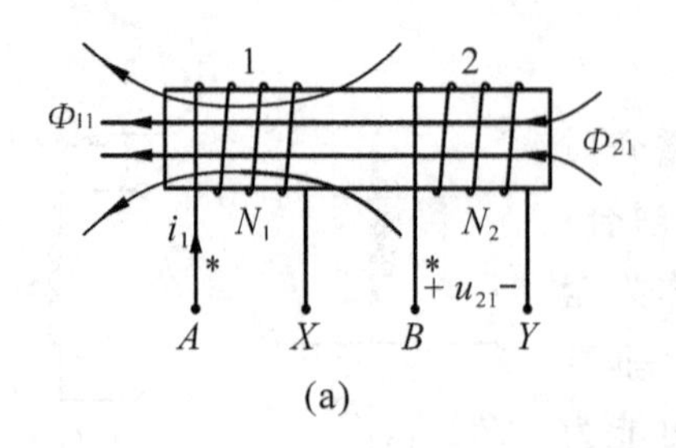


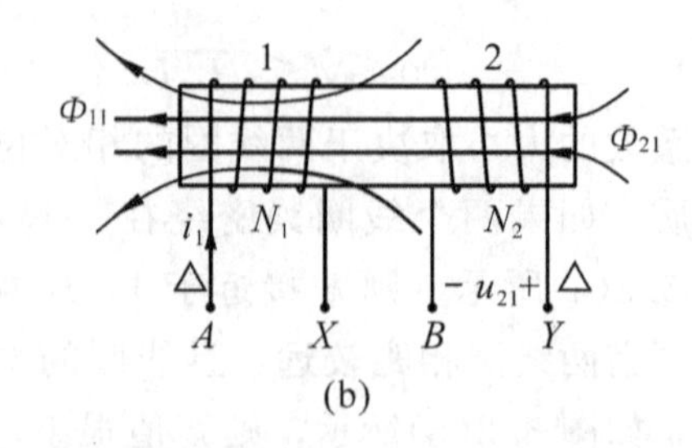


图 5.3　互感电压的方向和线圈绕向关系

圈的实际绕向和相对位置。

同名端的判别方法是：如果两个互感线圈的电流分别从端点 1 和端点 2 流入时，每个线圈的自感磁通和互感磁通方向一致(又称磁通相助)，则端点 1 和端点 2 就称为同名端。如图 5.3(a)中的 $A$ 和 $B$ 为同名端，当然 $X$ 与 $Y$ 也为同名端。如果两者方向相反(又称磁通相消)，则端点 1 和端点 2 就称为异名端。图 5.3(a)中的 $A$ 和 $Y$，$B$ 和 $X$ 均称为异名端。而在图 5.3(b)中的 $A$ 和 $X$、$B$ 与 $Y$ 为同名端，$A$ 和 $B$、$X$ 和 $Y$ 为异名端。这说明线圈的同名端与实际绕向有关。同名端用相同符号“·”“ * ”或“△”标出。为了便于表示，仅在两个线圈的一对同名端用标记标出，另一对同名端则无须标注。

图 5.4 标出了几种不同相对位置和绕向的互感线圈的同名端。比较图 5.3(a)和图 5.4(a)可知，两个线圈的绕向相同，只是相对位置不同，则同名端不同。这说明线圈的同名端又与线圈的相对位置有关。

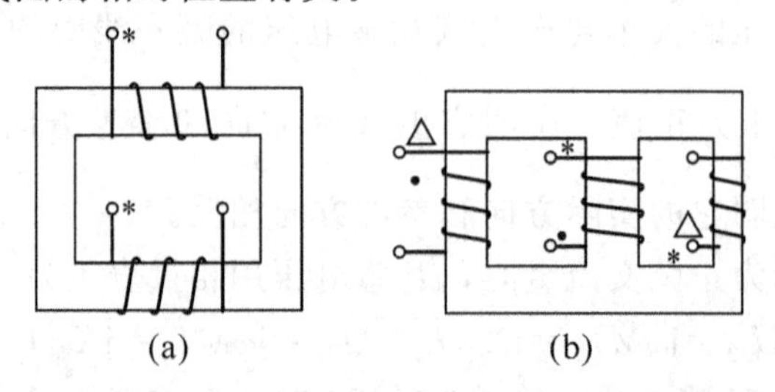


图 5.4　互感线圈的同名端

同名端总是成对出现的，如果有两个以上的线圈彼此都存在耦合关系，同名端应当一对一对地加以标记，且每一对要求用不同的符号，如图 5.4(b)所示。

同名端确定后，在确定互感电压的方向时，一般采用同名端原则，即选择互感电压与产生该电压的电流相对同名端一致的原则。互感电压与引起该电压的另一个线圈电流的参考方向有关，两者对同名端一致(相关联)时是正的，不一致(非关联)时是负的，因此可将图 5.3 画为图 5.5 的电路模型。

互感和自感一样，在直流条件下不起作用。

同名端的测定：对于已知绕向和相对位置的耦合线圈可以很容易判断，但对于难以知道实际绕向的两线圈，则需要采用实验方法来判断。

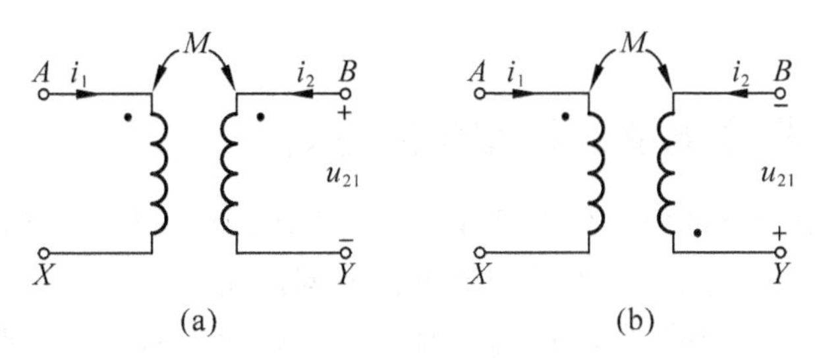


图 5.5　互感线圈的电路符号

比较常用的实验测定同名端的方法是直流法，实验电路如图 5.6 所示。把一个线圈通过开关 S 接到一直流电源上，再将一个直流电压表接到另一个线圈上，极性如图 5.6 所示。

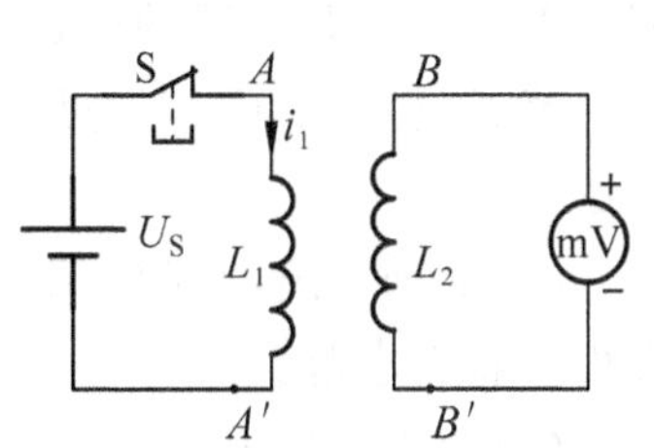


图 5.6　测定同名端的实验电路

当开关 S 接通瞬间，线圈 1 中的电流 $i_1$ 经图示方向流入且$\frac{\mathrm{d}i_1}{\mathrm{d}t}>0$，如果电压表的指针正向偏转，则说明 $B$ 端相对于 $B'$端是高电位，则 $A$ 和 $B$ 为同名端；反之，若电压表的指针反向偏转，则说明 $B'$端相对于 $B$ 端是高电位端，则 $A$ 和 $B'$为同名端。其原理是：当有随时间增大的电流从互感线圈的任一端流入时，就会在另一个线圈中产生一个相应同名端为正极性的互感电压。

**例 5.1**　电路如图 5.7 所示，试确定开关 S 打开瞬间，22′间的电压的实际极性。

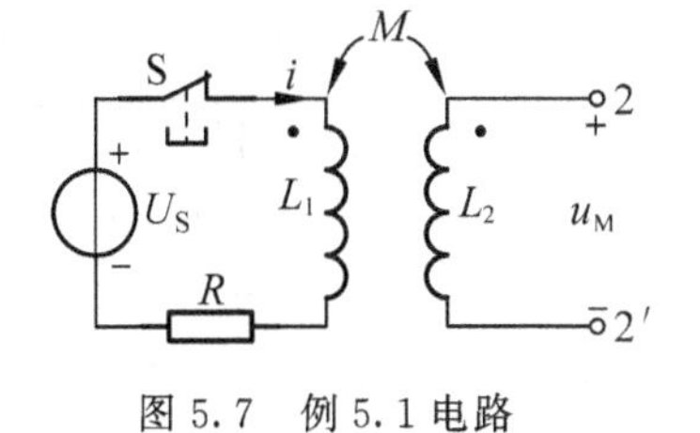


图 5.7　例 5.1 电路

解：假定 $i$ 及电压 $u_M$ 的参考方向如图所示，根据同名端原则可得

$$u_M=M\frac{\mathrm{d}i}{\mathrm{d}t}$$

当开关 S 打开瞬间，正值电流减小，即$\frac{\mathrm{d}i}{\mathrm{d}t}<0$，所以 $u_M<0$，其极性与假设极性相反，所以，22′间的电压的实际极性是 2′为高电位端，2 为低电位端。

**例 5.2**　图 5.8 电路中，已知 $i_s=14.14\sin 1\,000t$ A，两线圈之间的互感 $M$ 为 0.1 H，求互感电压 $u_{21}$。

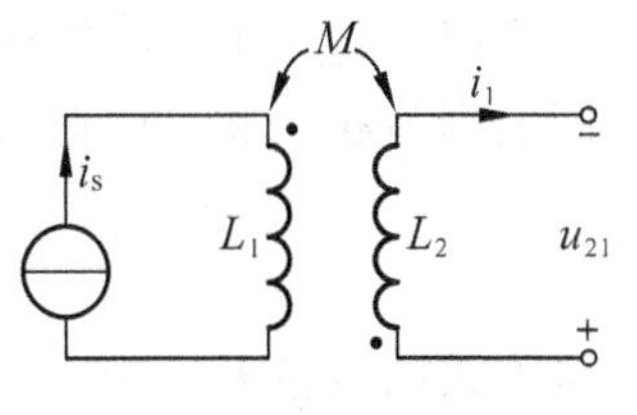


图 5.8　例 5.2 电路

解：互感电压的参考方向如图所示，因它与电流 $i_s$ 的参考方向对同名端一致，则有

$$\begin{aligned}u_{21}&=M\frac{\mathrm{d}i_s}{\mathrm{d}t}=0.1\times14.14\times1\,000\cos 1000t\\&=1414\sin(1\,000t+90^\circ)(\mathrm{V})\end{aligned}$$

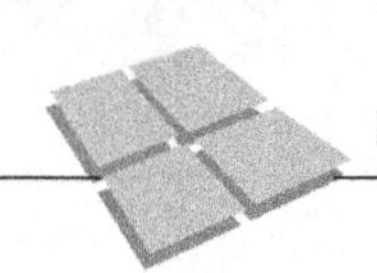



## 5.2　含有耦合电感的正弦电流电路

含有耦合电感元件的电路仍满足基尔霍夫定律，在正弦函数激励作用下，电路仍可使用相量法。与一般分析正弦交流电路不同的是，在求解互感支路的电压时，除了考虑自感电压外，还必须考虑与之有互感关系的支路电流所产生的互感电压。在分析含有互感的电路时，以前所讲的电路的分析方法除节点电压法外都可以使用，因为在含有互感的电路中，不能简单地写出各支路电流与节点电压间的关系式，节点电压法不太方便。对含有耦合电感的正弦电流电路的分析一般有两种方法：

(1)根据标出的同名端，计入互感电压，根据要求分别列出 KCL 方程和 KVL 方程，然后求解。

(2)画出去耦电路，然后应用第 4 章所讲的相量法进行求解。

### 5.2.1　互感线圈的串联

两个具有互感的线圈串联时有顺向串联和反向串联两种接法。

顺向串联指的是把两个互感线圈的异名端相连，电流从两线圈的同名端流进或流出，如图 5.9(a)所示。反向串联指的是把两个互感线圈的同名端相连，电流从两线圈的异名端流进或流出，如图 5.9(b)所示。

(a)　　(b)

图 5.9　互感线圈的串联

在图 5.9(a)所示电流、电压的参考方向下，根据 KVL 可得线圈两端的电压为

$$u=u_{11}+u_{12}+u_{22}+u_{21} \tag{5-9}$$

式中，$u_{11}$、$u_{22}$ 分别为线圈 1 和线圈 2 的自感电压，它们的方向与电流 $i$ 是关联参考方向；$u_{12}$、$u_{21}$ 是互感电压，互感电压的参考方向与另一线圈电流的参考方向对同名端为相关联，因此，电压均为正。将电压用电流表示，则式(5-9)为

$$u=L_1\frac{\mathrm{d}i}{\mathrm{d}t}+M\frac{\mathrm{d}i}{\mathrm{d}t}+L_2\frac{\mathrm{d}i}{\mathrm{d}t}+M\frac{\mathrm{d}i}{\mathrm{d}t}=(L_1+L_2+2M)\frac{\mathrm{d}i}{\mathrm{d}t}$$

将上式用相量表示为

$$\dot{U}=\mathrm{j}\omega(L_1+L_2+2M)\dot{I}=\mathrm{j}\omega L_{\mathrm{s}}\dot{I} \tag{5-10}$$

式中，$L_{\mathrm{s}}=L_1+L_2+2M$ 为顺向串联等效电感。

在图 5.9(b)所示电流、电压的参考方向下，根据 KVL 可得线圈两端的电压为

$$u=u_{11}-u_{12}+u_{22}-u_{21}$$

式中，$u_{11}$、$u_{22}$ 分别为线圈1和线圈2的自感电压，它们的方向与电流 $i$ 是关联参考方向；$u_{12}$、$u_{21}$ 是互感电压，线圈电流的参考方向与另一线圈电压的参考方向对同名端为相关联，因此，互感电压为正，但互感电压与总电压方向相反，故互感电压前有一负号。将上式写成相量形式为

$$\dot{U}=\mathrm{j}\omega(L_1+L_2-2M)\dot{I}=\mathrm{j}\omega L_\mathrm{f}\dot{I} \tag{5-11}$$

式中，$L_\mathrm{f}=L_1+L_2-2M$ 为反向串联等效电感。

$L_\mathrm{s}$ 大于 $L_\mathrm{f}$ 是因为顺向串联时，电流从同名端流入，自感和互感磁通方向相同，总磁链增加，等效电感增大；而反向串联时情况正好相反，总磁链减小，等效电感变小。

根据 $L_\mathrm{s}$ 和 $L_\mathrm{f}$ 可得互感 $M$ 为

$$M=\frac{L_\mathrm{s}-L_\mathrm{f}}{4} \tag{5-12}$$

**例 5.3** 图5.10是确定互感线圈同名端及 $M$ 的交流实验电路。将两个互感线圈串联到工频 220 V 的正弦电源上，按图5.10(a)连接时，端口电流 $I=2.5$ A，$P=62.5$ W。按图5.10(b)连接时，端口电流 $I=5$ A。试根据实验结果确定两线圈的同名端及互感 $M$。

解：因为顺向串联时的等效电感 $L_\mathrm{s}$ 大于反向串联时的等效电感 $L_\mathrm{f}$，故顺向串联时的等效阻抗必大于反向串联时的等效阻抗，因此在相同的电压激励下，顺向串联时的端口电流小于反向串联时的端口电流，因此可以确定图5.10(a)为顺接，图5.10(b)为反接。即端钮 $A$ 和端钮 $C$ 是同名端。

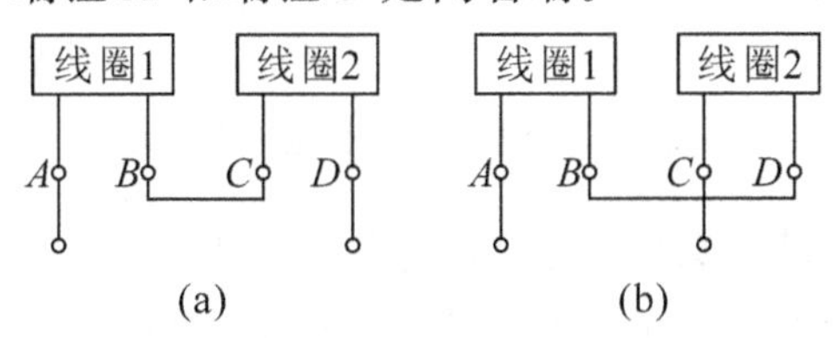


图5.10 例5.3电路

设线圈1、2的电阻和自感分别为 $R_1$、$L_1$ 和 $R_2$、$L_2$。顺向串联时，可用等效电阻 $R=R_1+R_2$ 和等效电感 $L_\mathrm{s}=L_1+L_2+2M$ 相串联的电路来表示。根据已知条件，得

$$R=\frac{P}{I_\mathrm{s}^2}=\frac{62.5}{2.5^2}=10(\Omega)$$

$$\omega L_\mathrm{s}=\sqrt{\left(\frac{U}{I_\mathrm{s}}\right)^2-R^2}=\sqrt{\left(\frac{220}{2.5}\right)^2-10^2}\approx 87.4(\Omega)$$

$$L_\mathrm{s}=87.4/314\approx 0.278(\mathrm{H})$$

反向串联时，线圈电阻不变，由已知条件可得反向串联时

$$\omega L_{\mathrm{f}}=\sqrt{\left(\frac{U}{I_{\mathrm{f}}}\right)^{2}-R^{2}}=\sqrt{\left(\frac{220}{5}\right)^{2}-10^{2}}\approx 42.8(\Omega)$$

$$L_{\mathrm{f}}=42.8/314\approx 0.136(\mathrm{H})$$

所以由式(5-12)，得

$$M=\frac{L_{\mathrm{s}}-L_{\mathrm{f}}}{4}=\frac{0.278-0.136}{4}=0.0355(\mathrm{H})$$

### 5.2.2 互感线圈的并联

互感线圈并联也有两种方式，一种是两个互感线圈的同名端在同一侧相连，称为同侧并联，如图 5.11(a)所示。另一种是两个互感线圈的异名端在同一侧相连，称为异侧并联，如图 5.11(b)所示。如图 5.11(a)所示电路，在图示电压、电流的参考方向下，根据 KCL 和 KVL 可得

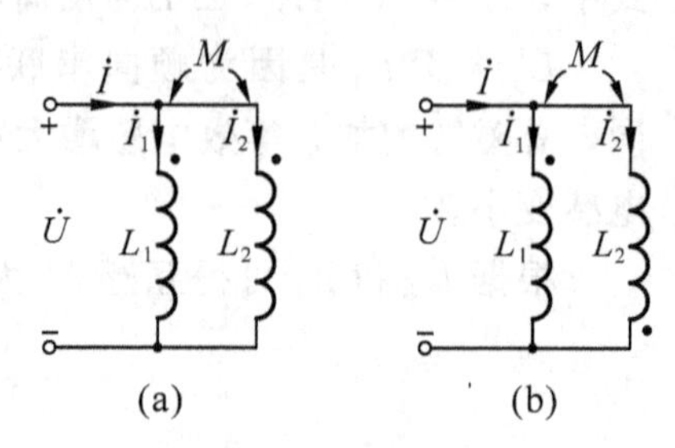

图 5.11 互感线圈的并联

$$\begin{cases}\dot{I}=\dot{I}_{1}+\dot{I}_{2}\\ \dot{U}=\mathrm{j}\omega L_{1}\dot{I}_{1}+\mathrm{j}\omega M\dot{I}_{2}\\ \dot{U}=\mathrm{j}\omega L_{2}\dot{I}_{2}+\mathrm{j}\omega M\dot{I}_{1}\end{cases}\tag{5-13}$$

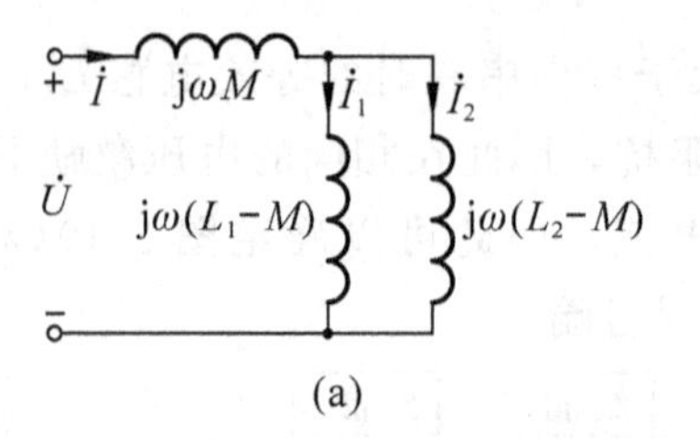
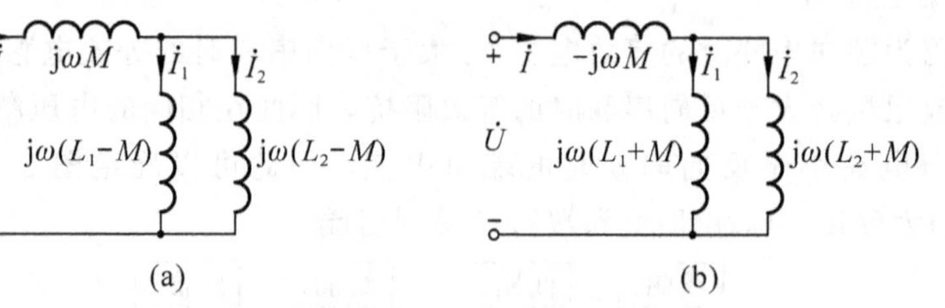

图 5.12 并联互感线圈的去耦等效电路

将上式方程组中的第 1 式分别代入第 2、第 3 式，可得

$$\begin{cases}\dot{U}=\mathrm{j}\omega L_{1}\dot{I}_{1}+\mathrm{j}\omega M(\dot{I}-\dot{I}_{1})=\mathrm{j}\omega M\dot{I}+\mathrm{j}\omega(L_{1}-M)\dot{I}_{1}\\ \dot{U}=\mathrm{j}\omega L_{2}\dot{I}_{2}+\mathrm{j}\omega M(\dot{I}-\dot{I}_{2})=\mathrm{j}\omega M\dot{I}+\mathrm{j}\omega(L_{2}-M)\dot{I}_{2}\end{cases}\tag{5-14}$$

根据式(5-14)可以画出互感线圈并联的等效电路，如图 5.12(a)所示，电路中不复存在耦合电感，这种处理方法称为去耦法。

根据图 5.12(a)就可以直接求出互感线圈按同名端相连进行并联的等效阻抗为

$$Z=\mathrm{j}\omega M+\frac{\mathrm{j}\omega(L_{1}-M)\times\mathrm{j}\omega(L_{2}-M)}{\mathrm{j}\omega(L_{1}-M)+\mathrm{j}\omega(L_{2}-M)}=\mathrm{j}\omega\ \frac{L_{1}L_{2}-M^{2}}{L_{1}+L_{2}-2M}=\mathrm{j}\omega L_{\mathrm{t}}$$

因此两互感线圈同侧并联后的等效电感为

$$L_{\mathrm{t}}=\frac{L_{1}L_{2}-M^{2}}{L_{1}+L_{2}-2M}\tag{5-15}$$

图 5.11(b)是互感线圈按异侧相连进行并联的电路，可以证明，只要改变图 5.12(a)中

$M$ 前的符号就是互感线圈按异侧并联的等效电路，如图 5.12(b)所示，电路中不复存在耦合电感。在这种情况下，等效电感为

$$L_y=\frac{L_1L_2-M^2}{L_1+L_2+2M} \tag{5-16}$$

显然，同侧并联后的等效电感大于异侧并联后的等效电感。

当两个互感线圈不是并联，但有一端相连，即有一个公共端的耦合电感，如图 5.13(a)和图 5.13(b)电路，去耦法仍然适用，仍可以把具有耦合电感的电路化为去耦后的等效电路。

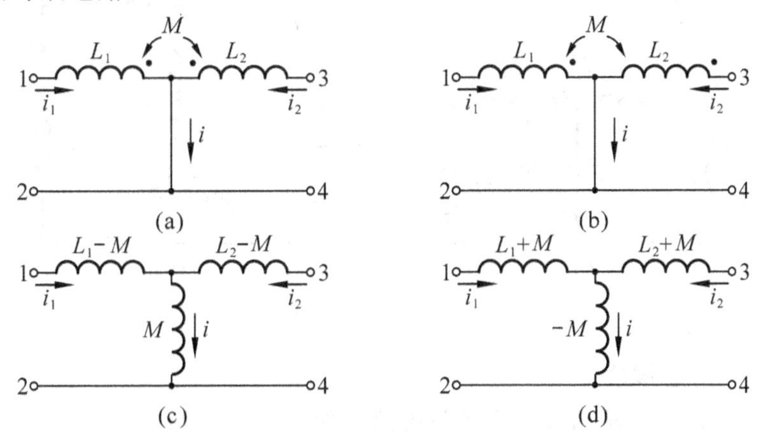


图 5.13　一端相连的互感线圈及其去耦等效电路

如图 5.13(a)所示电路，在图示的参考方向下，根据 KVL 可得端口电压方程为

$$\begin{cases}\dot{U}_{12}=\mathrm{j}\omega L_1\dot{I}_1+\mathrm{j}\omega M\dot{I}_2\\ \dot{U}_{34}=\mathrm{j}\omega L_2\dot{I}_2+\mathrm{j}\omega M\dot{I}_1\end{cases} \tag{5-17}$$

把 $\dot{I}=\dot{I}_1+\dot{I}_2$ 代入上式可得

$$\begin{cases}\dot{U}_{12}=\mathrm{j}\omega(L_1-M)\dot{I}_1+\mathrm{j}\omega M\dot{I}\\ \dot{U}_{34}=\mathrm{j}\omega(L_2-M)\dot{I}_2+\mathrm{j}\omega M\dot{I}\end{cases} \tag{5-18}$$

根据上式可以得到同名端相连时的去耦等效电路，如图 5.13(c)所示。同理可以得到异名端相连时的去耦等效电路，如图 5.13(d)所示。

**例 5.4**　在图 5.14(a)电路中，已知 $X_{L1}=10\ \Omega$，$X_{L2}=20\ \Omega$，$X_C=20\ \Omega$，耦合线圈互感电抗 $X_M=10\ \Omega$，电源电压 $\dot{U}_S=100\underline{/0^\circ}\ \mathrm{V}$，负载 $R_L=30\ \Omega$，求负载中的电流 $\dot{I}_2$。

解：本题可以用多种方法求解。

(1)方法一：用支路电流法，根据 KCL、KVL 可列方程

$$\dot{I}_3=\dot{I}_1+\dot{I}_2$$

$$\dot{U}_S=\mathrm{j}X_{L1}\dot{I}_1-\mathrm{j}X_M\dot{I}_2-\mathrm{j}X_C\dot{I}_3$$

$$0=R_L\dot{I}_2+jX_{L2}\dot{I}_2-jX_M\dot{I}_1-jX_C\dot{I}_3$$

代入数据的方程为

$$\dot{I}_3=\dot{I}_1+\dot{I}_2$$

$$100\angle 0^\circ=j10\dot{I}_1-j10\dot{I}_2-j20\dot{I}_3$$

$$0=30\dot{I}_2+j20\dot{I}_2-j10\dot{I}_1-j20\dot{I}_3$$

解方程组得 $\dot{I}_2=-1+j3\approx 3.16\angle 108.4^\circ(\mathrm{A})$

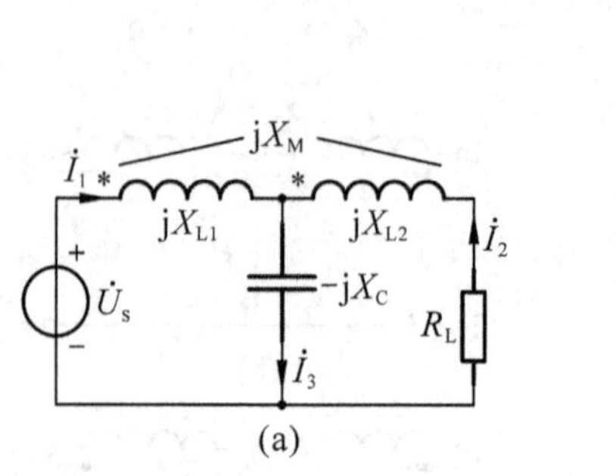


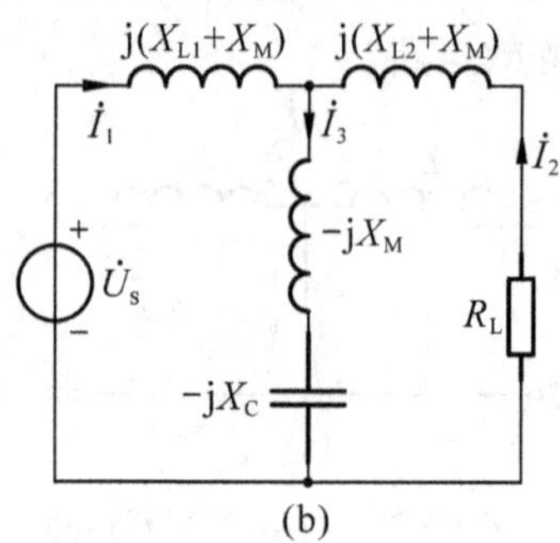


图 5.14　例 5.4 电路

(2)方法二：去耦法

由图 5.14(a)可以画出其去耦等效电路，如图 5.14(b)所示。

根据图 5.14(b)列方程

$$\dot{I}_3=\dot{I}_1+\dot{I}_2$$

$$\dot{U}_S=j(X_{L1}+X_M)\dot{I}_2-jX_M\dot{I}_3-jX_C\dot{I}_3$$

$$0=R_L\dot{I}_2+j(X_{L2}+X_M)\dot{I}_2-jX_M\dot{I}_3-jX_C\dot{I}_3$$

代入数据得

$$\dot{I}_3=\dot{I}_1+\dot{I}_2$$

$$100\angle 0^\circ=j(10+10)\dot{I}_1-j10\dot{I}_3-j20\dot{I}_3$$

$$0=30\dot{I}_2+j(20+10)\dot{I}_2-j10\dot{I}_3-j20\dot{I}_3$$

解方程组得 $\dot{I}_2=-1+j3\approx 3.16\angle 108.4^\circ(\mathrm{A})$

## 5.3 空心变压器

变压器是电工、电子技术中常用的电气设备，它是由两个耦合线圈绕在一个共同的芯子上制成的，其中，一个线圈作为输入，接入电源称为初级(原边)线圈，另一个线圈作为输出，接入负载称为次级(副边)线圈。常用的实际变压器有空心变压器和铁芯变压器两种类型。空心变压器的芯子是由非铁磁材料制成的，其电路模型如图 5.15(a)所示，图中的负载设为电阻和电感串联，原边电阻、电感为 $R_1$、$L_1$；

副边电阻、电感为$R_2$、$L_2$；两线圈间的互感为$M$。变压器通过耦合作用，将初级线圈的输入传递到次级线圈输出。

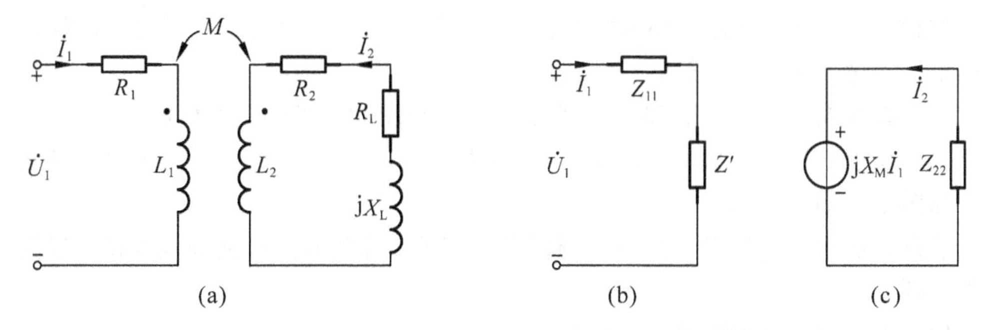


图5.15 空心变压器的电路模型及初级线圈、次级线圈等效电路

根据图示电流、电压参考方向以及标注的同名端，可写出方程

$$(R_1+jX_{L1})\dot{I}_1+jX_M\dot{I}_2=\dot{U}_1$$

$$(R_2+jX_{L2})\dot{I}_2+jX_M\dot{I}_1+(R_L+jX_L)\dot{I}_2=0$$

式中，$X_{L1}=\omega L_1$，$X_{L2}=\omega L_2$，$X_M=\omega M$

令$Z_{11}=R_1+jX_{L1}$为初级线圈回路的自阻抗，$Z_{22}=(R_2+R_L)+j(X_{L2}+X_L)=R_{22}+jX_{22}$为次级线圈回路的自阻抗，则上边两式可写为

$$\begin{cases}Z_{11}\dot{I}_1+jX_M\dot{I}_2=\dot{U}_1\\ jX_M\dot{I}_1+Z_{22}\dot{I}_2=0\end{cases} \tag{5-19}$$

由式(5-19)方程组可解得

$$\dot{I}_1=\frac{\dot{U}_1}{Z_{11}+\dfrac{X_M^2}{Z_{22}}} \tag{5-20}$$

所以，从初级线圈看进去的等效阻抗为

$$Z_{in}=Z_{11}+\frac{X_M^2}{Z_{22}}=Z_{11}+Z' \tag{5-21}$$

式中

$$Z'=\frac{X_M^2}{Z_{22}}=\frac{X_M^2}{R_{22}^2+X_{22}^2}R_{22}-j\frac{X_M^2}{R_{22}^2+X_{22}^2}X_{22}=R'+jX' \tag{5-22}$$

$Z'$称为次级线圈回路的阻抗在初级线圈回路上的反射阻抗。虽然初级线圈回路和次级线圈回路没有直接连接，但是由于互感的作用，使得次级线圈获得了与电源同频率的互感电压，当次级线圈回路闭合后，产生了次级线圈回路电流，该电流又影响了初级线圈回路，从初级线圈回路来看，次级线圈回路的作用可以看作在初级线圈回路中增加了一个阻抗。

$R'$称为反射电阻，$R'>0$恒成立，$R'$吸收的有功功率就是初级线圈通过互感传递给次级线圈的有功功率。

$X'$称为反射电抗，$X'$和$X_{22}$符号相反，说明反射电抗性质和次级线圈回路电抗性质相反，即次级线圈回路电抗为容性时，则反射电抗为感性；反之，次级线圈回路电抗为感性时，则反射电抗为容性。

当次级线圈开路时，$R'$和$X'$均为零，次级线圈对初级线圈无影响。

利用反射阻抗的概念，根据式(5-19)可得空心变压器的初、次级线圈的等效电路，如图 5.15(b)(c)所示。

注意：图中$\mathrm{j}X_{\mathrm{M}}\dot{I}_1$的实际方向与同名端有关，适当利用以上等效电路可以简化分析与计算。

**例 5.5** 图 5.16 电路中，已知$L_1=1$ H，$L_2=5$ H，$M=1.5$ H，次级短路，求 $ab$ 端的等效电感 $L$。

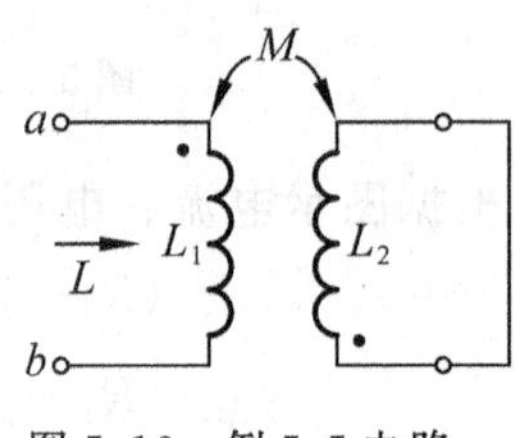

图 5.16 例 5.5 电路

解：利用反射阻抗的概念，初级线圈的等效阻抗为

$$Z_{\mathrm{in}}=Z_{11}+Z'=\mathrm{j}\omega L_1+\frac{(\omega M)^2}{\mathrm{j}\omega L_2}=\mathrm{j}\omega\left(L_1-\frac{M^2}{L_2}\right)$$

因此，等效电感$L=L_1-\dfrac{M^2}{L_2}=0.55$ H。

**例 5.6** 如图 5.17(a)所示的空心变压器电路，已知初级线圈回路的$R_1=4\ \Omega$，$\omega L_1=24\ \Omega$，次级线圈回路的$R_2=10\ \Omega$，$\omega L_2=100\ \Omega$，两线圈的互感电抗$\omega M=40\ \Omega$，电源电压$U_1=20$ V，次级回路接一负载电阻$R_{\mathrm{L}}=90\ \Omega$，求流过负载的电流、负载两端的电压和变压器的效率。

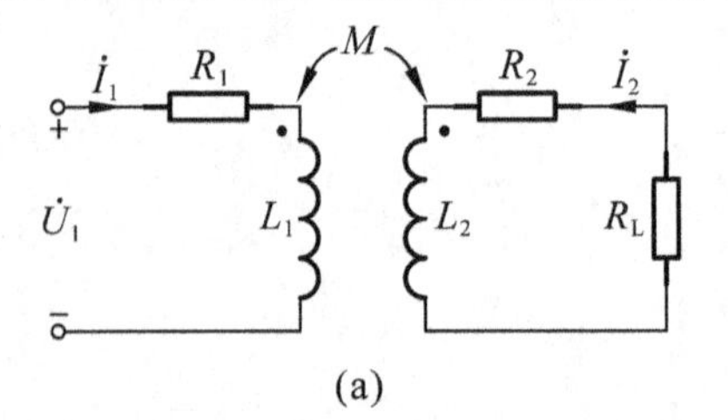


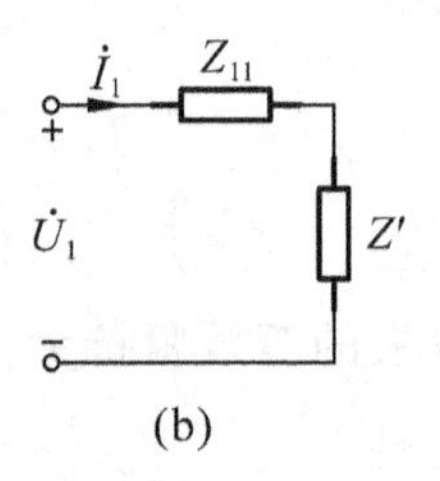


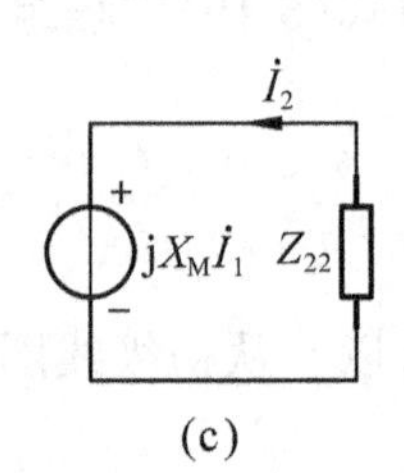


图 5.17 例 5.6 电路

解：设$\dot{U}_1=20\angle 0°$ V

初级回路的自阻抗为 $Z_{11}=R_1+\mathrm{j}\omega L_1=(4+\mathrm{j}24)\Omega$

次级回路的自阻抗为

$$Z_{22}=R_2+R_{\mathrm{L}}+\mathrm{j}\omega L_2=10+90+\mathrm{j}100=(100+\mathrm{j}100)(\Omega)$$

反射阻抗为

$$Z'=\frac{X_{\mathrm{M}}^2}{Z_{22}}=\frac{(\omega M)^2}{R_{22}+\mathrm{j}X_{22}}=\frac{40^2}{100+\mathrm{j}100}=(8-\mathrm{j}8)(\Omega)$$

画出初、次级线圈的等效电路，如图 5.17(b)(c)所示。

$$\dot{I}_1=\frac{\dot{U}_1}{Z_{11}+Z'}=\frac{20\angle 0^\circ}{4+\mathrm{j}24+8-\mathrm{j}8}\approx 1\angle -53.1^\circ(\mathrm{A})$$

流过负载中的电流为

$$\dot{I}_2=\frac{-\mathrm{j}X_{\mathrm{M}}\dot{I}_1}{Z_{22}}=-\frac{40\mathrm{j}}{100+100\mathrm{j}}\times 1\angle -53.1^\circ\approx 0.283\angle 171.9^\circ(\mathrm{A})$$

负载两端的电压为

$$U_{\mathrm{L}}=I_2R_{\mathrm{L}}=0.283\times 90=25.47(\mathrm{V})$$

空心变压器的效率为

$$\eta=\frac{I_2^2R_{\mathrm{L}}}{I_1^2R_1+I_2^2(R_2+R_{\mathrm{L}})}\times 100\%=\frac{0.283^2\times 90}{1^2\times 4+0.283^2\times 100}\times 100\%\approx 60\%$$

## 5.4 串联谐振电路

在含有电感和电容的交流电路中，一般来说，端口电压和电流的相位是不同的。但当电路中电感和电容参数选择适当时，可使电流和电压同相，电路呈现电阻性，这种工作状态称为谐振。产生谐振现象的电路称为谐振电路。*RLC* 串联电路发生的谐振为串联谐振。

### 5.4.1 串联谐振的谐振条件及特征

1. 串联谐振的条件

串联电路如图 5.18(a)所示，在正弦电压激励下，其复阻抗为

$$Z=R+\mathrm{j}\left(\omega L-\frac{1}{\omega C}\right)=R+\mathrm{j}(X_{\mathrm{L}}-X_{\mathrm{C}})=R+\mathrm{j}X=|Z|\angle\varphi$$

当 $X=X_{\mathrm{L}}-X_{\mathrm{C}}=0$ 时，$Z=R$，$\varphi=0$，电路发生谐振。因此，串联谐振的条件是

$$\omega L=\frac{1}{\omega C}$$

电路发生谐振时的角频率称为谐振角频率，用 $\omega_0$ 表示，则有

$$\omega_0=\frac{1}{\sqrt{LC}} \tag{5-23}$$

相应的谐振频率为

$$f_0=\frac{1}{2\pi\sqrt{LC}} \tag{5-24}$$

显然，谐振频率仅与电路电感 $L$ 和电容 $C$ 有关，因此，谐振频率又称为电路的固有频率。

为了使电路发生谐振，可以通过调节电源频率，使电源频率等于电路的谐振频率。当电源频率一定时，也可以调整电路的参数，即通过改变 $L$ 或 $C$ 的值，以满足谐振条件，当 $f_0$ 等于电源频率时，电路发生谐振，这个过程称为调谐过程。

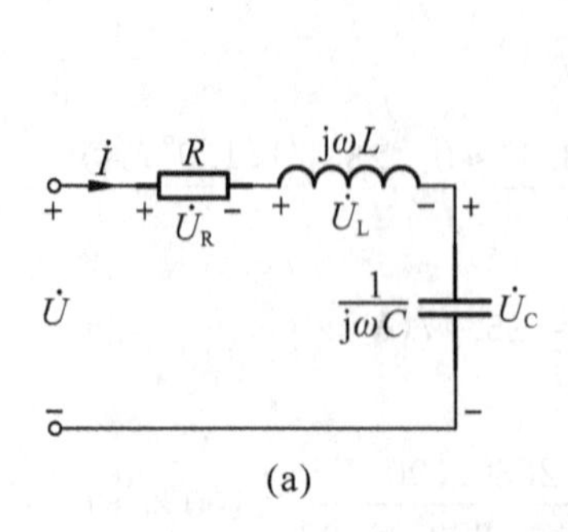


(a)

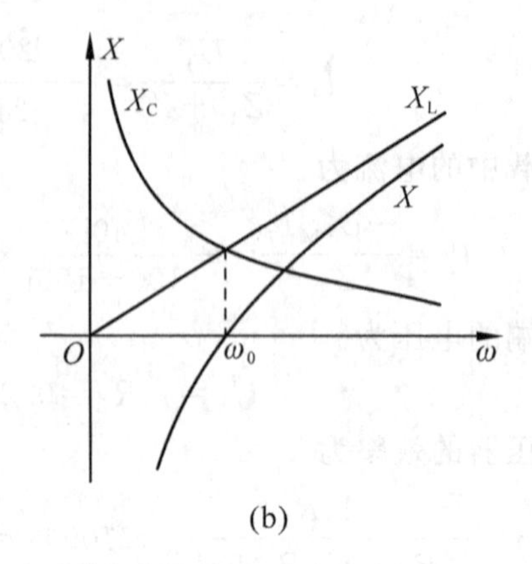


(b)

图 5.18　串联谐振电路及其频率特性

在实际电路中一般采用调节电容的方法。

2. 特性阻抗和品质因数

在串联谐振时，虽然 $X=0$，但 $X_L$、$X_C$ 不为零，且两者相等。

令
$$\rho=\omega_0 L=\frac{1}{\omega_0 C}=\frac{1}{\sqrt{LC}}L=\sqrt{\frac{L}{C}} \tag{5-25}$$

$\rho$ 称为串联电路的特性阻抗，单位为欧姆(Ω)。同样它也仅与电路参数 $L$、$C$ 有关，与电阻 $R$ 无关。

在 $RLC$ 串联电路中，$X_L$、$X_C$、$X$ 都随频率 $\omega$ 发生变化，这种变化关系称为电路电抗的频率特性，其特性曲线如图 5.18(b)所示。

当 $\omega<\omega_0$ 时，$X_L<X_C$，$X<0$，电路呈容性；

当 $\omega>\omega_0$ 时，$X_L>X_C$，$X>0$，电路呈感性；

当 $\omega=\omega_0$ 时，$X_L=X_C$，$X=0$，电路呈电阻性，电路发生谐振。

在无线电技术中，将谐振电路的特性阻抗 $\rho$ 与电路电阻 $R$ 的比值称为谐振电路的品质因数，用 $Q$ 表示，即

$$Q=\frac{\rho}{R}=\frac{\omega_0 L}{R}=\frac{1}{\omega_0 CR}=\frac{1}{R}\sqrt{\frac{L}{C}} \tag{5-26}$$

它是一个无量纲的数值，仅与电路参数有关。

3. 串联谐振电路特征

(1)谐振时，阻抗最小，$Z=R$，电路呈电阻性。

(2)谐振时，回路电流最大为 $I_0=U/R$，且与外加电压相位相同。

(3)谐振时，各元件上的电压为

$$\begin{cases}\dot{U}_R=R\dot{I}=\dot{U}\\ \dot{U}_L=jX_L\dot{I}=j\omega_0 L\dot{I}\\ \dot{U}_C=-jX_C\dot{I}=-j\dfrac{1}{\omega_0 C}\dot{I}=-\dot{U}_L\end{cases} \tag{5-27}$$

即电阻上的电压等于电源电压；电感和电容上的电压大小相等，方向相反，故有$\dot{U}_X=\dot{U}_L+\dot{U}_C=0$。

引入品质因数后，电路发生串联谐振时，电感和电容两端的电压可表示为

$$U_L=\omega_0 LI=\frac{\omega_0 L}{R}U=\frac{\rho}{R}U=QU$$

$$U_C=\frac{1}{\omega_0 C}I=\frac{1}{\omega_0 CR}U=QU$$

即电感和电容上的电压等于电源电压的$Q$倍。由于$\omega_0 L=\frac{1}{\omega_0 C}=\rho$有可能远大于电阻$R$，这样$Q$就远大于1，从而使得谐振时，电感和电容上的电压有可能远大于激励电源的电压，故串联谐振又称电压谐振。在无线电工程中实用的谐振电路$Q$值往往在50～200之间，高质量(品质好的)谐振电路的$Q$值可超过200。因此，利用串联谐振的特性，在无线电工程中，可以将微弱的信号放大，在电容或电感上获得较高的电压；而在高电压技术中，利用谐振时产生的高电压，为变压器等电力设备做耐压试验，可以有效地发现设备中危险的集中性缺陷。但在电力系统中，由于电源电压本身较高，串联谐振可能产生危及设备和生命安全的过电压，故应力求避免。

(4)谐振时，电路的总无功功率为零。电源的能量全部消耗在电阻上，电容和电感之间进行磁场能量和电场能量的转换，不与电源进行能量转换。

因为$RLC$串联电路中储存能量的总和为

$$W=\frac{1}{2}Li^2+\frac{1}{2}Cu_C^2$$

若谐振时外加电压为$u=\sqrt{2}U\ \sin\omega_0 t(\mathrm{V})$，

则有
$$i=\sqrt{2}\frac{U}{R}\ \sin\omega_0 t=\sqrt{2}I\ \sin\omega_0 t(\mathrm{A})$$

$$u_C=\sqrt{2}\frac{U}{R}\ \frac{1}{\omega_0 \mathrm{C}}\ \sin(\omega_0 t\ -90°)=-\frac{\sqrt{2}I}{\omega_0 \mathrm{C}}\ \cos\omega_0 t=-\sqrt{2}QU\ \cos\omega_0 t(\mathrm{V})$$

又因为
$$Q=\frac{1}{R}\sqrt{\frac{L}{C}}$$

所以

$$\begin{aligned}W&=\frac{1}{2}L(\sqrt{2}I\ \sin\omega_0 t)^2+\frac{1}{2}C(-\sqrt{2}QU\ \cos\omega_0 t)^2\\&=LI^2\ \sin^2\omega_0\ t+CQ^2U^2\ \cos^2\omega_0 t\\&=LI^2=CQ^2U^2=\frac{1}{2}CU_{\mathrm{Cm}}^2=\text{常量}\end{aligned}$$

### 5.4.2 串联谐振电路的谐振曲线和选择性

串联谐振电路对于不同频率的信号具有选择能力，为了研究这个问题，可分析

在电路参数一定的情况下，当频率变化时，电流的变化情况。

$RLC$ 串联电路中电流的有效值为

$$I=\frac{U}{|Z|}=\frac{U}{\sqrt{R^2+\left(\omega L-\frac{1}{\omega C}\right)^2}}=\frac{U}{\sqrt{R^2+\omega_0^2L^2\left(\frac{\omega}{\omega_0}-\frac{1}{\omega\omega_0 LC}\right)^2}}$$

$$=\frac{U}{R\sqrt{1+\frac{\rho^2}{R^2}\left(\frac{\omega}{\omega_0}-\frac{\omega_0}{\omega}\right)^2}}=\frac{I_0}{\sqrt{1+Q^2\left(\frac{\omega}{\omega_0}-\frac{\omega_0}{\omega}\right)^2}}$$

所以

$$\frac{I}{I_0}=\frac{1}{\sqrt{1+Q^2\left(\frac{\omega}{\omega_0}-\frac{\omega_0}{\omega}\right)^2}}=\frac{1}{\sqrt{1+Q^2\left(\eta-\frac{1}{\eta}\right)^2}} \tag{5-28}$$

式中，$I_0=U/R$，为谐振时的电流，$\eta=\omega/\omega_0$ 为外加电压角频率与谐振角频率的比值。

当电源电压幅值一定时，电流 $I$ 随电源角频率 $\omega$ 变化的关系曲线称为谐振曲线。根据式(5-28)，以频率比 $\omega/\omega_0$ 为横坐标，电流比 $I/I_0$ 为纵坐标，则对于不同的 $Q$ 值可以画出一组不同的曲线，而对于 $Q$ 相同的任何 $RLC$ 串联电路，只有一条曲线与之对应，故该曲线成为通用谐振曲线，如图 5.19 所示。

由曲线可知，当 $\omega=\omega_0$ 时，即 $\omega/\omega_0=1$ 时，电流达到最大值为 $I_0$，此时 $I/I_0=1$ 为最大值。当 $\omega$ 逐渐远离 $\omega_0$ 时，电流 $I$ 值逐渐减小，即电路对电流的抑制能力增强。图 5.19 画出了 $Q$ 分别是 1、10、100 时的通用谐振曲线，很明显 $Q$ 越大，曲线越尖，当 $\omega/\omega_0$ 稍偏离 1，即 $\omega$ 稍偏离 $\omega_0$ 时，$I/I_0$ 就急剧下降，表明电路具有选择最接近于谐振频率附近电流的性能，这种性能称为选择性。$Q$ 越大，选择性越好。如在收音机的选频回路中，如果品质因数 $Q$ 较大，则选台的能力比较强，声音清晰。反之 $Q$ 值越小，则声音越不清晰，越容易出现混台现象。

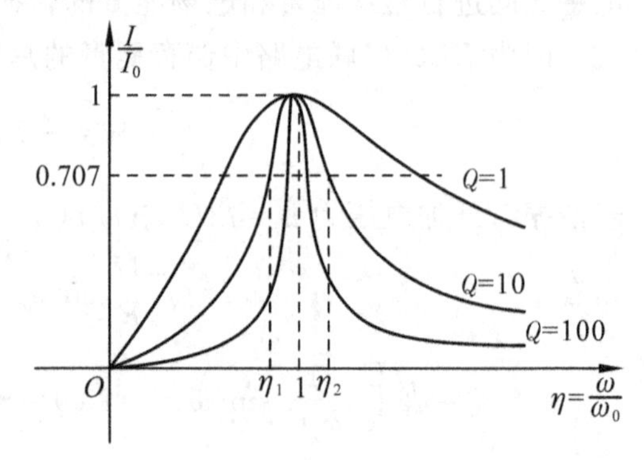


图 5.19　串联电路的谐振曲线

工程上规定，在通用谐振曲线上

$$\frac{I}{I_0}=\frac{1}{\sqrt{2}}\approx 0.707$$

谐振现象

这一值对应的两个频率点之间的宽度称为通频带，又称为带宽。它规定了谐振电路允许通过信号的频率范围。不难看出，选择性越大，通频带越窄；选择性越小，通频带越宽。在实际应用中应兼顾 $Q$ 与频带宽度两个参数的配合。

**例 5.7** 如图 5.20(a)为无线电收音机的调谐电路，主要是由电感线圈和可变电容组成的串联谐振电路。已知电感线圈的参数 $L=200\ \mu\text{H}$，$R=20\ \Omega$，要收听 $f=1\ 000\ \text{kHz}$ 的节目，电容应调为多少？若某接收信号为 20 μV，则此时电容电压和电路的品质因数各为多少？若收听范围为 525～1605 kHz，则电容的可调范围应为多少？

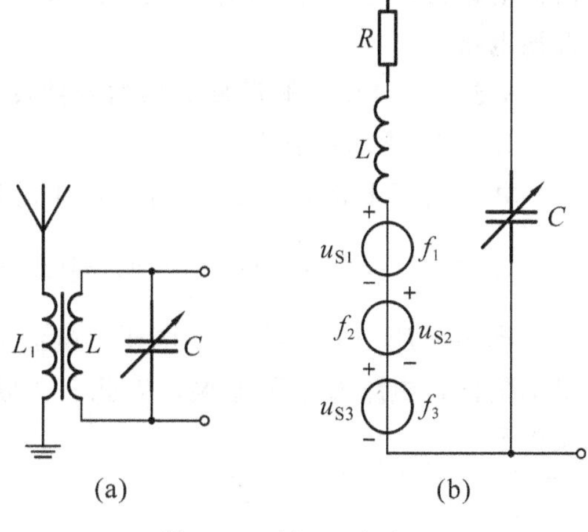

图 5.20 例 5.7 电路

解：对于图 5.20(a)所示的调谐电路，由于各个电台所发射的无线电波在收音机的磁性天线上感应出不同的电动势，等效电路如图 5.20(b)所示，调节电容可使某一频率的电台信号发生谐振，则这一频率电流最大，其他电台的电流很小，不至于同时收到两个台。

当发生串联谐振时：$f_0=\dfrac{1}{2\pi\sqrt{LC}}$

则 
$$C=\frac{1}{(2\pi f_0)^2L}$$
$$=\frac{1}{(2\pi\times 1\ 000\times 10^3)^2\times 200\times 10^{-6}}\text{F}\approx 126.8\ \text{pF}$$
$$Q=\frac{\omega_0 L}{R}=\frac{2\pi\times 1\ 000\times 10^3\times 200\times 10^{-6}}{20}\approx 63$$

此时，$U_C=QU=63\times 20\times 10^{-6}\ \text{V}=1.26\ \text{mV}$

当 $f_1=525\ \text{kHz}$ 时，
$$C=\frac{1}{(2\pi f_1)^2L}=\frac{1}{(2\pi\times 525\times 10^3)^2\times 200\times 10^{-6}}\text{F}\approx 459.5\ \text{pF}$$

当 $f_2=1605\ \text{kHz}$ 时，
$$C=\frac{1}{(2\pi f_2)^2L}=\frac{1}{(2\pi\times 1605\times 10^3)^2\times 200\times 10^{-6}}\text{F}\approx 49.2\ \text{pF}$$

因此，电容的可调节范围为 49.2～459.5 pF。

## 5.5 并联谐振电路

串联谐振电路适合于激励源内阻很小的情况。如果激励源内阻很大，采用串联谐振电路将严重地降低回路的品质因数，使电路的选择性变坏，此时就应采用并联谐振电路。

### 5.5.1 *RLC* 并联谐振的谐振条件及特征

1. 并联谐振的条件

并联谐振电路如图 5.21 所示，在正弦电流激励下，电路的总导纳为

$$Y=G+\mathrm{j}B=G+\mathrm{j}(B_{\mathrm{C}}-B_{\mathrm{L}})=G+\mathrm{j}\left(\omega C-\frac{1}{\omega L}\right)$$

当 $B=B_{\mathrm{C}}-B_{\mathrm{L}}=0$ 时，电压、电流同相位，电路呈电阻性，电路发生了谐振，因此，并联电路的谐振条件是

$$B_{\mathrm{C}}=B_{\mathrm{L}}$$

即 $$\omega C=\frac{1}{\omega L}，即\ \omega_0=\frac{1}{\sqrt{LC}} \tag{5-29}$$

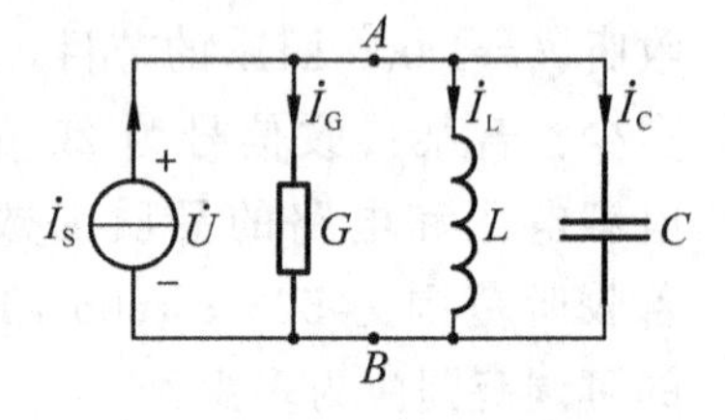

图 5.21　并联谐振电路

相应的谐振频率为

$$f_0=\frac{1}{2\pi\sqrt{LC}} \tag{5-30}$$

与串联谐振一样，其谐振频率仅与电路参数 $L$、$C$ 有关，该频率称为电路的固有频率。

2. 并联谐振电路的特征

(1)谐振时，复导纳最小，$Y=G$，电路呈电阻性。

(2)谐振时，回路电压最大，$U_0=\dfrac{I_{\mathrm{S}}}{G}$，且与外加电流同相位。

(3)谐振时，各元件上的电流为

$$\begin{cases}\dot{I}_G=G\dot{U}_0=G\,\dfrac{\dot{I}_{\mathrm{S}}}{G}=\dot{I}_{\mathrm{S}}\\ \dot{I}_{\mathrm{L}}=-\mathrm{j}\,\dfrac{1}{\omega_0 L}\dot{U}_0\\ \dot{I}_{\mathrm{C}}=\mathrm{j}\omega_0 C\dot{U}_0=-\dot{I}_{\mathrm{L}}\end{cases} \tag{5-31}$$

即电阻中的电流等于电源电流，电感和电容中的电流大小相等，方向相反，即有 $\dot{I}_{\mathrm{B}}=\dot{I}_{\mathrm{L}}+\dot{I}_{\mathrm{C}}=0$，故并联谐振又称为电流谐振。

并联谐振电路的品质因数定义为谐振时感纳(或容纳)与输入电导的比值，即

$$Q=\frac{\omega_0 C}{G}=\frac{1}{\omega_0 LG}=\frac{1}{G}\sqrt{\frac{C}{L}}$$

如果 $Q\gg1$，则谐振时在电感和电容中会出现过电流，但从 $L$、$C$ 看进去的等效导纳等于零，即阻抗为无限大，相当于开路。

引入品质因数后，电路发生并联谐振时，电感和电容中的电流可表达为

$$I_L = I_C = \omega_0 C U_0 = \omega_0 C \frac{I_S}{G} = \frac{I_S}{\omega_0 LG} = QI_S \tag{5-32}$$

(4)谐振时，电路的总无功功率为零。电源的能量全部消耗在电阻上，电容和电感之间进行磁场能量和电场能量的转换，不与电源发生能量转换。

若 $R=\infty$，电路为由 $L$ 和 $C$ 组成的 $LC$ 并联电路，此电路发生并联谐振时其阻抗为无穷大。在实际应用中，常利用并联谐振电路阻抗高的特点来选择信号或消除某种频率的信号。

**例 5.8** 图 5.22 所示电路中，已知 $L=100\ \text{mH}$，输入信号中含有 $f_0=100\ \text{Hz}$，$f_1=500\ \text{Hz}$，$f_2=1\ \text{kHz}$ 的三种频率信号，若要将 $f_0$ 频率的信号滤去，则应选多大的电容？

解：由电路可知，当 $LC$ 并联电路在 $f_0$ 频率下发生谐振时，达到了滤去此频率信号的要求。因此，由并联谐振条件

$$f_0 = \frac{1}{2\pi\sqrt{LC}}$$

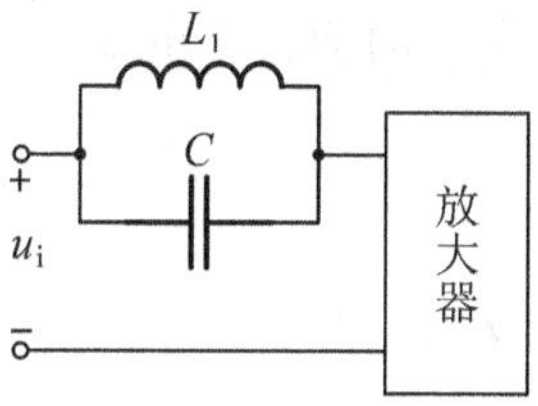

图 5.22　例 5.8 电路

可得

$$C = \frac{1}{(2\pi f_0)^2 L}$$

$$= \frac{1}{(2\pi\times 100)^2\times 100\times 10^{-3}}\text{F} \approx 25.4\ \mu\text{F}$$

### 5.5.2　实际线圈与电容并联的谐振电路

工程实际中常用的是电感线圈和电容并联的谐振电路。在不考虑实际电容器的介质损耗时，该并联装置的电路模型如图 5.23(a)所示。电路的复导纳为

$$Y = \frac{1}{R+\text{j}\omega L} + \text{j}\omega C = \frac{R}{R^2+(\omega L)^2} + \text{j}\left(\omega C - \frac{\omega L}{R^2+(\omega L)^2}\right) \tag{5-33}$$

电路发生谐振时，电压、电流同相位，复阻抗的虚部为零，即

$$\omega C = \frac{\omega L}{R^2+(\omega L)^2} \tag{5-34}$$

谐振时角频率 $\omega_0$ 为

$$\omega_0 = \sqrt{\frac{1}{LC} - \left(\frac{R}{L}\right)^2} \tag{5-35}$$

上式即为并联谐振的条件。在电路参数一定的条件下，改变电源的频率能否达到谐振，要看式(5-35)中根号内的值是

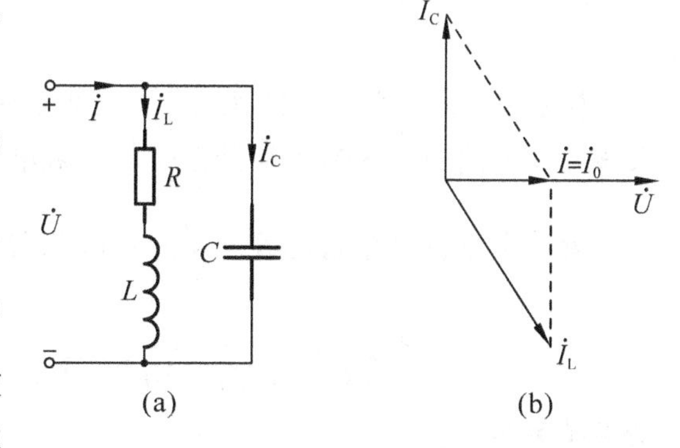


图 5.23　电感线圈与电容并联的谐振电路

否大于零而定。如果

$$\frac{1}{LC}>\left(\frac{R}{L}\right)^2$$

即
$$R<\sqrt{\frac{L}{C}}$$

则 $\omega_0$ 为实数，也就是说电路有谐振频率。如果

$$R>\sqrt{\frac{L}{C}}$$

则 $\omega_0$ 为虚数，电路就不可能发生谐振。图 5.23(b)为发生谐振时的相量图。

发生谐振时，电路的阻抗最大，整个电路等效为一个电阻 $R_0$，它等于复导纳实部的倒数，由式(5-33)可得

$$R_0=\frac{R^2+(\omega L)^2}{R}$$

又因谐振时
$$C=\frac{L}{R^2+(\omega L)^2}$$

所以

$$R_0=\frac{L}{RC}\text{及}G=\frac{1}{R_0}=\frac{RC}{L}$$

根据并联谐振电路品质因数的定义，品质因数为

$$Q=\frac{\omega_0 C}{G}=\frac{\omega_0 C}{\frac{RC}{L}}=\frac{\omega_0 L}{R} \tag{5-36}$$

实际应用的并联谐振电路中，线圈本身的电阻很小，在高频电路中，一般都能满足 $R\ll\omega_0 L$ 或 $R\ll\sqrt{\frac{L}{C}}$，于是式(5-35)变为

$$\omega_0\approx\frac{1}{\sqrt{LC}} \tag{5-37}$$

**例 5.9** 将一个 $R=10\ \Omega$，$L=0.2\ \text{mH}$ 的电感线圈与 100 pF 的电容器并联，求该并联电路的谐振频率和谐振时的等效电阻。

解：由于该电路满足 $R\ll\sqrt{\frac{L}{C}}$，因此谐振电路的角频率为

$$\omega_0\approx\frac{1}{\sqrt{LC}}=\frac{1}{\sqrt{0.2\times10^{-3}\times100\times10^{-12}}}\approx7071\times10^3(\text{rad/s})$$

谐振频率为

$$f_0=\frac{\omega_0}{2\pi}=\frac{7071\times10^3}{2\times3.14}\approx1126\times10^3(\text{Hz})=1126\ \text{kHz}$$

谐振时的等效阻抗为 $Z=R_0=\frac{L}{RC}=\frac{0.2\times10^{-3}}{10\times100\times10^{-12}}\Omega=200\ \text{k}\Omega$

从计算结果可以看出，谐振时等效阻抗很大，是线圈电阻 $R$ 的 20 000 倍。

工程上根据不同的需要会设计不同的电路，它们的复杂程度比我们讨论的要复杂得多，而且在一个电路中既有串联又有并联。对于这样复杂的电路，如何求其谐振频率，通常的分析步骤为：第一，根据电路写出电路复阻抗或复导纳的表达式；第二，令表达式中复阻抗或复导纳虚部为零；第三，计算出谐振频率。

**核心阅读：　　无线电通信基础知识**

接收器调谐与电台的发射频率在同一频率上，即发生谐振，同时将这个谐振频率信号放大若干倍，我们就可以听到所选频率信号的声音了，没有产生谐振的电信号我们就听不到，这就是一般收音机的调谐选台原理。

## 本章小结

1. 线圈中通过交变电流时在本线圈中产生的感应电动势称为自感电动势，线圈两端的电压称为自感电压。线圈中通过交变电流时在其他线圈中产生感应电动势和感应电压的现象称为互感现象，这个电动势和电压分别称为互感电动势和互感电压。

2. 在耦合线圈中，互感磁链的方向与产生它的电流方向符合右手螺旋法则，它们的比值称为耦合线圈的互感系数，简称互感，用 $M$ 表示。

$$M=\frac{\Psi_{12}}{i_2}=\frac{\Psi_{21}}{i_1}$$

互感 $M$ 是一个正实数，它是线圈的固有参数，它与两线圈的几何尺寸、匝数、相对位置和磁介质有关。当介质为非铁磁性物质时，$M$ 为常数。

3. 耦合系数 $k$ 用来表征两个线圈的耦合紧密程度，其定义为

$$k=\frac{M}{\sqrt{L_1L_2}}=\sqrt{\frac{\Phi_{21}}{\Phi_{11}}\frac{\Phi_{12}}{\Phi_{22}}}$$

耦合系数 $k$ 和互感 $M$ 的取值范围为

$$0\leqslant k\leqslant1 \qquad 0\leqslant M\leqslant\sqrt{L_1L_2}$$

4. 当电流 $i_1$ 和电流 $i_2$ 在耦合线圈中产生的磁通方向相同相互增强时，电流 $i_1$ 和电流 $i_2$ 流入的两个端钮为同名端，否则为异名端。

5. 选择互感电压的参考方向与产生该互感电压的电流参考方向对同名端一致时，有

$$u_{12}=\frac{d\Psi_{12}}{dt}=M\frac{di_2}{dt}\quad u_{21}=\frac{d\Psi_{21}}{dt}=M\frac{di_1}{dt}$$

当线圈中的电流为正弦交流量时，互感电压用相量表示为

$$\dot{U}_{12}=j\omega M\dot{I}_2=jX_M\dot{I}_2\quad \dot{U}_{21}=j\omega M\dot{I}_1=jX_M\dot{I}_1$$

6. 互感线圈顺向串联等效电感和反向串联等效电感分别为

$$L_s=L_1+L_2+2M,\ L_f=L_1+L_2-2M$$

根据 $L_s$ 和 $L_f$ 可得互感 $M$ 为 $M=\frac{L_s-L_f}{4}$

7. 两互感线圈同侧并联和两互感线圈异侧并联的等效电感分别为

$$L_t=\frac{L_1L_2-M^2}{L_1+L_2-2M},\ L_y=\frac{L_1L_2-M^2}{L_1+L_2+2M}$$

用无互感的电路去等效代替有互感的电路称为去耦法。

8. 空心变压器的互感线圈绕在非铁磁材料制成的芯子上，它不会产生由铁芯引起的能量损耗。对于含空心变压器的分析，可以通过初、次级等效电路进行分析。

9. $RLC$ 串联谐振电路的谐振条件是 $X_L=X_C$ 或 $\omega L=\frac{1}{\omega C}$，谐振角频率为

$$\omega_0=\frac{1}{\sqrt{LC}}\text{或}\ f_0=\frac{1}{2\pi\sqrt{LC}}$$

串联谐振电路的特征：(1)端口电压、电流同相，电路呈电阻性，$Z=R$，阻抗最小，电流最大，$I_0=U/R$。(2)电阻上的电压等于电源电压，电感和电容上的电压大小相等，相位相反，且 $U_L=U_C=QU$，电感和电容的电压可能大大超过电源电压，所以也称电压谐振。(3)谐振时，电路的总无功功率为零。电源的能量全部消耗在电阻上，电容和电感之间进行磁场能量和电场能量的转换，不与电源进行能量转换。

其特性阻抗为 $\rho=\omega_0L=\frac{1}{\omega_0C}=\sqrt{\frac{L}{C}}$

品质因数为 $Q=\frac{\rho}{R}=\frac{\omega_0L}{R}=\frac{1}{\omega_0CR}=\frac{1}{R}\sqrt{\frac{L}{C}}$

10. $RLC$ 并联谐振电路谐振条件是 $B_L=B_C$ 或 $\omega L=\frac{1}{\omega C}$，谐振角频率为

$$\omega_0=\frac{1}{\sqrt{LC}}\text{或}f_0=\frac{1}{2\pi\sqrt{LC}}$$

$RLC$ 并联谐振电路的特征：(1)端口电压、电流同相，电路呈电阻性，$Y=G$，复导纳最小，电压最大，$U_0=I_S/G$。(2)电阻中的电流等于电源电流，电感和电容中的电流大小相等，相位相反，且 $I_L=I_C=QI_S$，比总电流大许多倍，所以也称电流谐振。(3)谐振时，电路的总无功功率为零。电源的能量全部消耗在电阻上，电容和电感之间进行磁场能量和电场能量的转换，不与电源发生能量转换。

品质因数为
$$Q=\frac{\omega_0 C}{G}=\frac{1}{\omega_0 LG}=\frac{1}{G}\sqrt{\frac{C}{L}}$$

11. 实际线圈与电容并联的电路谐振条件为端口等效复阻抗虚部等于零。谐振角频率为

$$\omega_0=\sqrt{\frac{1}{LC}-\left(\frac{R}{L}\right)^2}$$

当 $R\ll\sqrt{\frac{L}{C}}$ 时，有
$$\omega_0=\frac{1}{\sqrt{LC}}$$

此电路的特点是：发生谐振时，电路的阻抗最大，整个电路等效为一个电阻，$R_0=\frac{R^2+(\omega L)^2}{R}$ 或 $R_0=\frac{L}{RC}$。电路的品质因数为

$$Q=\frac{\omega_0 C}{G}=\frac{\omega_0 C}{\frac{RC}{L}}=\frac{\omega_0 L}{R}$$

## 习题与思考题

5.1 已知两线圈的自感分别为 $L_1=5$ mH，$L_2=6$ mH，若耦合系数 $k=0.5$，求互感系数 $M$；若互感系数 $M=3$ mH，求耦合系数 $k$；若两线圈全耦合，求 $M$。

5.2 试判定图 5.24 所示(a)(b)电路中各对磁耦合线圈的同名端。

5.3 试写出图 5.25 所示(a)(b)电路中，每个互感线圈的 $u$-$i$ 关系式。

5.4 如图 5.26 所示电路，已知 $L_1=4$ mH，$L_2=9$ mH，$M=3$ mH，试分别求开关 S 打开和闭合时 $ab$ 两端的等效电感。

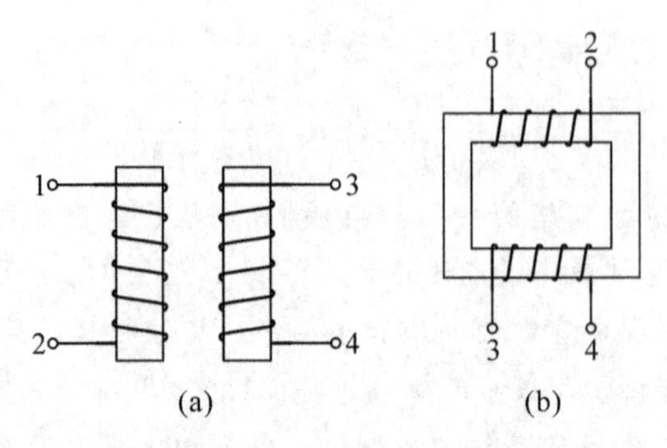


图 5.24　习题 5.2 电路

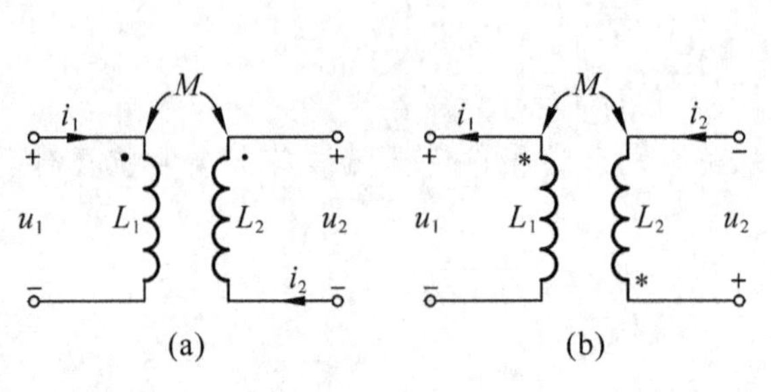


图 5.25　习题 5.3 电路

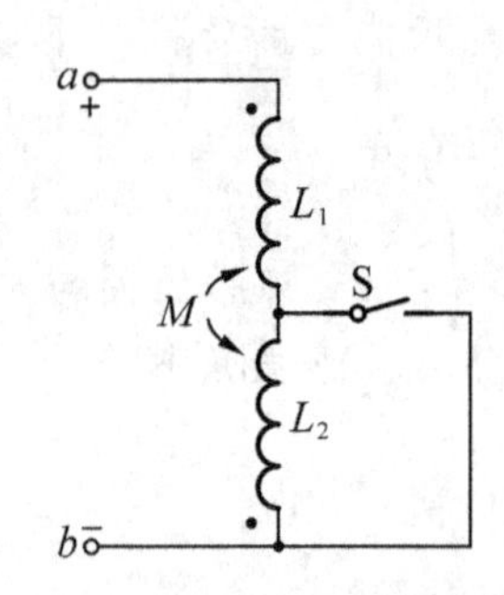


图 5.26　习题 5.4 电路

5.5　如图 5.27 所示电路，已知 $U_1=10$ V，$R_1=R_2=3\ \Omega$，$\omega L_1=\omega L_2=4\ \Omega$，$\omega M=2\ \Omega$，试求 $\dot{U}_2$。

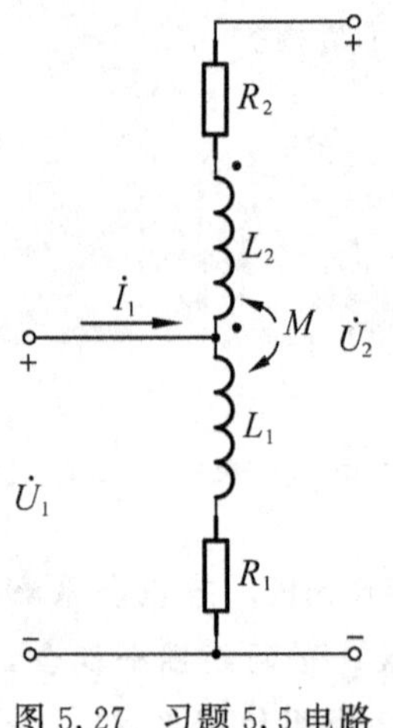


图 5.27　习题 5.5 电路

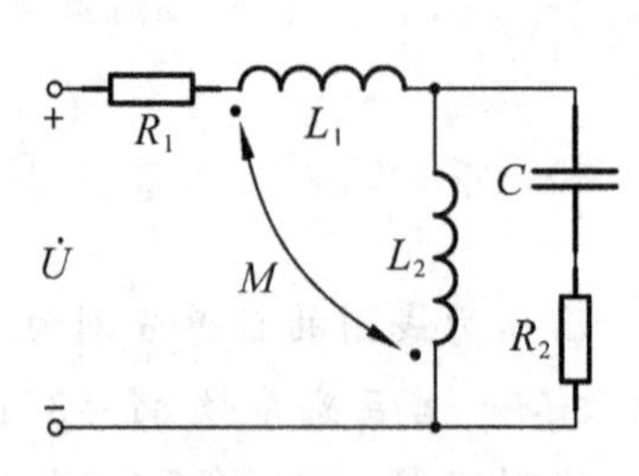


图 5.28　习题 5.6 电路

5.6　如图 5.28 所示电路，已知 $\dot{U}=200\angle 0^\circ$ V，$R_1=3\ \Omega$，$R_2=4\ \Omega$，$\omega L_1=20\ \Omega$，$\omega L_2=30\ \Omega$，$\omega M=\dfrac{1}{\omega C}=15\ \Omega$，求各支路电流。

5.7　试求图 5.29 所示空心变压器 1、2 端点间的等效阻抗。

5.8　如图 5.30 所示为测量两个线圈互感的电路，已知电流表的读数为 2 A，电压表的读数为 6.28 V，电压源的频率为 $f=500$ Hz。求两线圈的互感 $M$。

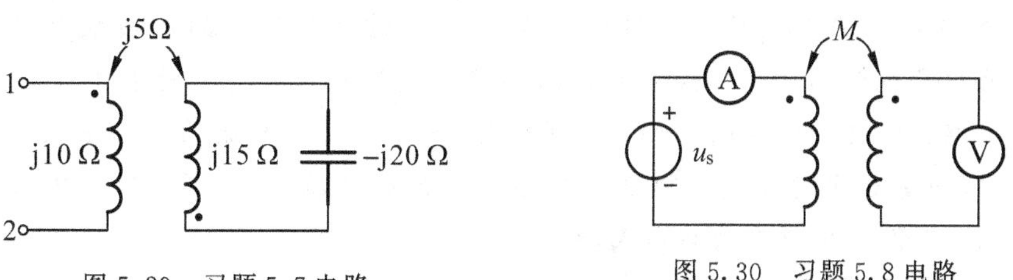


图 5.29　习题 5.7 电路　　　图 5.30　习题 5.8 电路

5.9　如图 5.31 所示电路，已知 $\omega L_1=10\ \Omega$，$\omega L_2=2\ 000\ \Omega$，$\omega=100$ rad/s，线圈的耦合系数 $k=1$，$R_1=10\ \Omega$，$\dot{U}_1=10\angle 0^\circ$ V，试求：$a$、$b$ 端的戴维南等效电路；$a$、$b$ 间的短路电流。

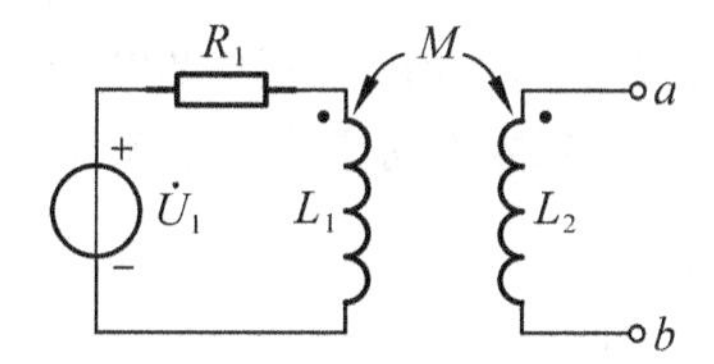


图 5.31　习题 5.9 电路

5.10　为什么把串联谐振称为电压谐振？而把并联谐振称为电流谐振？

5.11　一电感线圈与电容串联电路，已知 $L=0.2$ H，当电源频率为 50 Hz 时，电路中的电流取得最大值为 1 A，而电容上的电压为电源电压的 50 倍，求电容值、电感线圈的电阻值、该电路的特性阻抗和电容上的电压。

5.12　一个线圈与电容串联，电路发生谐振，此时线圈的电压为 $U_{RL}$，电容的电压为 $U_C$，问电源电压为多少？

5.13　图 5.32 所示电路中，$L=100$ mH，输入信号中含有 $f_0=100$ Hz，$f_1=1$ kHz，$f_2=10$ kHz 三种频率的信号，若要求滤掉频率为 $f_0$ 的信号，则电容应为多少？

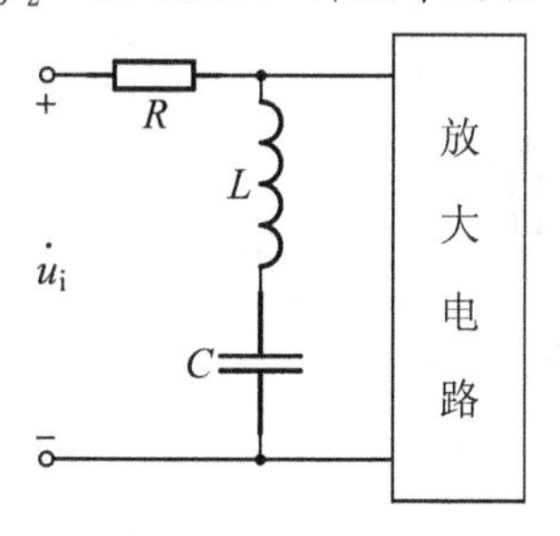


图 5.32　习题 5.13 电路

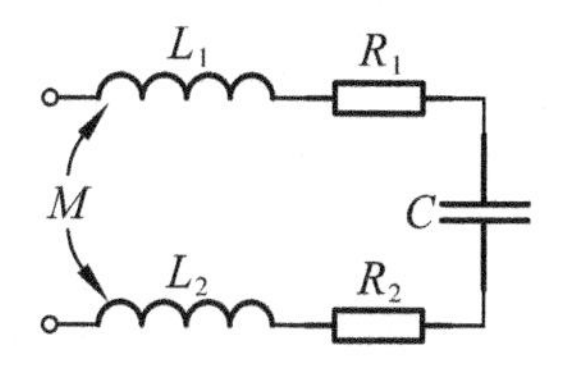


图 5.33　习题 5.14 电路

5.14　图 5.33 所示电路中，已知 $L_1=4$ mH，$L_2=6$ mH，两线圈顺向串联时的谐振频率是反向串联时谐振频率的 $\frac{1}{2}$，求互感 $M$。

5.15　如图 5.20(b)所示的收音机接收电路，已知线圈电阻 $R=40\ \Omega$，$L=500\ \mu\text{H}$，求当 $C=26.37\ \text{pF}$ 时，可收到哪个台的信号？此时品质因数是多少？若各种频率的信号电压均为 $10\ \mu\text{V}$，问谐振回路的电流及电容电压是多少？

5.16　在图 5.21 所示的 $RLC$ 并联电路中，电流源电流为 100 mA，频率为 50 Hz，调节电容使电路中的端电压达到最大，此时电压为 40 V，电容电流为 4 A，试求 $G$、$L$、$C$ 的值及回路的品质因数。

5.17　电感线圈在高频时需要考虑匝间分布电容 $C_g$，其等效电路如图 5.34 所示，现在为了测量电感 $L$ 和匝间电容 $C_g$，用一电容 $C_1$ 与线圈并联，当 $C_1=10\ \text{pF}$ 时，谐振频率 $f_0=6\ \text{MHz}$，而当 $C_1=20\ \text{pF}$ 时，$f_0=5\ \text{MHz}$，求 $L$ 和 $C_g$。

5.18　图 5.35 所示为一自动控制装置，采用 $LC$ 并联谐振电路。当人靠近天线时，相当于在回路两端并联了电容(人体与大地的分布电容)，减小了回路的谐振频率，控制装置工作。已知：$L=0.4\ \text{mH}$，$C=200\ \text{pF}$，如果当人走近后回路的谐振频率为 300 kHz，求回路两端并联的电容 $C_1$ 为多少？

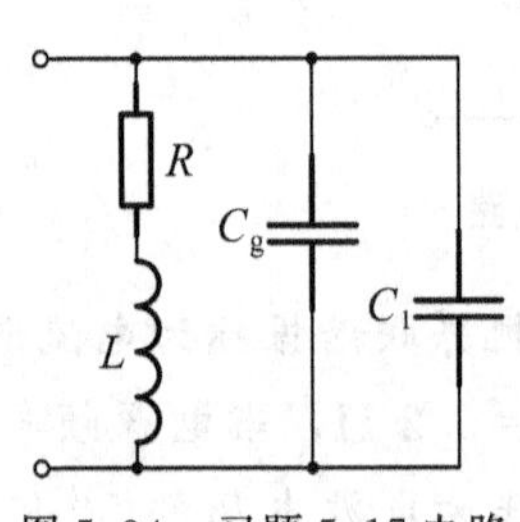


图 5.34　习题 5.17 电路

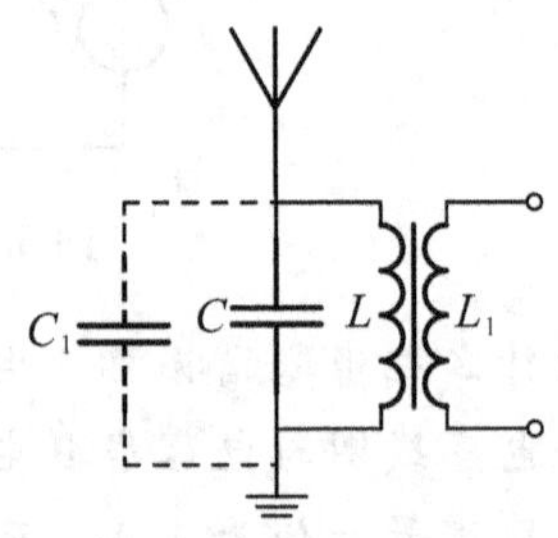


图 5.35　习题 5.18 电路

5.19　某收音机的中放级电路采用实际电感与电容并联谐振电路，其谐振频率为 465 kHz，电容 $C$ 为 $0.001\ \mu\text{F}$，品质因数 $Q=100$，求电感参数 $L$、$R$ 及电路的阻抗。

5.20　现有 $RLC$ 串联电路已达到谐振状态，若将电阻 $R_1$ 并联在电容两端，如图 5.36 所示，问电路的工作状态是否改变？并求此时的谐振频率。

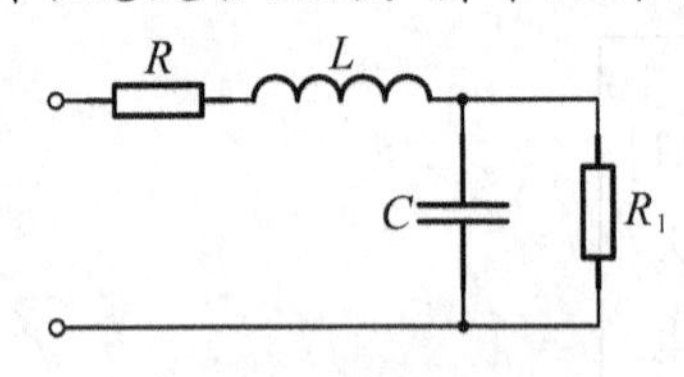


图 5.36　习题 5.20 电路

思政元素进课堂-中国科学家介绍-胡光镇

# 第6章 三相电路

三相电路

**主要内容**

1. 三相电源、三相负载及其连接。
2. 相电压(电流)与线电压(电流)之间的关系。
3. 对称三相电路、不对称三相电路的特点及其分析计算。
4. 三相电路的功率。

目前，国内外的电力系统普遍采用三相制供电方式，所谓三相制，就是由三个频率相同、波形相同但变动进程不同的交流电源组成的三相供电系统。工业用的交流发电机大都是三相交流发电机。生活中使用的单相交流电源只是三相制中的一相。三相制在国民经济中得到广泛的应用是因为三相制比单相制在发电、输电和用电等方面具有明显的优点。例如：

(1)在发电机尺寸相同的情况下，三相发电机比单相发电机输出的功率高50%左右。

(2)在输电距离、输电电压、输送功率和线路损耗相同的条件下，三相输电比单相输电可节省25%的有色金属。

(3)单相电路的瞬时功率随时间交变，而对称三相电路的瞬时功率是恒定的，这使得三相发电机具有恒定转矩，比单相发电机结构简单、运行可靠、维护方便。

## 6.1 对称三相正弦量

频率相同、有效值相等并且相位依次互差120°的三个正弦量称为对称三相正弦量。三相正弦电压通常都是由三相交流发电机产生的。三相发电机的定子安装有三个完全相同的线圈，分别用AX、BY和CZ标注，其中A、B、C是线圈的始端，X、Y、Z是线圈的末端，三个线圈在空间位置上彼此相隔120°，当转子以均匀角速度$\omega$旋转时，在三个线圈中将产生感应电动势，设三个线圈电动势的参考方向为由线圈的末端指向始端，那么，这三个电动势用三个电压源表示，如图6.1所示。由于结构上采取的措施，一般发电机产生

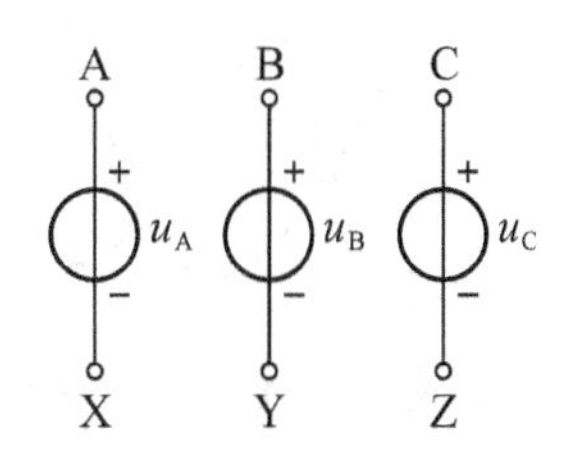

图6.1 三相电源的电路符号

的三相电动势以及三相电压总是近乎对称的，而且也尽量做到是正弦的，即它们是频率相同、有效值相等并且相位互差120°的三相正弦量。

设 $u_A$ 为参考正弦量，则对称三相正弦电压的瞬时值表达式为

$$\begin{cases} u_A=\sqrt{2}U\sin(\omega t) \\ u_B=\sqrt{2}U\sin(\omega t-120°) \\ u_C=\sqrt{2}U\sin(\omega t-240°) \\ \quad=\sqrt{2}U\sin(\omega t+120°) \end{cases} \tag{6-1}$$

相量表达式为

$$\begin{cases} \dot{U}_A=U\angle 0° \\ \dot{U}_B=U\angle -120°=a^2\dot{U}_A \\ \dot{U}_C=U\angle 120°=a\dot{U}_A \end{cases} \tag{6-2}$$

式中，$a=1\angle 120°=-\frac{1}{2}+\mathrm{j}\frac{\sqrt{3}}{2}$，称为120°的旋转因子，将它乘某个相量，相当于把这个相量逆时针旋转120°，并且有 $a^2=1\angle 240°=1\angle -120°=-\frac{1}{2}-\mathrm{j}\frac{\sqrt{3}}{2}$。

由于
$$1+a+a^2=0$$
所以，对称三相正弦电压满足

$$\begin{cases} u_A+u_B+u_C=0 \\ \dot{U}_A+\dot{U}_B+\dot{U}_C=0 \end{cases} \tag{6-3}$$

即对称三相正弦电压的瞬时值或相量之和恒等于零。

对称三相正弦电压的波形图和相量图分别如图6.2、图6.3所示。

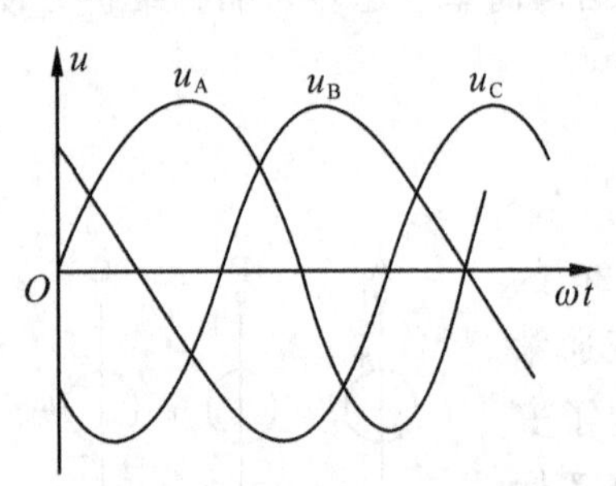


图6.2　对称三相电源的波形图

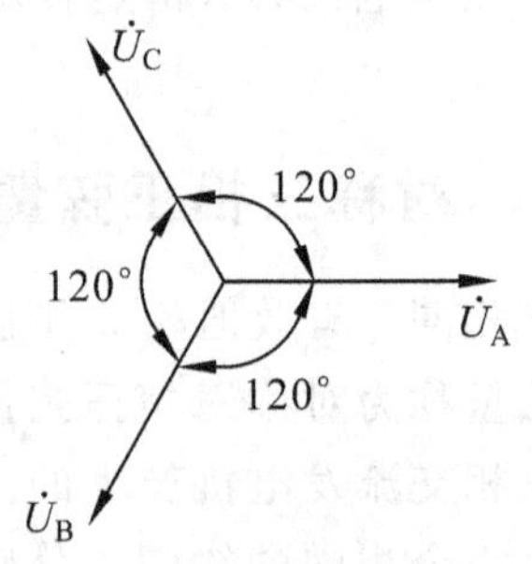


图6.3　对称三相电源的相量图

三相电源中每相电压依次达到同一值的先后次序称为三相电源的相序，上式表示的电源相序为A-B-C，即B相滞后于A相，C相滞后于B相，称为正序。反之，C-B-A的相序称为负序。无特别说明时，三相电源均指正序对称三相电源。三相电源中的A相可以任意指定，但是A相一经确定，比A相滞后120°的就是B相，比

B 相滞后 120°的就是 C 相。工业上通常在交流发电机引出线及配电装置的三相母线上涂以黄、绿、红三色表示 A、B、C 三相。

## 6.2 三相电源和三相负载的连接

### 6.2.1 三相电源的连接

三相电源的基本连接方式有星形(Y 形)和三角形(△形)两种。

1. 三相电源的星形连接

将三个电源的负极性端连接在一起，形成一个节点 N，称为中性点，由三个正极性端 A、B、C 分别引出三根输出线，称为端线(俗称火线)，这样的连接方式称为星形(Y 形)连接，如图 6.4 所示。中点也可以引出一根线，称为中线，当中点接地时，中线又称为地线或零线。三相系统中有中线时称为三相四线制电路，无中线时称为三相三线制电路。

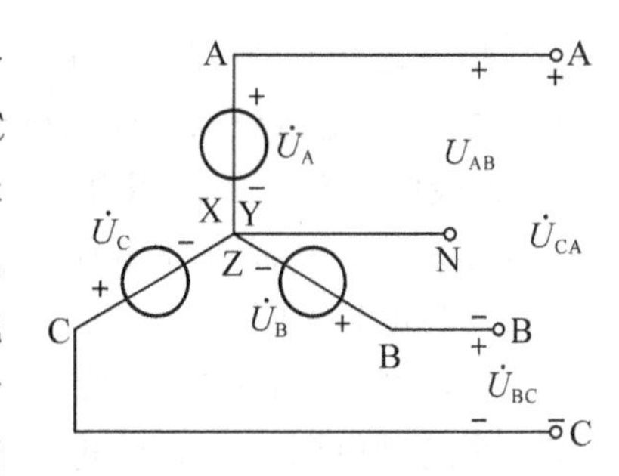


图 6.4　对称三相电源的星形连接

在星形(Y 形)连接的电源中，端线和中点之间的电压称为相电压，分别用 $\dot{U}_{AN}$、$\dot{U}_{BN}$、$\dot{U}_{CN}$ 表示三相相电压，双下标表示电压的参考方向，即从端线指向中点。

端线之间的电压称为线电压，参考方向也用双下标表示，如线电压 $\dot{U}_{AB}$ 表示参考方向从端线 A 指向端线 B。

由图 6.4 可见

$$\begin{cases}\dot{U}_{AN}=\dot{U}_A\\ \dot{U}_{BN}=\dot{U}_B\\ \dot{U}_{CN}=\dot{U}_C\end{cases} \tag{6-4}$$

根据 KVL，线电压和相电压之间有如下关系

$$\begin{cases}\dot{U}_{AB}=\dot{U}_A-\dot{U}_B\\ \dot{U}_{BC}=\dot{U}_B-\dot{U}_C\\ \dot{U}_{CA}=\dot{U}_C-\dot{U}_A\end{cases} \tag{6-5}$$

对称的三相电源中，设 $\dot{U}_A=U_P\underline{/0^\circ}$，那么 $\dot{U}_B=U_P\underline{/-120^\circ}$，$\dot{U}_C=U_P\underline{/120^\circ}$(下标 P 表示相)。画出相量图如图 6.5 所示，由相量图可得

$$\begin{cases}\dot{U}_{AB}=U_P\underline{/0^\circ}-U_P\underline{/-120^\circ}=\sqrt{3}U_P\underline{/30^\circ}\\ \dot{U}_{BC}=U_P\underline{/-120^\circ}-U_P\underline{/120^\circ}=\sqrt{3}U_P\underline{/-90^\circ}\\ \dot{U}_{CA}=U_P\underline{/120^\circ}-U_P\underline{/0^\circ}=\sqrt{3}U_P\underline{/150^\circ}\end{cases} \tag{6-6}$$

上式也可写成

$$\begin{cases}\dot{U}_{AB}=\sqrt{3}\dot{U}_{A}\angle 30^\circ\\ \dot{U}_{BC}=\sqrt{3}\dot{U}_{B}\angle 30^\circ\\ \dot{U}_{CA}=\sqrt{3}\dot{U}_{C}\angle 30^\circ\end{cases}\tag{6-7}$$

由上述结果可以得出如下结论：对称三相电源星形连接时，线电压的有效值是相电压有效值的$\sqrt{3}$倍，记作$U_1=\sqrt{3}U_P$（下标1表示线），线电压超前对应相电压30°（如线电压$\dot{U}_{AB}$超前相电压$\dot{U}_A$的角度为30°）。而各线电压之间的相位差也是120°。

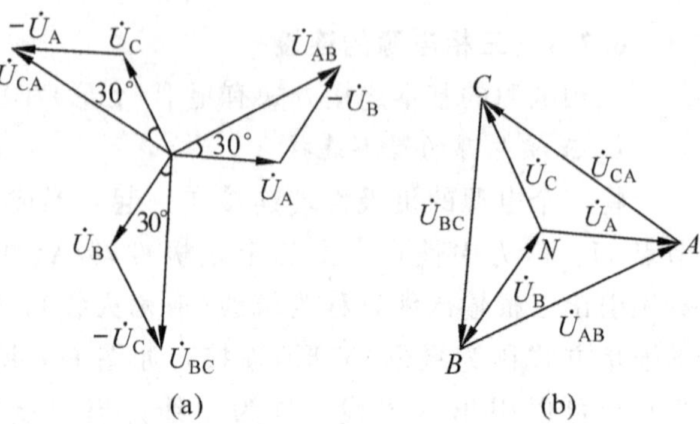


图 6.5　三相电源的星形连接相量图

流过端线的电流称为线电流，而流过电源每一相的电流称为相电流。显然，三相电源做星形连接时，每相的线电流等于相电流。

2. 三相电源的三角形连接

将三相电源的三个电压源正、负极依次连接，即X与B、Y与C、Z与A分别相连接，然后从三个连接点引出三根端线，这就是三相电源的三角形（△形）连接，如图6.6所示。

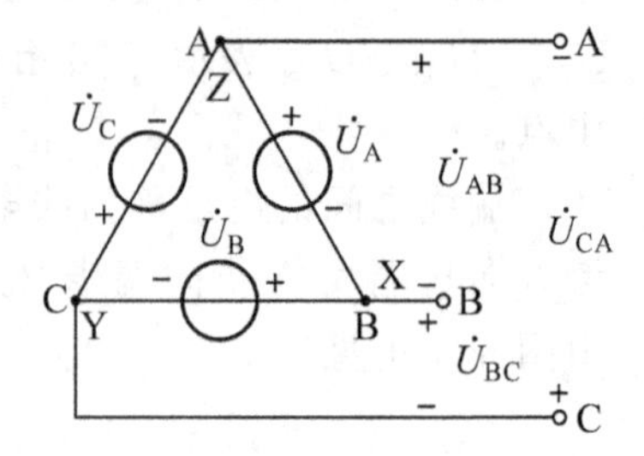


图 6.6　三相电源的三角形连接

从图中可以看出三相电源三角形连接时，线电压等于对应的相电压，即

$$\begin{cases}\dot{U}_{AB}=\dot{U}_{A}\\ \dot{U}_{BC}=\dot{U}_{B}\\ \dot{U}_{CA}=\dot{U}_{C}\end{cases}\tag{6-8}$$

线电压与相电压的有效值相等，即$U_1=U_p$。

三相电源做三角形连接时，三个电压源形成一个闭合回路，只要连接正确，由于有$\dot{U}_A+\dot{U}_B+\dot{U}_C=0$，所以闭合回路中不会产生环流。如果某一相接反了，如$C$相接反，那么$\dot{U}_A+\dot{U}_B+(-\dot{U}_C)=-2\dot{U}_C\neq 0$，而三相电源的内阻抗很小，在回路内将会产生很大的环流而烧毁电源设备。为了避免这种现象发生，可在连接电源时串联一只电压表，根据该表的读数来判断三相电源连接是否正确。

### 6.2.2　三相负载的连接

当三个相的负载都具有相同的参数时，三相负载称为对称三相负载。三相负载的连接也有星形和三角形两种。

### 1. 三相负载的星形连接

如图 6.7 所示，三相负载 $Z_A$、$Z_B$、$Z_C$ 的连接方式就是星形连接，图中 N′点是负载的中点，从 A′、B′、C′引出三根端线与三相电源相连，此时电路为三相三线制。在负载中点 N′与电源中点 N 相连中线，则此时电路称为三相四线制。

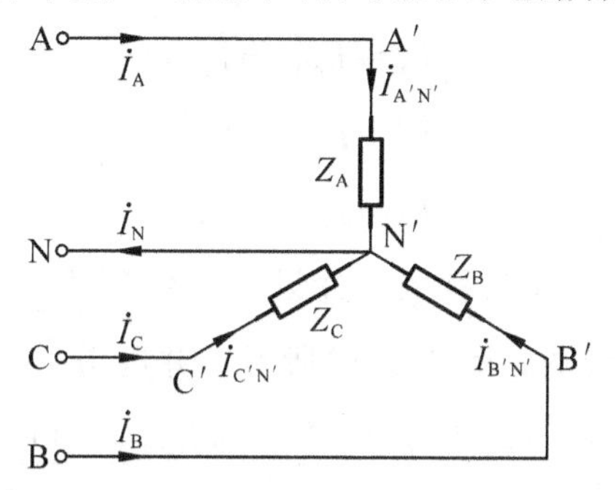

图 6.7 三相负载的星形连接

三相负载星形连接时，流经各负载的电流称为相电流，分别用 $\dot{I}_{A'N'}$、$\dot{I}_{B'N'}$、$\dot{I}_{C'N'}$表示；流经端线的电流称为线电流，分别用 $\dot{I}_A$、$\dot{I}_B$、$\dot{I}_C$ 表示，中线电流用 $\dot{I}_N$ 表示，参考方向如图 6.7 所示，从图中可见，三相负载星形连接时，每相的线电流等于相电流，即$\dot{I}_A=\dot{I}_{A'N'}$，$\dot{I}_B=\dot{I}_{B'N'}$，$\dot{I}_C=\dot{I}_{C'N'}$。中线电流 $\dot{I}_N$ 为

$$\dot{I}_N=\dot{I}_A+\dot{I}_B+\dot{I}_C \tag{6-9}$$

若线电流 $\dot{I}_A$、$\dot{I}_B$、$\dot{I}_C$ 为一组对称三相正弦量，则

$$\dot{I}_N=0 \tag{6-10}$$

这种情况下即使将中线去掉，电路也不会受到任何影响。

对称三相负载星形连接时，相电压、线电压的关系与对称三相电源星形连接时相同。

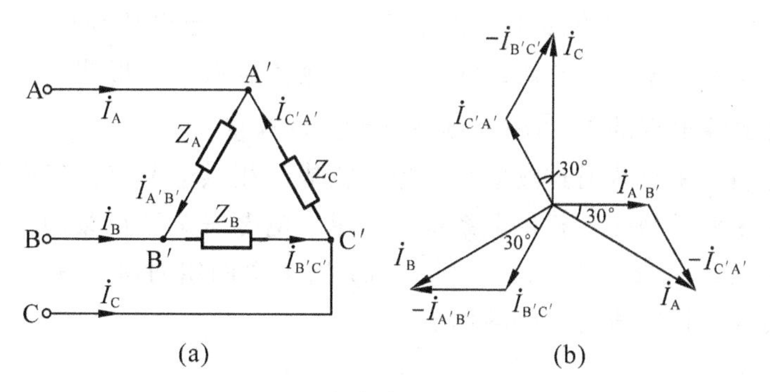

图 6.8 三相负载的三角形连接

### 2. 三相负载的三角形连接

将三相负载 $Z_A$、$Z_B$、$Z_C$ 连接成三角形后，将连接点与电源相连接，图 6.8(a)

所示为负载的三角形连接。

从图中可以看出，每相负载的相电压等于线电压。

每相负载流过的电流为相电流，分别用 $\dot{I}_{A'B'}$、$\dot{I}_{B'C'}$、$\dot{I}_{C'A'}$ 表示，线电流为 $\dot{I}_A$、$\dot{I}_B$、$\dot{I}_C$。在图 6.8(a)所示的参考方向下，根据 KCL 有

$$\begin{cases}\dot{I}_A=\dot{I}_{A'B'}-\dot{I}_{C'A'}\\ \dot{I}_B=\dot{I}_{B'C'}-\dot{I}_{A'B'}\\ \dot{I}_C=\dot{I}_{C'A'}-\dot{I}_{B'C'}\end{cases}\tag{6-11}$$

如果三相负载的相电流是对称的，并设 $\dot{I}_{A'B'}=I_P\underline{/0^\circ}$，那么 $\dot{I}_{B'C'}=I_P\underline{/-120^\circ}$，$\dot{I}_{C'A'}=I_P\underline{/120^\circ}$，可画相量图如图 6.8(b)所示，并可得

$$\begin{cases}\dot{I}_A=\sqrt{3}I_P\underline{/-30^\circ}=\sqrt{3}\dot{I}_{A'B'}\underline{/-30^\circ}\\ \dot{I}_B=\sqrt{3}I_P\underline{/-150^\circ}=\sqrt{3}\dot{I}_{B'C'}\underline{/-30^\circ}\\ \dot{I}_C=\sqrt{3}I_P\underline{/90^\circ}=\sqrt{3}\dot{I}_{C'A'}\underline{/-30^\circ}\end{cases}\tag{6-12}$$

上式说明三角形连接时，如果相电流是一组对称的三相电流，那么线电流也是一组对称三相电流，且线电流有效值是相电流有效值的$\sqrt{3}$倍，记为

$$I_l=\sqrt{3}I_P\tag{6-13}$$

并且线电流相位滞后于相应相电流相位 30°，例如：线电流 $\dot{I}_A$ 的相位滞后相电流 $\dot{I}_{A'B'}$ 的相位 30°。

应予指出，负载作三角形连接时，不论三相是否对称，总有三个线电流相量(或瞬时值)和恒等于零，即

$$\dot{I}_A+\dot{I}_B+\dot{I}_C=0$$

每相负载的相电压与线电压相等。

三相负载作什么样的连接必须根据每相负载的额定电压和电源线电压关系而定。当负载的额定电压等于电源的线电压时，则负载做三角形连接；当负载的额定电压等于电源的线电压的 $1/\sqrt{3}$ 时，则负载做星形连接。

三相电源和三相负载通过输电线相连，构成三相供电系统。工程上根据实际需要，可以构成多种类型的三相供电系统，如星形电源一星形负载的供电电路，简称 Y-Y；还有 Y-△、△-Y、△-△等。图 6.9 示出了由两组对称三相负载及一组不对称负载同时接入三相四线制电路的例子。

## 6.3 对称三相电路的计算

三相电路实际上是复杂的正弦交流电路，在单相电路里讨论过的交流电路的分析方法完全适用于三相电路。对称的三相电路有其自身的特点，掌握这些特点，可

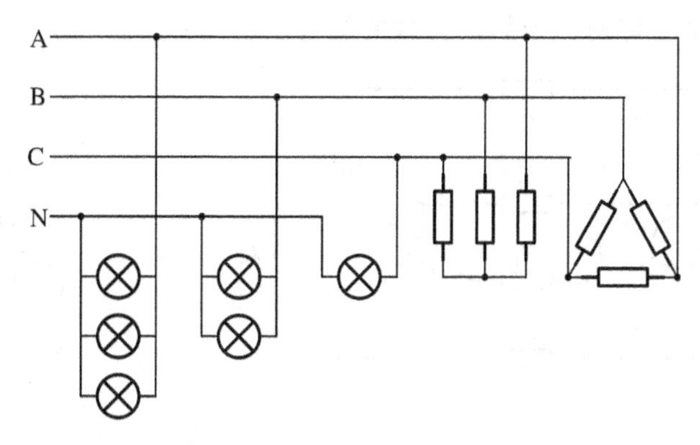


图 6.9　三相四线制电路实例

以简化对它的分析计算。

对称三相电路就是以一组(或多组)对称三相电源通过对称的传输线接到一组(或多组)对称三相负载组成的三相电路。

下面以图 6.10(a)为例讨论对称三相电路的特点。图中 $Z_1$ 为端线阻抗，$Z_N$ 为中线阻抗，三相负载 $Z_A=Z_B=Z_C=Z$。电路中 $N$、$N'$ 分别为电源和负载的中点，其电压 $\dot{U}_{N'N}$ 称为中点电压。这就是一个具有两个节点的复杂电路，应用节点电压法有

$$\dot{U}_{N'N}=\frac{\frac{1}{Z_1+Z}(\dot{U}_A+\dot{U}_B+\dot{U}_C)}{\frac{3}{Z_1+Z}+\frac{1}{Z_N}}$$

因为 $\dot{U}_A+\dot{U}_B+\dot{U}_C=0$，所以 $\dot{U}_{N'N}=0$，即 $N'$ 与 $N$ 点等电位。因此，各相电流(亦线电流)分别为

$$\dot{I}_A=\frac{\dot{U}_A-\dot{U}_{N'N}}{Z_1+Z}=\frac{\dot{U}_A}{Z_1+Z}$$

$$\dot{I}_B=\frac{\dot{U}_B-\dot{U}_{N'N}}{Z_1+Z}=\frac{\dot{U}_B}{Z_1+Z}=a^2\dot{I}_A$$

$$\dot{I}_C=\frac{\dot{U}_C-\dot{U}_{N'N}}{Z_1+Z}=\frac{\dot{U}_C}{Z_1+Z}=a\dot{I}_A$$

可见，各相电流是对称的。中线电流 $\dot{I}_N$ 等于零，即

$$\dot{I}_N=\dot{I}_A+\dot{I}_B+\dot{I}_C=0$$

各相负载的相电压为

$$\dot{U}_{A'N'}=Z\dot{I}_A$$

$$\dot{U}_{B'N'}=Z\dot{I}_B=a^2\dot{U}_{A'N'}$$

$$\dot{U}_{C'N'}=Z\dot{I}_C=a\dot{U}_{A'N'}$$

负载的相电压也是对称的。当然，负载的线电压也对称。

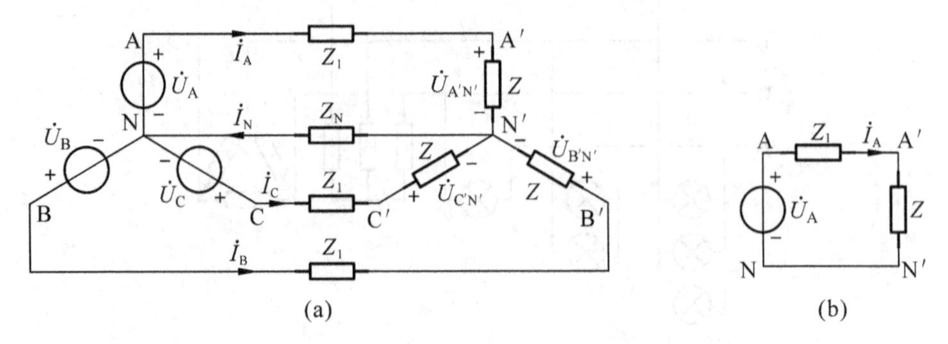


图 6.10　对称 Y-Y 三相电路及其 A 相电路图

由以上分析可知，对称 Y-Y 连接的三相电路中，各相负载的电压和电流由该相的电源及阻抗决定，而与其他两相没有关系，各相具有独立性，并且各相的电压、电流都是和电源同相序的对称三相正弦量。中点间电压 $\dot{U}_{N'N}=0$，中线电流 $\dot{I}_N=0$，也就是说，在这样的电路中，不论中线的阻抗是多少，中点电压等于零，中线电流等于零，中线的有无不影响电路工作状态。

对称星形连接的电路具有以上的特点，所以在对它进行分析计算时，不论电路中是否存在中线，也不论中线的阻抗 $Z_N$ 为何值，总可以用阻抗为零的中线代替，计算其中一相电路的电流或电压，然后根据电路的对称性直接写出另外两相的电流或电压。

当负载为三角形连接时，可以先将负载的三角形等效变换为星形，然后画出一相计算电路，求出线电流再返回到三角形连接的原电路，求出相电压和相电流。

综上所述，所有的对称电路都可以转化为 Y-Y 电路来计算，然后归结为对一相电路的计算。必须注意，在对一相电路进行计算时，电源电压是星形连接电源的相电压，而且中线阻抗必须被视为零。

**例 6.1**　如图 6.11(a)所示电路为三相对称电源供电给两组对称负载，三角形连接负载每相阻抗为 $Z_1=38.1\angle 28.36°\ \Omega$，星形连接负载每相阻抗为 $Z_2=(30+j40)\Omega$，接于线电压为 380 V 的端线上，线路阻抗为 $Z_l=(1+j2)\Omega$，试求各负载的相电流、线电流和三相电源的线电压。

解：把三角形连接负载等效变换为星形连接负载，如图 6.11(b)所示，其中

$$Z_1'=\frac{Z_1}{3}=\frac{38.1\angle 28.36°}{3}\approx 12.7\angle 28.36°\ (\Omega)$$

用虚设的阻抗为零的中线连接负载与电源的中点，画出等效的 A 相电路，如图 6.11(c)所示。

设 $\dot{U}_{A'N'}=\dfrac{\dot{U}_{A'B'}}{\sqrt{3}}\angle 0°=\dfrac{380}{\sqrt{3}}\angle 0°\approx 220\angle 0°\ (\text{V})$

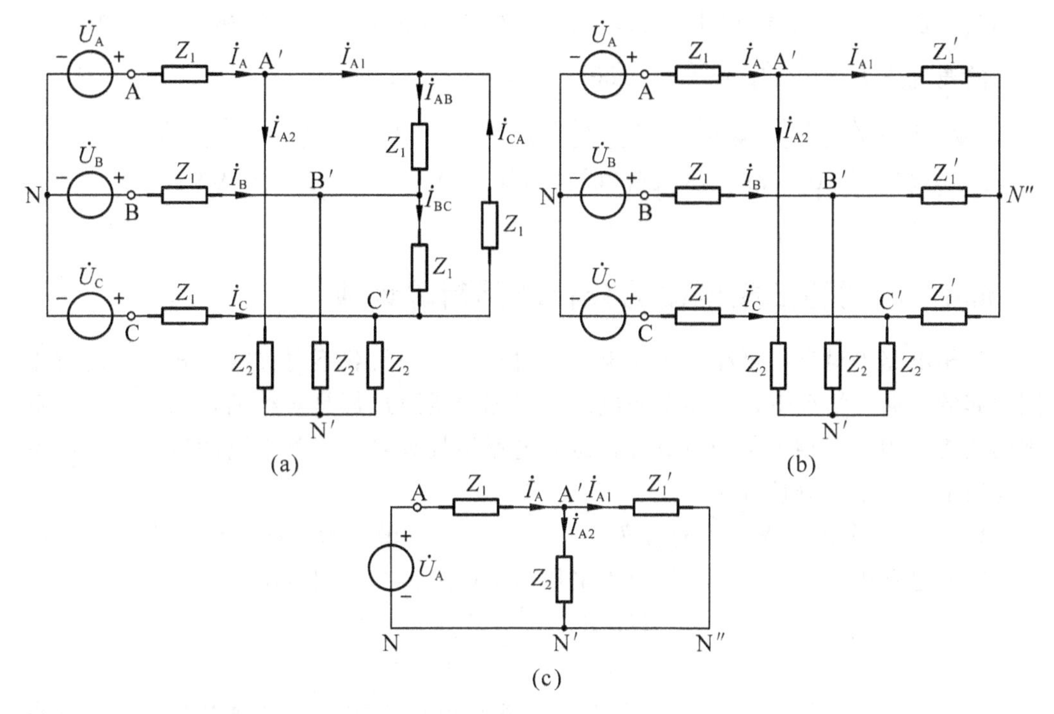


图 6.11　例 6.1 电路

则

$$\dot{I}_A=\frac{\dot{U}_{A'N'}}{\dfrac{Z_1'Z_2}{Z_1+Z_2}}=\frac{220\angle 0^\circ}{\dfrac{12.7\angle 28.36^\circ\times(30+j40)}{12.7\angle 28.36^\circ+30+j40}}\approx 21.4\angle -33.3^\circ(A)$$

$$\dot{I}_{A1}=\frac{Z_2}{Z_1'+Z_2}\dot{I}_A=\frac{30+j40}{12.7\angle 28.36^\circ+30+j40}\times 21.4\angle -33.3^\circ\approx 17.33\angle -28.38^\circ(A)$$

$$\dot{I}_{A2}=\frac{Z_1'}{Z_1'+Z_2}\dot{I}_A=\frac{12.7\angle 28.36^\circ}{12.7\angle 28.36^\circ+30+j40}\times 21.4\angle -33.3^\circ\approx 4.4\angle -53.12^\circ(A)$$

$Z_1$ 的相电流为

$$\dot{I}_{AB}=\frac{1}{\sqrt{3}}\dot{I}_{A1}\angle 30^\circ=\frac{1}{\sqrt{3}}\times 17.33\angle -28.38^\circ\times\angle 30^\circ\approx 10\angle 1.62^\circ(A)$$

其他各相电流、线电流可按对称类推如下：

$$\dot{I}_{B2}=4.4\angle -173.12^\circ\ A\qquad \dot{I}_{C2}=4.4\angle 66.88^\circ\ A$$

$$\dot{I}_{BC}=10\angle 118.38^\circ\ A\qquad \dot{I}_{CA}=10\angle 121.62^\circ\ A$$

$$\dot{I}_B=21.4\angle -153.3^\circ\ A\qquad \dot{I}_C=21.4\angle 86.7^\circ\ A$$

电源的相电压为

$$\dot{U}_A = Z_1\dot{I}_A + \dot{U}_{A'N'} = [(1+j2)\times 21.4\angle{-33.3^\circ} + 220\angle{0^\circ}] = 262.56\angle{5.26^\circ}\,(\text{V})$$

电源的线电压为 $\dot{U}_{AB} = \sqrt{3}\dot{U}_A\angle{30^\circ} = 454.76\angle{35.26^\circ}\,(\text{V})$

$$\dot{U}_{BC} = \dot{U}_{AB}\angle{-120^\circ} = 454.76\angle{35.26^\circ}\times\angle{-120^\circ} = 454.76\angle{-84.74^\circ}\,(\text{V})$$

$$\dot{U}_{CA} = \dot{U}_{AB}\angle{120^\circ} = 454.76\angle{35.26^\circ}\times\angle{120^\circ} = 454.76\angle{155.26^\circ}\,(\text{V})$$

## 6.4 不对称三相电路的分析及其简单计算

三相电路不对称，可能是三相电压不对称、三相负载不对称或三相线路阻抗不同引起的。通常情况下，三相电源电压和三相端线阻抗都是对称的，三相电路不对称的主要原因是三相负载的不对称，这时电路不具有对称三相电路的特点，因此不能应用上节介绍的分析方法。

如图 6.12 所示电路，不对称负载 $Z_A$、$Z_B$、$Z_C$ 做星形连接，当图中开关 S 打开时，即电路中没有中线。应用节点电压法可以求得中点间电压为

$$\dot{U}_{N'N} = \frac{\dot{U}_A/Z_A + \dot{U}_B/Z_A + \dot{U}_C/Z_C}{1/Z_A + 1/Z_B + 1/Z_C}$$

由于负载不对称，$\dot{U}_{N'N} \neq 0$，即 N、N′两点电位不相等，这种现象称为中性点位移。这样，各相负载的电压为

$$\dot{U}_{A'N'} = \dot{U}_A - \dot{U}_{N'N}$$
$$\dot{U}_{B'N'} = \dot{U}_B - \dot{U}_{N'N}$$
$$\dot{U}_{C'N'} = \dot{U}_C - \dot{U}_{N'N}$$

从图 6.13 的相量图可以看出，中性点位移，造成负载相电压不对称，某些相的电压过低，而某些相的电压过高，使负载不能正常工作，甚至被损坏。另外，由于中点间电压的值和负载有关系，所以，各相的工作状况相互关联，在工作中，一相负载发生变化，则会影响另外两相的工作。

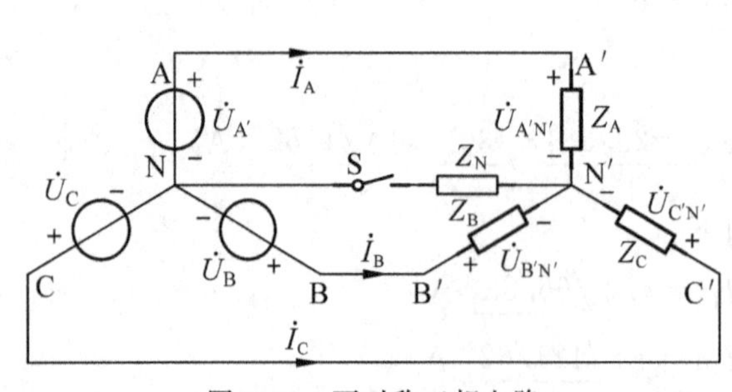


图 6.12 不对称三相电路

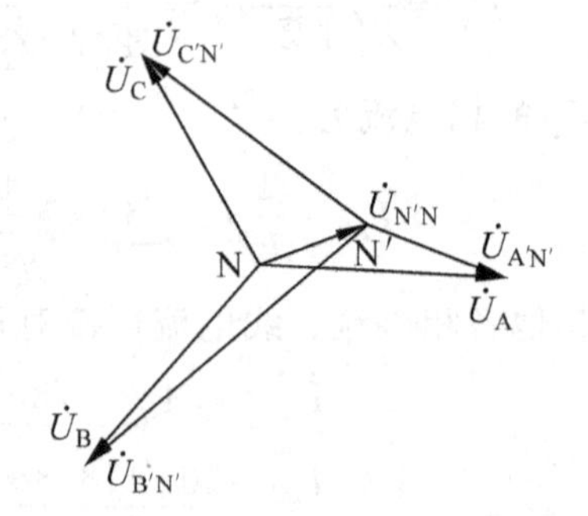


图 6.13 负载中点位移时的相量图

若在图 6.12 所示电路中闭合开关 S，即不对称电路接中线，并设 $Z_N \approx 0$，则

N、N′两点等电位，$\dot{U}_{N'N}=0$。在这种情况下，即使负载不对称，电路也不发生中性点位移。负载的工作状态只决定于本相电源和负载，因此各相是独立的，互不影响。可见，对于不对称星形负载的三相电路，中线的存在是非常重要的，必须采用带中性线的三相四线制供电，它可以保证负载电压的对称，使各用电器都能正常工作，而且互不影响，防止发生事故，保障人民生命财产安全。若无中性线，可能使某一相电压过低，该相用电设备不能正常工作，某一相电压过高，烧毁该相用电设备，甚至引发火灾，危及人民生命财产安全。实际工程中，要求中线要可靠地接入电路，中线要有足够的机械强度，阻抗要小，并且在中线上不允许接入熔断器和开关。

**例 6.2** 图 6.14(a)所示电路是用来测定三相电源相序的仪器，称为相序指示器。任意指定电源的一相为 A 相，把电容 C 接到 A 相上，两只白炽灯分别接在另外两相上，设 $R=\dfrac{1}{\omega C}$，试说明如何根据两灯泡的亮度来确定 B、C 相。

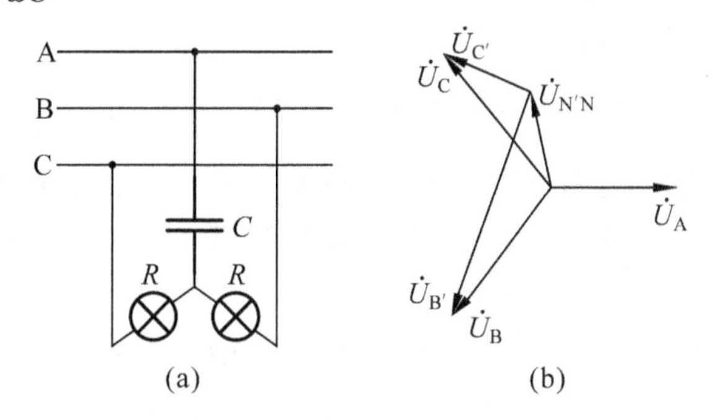


图 6.14　测量三相电源相序的原理电路及其相量图

解：这是一个不对称星形连接电路，把电源看成星形连接，并设 $\dot{U}_A=U\angle 0^\circ$ V，则中点电压为

$$\dot{U}_{N'N}=\frac{\dot{U}_A \mathrm{j}\omega C+\dot{U}_B G+\dot{U}_C G}{\mathrm{j}\omega C+2G}$$

式中，$G=\dfrac{1}{R}$。又因 $R=\dfrac{1}{\omega C}$，所以 $G=\omega C$，代入上式可得

$$\dot{U}_{N'N}=\frac{\mathrm{j}U\angle 0^\circ+U\angle -120^\circ+U\angle 120^\circ}{2+\mathrm{j}}\approx 0.63U\angle 108^\circ$$

B 相灯泡承受的电压为

$$\dot{U}_{B'N'}=\dot{U}_B-\dot{U}_{N'N}=U\angle -120^\circ-0.63U\angle 108^\circ\approx 1.5U\angle -102^\circ$$

经类似的计算可得 C 相灯泡承受的电压为

$$\dot{U}_{C'N'}=\dot{U}_C-\dot{U}_{N'N}=U\angle 120^\circ-0.63\angle 108^\circ\approx 0.4U\angle 138.4^\circ$$

所以

$$U_{B'N'}=1.5U$$

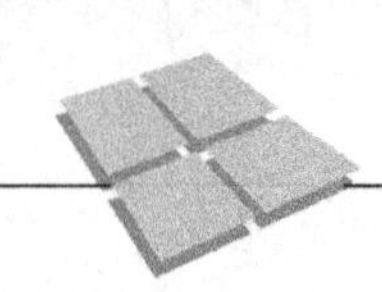

$$U_{C'N'}=0.4U$$

从计算结果可见$U_{B'N'}>U_{C'N'}$，从而可知较亮的灯泡接的是B相，当然，较暗的灯泡接的是C相。$U_{B'N'}$和$U_{C'N'}$的大小也可以从图6.14(b)相量图中看出。

**例6.3** 分析对称星形连接负载(无中线)电路中，在A相负载短路和断路时各相电压的变化情况。

解：由于有一相短路或断路，原对称三相电路变为不对称三相电路。

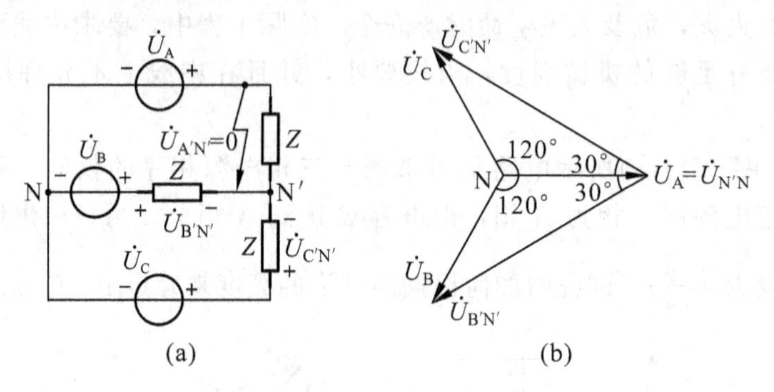


图6.15 例6.3电路及其相量图

(1)A相短路。这时电路如图6.15(a)所示，从图中可见负载中性点N′直接与电源$\dot{U}_A$的正极相连，有$\dot{U}_{N'N}=\dot{U}_A$，画相量图6.15(b)。各相负载的电压分别为

$$\dot{U}_{A'N'}=\dot{U}_A-\dot{U}_{N'N}=0$$

$$\dot{U}_{B'N'}=\dot{U}_B-\dot{U}_{N'N}=\dot{U}_B-\dot{U}_A=\dot{U}_{BA}=\sqrt{3}U_P\angle{-150^\circ}$$

$$\dot{U}_{C'N'}=\dot{U}_C-\dot{U}_{N'N}=\dot{U}_C-\dot{U}_A=\dot{U}_{CA}=\sqrt{3}U_P\angle{150^\circ}$$

即A相负载电压为零，B、C相负载电压升高到正常电压的$\sqrt{3}$倍，也就是由相电压上升到线电压。

(2)A相断路，电路如图6.16(a)所示。从图中可见，此时B、C两相负载为串联并处于线电压$\dot{U}_{BC}$作用下，各相电压为

$$\dot{U}_{B'N'}=\frac{\dot{U}_{BC}}{2Z}\times Z=\frac{1}{2}\dot{U}_{BC}$$

$$\dot{U}_{C'N'}=-\frac{\dot{U}_{BC}}{2Z}\times Z=-\frac{1}{2}\dot{U}_{BC}$$

因为$U_{BC}=\sqrt{3}U_A$，所以

$$U_{B'N'}=U_{C'N'}=\frac{\sqrt{3}}{2}U_A$$

$$U_{A'N'}=\frac{3}{2}U_A\angle{0^\circ}$$

即当一相断路时，其余两相负载电压的有效值是正常工作时的$\frac{\sqrt{3}}{2}$。图6.16(b)为其

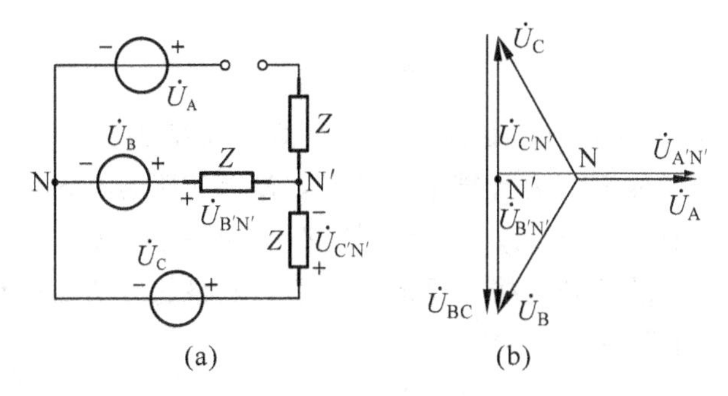


图 6.16　例 6.3 电路及其相量图

相量图。

由此例题可以看出，在无中线时，对称负载有一相发生故障所引起的负载中性点位移，不但使该负载不能正常工作，而且会影响其他两相的正常工作。

跨步电压触电和两相触电

## 6.5　三相电路的功率及其测量

### 6.5.1　三相电路的功率

三相电路的总有功功率等于各相负载有功功率的和，当负载对称时，各相有功功率相等，总有功功率为一相有功功率的 3 倍，即

$$P=3U_PI_P\cos\varphi \tag{6-14}$$

式中，$\varphi$ 为各项负载的阻抗角。

由于对称三相电路中负载在任何一种接法的情况下，总有

$$3U_PI_P=\sqrt{3}U_lI_l$$

因此，式(6-14)可以写为

$$P=\sqrt{3}U_lI_l\cos\varphi \tag{6-15}$$

同样道理，三相负载的无功功率为

$$Q=U_AI_A\sin\varphi_A+U_BI_B\sin\varphi_B+U_CI_C\sin\varphi_C \tag{6-16}$$

当三相负载对称时有

$$Q=3U_PI_P\sin\varphi=\sqrt{3}U_lI_l\sin\varphi \tag{6-17}$$

三相负载的视在功率 $S$ 为

$$S=\sqrt{P^2+Q^2} \tag{6-18}$$

当三相负载对称时有

$$S=\sqrt{3}U_lI_l \tag{6-19}$$

三相负载的总功率因数为

$$\lambda=\frac{P}{S} \tag{6-20}$$

在三相对称情况下，$\lambda=\cos\varphi$，也就是一相负载的功率因数，$\varphi$ 为负载的阻抗角。在不对称三相电路中 $\cos\varphi$ 只有计算上的意义，没有实际意义。

**例 6.4** 有一对称三相负载，每相阻抗 $Z=(80+\mathrm{j}60)\,\Omega$，电源线电压有效值 $U_1=380$ V。试求：负载分别连接成星形和三角形电路的有功功率和无功功率。

解：(1)负载为星形时

$$U_{\mathrm{P}}=\frac{U_1}{\sqrt{3}}=\frac{380}{\sqrt{3}}\approx 200(\mathrm{V})$$

$$I_1=I_{\mathrm{p}}=\frac{U_{\mathrm{p}}}{|Z|}=\frac{220}{\sqrt{80^2+60^2}}=2.2(\mathrm{A})$$

$$P=\sqrt{3}U_1I_1\cos\varphi=\sqrt{3}\times 380\times 2.2\times\frac{80}{\sqrt{80^2+60^2}}\approx 1158(\mathrm{W})\approx 1.16\ \mathrm{kW}$$

$$Q=\sqrt{3}U_1I_1\sin\varphi=\sqrt{3}\times 380\times 2.2\times\frac{60}{\sqrt{80^2+60^2}}\approx 868(\mathrm{var})\approx 0.87\ \mathrm{kvar}$$

(2)负载连接为三角形时

$$U_{\mathrm{p}}=\frac{U_{\mathrm{e}}}{\sqrt{3}}=\frac{380}{\sqrt{3}}\approx 220(\mathrm{V})$$

$$I_1=I_{\mathrm{p}}=\sqrt{3}\times\frac{380}{\sqrt{80^2+60^2}}\approx 6.6(\mathrm{A})$$

$$P=\sqrt{3}U_1I_1\cos\varphi=\sqrt{3}\times 380\times 6.6\times\frac{80}{\sqrt{80^2+60^2}}\approx 3475(\mathrm{W})\approx 3.48\ \mathrm{kW}$$

$$Q=\sqrt{3}U_1I_1\sin\varphi=\sqrt{3}\times 380\times 6.6\times\frac{60}{\sqrt{80^2+60^2}}\approx 2606(\mathrm{var})\approx 2.61\ \mathrm{kvar}$$

从本例可见，同一个三相负载接到同一个三相电源上，三角形连接时的线电流及有功功率、无功功率分别为星形连接时的 3 倍。

### 6.5.2 三相电路的功率测量

对称三相四线制电路中，各相功率相等，只要测出一相负载吸收的有功功率，然后乘 3 倍，就可得到三相负载的总有功功率，称为“一瓦计”法，总有功功率

$$P=3P_{\mathrm{A}}$$

不对称三相四线制电路，需要分别测出各相有功功率后相加，得到三相总有功功率，电路如图 6.17 所示，称为“三瓦计”法，总有功功率为

$$P=P_{\mathrm{A}}+P_{\mathrm{B}}+P_{\mathrm{C}}$$

三相三线制电路不论是否对称，都可以用图 6.18 所示电路测量总有功功率。这种方法称为“二瓦计”法。两只功率表的接线原则是：两只功率表的电流线圈分别

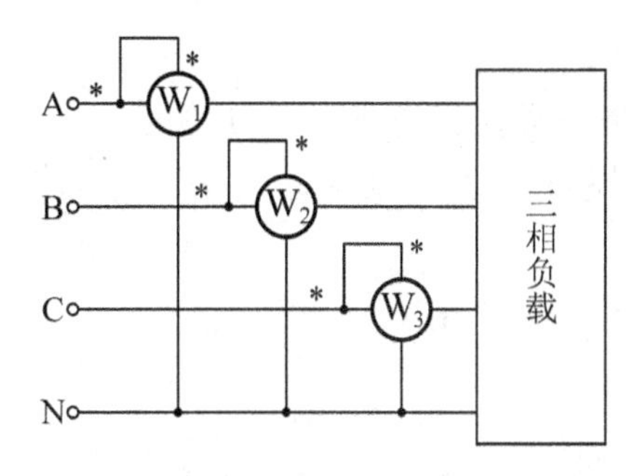


图 6.17　测量三相电路功率的“三瓦计”法

串接于任意两根端线中，而电压线圈则分别并联在本端线和第三根端线之间，总有功功率为两只功率表读数的代数和，即 $P=P_1+P_2$。按图 6.18 所示电路接线，两个功率表读数之和为

$$P=P_1+P_2=U_{AC}I_A\cos\varphi_1+U_{BC}I_B\cos\varphi_2$$

式中，$P_1$ 和 $P_2$ 分别是功率表 $W_1$ 和 $W_2$ 的读数，$\varphi_1$ 是电压相量 $\dot{U}_{AC}$ 与电流相量 $\dot{I}_A$ 之间的相位差，$\varphi_2$ 是电压相量 $\dot{U}_{BC}$ 与电流相量 $\dot{I}_B$ 之间的相位差。

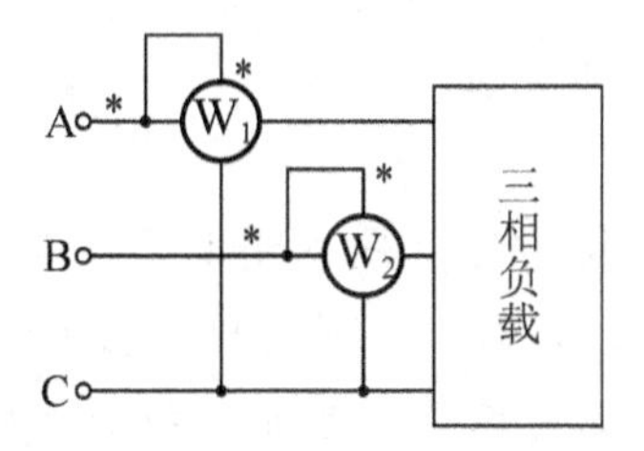


图 6.18　测量三相电路功率的“二瓦计”法

对于对称三相电路，有

$$P_1=U_{AC}I_A\cos(\varphi-30°)$$
$$P_2=U_{BC}I_B\cos(\varphi+30°)$$

两个功率表读数之和为

$$\begin{aligned}P_1+P_2&=U_{AC}I_A\cos(30°-\varphi)+U_{BC}I_B\cos(30°+\varphi)\\&=\sqrt{3}U_1I_1\cos\varphi=P\end{aligned}$$

注意，若 $\varphi>60°$，则 $P_2<0$；若 $\varphi<-60°$，则 $P_1<0$，求代数和时分别取负值。

除对称三相电路以外，“二瓦计”法不适用于三相四线制电路。

## 本章小结

1. 对称三相正弦量。三个频率相同、有效值相等、相位互差 120°的正弦量称为对称三相正弦量。对称三相正弦量的瞬时值(或相量)之和为零。

2. 对称三相电源两种连接的线电压与相电压关系。

①星形连接：线电压有效值是相电压有效值的$\sqrt{3}$倍，线电压超前对应相电压30°，即

$$\dot{U}_{AB}=\sqrt{3}U_{A}\angle 30^{\circ}$$

$$\dot{U}_{BC}=\sqrt{3}U_{B}\angle 30^{\circ}$$

$$\dot{U}_{CA}=\sqrt{3}U_{C}\angle 30^{\circ}$$

相电压对称，线电压也对称。如果相电压为$U_{P}$，则线电压为

$$U_{l}=\sqrt{3}U_{P}$$

②三角形连接：线电压与对应相电压相等，即

$$\dot{U}_{AB}=\dot{U}_{A}$$

$$\dot{U}_{BC}=\dot{U}_{B}$$

$$\dot{U}_{CA}=\dot{U}_{C}$$

如果相电压为$U_{P}$，则线电压为

$$U_{l}=U_{P}$$

3. 三相负载两种连接的线电流与相电流关系。当三相负载参数相同时，称为对称三相负载；否则称为不对称三相负载。

①星形连接。三相负载连接成星形，将三个端线和一个中线接至电源，称为三相四线制；如不接中线，则称为三相三线制。负载接成星形时，线电流等于相电流。

三相四线制电路中，中线电流为

$$\dot{I}_{N}=\dot{I}_{A}+\dot{I}_{B}+\dot{I}_{C}$$

如果三相电流对称，则$\dot{I}_{N}=0$。

②三角形连接。三相负载连接成三角形，将三个端线接至电源，则负载相电压等于线电压，负载相电流与线电流关系为

$$\dot{I}_{A}=\dot{I}_{A'B'}-\dot{I}_{C'A'}$$

$$\dot{I}_{B}=\dot{I}_{B'C'}-\dot{I}_{A'B'}$$

$$\dot{I}_{C}=\dot{I}_{C'A'}-\dot{I}_{B'C'}$$

如果三相电流对称，则

$$\dot{I}_{A}=\sqrt{3}\dot{I}_{A'B'}\angle -30^{\circ}$$

$$\dot{I}_{B}=\sqrt{3}\dot{I}_{B'C'}\angle -30^{\circ}$$

$$\dot{I}_C=\sqrt{3}\,\dot{I}_{C'A'}\angle{-30^\circ}$$

三相线电流也对称。如果相电流有效值为 $I_P$，则线电流有效值为

$$I_l=\sqrt{3}\,I_P$$

4. 对称三相电路的分析计算。由对称三相电源、对称三相负载，且三个线路阻抗相等的线路构成的三相电路称为对称三相电路。三相电路分为三相四线制和三相三线制两种。

不论是否对称，三相三线制电路中的三个线电流之和恒等于零，即

$$\dot{I}_A+\dot{I}_B+\dot{I}_C=0$$

不论是否对称，也不论是三相三线制还是三相四线制电路，三个线电压之和恒等于零，即

$$\dot{U}_{AB}+\dot{U}_{BC}+\dot{U}_{CA}=0$$

对称三相电路可化为 Y-Y 连接，中点电压 $\dot{U}_{N'N}=0$，中线不起作用，各相具有独立性，因而可归结为一相计算，可单独画出一相(如 A 相)等效计算电路(此时 $Z_N=0$)来进行计算，然后根据对称性写出 B 相和 C 相。

5. 不对称三相负载 Y-Y 连接的三相电路分析计算。不对称三相负载 Y-Y 连接的三相电路可用弥尔曼定理求中点电压 $\dot{U}_{N'N}$，然后求得各支路电流。

6. 三相电路的功率。三相电路的功率为三相功率之和，对称三相电路的有功功率为

$$P=\sqrt{3}U_l I_l\cos\varphi$$

式中，$\varphi$ 是各相负载的阻抗角。

对称三相电路的总瞬时功率恒等于零。

三相四线制电路采用三个功率表分别测量三相功率，若电路对称用一个功率表测量一相功率，然后乘 3，即为三相电路的总功率。

三相三线制电路可采用两个功率表测量三相功率，然后求其和，即为三相电路的总功率。

## 习题与思考题

6.1　思考题：

(1)对称三相电源有什么特点？对称三相电源的△形连接和 Y 形连接有什么区别？

(2)对称Y形连接三相电源如果其中一相电源接反，是否仍然可以获得一组对称的线电压？$U_l=\sqrt{3}U_p$ 成立吗？画相量图进行分析。

(3)三相三线制电路中，$\dot{I}_A+\dot{I}_B+\dot{I}_C=0$ 总成立，三相四线制电路中此等式总成立吗？

(4)如果测得△形连接的三相负载各相电流相等，能说明三相负载是对称的吗？

(5)什么情况下可将三相电路的计算转变为对一相电路的计算？为什么？

(6)对称三相三线制△形连接电路中，已知 $\dot{U}_{AB}=380\angle 10^\circ$ V，$\dot{I}_A=15\angle 10^\circ$ A，分析以下结论是否正确：(A)$\dot{U}_{CB}=380\angle 70^\circ$；(B)$\dot{U}_{CN'}=220\angle 100^\circ$ V；(C)负载为感性。

(7)三相电路在什么情况下产生中性点位移？中性点位移对负载工作情况有什么影响？中线的作用是什么？此时，中线电流是否为零？

(8)三相电动机铭牌上标有220 V/380 V额定电压，电动机绕组在不同的电源电压时应接成什么形式？在不同的连接形式下，三相电动机的功率是否变化？

6.2　Y形连接的三相对称负载每相阻抗为 $Z=(24+j32)\Omega$，接在线电压为380 V的三相电源上，计算各相线电流及相电流。

6.3　△形连接的三相对称负载每相阻抗为 $Z=(105+j60)\Omega$，接在线电压为6 600 V的三相电源上，每根端线阻抗为 $Z_1=(2+j4)\Omega$，计算负载相电流、线电流、相电压、线电压。

6.4　一台容量为25 kV·A、相电压为220 V的三相同步发电机为三相对称负载供电，求负载为下列两种接法时的线电压和线电流。(1)△形连接；(2)Y形连接。

6.5　三相对称电源的线电压为380 V，接有两组对称负载。负载1为△形连接，每相阻抗为(90+j120)Ω；负载2作Y形连接，每相阻抗为j150 Ω。忽略端线阻抗，计算各相的相电流、线电流、相电压、线电压。

6.6　三相对称Y形连接的负载，每相阻抗为(8+j6)Ω，电源线电压为380 V，求：

(1)正常情况下每相负载的相电压和相电流。

(2)一相负载短路时，其余两相负载的相电压和相电流。

(3)一相负载断路时，其余两相负载的相电压和相电流。

6.7　对称△形连接负载正常工作时，线电流为5 A，如果一相断开，计算各线电流。

6.8　有一台三相电动机，其功率 $P=3.2$ kW，功率因数 $\cos\varphi=0.8$，如果接在线电压为380 V的电源上，计算电动机的线电流。

6.9　三相对称负载每相电阻为6 Ω，电抗为8 Ω，电源线电压为380 V，计算负载分别为△形连接和Y形连接时的有功功率。

6.10 三相对称负载的功率为5.5 kW，△形连接后接在线电压为220 V的电源上，测得线电流为19.5 A。(1)计算负载相电流、功率因数、每相阻抗。(2)如果将负载改为Y形连接，接在线电压为380 V三相电源上，计算负载的相电流、线电流、吸收的功率。

6.11 对称感性负载的线电压为380 V，线电流为2 A，功率因数$\cos\varphi=0.8$，端线阻抗为$Z_1=(2+\mathrm{j}4)\Omega$，计算电源线电压和总功率。

6.12 已知对称三相负载的阻抗角为75°(感性)接在线电压为380 V的三相电源上，线电流为5.5 A，画出用“二瓦计”法测量功率的接线图，并求两个功率表的读数及负载的有功功率。

思政元素进课堂-中国科学家介绍-黄敞

# 第 7 章　非正弦周期电流电路

**主要内容**

1. 非正弦周期函数及其分解为傅里叶级数。
2. 非正弦周期电流电路中的有效值、平均值和平均功率。
3. 非正弦周期电流电路的计算。

## 7.1　非正弦周期量

非正弦周期电路

在电工技术中除了直流、正弦交流量外，还有许多按非正弦规律变化的交流量。例如，在自动控制、电子计算机等技术领域大量被应用的脉冲电路中，电压、电流都是非正弦量。通信工程方面传输信号用的微波都是不同频率信号的叠加，也是非正弦交流量。非正弦量在 5G 技术中也有广泛的应用，华为 5G 是 1840 年以来，中国第一次在关键技术领域上获得世界领先。5G 技术深刻地影响各行各业，将彻底改变现有的很多行业，如工业 4.0、农业发展、远程医疗、智能交通自动驾驶、云办公、军事指挥、智能家居等领域，将使我国的国际地位和人们的生活方式发生根本性的变化。另外，在晶闸管整流滤波电路中，由于斩波的实现，会在原有的正弦电路中混入非正弦量，将会使电路的损耗增加，效率降低，甚至会对通信发生干扰。因此从兴利和除弊两个方面，都应认真研究非正弦周期量。图 7.1 所示为几种常见的非正弦波波形，其中图 7.1(a)为尖脉冲，图 7.1(b)是矩形波，图 7.1(c)为锯齿波，图 7.1(d)为三角波。

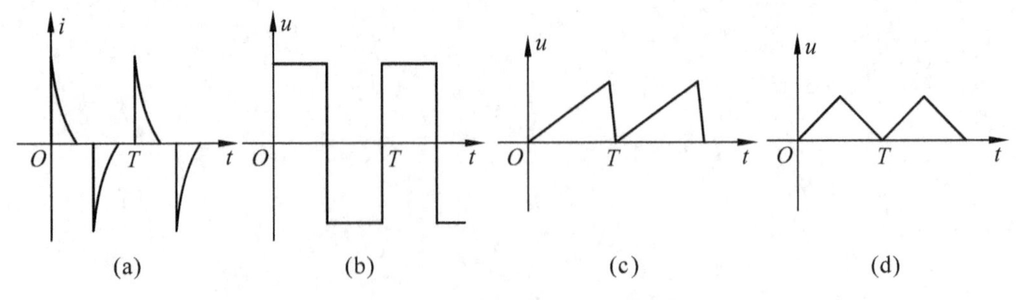


图 7.1　几种常见的非正弦波波形

电路中产生非正弦周期信号的原因主要来自电源和负载两方面。

来自电源方面的原因有：

(1)交流发电机受内部磁场分布和结构等因素的影响，自身产生的电压波形不完全是正弦波形，总有一定的畸变，如图7.2所示。

(2)当几个频率不同的正弦激励(包括直流激励)同时作用于线性电路时，电路中的电压、电流响应就不是正弦量，如图7.3所示，$f(t)=6\sin\omega t+2\sin 3\omega t$。

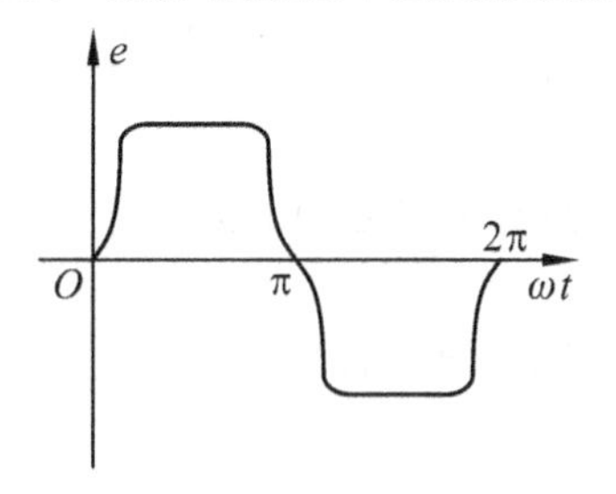


图7.2　交流发电机的电动势波形

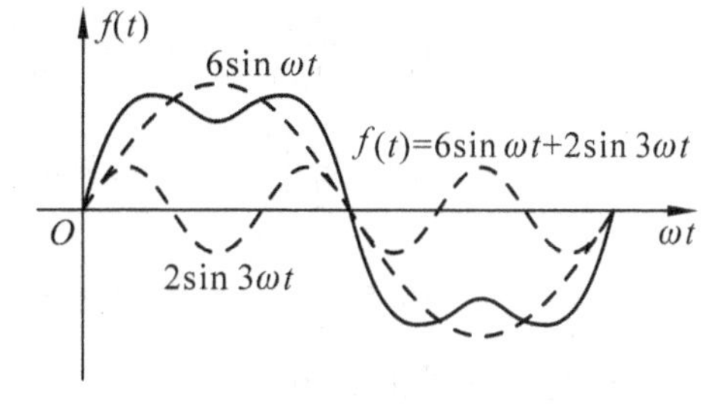


图7.3　不同频率正弦波合成为非正弦波

(3)有一些信号源，自身产生非正弦信号来满足不同的需要。如图7.1(b)为脉冲信号发生器产生的矩形波信号，图7.1(c)为电子示波器中的锯齿波电压信号。

来自负载方面的因素是：若电源为正弦量，但电路中存在非线性元件，如二极管、晶闸管、铁心线圈等，电路中的电压、电流将是非正弦的。如图7.4(a)所示为全波整流电路，图7.4(b)所示为其正弦交流电经整流后的脉动信号。

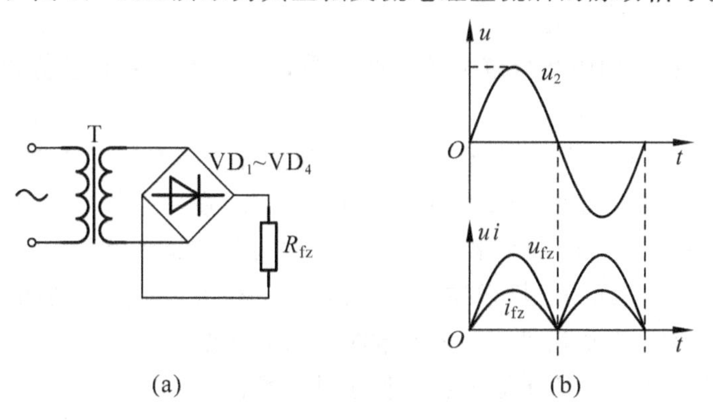


图7.4　非线性元件形成的非正弦电流

## 7.2　非正弦周期函数分解为傅里叶级数

### 7.2.1　非正弦周期函数分解为傅里叶级数

周期函数可以写成：$f(t)=f(t+kT)$，其中：$k=0,1,2,\cdots$，$T$为$f(t)$的周期，$\omega=2\pi/T$为角频率。

当周期函数$f(t)$满足狄里赫利条件，即在每个周期上满足：连续或有有限个第一类间断点，而且有有限个极值点，则 $f(t)$就可以展开成一个收敛的傅里叶级数。电工技术中所遇到的周期函数一般都满足这个条件，都可以分解为傅里叶级数。展开后为

$$f(t)=a_0+\sum_{k=1}^{\infty}(a_k\cos k\omega t+b_k\sin k\omega t) \tag{7-1}$$

式中的傅里叶系数 $a_0$、$a_k$、$b_k$ 可以按下列各式求得

$$\begin{cases} a_0=\dfrac{1}{T}\displaystyle\int_0^T f(t)\mathrm{d}t=\dfrac{1}{2\pi}\displaystyle\int_0^{2\pi} f(t)\mathrm{d}(\omega t) \\ a_k=\dfrac{2}{T}\displaystyle\int_0^T f(t)\cos(k\omega t)\mathrm{d}t=\dfrac{1}{\pi}\displaystyle\int_0^{2\pi} f(t)\cos(k\omega t)\mathrm{d}(\omega t) \\ b_k=\dfrac{2}{T}\displaystyle\int_0^T f(t)\sin(k\omega t)\mathrm{d}t=\dfrac{1}{\pi}\displaystyle\int_0^{2\pi} f(t)\sin(k\omega t)\mathrm{d}(\omega t) \end{cases} \tag{7-2}$$

式(7-1)的另一种形式为

$$f(t)=A_0+\sum_{k=1}^{\infty}A_{km}\sin(k\omega t+\psi_k) \tag{7-3}$$

式中

$$A_0=a_0$$

$$A_{km}=\sqrt{a_k^2+b_k^2}$$

$$\psi_k=\arctan\frac{a_k}{b_k}$$

由此可见，将周期函数分解为傅里叶级数，实际上主要是计算傅里叶系数 $a_0$、$a_k$、$b_k$。

在式(7-3)中，由于第一项 $A_0$ 是不随时间变化的常数，称为周期函数 $f(t)$的直流分量或恒定分量，也称为零次谐波，它是 $f(t)$在一个周期内的平均值；第二项的周期和频率与 $f(t)$的周期和频率相同，称为基波或一次谐波；其余各项按其频率为 $f$ 的倍数分别称为二次谐波、三次谐波……$k$ 次谐波等，它们统称为高次谐波。$k$ 为奇数时称为奇次谐波，$k$ 为偶数时称为偶次谐波。

**例 7.1** 求如图 7.5 所示矩形波的傅里叶级数。

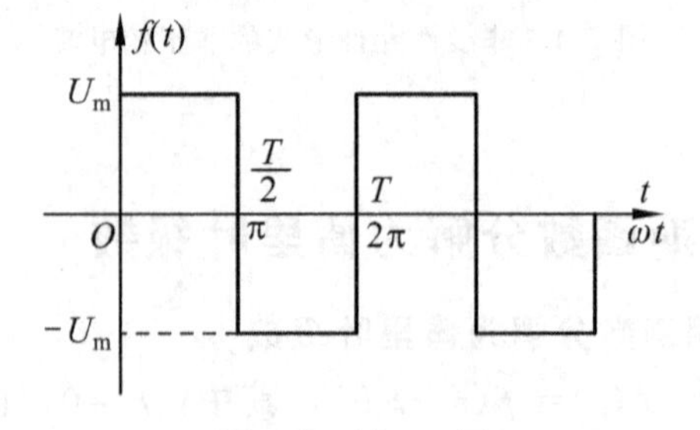


图 7.5 例 7.1 图

解：由图可得周期函数在一个周期内的表达式为

$$f(t)=\begin{cases}U_m, & \frac{T}{2}>t>0\\ -U_m, & T>t>\frac{T}{2}\end{cases}$$

其傅里叶系数为

$$a_0=\frac{1}{T}\int_0^T f(t)\mathrm{d}t=\frac{1}{2\pi}\int_0^{\pi}U_m\mathrm{d}(\omega t)+\frac{1}{2\pi}\int_{\pi}^{2\pi}(-U_m)\mathrm{d}(\omega t)=0$$

$$a_k=\frac{2}{T}\int_0^T f(t)\cos(k\omega t)\mathrm{d}t=\frac{1}{\pi}\int_0^{\pi}U_m\cos(k\omega t)\mathrm{d}(\omega t)-\frac{1}{\pi}\int_{\pi}^{2\pi}U_m\cos(k\omega t)\mathrm{d}(\omega t)=0$$

$$b_k=\frac{2}{T}\int_0^T f(t)\sin(k\omega t)\mathrm{d}t=\frac{1}{\pi}\int_0^{\pi}U_m\sin(k\omega t)\mathrm{d}(\omega t)-\frac{1}{\pi}\int_{\pi}^{2\pi}U_m\sin(k\omega t)\mathrm{d}(\omega t)$$

$$=\frac{2U_m}{k\pi}(1-\cos k\pi)$$

当 $k$ 为奇数时 $\cos k\pi=-1$，$b_k=\frac{2U_m}{k\pi}\times 2=\frac{4U_m}{k\pi}$，

当 $k$ 为偶数时 $\cos k\pi=1$，$b_k=0$，

故
$$f(t)=\frac{4U_m}{\pi}\left(\sin\omega t+\frac{1}{3}\sin 3\omega t+\frac{1}{5}\sin 5\omega t+\cdots\right)$$

由于傅里叶级数是一个无穷级数，理论上要取无限项才能准确表示原非正弦周期函数。在实际应用中一般根据所需的精确度和级数的收敛速度决定所需级数的有限项数。收敛级数，谐波次数越高，振幅越小，因此，只需要取前几项即可。

除了用数学分析的方法求解周期函数的傅里叶级数外，工程上常采用查表的方法来得到周期函数的傅里叶级数。表7-1列出了电工技术中常见的几种典型非正弦周期函数的傅里叶级数展开式。

**表7-1　几种典型非正弦周期函数的傅里叶级数**

| 名称 | 波　形 | 傅里叶级数 | 有效值 | 平均值 |
|---|---|---|---|---|
| 正弦波 | $f(t)$, $A_m$, $\frac{T}{2}$, $T$, $O$, $t$ | $f(t)=A_m\sin\omega t$ | $\frac{A_m}{\sqrt{2}}$ | $\frac{2A_m}{\pi}$ |
| 梯形波 | $f(t)$, $A_m$, $\frac{T}{2}$, $T$, $O$, $\alpha$, $t$ | $f(t)=\frac{4A_m}{\alpha\pi}\left(\sin\alpha\ \sin\omega t+\frac{1}{9}\sin 3\alpha\ \sin 3\omega t+\frac{1}{25}\sin 5\alpha\ \sin 5\omega t+\cdots+\frac{1}{k^2}\sin k\alpha\ \sin k\omega t+\cdots\right)$<br>（$k$ 为奇数） | $A_m\sqrt{1-\frac{4\alpha}{3\pi}}$ | $A_m\left(1-\frac{\alpha}{\pi}\right)$ |

续表

| 名称 | 波形 | 傅里叶级数 | 有效值 | 平均值 |
|---|---|---|---|---|
| 三角形波 | $f(t)$，$A_m$，$\frac{T}{2}$，$T$，$O$，$t$ | $f(t)=\frac{8A_m}{\pi^2}\left(\sin \omega t-\frac{1}{9}\sin 3\omega t+\frac{1}{25}\sin 5\omega t+\cdots+\frac{(-1)^{\frac{k-1}{2}}}{k^2}\sin k\omega t+\cdots\right)$ （$k$ 为奇数） | $\frac{A_m}{\sqrt{3}}$ | $\frac{A_m}{2}$ |
| 矩形波 | $f(t)$，$A_m$，$\frac{T}{2}$，$T$，$O$，$t$ | $f(t)=\frac{4A_m}{\pi}\left(\sin \omega t+\frac{1}{3}\sin 3\omega t+\frac{1}{5}\sin 5\omega t+\cdots+\frac{1}{k}\sin k\omega t+\cdots\right)$ （$k$ 为奇数） | $A_m$ | $A_m$ |
| 半波整流波 | $f(t)$，$A_m$，$O$，$\frac{T}{4}$，$T$，$t$ | $f(t)=\frac{2A_m}{\pi}\left(\frac{1}{2}+\frac{\pi}{4}\cos \omega t+\frac{1}{1\times 3}\cos 2\omega t-\frac{1}{3\times 5}\cos 4\omega t+\frac{1}{5\times 7}\cos 6\omega t-\cdots\right)$ | $\frac{A_m}{2}$ | $\frac{A_m}{\pi}$ |
| 全波整流波 | $f(t)$，$A_m$，$O$，$\frac{T}{4}$，$T$，$t$ | $f(t)=\frac{4A_m}{\pi}\left(\frac{1}{2}+\frac{1}{1\times 3}\cos 2\omega t-\frac{1}{3\times 5}\cos 4\omega t+\frac{1}{5\times 7}\cos 6\omega t-\cdots\right)$ | $\frac{A_m}{\sqrt{2}}$ | $\frac{2A_m}{\pi}$ |
| 锯齿波 | $f(t)$，$A_m$，$O$，$T$，$2T$，$t$ | $f(t)=A_m\left[\frac{1}{2}-\frac{1}{\pi}\left(\sin \omega t+\frac{1}{2}\sin 2\omega t+\frac{1}{3}\sin 3\omega t+\cdots\right)\right]$ | $\frac{A_m}{\sqrt{3}}$ | $\frac{A_m}{2}$ |

### 7.2.2 对称波形的傅里叶级数

当周期函数具有某种对称性时，其傅里叶级数中某些项将为零，掌握这些规律将会使计算过程简化。

1. 周期函数为奇函数

满足 $f(t)=-f(-t)$的周期函数称为奇函数，它的波形对称于原点。表 7-1 中的梯形波、三角形波、矩形波都是奇函数波形。

因函数 $f(t)=a_0+\sum_{k=1}^{\infty}(a_k\cos k\omega t+b_k\sin k\omega t)$，

而函数 $-f(-t)=-a_0+\sum_{k=1}^{\infty}(-a_k\cos k\omega t+b_k\sin k\omega t)$，如果两者相等必有

$$a_0=0,\ a_k=0$$

因此
$$f(t)=\sum_{k=1}^{\infty}b_k\sin k\omega t \tag{7-4}$$

结论：奇函数不含直流和余弦谐波分量。

2. 周期函数为偶函数

满足 $f(t)=f(-t)$ 的函数称为偶函数，它的波形对称于纵轴。表 7-1 中的半波整流、全波整流波形都是偶函数波形。

因函数 $f(t)=a_0+\sum_{k=1}^{\infty}(a_k\cos k\omega t+b_k\sin k\omega t)$，

而函数 $f(-t)=a_0+\sum_{k=1}^{\infty}(a_k\cos k\omega t-b_k\sin k\omega t)$，如果两者相等，必须 $b_k=0$。因此，有

$$f(t)=a_0+\sum_{k=1}^{\infty}a_k\cos k\omega t \tag{7-5}$$

结论：偶函数不含正弦谐波分量。

3. 周期函数为奇次谐波函数

满足 $f(t)=-f\left(t+\frac{T}{2}\right)$ 的函数称为奇次谐波函数，它的波形特点是：将函数 $f(t)$ 波形向后移动半个周期后的波形，与原函数波形对称于横轴，即镜像对称。表 7-1 中的梯形波、三角形波都是奇次谐波。

因函数 $f(t)=a_0+\sum_{k=1}^{\infty}(a_k\cos k\omega t+b_k\sin k\omega t)$，

而函数

$$-f\left(t+\frac{T}{2}\right)=-a_0+\sum_{k=1,3,5,\cdots}^{\infty}(a_k\cos k\omega t+b_k\sin k\omega t)-\sum_{k=2,4,6\cdots}^{\infty}(a_k\cos k\omega t+b_k\sin k\omega t)$$

如果两者相等必须使 $a_0$、$a_2$、$a_4\cdots$，$b_2$、$b_4$、$b_6\cdots$ 均为零。

因此
$$f(t)=\sum_{k=1,3,5s\cdots}^{\infty}(a_k\cos k\omega t+b_k\sin k\omega t) \tag{7-6}$$

结论：奇次谐波函数仅含奇次谐波分量。

4. 周期函数为偶次谐波函数

满足 $f(t)=f\left(t+\frac{T}{2}\right)$ 的函数称为偶次谐波函数，它的两个相差半个周期的函数值大小相等，符号相同。表 7-1 中的全波整流波形为偶次谐波函数波形。

因函数 $f(t)=a_0+\sum_{k=1}^{\infty}(a_k\cos k\omega t+b_k\sin k\omega t)$，

而函数

$$f\left(t+\frac{T}{2}\right)=a_0-\sum_{k=1,3,5,\cdots}^{\infty}(a_k\cos k\omega t+b_k\sin k\omega t)+\sum_{k=2,4,6\cdots}^{\infty}(a_k\cos k\omega t+b_k\sin k\omega t)$$

如果两者相等必须使 $a_1$、$a_3$、$a_5\cdots$，$b_1$、$b_3$、$b_7\cdots$均为零。

因此
$$f(t)=a_0+\sum_{k=2,\ 4,\ 6\cdots}^{\infty}(a_k\cos k\omega t+b_k\sin k\omega t) \tag{7-7}$$

结论：偶次谐波函数只含有直流分量和偶次谐波分量。

函数对称于原点或纵轴，除与函数本身有关外，还与计时起点的选择有关。函数对称于横轴，仅取决于其本身，与计时起点的选择无关。所以，对某些奇次谐波函数，适当选择计时起点，可使它又是偶函数，又是奇函数，从而使分解结果简化。如表 7-1 中的梯形波、三角形波、矩形波因为既是奇次谐波函数又是奇函数，所以，这些函数的傅里叶级数仅含奇次正弦项。有些函数，从表面来看既非奇函数又非偶函数，但经过适当的变化，就能化为较熟悉的形式，如下例所示。

**例 7.2** 某电压波形如图 7.6(a)所示，其 $U_m=20$ V，写出其傅里叶级数的表达式。

解：图 7.6(a)可以分解为图 7.6(b)和图 7.6(c)，即 $u(t)=u_1(t)+u_2(t)$，式中 $u_1(t)=U_m$，$u_2(t)$查表可得，其傅里叶级数的表达式为

$$\begin{aligned}u(t)&=U_m+\frac{4U_m}{\pi}\left(\sin\omega t+\frac{1}{3}\sin 3\omega t+\frac{1}{5}\sin 5\omega t+\cdots\right)\\&=\left[20+\frac{4\times 20}{\pi}\left(\sin\omega t+\frac{1}{3}\sin 3\omega t+\frac{1}{5}\sin 5\omega t+\cdots\right)\right]\text{V}\\&=\left[20+25.5\left(\sin\omega t+\frac{1}{3}\sin 3\omega t+\frac{1}{5}\sin 5\omega t+\cdots\right)\right]\text{V}\end{aligned}$$

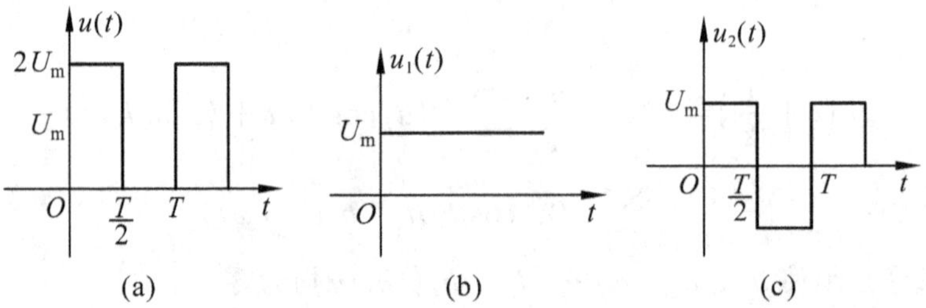

(a) (b) (c)

图 7.6 例 7.2 图

## 7.3 非正弦周期电路的有效值、平均值和平均功率

### 7.3.1 有效值

根据前面章节的定义知道，非正弦周期量的有效值等于它的方均根值。以电流 $i$ 为例，其有效值为

$$I=\sqrt{\frac{1}{T}\int_0^T i^2\,\mathrm{d}t} \tag{7-8}$$

设一个非正弦周期电流，其傅里叶级数展开式为

$$i = I_0 + \sum_{k=1}^{\infty} I_{km} \sin(k\omega t + \varphi_k)$$

将其代入式(7-8)，则非正弦周期电流的有效值为

$$I = \sqrt{\frac{1}{T}\int_0^T \left[I_0 + \sum_{k=1}^{\infty} I_{km} \sin(k\omega t + \varphi_k)\right]^2 \mathrm{d}t} = \sqrt{I_0^2 + \sum_{k=1}^{\infty} I_k^2}$$

$$= \sqrt{I_0^2 + I_1^2 + I_2^2 + \cdots + I_k^2 + \cdots} \tag{7-9}$$

同理，非正弦周期电压的有效值为

$$U = \sqrt{U_0^2 + \sum_{k=1}^{\infty} U_k^2} = \sqrt{U_0^2 + U_1^2 + U_2^2 + \cdots + U_k^2 + \cdots} \tag{7-10}$$

上两式表明，非正弦周期函数的有效值等于它的直流分量与各次谐波分量有效值的平方和的平方根。

特别注意：直流分量的有效值就是其本身，各次谐波分量的有效值等于其最大值的$\frac{1}{\sqrt{2}}$。

**例 7.3** 试计算锯齿波电压的有效值。

解：查表 7-1 的锯齿波电压的傅里叶级数的表达式为

$$u = U_m \left[\frac{1}{2} - \frac{1}{\pi}\left(\sin \omega t + \frac{1}{2}\sin 2\omega t + \frac{1}{3}\sin 3\omega t + \cdots\right)\right]$$

则其有效值为

$$U = \sqrt{U_0^2 + U_1^2 + U_2^2 + \cdots + U_k^2 + \cdots}$$

$$= U_m \sqrt{\left(\frac{1}{2}\right)^2 + \left(\frac{1}{\pi} \times \frac{1}{\sqrt{2}}\right)^2 + \left(\frac{1}{2\pi} \times \frac{1}{\sqrt{2}}\right)^2 + \left(\frac{1}{3\pi} \times \frac{1}{\sqrt{2}}\right)^2 + \cdots}$$

$$\approx U_m \sqrt{0.25 + 0.05 + 0.01 + 0.006 + \cdots} \approx 0.57 U_m$$

从本题可以看出，尽管各次谐波最大值和有效值之间满足$\sqrt{2}$倍的关系，但非正弦周期量的最大值和有效值之间不存在$\sqrt{2}$倍的关系。

### 7.3.2 平均值

一个非正弦周期函数的平均值是它的直流分量，以电流为例，即

$$I_{av} = \frac{1}{T}\int_0^T i \, \mathrm{d}t = I_0 \tag{7-11}$$

对于一个在一周期内有正、有负的周期量，其平均值可能很小，甚至等于零。为了对周期量进行测量和分析(如分析整流效果)，常定义周期量的绝对值在一周期内的平均值为整流平均值。仍以电流为例，即

$$I_{rect} = \frac{1}{T}\int_0^T |i| \, \mathrm{d}t \tag{7-12}$$

当 $i = I_m \sin \omega t$ 时，其整流平均值为

$$I_{\text{rect}}=\frac{1}{T}\int_0^T|i|\text{d}t=\frac{1}{T}\int_0^T|I_{\text{m}}\sin\omega t|\text{d}t=\frac{2I_{\text{m}}}{\omega T}[-\cos\omega t]\Big|_0^{\frac{T}{2}}=\frac{2}{\pi}I_{\text{m}}\approx 0.637I_{\text{m}}\approx$$

$0.898I$ 或 $I\approx 1.11I_{\text{rect}}$，即正弦波的有效值是其整流平均值的1.11倍。

同理，电压的整流平均值为

$$U_{\text{rect}}=\frac{1}{T}\int_0^T|u|\text{d}t \tag{7-13}$$

**7.3.3 波形因数**

工程上为粗略反映波形的性质，定义波形因数 $k_{\text{f}}$ 等于周期量的有效值与整流平均值的比值，即

$$k_{\text{f}}=\frac{I}{I_{\text{rect}}} \tag{7-14}$$

$k_{\text{f}}$ 都大于1。周期量的波形越尖，$k_{\text{f}}$ 越大；波形越平，$k_{\text{f}}$ 越接近于1。

用不同类型的仪表去测量同一个非正弦周期量，会有不同的结果。例如，磁电系仪表指针偏转角度正比于被测量的直流分量，即 $\alpha\propto\frac{1}{T}\int_0^T f(t)\text{d}t$，读数为直流量；电磁系仪表指针偏转角度正比于被测量的有效值的平方，即 $\alpha\propto\frac{1}{T}\int_0^T f^2(t)\text{d}t$，读数为有效值；而整流系仪表指针偏转角度正比于被测量的整流平均值，其标尺是按正弦量的有效值与整流平均值的关系换算成有效值刻度的，只在测量正弦量时才确实是它的有效值，而测量非正弦量时就会有误差。由此可见，在测量非正弦周期量时，要合理地选择测量仪表，并注意不同类型仪表读数的含义。

**例7.4** 如果分别用磁电系电压表、电磁系电压表测量一个全波整流电压，已知其最大值为311 V，试分别求各电压表的度数。

解：从表7-1中查得全波整流电压的平均值和有效值分别为

$$U_{\text{rect}}=\frac{2}{\pi}U_{\text{m}}=\frac{2\times 311}{\pi}\approx 198.09(\text{V})$$

$$U=\frac{U_{\text{m}}}{\sqrt{2}}=\frac{311}{\sqrt{2}}\approx 220(\text{V})$$

因此可见，磁电系电压表的读数为198.09 V，电磁系电压表的读数为220 V。

**7.3.4 平均功率**

设有一无源二端网络，其端口电压、电流分别为

$$u=U_0+\sum_{k=1}^{\infty}U_{k\text{m}}\sin(k\omega t+\varphi_{\text{u}k})$$

$$i=I_0+\sum_{k=1}^{\infty}I_{k\text{m}}\sin(k\omega t+\varphi_{\text{i}k})$$

则在关联参考方向下，二端网络吸收的瞬时功率为

$$p=ui=\left[U_0+\sum_{k=1}^{\infty}U_{km}\sin(k\omega t+\varphi_{uk})\right]\times\left[I_0+\sum_{k=1}^{\infty}I_{km}\sin(k\omega t+\varphi_{ik})\right] \tag{7-15}$$

平均功率为

$$P=\frac{1}{T}\int_0^T p(t)\mathrm{d}t=\frac{1}{T}\int_0^T u(t)i(t)\mathrm{d}t$$
$$=\frac{1}{T}\int_0^T\left[U_0+\sum_{k=1}^{\infty}U_{km}\sin(k\omega t+\varphi_{uk})\right]\times\left[I_0+\sum_{k=1}^{\infty}I_{km}\sin(k\omega t+\varphi_{ik})\right]\mathrm{d}t$$

将等式右边多项式乘积展开后各项分为两种类型，一类是同次谐波电压、电流的乘积，它们在一个周期内的平均值为

$$P_0=\frac{1}{T}\int_0^T U_0I_0\mathrm{d}t=U_0I_0$$

$$P_k=\frac{1}{T}\int_0^T[U_{km}\sin(k\omega t+\varphi_{uk})]\times[I_{km}\sin(k\omega t+\varphi_{ik})]\mathrm{d}t$$
$$=\frac{1}{2}U_{km}I_{km}\cos(\varphi_{uk}-\varphi_{ik})=U_kI_k\cos\varphi_k$$

式中，$U_k$、$I_k$ 为 $k$ 次谐波电压、电流的有效值。$\varphi_k=\varphi_{uk}-\varphi_{ik}$ 为 $k$ 次谐波电压超前 $k$ 次谐波电流的相位角。另一种类型是不同次谐波电压和电流的乘积，根据三角函数的正交性，它们在一个周期内的平均值为零。于是得到

$$P=P_0+\sum_{k=1}^{\infty}U_kI_k\cos\varphi_k \tag{7-16}$$

综合以上分析可得：在非正弦周期交流电路中，不同次谐波电压、电流虽然构成瞬时功率，但不构成平均功率；只有同次谐波电压、电流才构成平均功率，电路的功率等于各次谐波(包括直流分量)功率的和。

非正弦周期电流电路的无功功率定义为各次谐波无功功率的和，即

$$Q=\sum_{k=1}^{\infty}U_kI_k\sin\varphi_k \tag{7-17}$$

非正弦周期电流电路的视在功率定义为电压和电流有效值的乘积，即

$$S=UI=\sqrt{U_0^2+U_1^2+U_2^2+\cdots+U_k^2+\cdots}\sqrt{I_0^2+I_1^2+I_2^2+\cdots+I_k^2+\cdots} \tag{7-18}$$

显然，视在功率不等于各次谐波视在功率之和。

有功功率和视在功率的比值定义为非正弦周期电路的功率因数，即

$$\cos\varphi=\frac{P}{S}=\frac{P}{UI} \tag{7-19}$$

式中，$\varphi$ 为一个假想的角，该功率因数无实际意义。有时为了简化计算，常将非正弦量用一个等效正弦量来代替，此时可认为 $\varphi$ 角是等效正弦电压与电流间的相位差。

**例 7.5** 一段电路的电压 $u(t)=[10+30\sin(\omega t-60°)+10\sin(3\omega t-30°)]\mathrm{V}$，电

流 $i(t)=[3+12\sin(\omega t-30°)+4\sin(5\omega t)]$A，试求该电路电压、电流的有效值和该电路的平均功率、视在功率。

解：电压的有效值为

$$U=\sqrt{U_0^2+U_1^2+U_3^2}=\sqrt{10^2+\left(\frac{30}{\sqrt{2}}\right)^2+\left(\frac{10}{\sqrt{2}}\right)^2}\approx 24.5(\text{V})$$

电流的有效值为 $I=\sqrt{I_0^2+I_1^2+I_5^2}=\sqrt{3^2+\left(\frac{12}{\sqrt{2}}\right)^2+\left(\frac{4}{\sqrt{2}}\right)^2}\approx 9.43(\text{A})$

平均功率为 $P=\left[10\times 3+\frac{30}{\sqrt{2}}\times\frac{12}{\sqrt{2}}\times\cos(-30°)\right]\approx 185.9(\text{W})$

视在功率为 $S=UI=24.5\times 9.4=230.3(\text{V}\cdot\text{A})$

## 7.4 非正弦周期电流电路的分析计算

分析与计算非正弦周期电流电路一般采用谐波分析法。基本依据是线性电路的叠加定理，具体步骤是：

(1)将给定的非正弦周期激励信号分解为傅里叶级数，并根据具体问题要求的准确度，取高次谐波的有限项数。

(2)分别求各次谐波单独作用下的响应，计算方法与直流电路和正弦交流电路的计算方法完全相同。须注意的是，电感和电容对不同频率的谐波有不同的作用。对于直流分量，电感相当于短路，电容相当于断路，电路成为电阻电路；对于基波，感抗为 $X_{L(1)}=\omega L$，容抗为 $X_{C(1)}=\frac{1}{\omega C}$；对于 $k$ 次谐波，感抗 $X_{L(k)}=k\omega L=kX_{L(1)}$，容抗 $X_{C(k)}=\frac{1}{k\omega C}=\frac{X_{C(1)}}{k}$，即谐波次数越高，感抗越大，容抗越小。

(3)应用叠加原理，将所求得的各次谐波响应的解析式相加，得到总响应的解析式。必须注意：必须先将各次谐波分量响应写成瞬时值表达式后才可以叠加，不同次谐波的相量进行加减，是没有意义的。

**例 7.6** 图 7.7(a)是 $RL$ 串联电路，其中 $R=100\ \Omega$、$L=1$ H，电源为脉冲电压，幅值为 200 V，频率为 50 Hz，如图 7.7(b)所示，求电路中的电流 $i$ 和电压 $u_L$ 的解析式和有效值，计算电阻 $R$ 消耗的功率。

解：(1)$u_S(t)$可看作如图 7.7(c)所示的 $u_S'(t)=100$ V 的直流电压源和如图 7.7(d)所示的振幅为 100 V 的矩形波 $u_S''(t)$的叠加。

查表 7-1 得

$$u_S''(t)=\frac{4}{\pi}\times 100\times\left(\sin 100\pi t+\frac{1}{3}\sin 300\pi t+\frac{1}{5}\sin 500\pi t+\cdots\right)$$

$$=127.32(\sin 100\pi t+42.44\sin 300\ \pi t+25.46\sin 500\pi t+\cdots)$$

则

$$u_S(t)=u_S'(t)+u_S''(t)=100+127.32\sin 100\pi t+42.44\sin 300\pi t+25.45\sin 500\pi t+\cdots$$

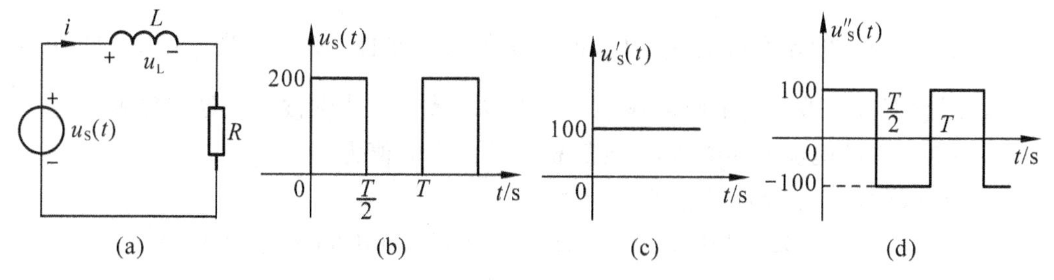


图 7.7　例 7.6 电路

(2)当 $u_S'(t)=100$ V 单独作用时，$L$ 短路，则

$$U_L(0)=0\ \text{V},\ U_R(0)=u_S'(0)=100\ \text{V}$$

$$I(0)=\frac{U_R(0)}{R}=\frac{100}{100}=1(\text{A})$$

$$P_R(0)=[I(0)]^2R=1^2\times 100=100(\text{W})$$

(3)当 $u_{S(1)}(t)=127.32\sin 100\pi t$ V 单独作用时，有

$$Z_{(1)}=R+\text{j}\omega L=100+\text{j}100\pi\times 1\approx 329.7\underline{/72.35^\circ}(\Omega)$$

基波响应的最大值及电阻吸收的功率分别为

$$\dot{I}_{(1)\text{m}}=\frac{\dot{U}_{(1)\text{m}}}{Z_{(1)}}=\frac{127.32\underline{/0^\circ}}{329.7\underline{/72.35^\circ}}\approx 0.3862\underline{/-72.35^\circ}(\text{A})$$

$$\dot{U}_{\text{L}(1)\text{m}}=\text{j}\omega L\dot{I}_{(1)\text{m}}=\text{j}100\pi\times 1\times 0.3862\underline{/-72.35^\circ}\approx 121.34\underline{/17.65^\circ}(\text{V})$$

$$P_{\text{R}(1)}=I_{(1)}^2R=\left(\frac{0.3862}{\sqrt{2}}\right)^2\times 100\approx 7.457(\text{W})$$

其解析式分别为

$$i_{(1)}(t)=0.3862\sin(100\pi t-72.35^\circ)\text{A}$$

$$u_{\text{L}(1)}(t)=121.34\sin(100\pi t+17.65^\circ)\text{V}$$

(4)当 $u_{S(3)}(t)=42.44\sin 300\pi t$ V 单独作用时，有

$$Z_{(3)}=R+\text{j}3\omega L=100+\text{j}3\times 100\pi\times 1\approx 947.9\underline{/83.94^\circ}(\Omega)$$

三次谐波响应的最大值及电阻吸收的功率分别为

$$\dot{I}_{(3)\text{m}}=\frac{\dot{U}_{(3)\text{m}}}{Z_{(3)}}=\frac{42.44\underline{/0^\circ}}{947.9\underline{/83.94^\circ}}\approx 0.04478\underline{/-83.94^\circ}(\text{A})$$

$$\dot{U}_{\text{L}(3)\text{m}}=\text{j}3\omega L\dot{I}_{(3)\text{m}}=\text{j}3\times 100\pi\times 1\times 0.04478\underline{/-83.94^\circ}\approx 42.2\underline{/6.06^\circ}(\text{V})$$

$$P_{\text{R}(3)}=I_{(3)}^2R=\left(\frac{0.04478}{\sqrt{2}}\right)^2\times 100\approx 0.1(\text{W})$$

其解析式分别为

$$i_{(3)}(t)=0.04478\sin(300\pi t-83.94°)\text{A}$$

$$u_{L(3)}(t)=42.2\sin(300\pi t+6.06°)\text{V}$$

由于$u_{S(5)}(t)$的振幅仅是$u_{S(1)}(t)$的振幅的$\frac{1}{5}$，并且$|Z_{(5)}|$是$|Z_{(1)}|$的5倍左右，因此五次谐波引起的响应很小，所以本题取到三次谐波已经足够准确。

(5)电路中的电流$i$和电压$u_L$的解析式及其有效值为

$$i(t)=I(0)+i_{(1)}(t)+i_{(3)}(t)$$
$$=[1+0.3862\sin(100\pi t-72.35°)+0.04478\sin(300\pi t-83.94°)](\text{A})$$

$$u_L(t)=U_L(0)+u_{L(1)}(t)+u_{L(3)}(t)$$
$$=[121.34\sin(100\pi t+17.65°)+42.2\sin(300\pi t+6.06°)](\text{V})$$

其有效值分别为

$$I=\sqrt{I_0^2+\left(\frac{I_{(1)\text{m}}}{\sqrt{2}}\right)^2+\left(\frac{I_{(3)\text{m}}}{\sqrt{2}}\right)^2}=\sqrt{1^2+\frac{0.386^2}{2}+\frac{0.04478^2}{2}}\approx 1.037(\text{A})$$

$$U_L=\sqrt{\left(\frac{U_{L(1)\text{m}}}{\sqrt{2}}\right)^2+\left(\frac{U_{L(3)\text{m}}}{\sqrt{2}}\right)^2}=\sqrt{\frac{121.34^2}{2}+\frac{42.2^2}{2}}\approx 90.84(\text{V})$$

电阻消耗的功率为

$$P=P_{R(0)}+P_{R(1)}+P_{R(3)}=(100+7.456+0.1)(\text{W})=107.56\ \text{W}$$

**例 7.7** 图 7.8(a)所示电路中，电感$L=5$ H、电容$C=10\ \mu$F、负载电阻$R=2$ kΩ，当所加波形为图 7.8(b)所示时，其$f=50$ Hz、$U_m=157$ V，求负载电压$u_R(t)$。

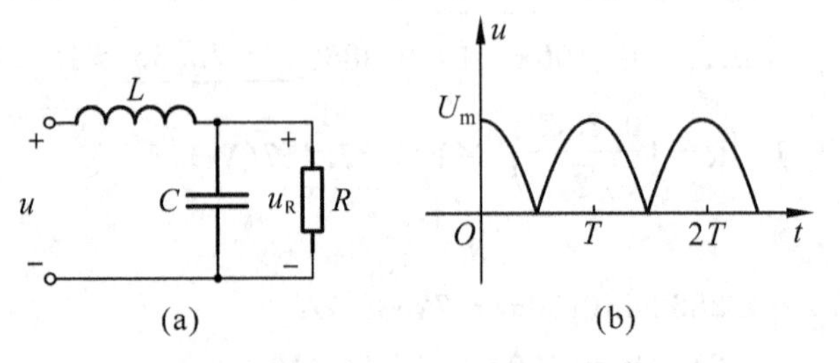


图 7.8 例 7.7 电路

解：将电源$u(t)$分解为傅里叶级数，即

$$u(t)=(100+66.7\cos 2\omega t-13.33\cos 4\omega t+\cdots)(\text{V})$$

(1)当$u(t)=U_0=100$ V 作用时，电感短路、电容断路，因此有

$$U_{R(0)}=U_0=100\ \text{V}$$

(2)二次谐波作用时

$$Z_{(2)}=\mathrm{j}2\omega L+\frac{R\times\frac{1}{\mathrm{j}2\omega C}}{R+\frac{1}{\mathrm{j}2\omega C}}=\mathrm{j}2\times314\times5+\frac{2\times10^{3}\times\frac{1}{\mathrm{j}2\times314\times5\times10\times10^{-6}}}{2\times10^{3}+\frac{1}{\mathrm{j}2\times314\times5\times10\times10^{-6}}}$$

$$\approx2983\angle89.9^{\circ}(\Omega)$$

$$\dot{I}_{(2)}=\frac{\dot{U}_{(2)}}{Z_{(2)}}=\frac{\frac{66.7}{\sqrt{2}}\angle90^{\circ}}{2983\angle89.9^{\circ}}\approx\frac{0.02236}{\sqrt{2}}\angle0.1^{\circ}(\mathrm{A})$$

$$\dot{U}_{\mathrm{R}(2)}=\dot{I}_{\mathrm{R}(2)}\times\frac{-\mathrm{j}\frac{1}{2\omega C}}{R-\frac{\mathrm{j}}{2\omega C}}\times R=\frac{0.02236}{\sqrt{2}}\angle0.1^{\circ}\times2\times10^{3}\times\frac{-\mathrm{j}139.23}{2\,000-\mathrm{j}159.23}$$

$$\approx\frac{3.53}{\sqrt{2}}\angle85.2^{\circ}(\mathrm{V})$$

(3)四次谐波作用时

$$Z_{(4)}=\mathrm{j}4\omega L+\frac{R\left(-\frac{\mathrm{j}}{4\omega C}\right)}{R-\frac{\mathrm{j}}{4\omega C}}=\mathrm{j}6280+79.5\angle-87.7^{\circ}\approx6200\angle89.9^{\circ}(\Omega)$$

$$\dot{U}_{\mathrm{R}(4)}=\frac{\dot{U}_{(4)}}{Z_{(4)}}\times\frac{R\left(-\frac{\mathrm{j}}{4\omega C}\right)}{R-\frac{\mathrm{j}}{4\omega C}}=\frac{\frac{13.33}{\sqrt{2}}\angle90^{\circ}\times79.5\angle-87.7^{\circ}}{6200\angle89.9^{\circ}}\approx\frac{0.171}{\sqrt{2}}\angle92.4^{\circ}(\mathrm{V})$$

因此负载的端电压为

$$u_{\mathrm{R}}(t)=[100+3.53\sin(2\omega t-85.2^{\circ})+0.171\sin(4\omega t+92.4^{\circ})]\ \mathrm{V}$$

由本题可以看出，从电源电压 $u(t)$ 通过该电路到输出的电阻电压 $u_{\mathrm{R}}(t)$，原来的直流分量保持不变，但高频分量变小了，二次谐波分量为原来的 5.29%，占直流分量的 3.53%，四次谐波分量为原来的 1.28%，占直流分量的 0.17%，即高次谐波分量受到抑制。图 7.8 中串联电感阻止了高频分量的通过，并联电容高频分量起到了旁路作用，这是一个比较简单的低通滤波器。

利用 $L$-$C$ 的不同组合方式可以做成如图 7.9 所示的低通滤波器、图 7.10 所示的高通滤波器、图 7.11 所示的带通滤波器和图 7.12 所示的带阻滤波器等。具体工作原理可自行分析。

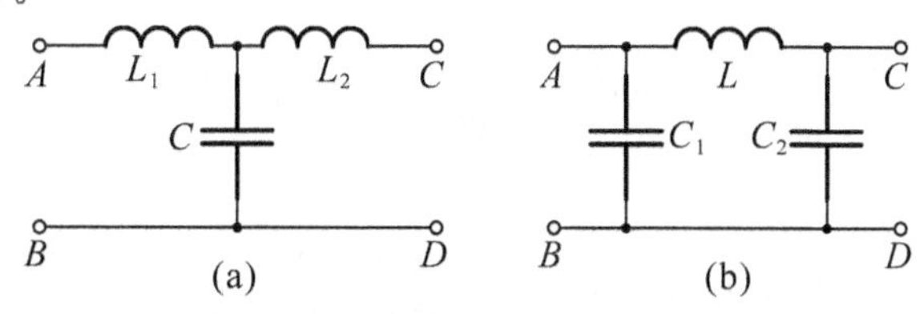


图 7.9　低通滤波器

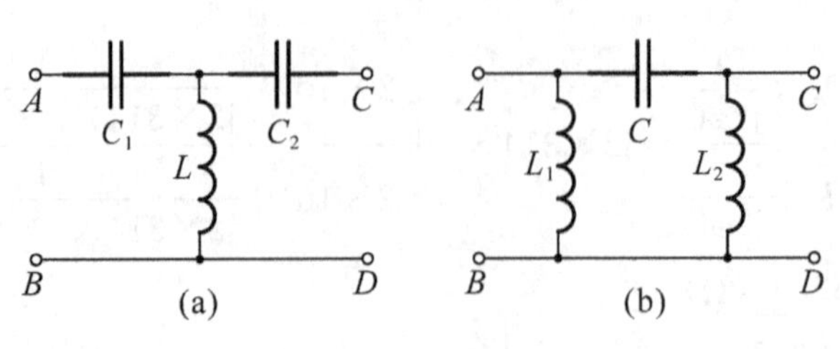


图 7.10 高通滤波器

**例 7.8** 图 7.13 所示为滤波器电路，要求负载中不含基波分量，但 $4\omega$ 的谐波分量能全部传至负载。若 $\omega=1\ 000\ \text{rad/s}$，$C=1\ \mu\text{F}$，试求：$L_1$ 和 $L_2$。

解：欲使负载中不含基波分量，即在此时负载中的电流需等于零，则 $L_1$ 和 $C$ 在 $\omega$

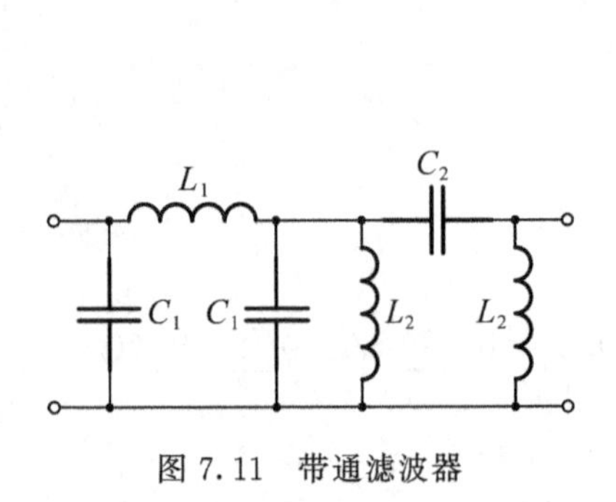


图 7.11 带通滤波器

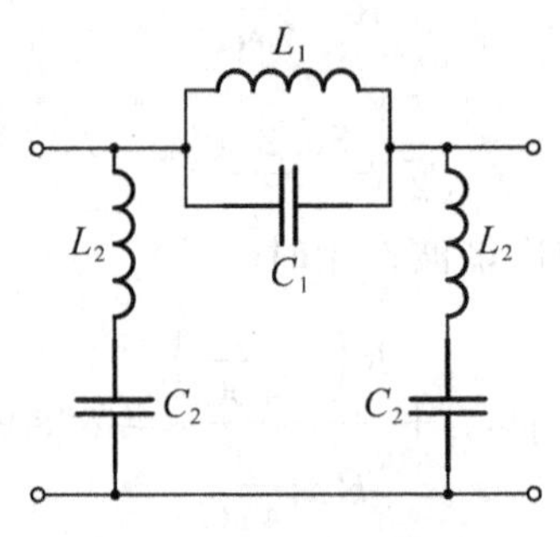


图 7.12 带阻滤波器

处发生并联谐振，由并联谐振条件可得

$$\omega=\frac{1}{\sqrt{L_1C}}=1\ 000$$

故

$$L_1=\frac{1}{\omega^2C}=\frac{1}{1\ 000^2\times1\times10^{-6}}=1(\text{H})$$

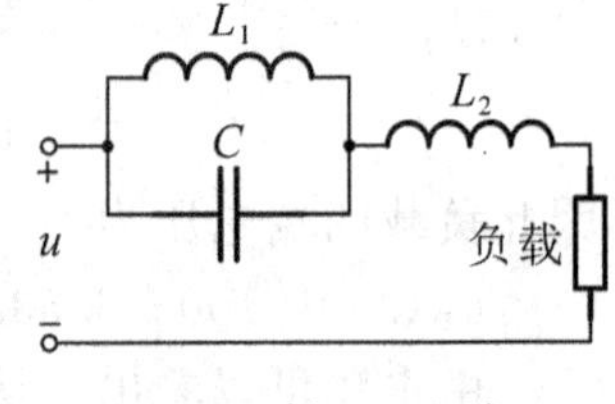


图 7.13 例 7.8 电路

若要求四次谐波分量能全部传送至负载端，需使此时电路在 $4\omega$ 处发生串联谐振，根据串联谐振条件，得

$$\text{j}4\omega L_2+\frac{\text{j}4\omega L_1\times\dfrac{1}{\text{j}4\omega C}}{\text{j}4\omega L_1+\dfrac{1}{\text{j}4\omega C}}=\text{j}4\omega L_2+\frac{\text{j}4\omega L_1}{1-16\omega^2L_1C}=0$$

即

$$4\omega L_2=\frac{4\omega L_1}{16\omega^2L_1C-1}$$

代入参数，即

$$4\times1\ 000\times L_2=\frac{4\times1\ 000\times1}{16\times1\ 000^2\times1\times1\times10^{-6}-1}$$

解得

$$L_2=66.67\ \text{mH}$$

## 本章小结

1. 非正弦周期函数可以利用计算或查表的方法分解为傅里叶级数。其表达式为

$$f(t)=a_0+\sum_{k=1}^{\infty}(a_k\cos k\omega t+b_k\sin k\omega t)$$

或

$$f(t)=A_0+\sum_{k=1}^{\infty}A_{km}\sin(k\omega t+\varphi_k)$$

式中，$\omega=2\pi/T$，$T$ 为 $f(t)$ 的周期，$a_0$、$a_k$、$b_k$ 为傅里叶系数，可以按下列各式求得

$$\begin{cases}a_0=\dfrac{1}{T}\displaystyle\int_0^T f(t)\mathrm{d}t\\ a_k=\dfrac{2}{T}\displaystyle\int_0^T f(t)\cos(k\omega t)\mathrm{d}t\\ b_k=\dfrac{2}{T}\displaystyle\int_0^T f(t)\sin(k\omega t)\mathrm{d}t\end{cases}$$

2. 根据函数的奇偶性，可以直观判断傅里叶级数中不含哪些谐波分量。

(1)波形在横轴上、下部分包围的面积相等，则无直流分量，$a_0=0$。

(2)波形对称于原点的奇函数不含直流和余弦谐波分量，$a_0=0$，$a_k=0$。

(3)波形对称于纵轴的偶函数不含正弦谐波分量，$b_k=0$。

(4)奇次谐波函数只含奇次谐波分量。

(5)偶次谐波函数只含有直流分量和偶次谐波分量。

3. 非正弦周期量的有效值为

$$I=\sqrt{\frac{1}{T}\int_0^T i^2\mathrm{d}t}=\sqrt{I_0^2+\sum_{k=1}^{\infty}I_k^2}=\sqrt{I_0^2+I_1^2+I_2^2+\cdots+I_k^2+\cdots}$$

整流平均值为

$$I_{\text{rect}}=\frac{1}{T}\int_0^T|i|\mathrm{d}t$$

波形因数为

$$k_f=\frac{I}{I_{rect}}$$

周期量的波形越尖，$k_f$ 越大；波形越平，$k_f$ 越接近于1。

平均功率为

$$P=P_0+\sum_{k=1}^{\infty}U_kI_k\cos\varphi_k$$

4. 分析与计算非正弦周期电流电路一般采用谐波分析法。基本依据是线性电路的叠加定理，具体步骤是：

(1)先将给定的非正弦周期激励信号分解为傅里叶级数，并根据具体问题要求的准确度，取高次谐波的有限项数。

(2)分别求各次谐波单独作用下的响应。

(3)应用叠加原理，将所得各次谐波响应的解析式相加，得到总响应的解析式。

## 习题与思考题

7.1 电路中出现非正弦周期信号的原因有哪些？

7.2 下列各电流都是非正弦周期量吗？$i_1=(10\sin\omega t+4\sin\omega t)$ A、$i_2(t)=(10\sin\omega t+4\cos\omega t)$ A、$i_3=(10\sin\omega t+4\sin 3\omega t)$ A。

7.3 查表将最大值为 $U_m=12$ V 的三角形波，分解为傅里叶级数。

7.4 试求非正弦周期电流 $i(t)=[2+6\sin\omega t+3\sin(2\omega t+60°)]$ A 的有效值。

7.5 若某一半波整流电压的最大值为150 V，当分别用电磁系、磁电系仪表测量时，读数各为多少？

7.6 半波整流和全波整流的波形因数各为多少？

7.7 有效值为100 V的正弦电压加在电阻可以忽略的线圈两端，此时测得线圈中电流的有效值为10 A，当电压中含有三次谐波分量，而电压的有效值仍为100 V时，电流的有效值为8 A，试求此电压的基波和三次谐波的有效值。

7.8 一个 $R=10\ \Omega$ 的电阻元件，分别通过表7-1中的半波整流、全波整流、三角形波和锯齿波波形的电流，这些电流的振幅均为 $I_m=6$ A，试分别求各种情况下该电阻元件的功率。

7.9 设加在某二端网络的电压为 $u(t)=[10+100\sin(\omega t+60°)+30\sin 3\omega t]$ V，产生的电流为 $i_s(t)=[10\sin\omega t+2\sin(3\omega t+45°)]$ A，求此二端网络吸收的功率。

7.10 感抗 $\omega L=10\ \Omega$ 中通过电流 $i(t)=[10\sin(\omega t+60°)+20\sin(3\omega t+30°)]$ A

时，其端电压 $u_L(t)$ 为多少？

7.11　在一个 $R=20\ \Omega$，$\omega L=30\ \Omega$ 的串联电路中有如图7.14所示波形通过，求该电路的平均功率、无功功率、视在功率。

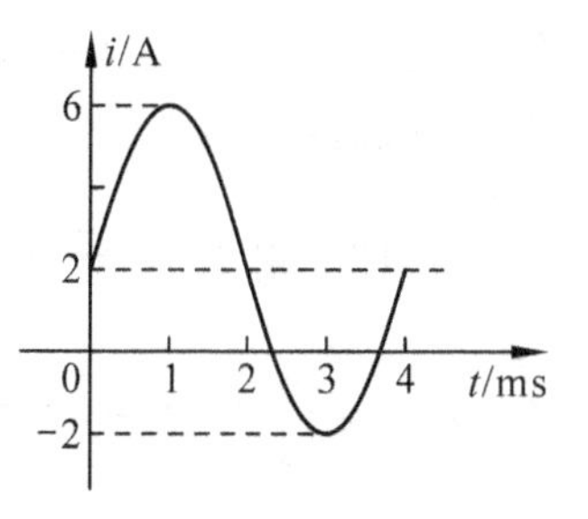


图7.14　习题7.11电路

7.12　图7.15(a)所示电路中，已知 $R=100\ \Omega$，$C=200\ \mu F$，外加电压为图7.15(b)所示方波，其周期 $T=0.02$ s，脉冲幅度 $U_m=20$ V，试求输出电压 $u_o$。若电路图如图7.15(c)所示，输出电压 $u_o$ 又为多少？(方波分解后取前四项进行计算)

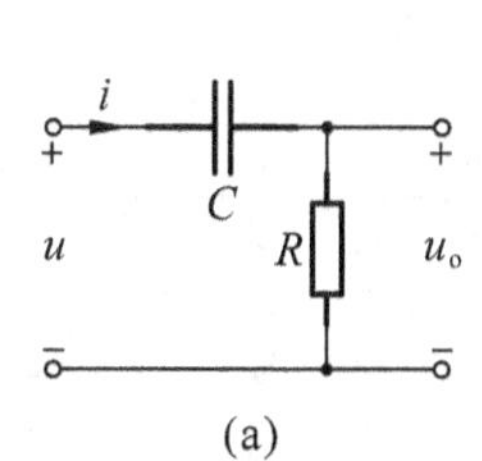


(a)

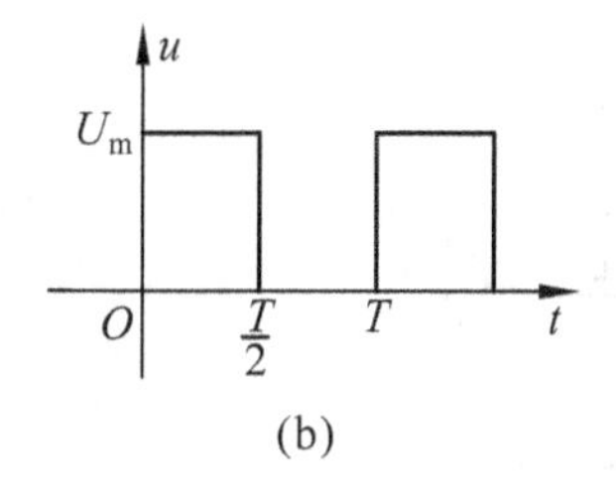


(b)

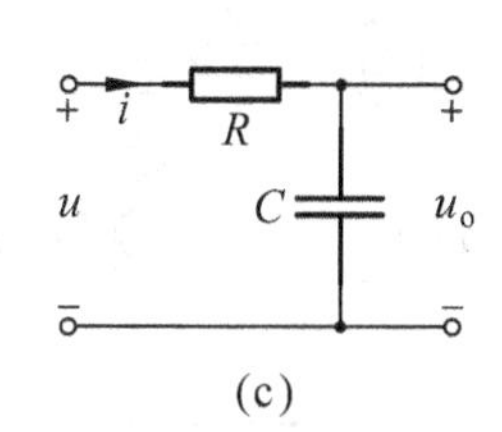


(c)

图7.15　习题7.12电路

7.13　图7.16所示电路中，已知 $R=20\ \Omega$，$\omega L_1=10\ \Omega$，$\omega L_2=20\ \Omega$，$\frac{1}{\omega C_1}=90\ \Omega$，$\frac{1}{\omega C_2}=20\ \Omega$，电源电压 $u_s(t)=[60\sqrt{2}\sin\omega t+30\sqrt{2}\sin(3\omega t-60°)]$ V，求：(1)各支路电流 $i(t)$、$i_1(t)$、$i_2(t)$ 和它们的有效值；(2)电源发出的有功功率。

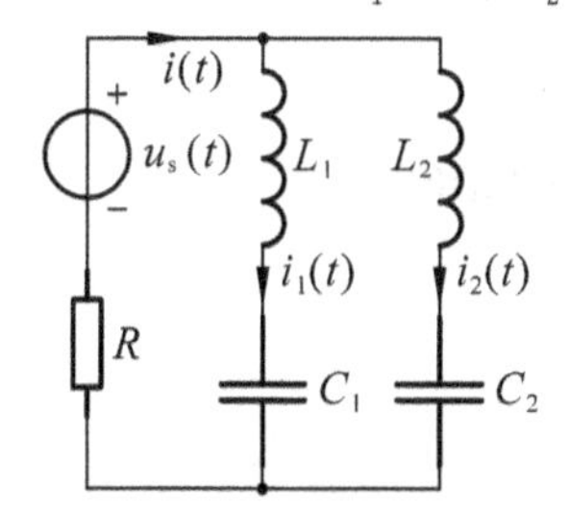


图7.16　习题7.13电路

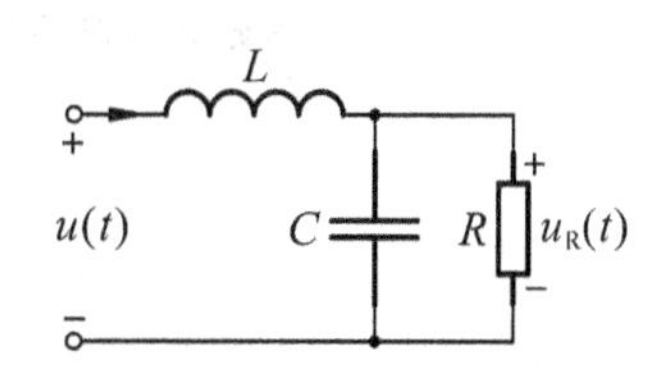


图7.17　习题7.14电路

7.14　图7.17所示电路中，已知 $R=100\ \Omega$，$L=5$ mH，$C=10\ \mu F$，$u_R(t)=[50+10\sin\omega t]$V，式中 $\omega=1\ 000$ rad/s，试求电源电压 $u(t)$ 及其有效值。

7.15　当把电压 $u_s(t)=[10+80\sin(\omega t+60°)+18\sin 3\omega t]$V 加到一个 $R=6\ \Omega$、$\omega L=2\ \Omega$、$\frac{1}{\omega C}=18\ \Omega$ 的 $RLC$ 串联电路上时，试求：(1)电路中的电流 $i(t)$ 及其有效值；(2)电源的输出功率。

7.16　将 $R=20\ \Omega$，$\omega L=30\ \Omega$，$\frac{1}{\omega C}=120\ \Omega$ 的 $RLC$ 并联电路接到 $i_s(t)=$

$[50+10\sin(\omega t+30°)+5\sin(2\omega t-30°)]$A 的电流源上，试求端电压的解析式和有效值，电流源的功率。

7.17　图 7.18 所示电路中，已知：电压源电压为 $u(t)=\left[30\left(1+\frac{\sqrt{2}}{2}\sin\omega t+\frac{\sqrt{2}}{3}\cos 3\omega t\right)\right]$V，$R=15\ \Omega$，$\omega L=10\ \Omega$，$\frac{1}{\omega C}=90\ \Omega$，求各电表读数和电路的平均功率。

7.18　图 7.19 所示电路中，$i_s(t)=[5+10\sin(10t+60°)-5\sin(30t-30°)]$A，$L_1=L_2=2$ H，$M=0.5$ H，试求图中交流电流表和电压表的读数。

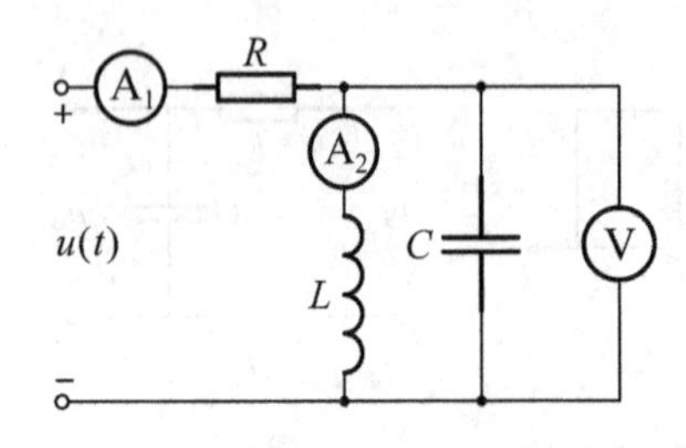


图 7.18　习题 7.17 电路

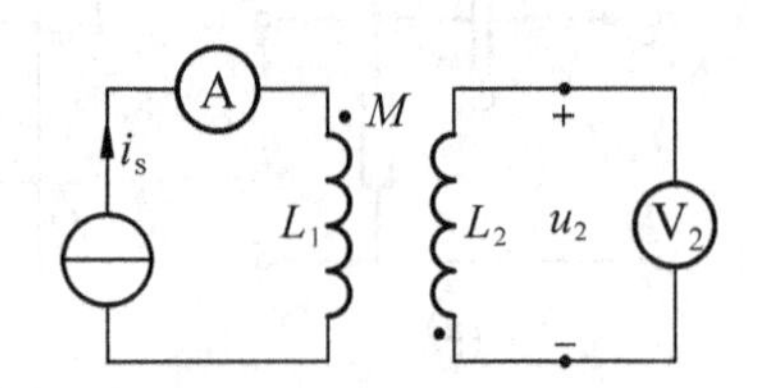


图 7.19　习题 7.18 电路

思政元素进课堂-中国科学家介绍-刘盛纲

# 第 8 章 二端口网络

二端口网络

主要内容

1. 二端口网络，二端口网络的 $Z$、$Y$、$T$、$H$ 参数方程及其相互关系。
2. 互易二端口网络的 T、Ⅱ形等效电路，二端口网络的级联。
3. 理想变压器。

所谓网络分析，一般是指在给定元件参数和网络结构的条件下，来计算各支路电流和电压。但是，在讨论无源二端网络或有源二端网络的等效电路时，却只要求确定端点间电流与电压的关系；又如研究互感耦合电路的初、次级关系时，则要求确定两对端点间的电流、电压的关系。这类问题以具有两对端点的网络最为常见，因而形成了本章要介绍的二端口网络。在分析与设计放大电路及滤波器时，经常要用到这些理论。

## 8.1 端口条件及二端口网络

如果一个网络的两个端点，电流通过这两个端点流入或流出这个网络，则这对端点称为一个端口。两个端点的装置或元件(如电阻、电容和电感)构成一端口网络。本章以前的各类电路绝大部分都是二端点电路或一端口电路，如图 8.1(a)所示电路。

二端口网络是含有两个端口的网络。工程中常见的如图 8.1(b)(c)所示的理想变压器、滤波器电路，可以把两对端钮之间的电路概括在一个方框中，如图 8.1(d)所示，这样就形成了一个二端口网络。其中，一对端钮 1-1′通常接电源，故称为输入端口；另一对端钮 2-2′接负载，故称为输出端口。而图 8.1(e)所示电路称为四端网络。二端口网络与四端网络是有区别的。对于一个二端口网络，在任一端口上，由一端钮流入的电流，等于同一端口上另一端钮流出的电流，即对于图 8.1(d)所示电路有

$$\begin{aligned} i_1' &= i_1 \\ i_2' &= i_2 \end{aligned} \tag{8-1}$$

式(8-1)称为端口条件。

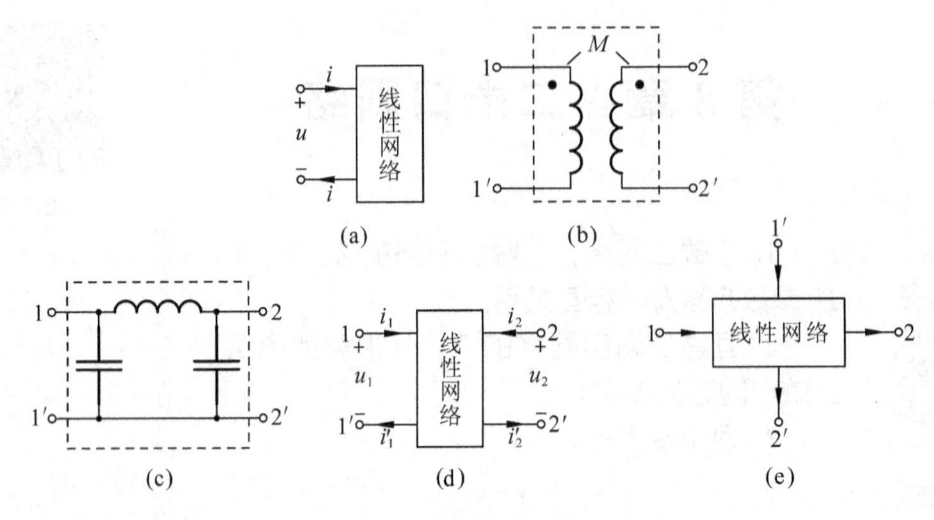


图 8.1　一端口网络和二端口网络

就其二端口网络内部是否含有电源，可分为有源二端口网络与无源二端口网络。根据二端口网络中是否含有线性与非线性元件，可分为线性二端口网络与非线性二端口网络，若二端口网络仅含有线性元件，则称为线性二端口网络。本章仅对线性无源二端口网络进行讨论。这里的无源不仅是指网络内部没有独立源，对于动态网络，还规定是零初始状态，即电感中初始电流和电容上初始电压均为零，网络内部没有与外电路耦合的互感。二端口网络的分析可以采用相量法，也可以采用运算法，本章采用相量法。

## 8.2　二端口网络的方程及其参数

一般地，用端口处$\dot{U}_1$、$\dot{I}_1$和$\dot{U}_2$、$\dot{I}_2$四个变量来表示二端口网络的特征，由于每个端口有一个由外电路决定的约束关系，所以二端口网络内部有两个约束关系就可以确定二端口网络的所有四个变量。在这两个约束关系中，可以取四个变量中的任意两个作为自变量，另外两个作为因变量，自变量和因变量的组合共有六种不同方式。自变量的取法不同，得到的网络参数也不同。本章介绍最常用的阻抗参数、导纳参数、传输参数和混合参数四种。

### 8.2.1　阻抗参数方程和导纳参数方程

1. 阻抗参数方程、阻抗参数

图 8.2(a)所示电路为一线性无源二端口网络，其激励为正弦量，电路已达稳态，端口电压、电流参考方向如图所示。设二端口网络的电流$\dot{I}_1$、$\dot{I}_2$是已知的，应用替代定理，将这两个电流用等值的电流源替代，如图 8.2(b)所示。根据叠加定理，二端口网络的端口电压$\dot{U}_1$、$\dot{U}_2$应等于两个电流源单独作用时产生的电压之和，

即

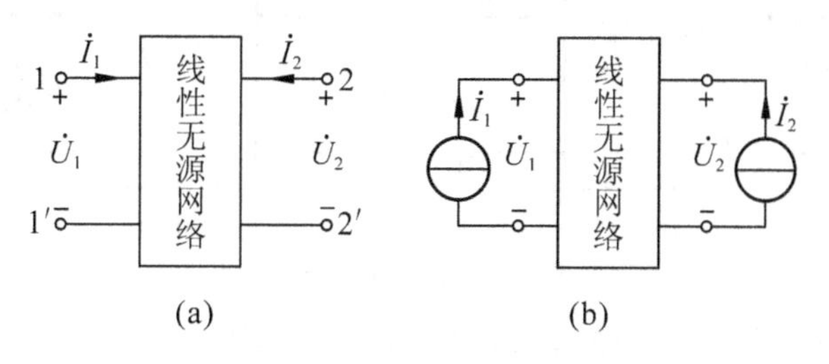


图 8.2　线性无源二端口网络

$$
\begin{cases}\dot{U}_1=\dot{U}_1'+\dot{U}_1''=Z_{11}\dot{I}_1+Z_{12}\dot{I}_2\\ \dot{U}_2=\dot{U}_2'+\dot{U}_2''=Z_{21}\dot{I}_1+Z_{22}\dot{I}_2\end{cases} \tag{8-2}
$$

其矩阵表达式为

$$
\begin{bmatrix}\dot{U}_1\\ \dot{U}_2\end{bmatrix}=\begin{bmatrix}Z_{11} & Z_{12}\\ Z_{21} & Z_{22}\end{bmatrix}\begin{bmatrix}\dot{I}_1\\ \dot{I}_2\end{bmatrix}=\boldsymbol{Z}\begin{bmatrix}\dot{I}_1\\ \dot{I}_2\end{bmatrix} \tag{8-3}
$$

或写作

$$\dot{U}=Z\dot{I}$$

式中

$$\boldsymbol{Z}=\begin{bmatrix}Z_{11} & Z_{12}\\ Z_{21} & Z_{22}\end{bmatrix}$$

上式中的 $\boldsymbol{Z}$ 称为二端口网络的 $Z$ 参数矩阵，而 $Z_{11}$、$Z_{12}$、$Z_{21}$、$Z_{22}$ 称为二端口网络的 $Z$ 参数。它们具有电阻的量纲。二端口网络的参数仅与网络本身有关，即它是由网络内部元件的参数、网络结构和电源频率所决定，与外加激励的数值无关。$Z$ 参数的值可以分别令 $\dot{I}_1=0$(输入 1-1′端口开路)和 $\dot{I}_2=0$(输出 2-2′端口开路)来计算或测量，即

$$
\begin{cases}Z_{11}=\left.\dfrac{\dot{U}_1}{\dot{I}_1}\right|_{\dot{I}_2=0} & Z_{12}=\left.\dfrac{\dot{U}_1}{\dot{I}_2}\right|_{\dot{I}_1=0}\\ Z_{21}=\left.\dfrac{\dot{U}_2}{\dot{I}_1}\right|_{\dot{I}_2=0} & Z_{22}=\left.\dfrac{\dot{U}_2}{\dot{I}_2}\right|_{\dot{I}_1=0}\end{cases} \tag{8-4}
$$

因为 $Z$ 参数是由对输入或输出端口的开路求得的，所以也称其为开路阻抗参数矩阵。式中，$Z_{11}$ 称为端口 2-2′开路时端口 1-1′的输入阻抗，$Z_{21}$ 称为端口 2-2′开路时端口 2-2′与端口 1-1′之间的转移阻抗，$Z_{12}$ 称为端口 1-1′开路时端口 1-1′与端口 2-2′之间的转移阻抗，$Z_{22}$ 称为端口 1-1′开路时端口 2-2′的输入阻抗。

按照式(8-4)，$Z_{11}$ 和 $Z_{21}$ 可以这样求得：在端口 2-2′开路的情况下，在端口 1-1′处接上一个电压源 $\dot{U}_1$(或电流源 $\dot{I}_1$)，如图 8.3(a)所示，可求得

$$Z_{11}=\frac{\dot{U}_1}{\dot{I}_1},\qquad Z_{21}=\frac{\dot{U}_2}{\dot{I}_1}$$

同样，$Z_{12}$ 和 $Z_{22}$ 也可以这样求得：在端口 1-1′开路的情况下，在端口 2-2′处接上一

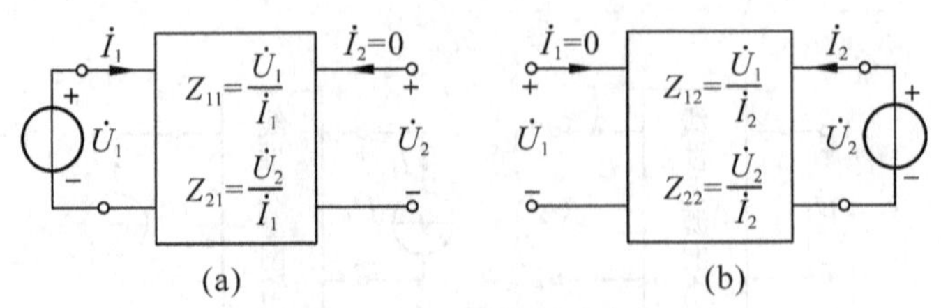


图 8.3　$Z$ 参数的确定

个电压源 $\dot{U}_2$(或电流源 $\dot{I}_2$)，如图 8.3(b)所示，可得

$$Z_{12}=\frac{\dot{U}_1}{\dot{I}_2},\quad Z_{22}=\frac{\dot{U}_2}{\dot{I}_2}$$

对于不含独立源和受控源的线性二端口网络，$Z_{12}=Z_{21}$ 总是成立的，这种性质称为网络的互易性。这时 $Z$ 参数中只有三个参数是独立的，此时的二端口网络称为互易二端口网络。如果对于互易的二端口网络，还有 $Z_{11}=Z_{22}$ 的关系，该二端口网络称为对称二端口网络，这时只有两个参数是独立的。对称二端口网络意味着绕着某个中心线网络有镜对称性，或者说该中心线将网络分割为相同的两部分。

还应该指出，有些二端口网络，不存在 $Z$ 参数，因为该网络不能用式(8-2)来描述。例如，理想变压器(见图 8.20)，作为一个二端口网络其方程为

$$\dot{U}_1=n\dot{U}_2,\quad \dot{I}_1=-\frac{1}{n}\dot{I}_2$$

显然，它是不能用两个端口电流表示两个端口电压的，即没有 $Z$ 参数。反过来，也不能用两个端口的电压表示两个端口的电流，即没有导纳参数。但它确实有传输参数和混合参数，这将在下面章节中看到。

已知网络求参数，可应用参数定义的方法求解，即用式(8-4)，也可以用列方程的方法求解，也就是按照规定的端口电压、电流参考方向，推导出导纳参数方程。然后与标准参数方程，即式(8-2)的系数比较，直接得出网络的四个参数。

**例 8.1**　试求图 8.4(a)所示二端口网络的 $Z$ 参数。

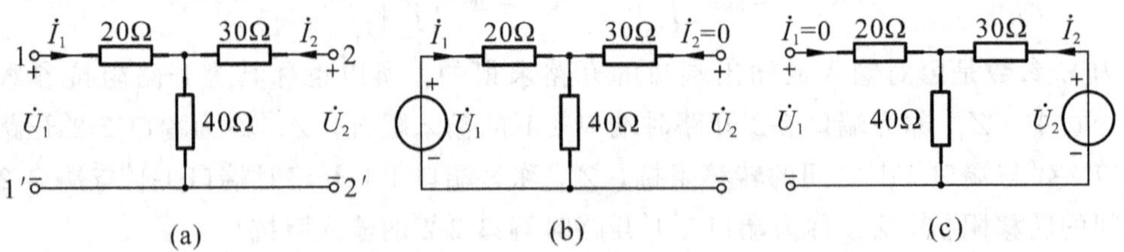


图 8.4　例 8.1 电路

解：(1)方法一：由电路根据 KCL、KVL 可列方程

$$\dot{U}_1=20\dot{I}_1+40(\dot{I}_1+\dot{I}_2)=60\dot{I}_1+40\dot{I}_2$$

$$\dot{U}_2=30\dot{I}_2+40(\dot{I}_1+\dot{I}_2)=40\dot{I}_1+70\dot{I}_2$$

与式(8-2)比较，可得 $Z$ 参数为

$$Z_{11}=60\ \Omega,\ Z_{12}=40\ \Omega,\ Z_{21}=40\ \Omega,\ Z_{22}=70\ \Omega$$

即 $Z$ 参数矩阵为

$$\boldsymbol{Z}=\begin{bmatrix}60 & 40\\ 40 & 70\end{bmatrix}$$

(2)方法二：在输入端口 1-1′处加一个电压源 $\dot{U}_1$，并令输出端口 2-2′开路，如图 8.4(b)所示，根据式(8-4)则可求得

$$Z_{11}=\left.\frac{\dot{U}_1}{\dot{I}_1}\right|_{\dot{I}_2=0}=\frac{(20+40)\dot{I}_1}{\dot{I}_1}=60(\Omega)$$

$$Z_{21}=\left.\frac{\dot{U}_2}{\dot{I}_1}\right|_{\dot{I}_2=0}=\frac{40\dot{I}_1}{\dot{I}_1}=40(\Omega)$$

同样，在输出端口 2-2′处加一个电压源 $\dot{U}_2$，并令输出端口 1-1′开路，如图 8.4(c)所示，根据式(8-4)则可求得

$$Z_{12}=\left.\frac{\dot{U}_1}{\dot{I}_2}\right|_{\dot{I}_1=0}=\frac{40\dot{I}_2}{\dot{I}_2}=40(\Omega)$$

$$Z_{22}=\left.\frac{\dot{U}_2}{\dot{I}_2}\right|_{\dot{I}_1=0}=\frac{(30+40)\dot{I}_2}{\dot{I}_2}=70(\Omega)$$

由计算结果可见，$Z_{12}=Z_{21}$，这是因为此网络是一个互易的二端口网络。实际上在计算网络参数前，若判断网络为互易的二端口网络，计算三个独立参数即可。

**例 8.2** 试求图 8.5 所示空心变压器的 $Z$ 参数。

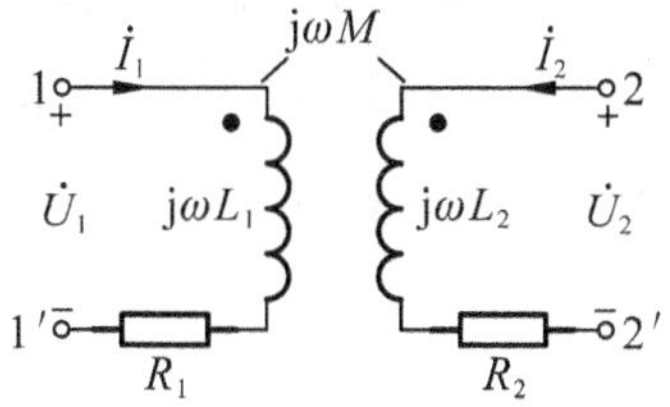

解：根据 KVL 列方程

$$\dot{U}_1=(R_1+\mathrm{j}\omega L_1)\dot{I}_1+\mathrm{j}\omega M\dot{I}_2$$

$$\dot{U}_2=\mathrm{j}\omega M\dot{I}_1+(R_2+\mathrm{j}\omega L_2)I_2$$

图 8.5 例 8.2 电路

与式(8-2)比较，可得 $Z$ 参数为

$$Z_{11}=R_1+\mathrm{j}\omega L_1$$

$$Z_{12}=Z_{21}=\mathrm{j}\omega M$$

$$Z_{22}=R_2+\mathrm{j}\omega L_2$$

可见，$Z_{12}=Z_{21}=\mathrm{j}\omega M$，网络为互易的二端口网络。

**例 8.3** 试求图 8.6 所示二端口网络的 $Z$ 参数。

解：根据 KVL 列方程

$$\dot{U}_1=R_1\dot{I}_1+R_2(\dot{I}_1+\dot{I}_2)=(R_1+R_2)\dot{I}_1+R_2\dot{I}_2$$

$$\dot{U}_2=2\dot{I}_1+R_2(\dot{I}_2+\dot{I}_1)=(2+R_2)\dot{I}_1+R_2\dot{I}_2$$

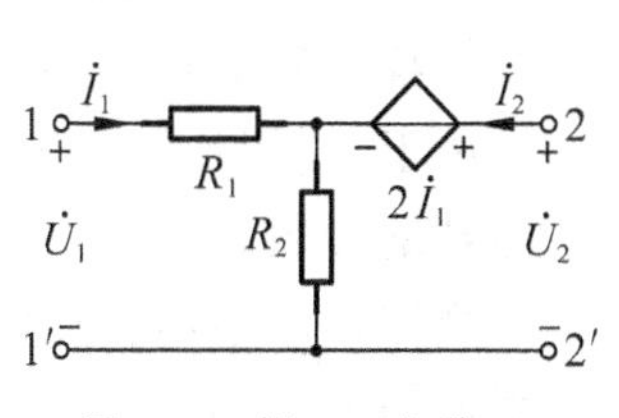


图 8.6 例 8.3 电路

与式(8-2)比较，可得 $Z$ 参数为

$$\boldsymbol{Z}=\begin{bmatrix}R_1+R_2 & R_2\\ 2+R_2 & R_2\end{bmatrix}$$

可见网络中由于有受控源，网络不具有互易性，即 $Z_{12}\neq Z_{21}$。

2. 导纳参数方程、导纳参数

上节中提到一个二端口网络可能不存在阻抗参数，所以需要换一种方式来描述那样的网络。如图 8.2(a)所示电路，设二端口网络的电压 $\dot{U}_1$、$\dot{U}_2$ 为已知的，而电流 $\dot{I}_1$、$\dot{I}_2$ 为未知量，用两个端口的电压表示两个端口的电流，可得到另一组网络参数，即

$$\begin{cases}\dot{I}_1=Y_{11}\dot{U}_1+Y_{12}\dot{U}_2\\ \dot{I}_2=Y_{21}\dot{U}_1+Y_{22}\dot{U}_2\end{cases}\tag{8-5}$$

其矩阵表达式为

$$\begin{bmatrix}\dot{I}_1\\ \dot{I}_2\end{bmatrix}=\begin{bmatrix}Y_{11} & Y_{12}\\ Y_{21} & Y_{22}\end{bmatrix}\begin{bmatrix}\dot{U}_1\\ \dot{U}_2\end{bmatrix}=\boldsymbol{Y}\begin{bmatrix}\dot{U}_1\\ \dot{U}_2\end{bmatrix}\tag{8-6}$$

或写作

$$\dot{I}=Y\dot{U}$$

式中

$$\boldsymbol{Y}=\begin{bmatrix}Y_{11} & Y_{12}\\ Y_{21} & Y_{22}\end{bmatrix}$$

上式中的 $\boldsymbol{Y}$ 称为导纳参数矩阵，$Y_{11}$、$Y_{12}$、$Y_{21}$、$Y_{22}$ 称为二端口网络的 $Y$ 参数，其单位为西门子(S)。$Y$ 参数的值可以分别令 $\dot{U}_1=0$(输入 1-1′端口短路)和 $\dot{U}_2=0$(输出 2-2′端口短路)来计算或测量。在二端口网络的 1-1′端加激励电压 $\dot{U}_1$，而将 2-2′短路($\dot{U}_2=0$)，如图 8.7(a)所示；在二端口网络的 2-2′端加激励电压 $\dot{U}_2$，而将 1-1′短路($\dot{U}_1=0$)，如图 8.7(b)所示，由式(8-5)可分别得

$$\begin{cases}Y_{11}=\left.\dfrac{\dot{I}_1}{\dot{U}_1}\right|_{\dot{U}_2=0} & Y_{12}=\left.\dfrac{\dot{I}_1}{\dot{U}_2}\right|_{\dot{U}_1=0}\\ Y_{21}=\left.\dfrac{\dot{I}_2}{\dot{U}_1}\right|_{\dot{U}_2=0} & Y_{22}=\left.\dfrac{\dot{I}_2}{\dot{U}_2}\right|_{\dot{U}_1=0}\end{cases}\tag{8-7}$$

式中，$Y_{11}$ 表示端口 2-2′短路时 1-1′端口的输入导纳；$Y_{21}$ 表示端口 2-2′短路时，端口 2-2′与端口 1-1′之间的转移导纳；$Y_{12}$ 表示端口 1-1′短路时，端口 1-1′与端口 2-2′之间的转移导纳；$Y_{22}$ 表示端口 1-1′短路时，端口 2-2′的输入导纳。

由于 $Y$ 参数是在一个端口短路的情况下，通过计算或测量得出的，所以又称为短路导纳参数。

同样，对于不含独立源和受控源的线性二端口网络所具有的互易性，用导纳参数表示为 $Y_{12}=Y_{21}$，这时 $Y$ 参数中只有三个参数是独立的。如果对于互易的二端口网络，还有 $Y_{11}=Y_{22}$ 的关系，该二端口网络称为对称二端口网络，这时只有两个参

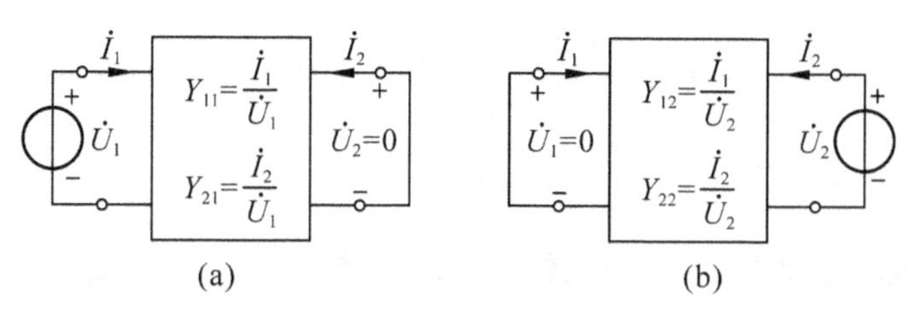

图 8.7　Y 参数的确定

数是独立的。

对于同一个二端口网络来说，开路阻抗矩阵与短路导纳矩阵存在着互为逆矩阵的关系，即

$$\boldsymbol{Z}=\boldsymbol{Y}^{-1} \text{或} \boldsymbol{Y}=\boldsymbol{Z}^{-1}$$

**例 8.4**　试求图 8.8(a)所示二端口网络的 Y 参数。

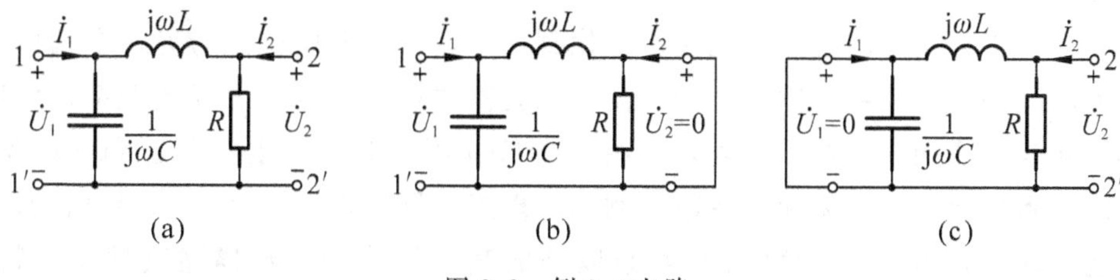

图 8.8　例 8.4 电路

解：将图 8.8(a)的端口 1-1′加电压 $\dot{U}_1$，并将端口 2-2′短接，如图 8.8(b)所示。根据式(8-7)可得

$$Y_{11}=\left.\frac{\dot{I}_1}{\dot{U}_1}\right|_{\dot{U}_2=0}=\mathrm{j}\omega C+\frac{1}{\mathrm{j}\omega L}$$

$$Y_{21}=\left.\frac{\dot{I}_2}{\dot{U}_1}\right|_{\dot{U}_2=0}=\frac{\dot{I}_2}{-\mathrm{j}\omega L\dot{I}_2}=-\frac{1}{\mathrm{j}\omega L}$$

同理，将图 8.8(a)的端口 2-2′加电压 $\dot{U}_2$，并短接端口 1-1′，如图 8.8(c)所示。根据式(8-7)可得

$$Y_{12}=\left.\frac{\dot{I}_1}{\dot{U}_2}\right|_{\dot{U}_1=0}=\frac{\dot{I}_1}{-\mathrm{j}\omega L\dot{I}_1}=-\frac{1}{\mathrm{j}\omega L}$$

$$Y_{22}=\left.\frac{\dot{I}_2}{\dot{U}_2}\right|_{\dot{U}_1=0}=\frac{1}{R}+\frac{1}{\mathrm{j}\omega L}$$

可见 $Y_{12}=Y_{21}$，即网络具有互易性。

**例 8.5**　试求图 8.9 所示二端口网络的导纳矩阵。

解：由图并根据 KVL 可得

$$\dot{U}_1=R\dot{I}_1+2\dot{U}_2+\dot{U}_2$$

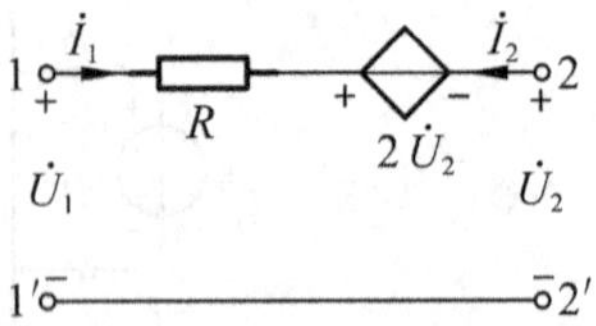

解得 $$\dot{I}_1=\frac{1}{R}\dot{U}_1-\frac{3}{R}\dot{U}_2$$

而 $$\dot{I}_2=-\dot{I}_1=-\frac{1}{R}U_1+\frac{3}{R}\dot{U}_2$$

图 8.9 例 8.5 电路

将上面两式与标准方程即式(8-5)比较，得出 $Y$ 参数矩阵

$$\boldsymbol{Y}=\begin{bmatrix}\frac{1}{R} & -\frac{3}{R}\\ -\frac{1}{R} & \frac{3}{R}\end{bmatrix}$$

可见 $Y_{12}\neq Y_{21}$，即网络由于有受控源，不具有互易性，为非互易网络。

### 8.2.2 传输参数方程和混合参数方程

1. 传输参数方程、传输参数

在许多工程实际问题中，往往希望找到一个端口的电压电流与另一个端口的电压电流之间的直接关系。例如，变压器、滤波器的输入与输出之间的关系；传输线的始端和终端之间的关系。另外，有些二端口并不同时存在阻抗参数和导纳参数，或者既无阻抗参数，又无导纳参数。例如，理想变压器就属于这类二端口。这意味着某些二端口宜用除 $Z$ 参数和 $Y$ 参数以外的其他形式的参数描述其端口外特性。为此，以输入端口 $\dot{U}_1$、$\dot{I}_1$ 为未知量，输出端口 $\dot{U}_2$、$\dot{I}_2$ 为已知量的关系方程，可从式(8-5)中的第二式解出 $\dot{U}_1$，即

$$\dot{U}_1=-\frac{Y_{22}}{Y_{21}}\dot{U}_2+\frac{1}{Y_{21}}\dot{I}_2$$

将上式代入式(8-5)中的第一式并整理，可得

$$\dot{I}_1=\left(Y_{12}-\frac{Y_{11}Y_{22}}{Y_{21}}\right)\dot{U}_2+\frac{Y_{11}}{Y_{21}}\dot{I}_2$$

以上两式可写成如下形式

$$\begin{cases}\dot{U}_1=A\dot{U}_2+B(-\dot{I}_2)\\ \dot{I}_1=C\dot{U}_2+D(-\dot{I}_2)\end{cases}\tag{8-8}$$

其矩阵表达式为

$$\begin{bmatrix}\dot{U}_1\\ \dot{I}_1\end{bmatrix}=\begin{bmatrix}A & B\\ C & D\end{bmatrix}\begin{bmatrix}\dot{U}_2\\ -\dot{I}_2\end{bmatrix}=\boldsymbol{T}\begin{bmatrix}\dot{U}_2\\ -\dot{I}_2\end{bmatrix}\tag{8-9}$$

式中 $$\boldsymbol{T}=\begin{bmatrix}A & B\\ C & D\end{bmatrix}$$

式中，$A=-\frac{Y_{22}}{Y_{21}}$，$B=-\frac{1}{Y_{21}}$，$C=Y_{12}-\frac{Y_{11}Y_{22}}{Y_{21}}$，$D=-\frac{Y_{11}}{Y_{21}}$。 (8-10)

式(8-8)称为二端口网络的传输参数方程，$A$、$B$、$C$、$D$ 称为传输参数或 $T$ 参数。

这里$\dot{I}_2$前有一个负号，这是因为电流$\dot{I}_2$被认为是流出网络，如图8.10(b)所示，它与图8.10(a)所示的流入网络方向相反。之所以将方程中$\dot{I}_2$前加负号(设为流出方向)，其原因是：二端口网络的级联(输出到输入)总是认为$\dot{I}_2$是按离开二端口网络方向流走的，而且习惯上，在电力输送工业中也认为$\dot{I}_2$是离开二端口网络的，它与负载电压$\dot{U}_2$的参考方向相关联。

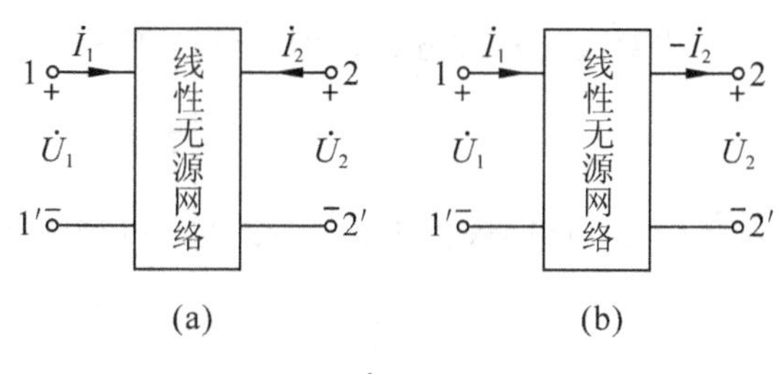


图8.10　$-\dot{I}_2$的参考方向

传输参数可以通过下列各式计算或测量

$$\begin{cases} A=\left.\dfrac{\dot{U}_1}{\dot{U}_2}\right|_{\dot{I}_2=0} & B=\left.\dfrac{\dot{U}_1}{-\dot{I}_2}\right|_{\dot{U}_2=0} \\ C=\left.\dfrac{\dot{I}_1}{\dot{U}_2}\right|_{\dot{I}_2=0} & D=\left.\dfrac{\dot{I}_1}{-\dot{I}_2}\right|_{\dot{U}_2=0} \end{cases} \tag{8-11}$$

式中，$A$是端口2-2′开路时两个端口电压之比，它是一个无量纲的量；$B$是端口2-2′短路时的转移阻抗；$C$是端口2-2′开路时的转移导纳；$D$是端口2-2′短路时两端口电流之比，它也是一个无量纲的量。

对于互易二端口网络，由于$Y_{12}=Y_{21}$，故由式(8-10)有

$$AD-BC=\left(-\frac{Y_{22}}{Y_{21}}\right)\left(-\frac{Y_{11}}{Y_{21}}\right)-\left(-\frac{1}{Y_{21}}\right)\left(Y_{12}-\frac{Y_{11}Y_{22}}{Y_{21}}\right)=\frac{Y_{12}}{Y_{21}}=1$$

互易二端口网络的$A$、$B$、$C$、$D$四个参数中只有三个是独立的。$AD-BC=1$就是二端口网络用$T$参数描述时的互易条件。对于满足$A=D$的互易二端口网络称为对称二端口网络，此时，$T$参数中只有两个是独立的。

**例8.6**　试求图8.11所示二端口网络的$T$参数矩阵。

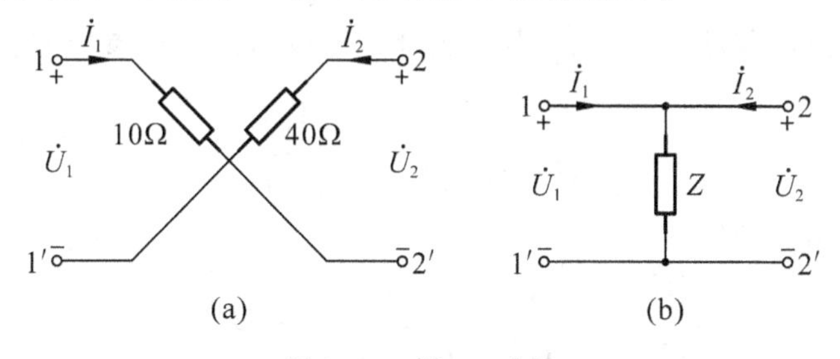


图8.11　例8.6电路

解：对于图8.11(a)根据KCL、KVL及端口条件，可列方程

$$\dot{U}_1=10\dot{I}_2-\dot{U}_2+40\dot{I}_2=-\dot{U}_2-50(-\dot{I}_2)$$

$$\dot{I}_1=-(-\dot{I}_2)$$

将上述两式与标准方程，即式(8-8)比较，可得 $T$ 参数矩阵为

$$\boldsymbol{T}=\begin{bmatrix}-1 & -50\\0 & -1\end{bmatrix}$$

对于图 8.11(b)根据 KCL、KVL，可列方程

$$\dot{U}_1=\dot{U}_2$$

$$\dot{I}_1=\frac{1}{Z}\dot{U}_2-\dot{I}_2$$

将上述两式与标准方程，即式(8-8)比较，可得 $T$ 参数矩阵为

$$\boldsymbol{T}=\begin{bmatrix}1 & 0\\1/Z & 1\end{bmatrix}$$

**例 8.7** 已知：二端口网络的 $Z$ 参数为 $\boldsymbol{Z}=\begin{bmatrix}10 & 2\\2 & 8\end{bmatrix}$，试求该网络的 $T$ 参数矩阵。

解：根据给定的 $Z$ 参数矩阵，可得 $Z$ 参数方程为

$$\dot{U}_1=10\dot{I}_1+2\dot{I}_2$$

$$\dot{U}_2=2\dot{I}_1+8\dot{I}_2$$

由第二个方程解出

$$\dot{I}_1=0.5\dot{U}_2-4\dot{I}_2$$

将 $\dot{I}_1$ 代入第一个方程，得

$$\dot{U}_1=\frac{10}{2}(\dot{U}_2-8\dot{I}_2)+2\dot{I}_2=5\dot{U}_2-38\dot{I}_2$$

将上述两式与标准方程即式(8-8)比较，可得 $T$ 参数矩阵为

$$\boldsymbol{T}=\begin{bmatrix}5 & 38\\0.5 & 4\end{bmatrix}$$

2. 混合参数方程、混合参数

以 $\dot{I}_1$、$\dot{U}_2$ 为自变量，$\dot{U}_1$、$\dot{I}_2$ 为因变量，可得另外一种参数方程，即

$$\begin{cases}\dot{U}_1=H_{11}\dot{I}_1+H_{12}\dot{U}_2\\\dot{I}_2=H_{21}\dot{I}_1+H_{22}\dot{U}_2\end{cases}\tag{8-12}$$

对应的矩阵形式为

$$\begin{bmatrix}\dot{U}_1\\\dot{I}_2\end{bmatrix}=\begin{bmatrix}H_{11} & H_{12}\\H_{21} & H_{22}\end{bmatrix}\begin{bmatrix}\dot{I}_1\\\dot{U}_2\end{bmatrix}=\boldsymbol{H}\begin{bmatrix}\dot{I}_1\\\dot{U}_2\end{bmatrix}\tag{8-13}$$

式中

$$\boldsymbol{H}=\begin{bmatrix}H_{11} & H_{12}\\H_{21} & H_{22}\end{bmatrix}\tag{8-14}$$

方程(8-12)和矩阵(8-14)分别称为混合参数方程和混合参数矩阵，或称为 $H$ 参数方

程和 $H$ 参数矩阵，$H_{11}$、$H_{12}$、$H_{21}$、$H_{22}$ 称为混合参数或 $H$ 参数。因为它们是电压和电流比例的混合组合，$H$ 参数在描述如晶体管一类的电子器件时是非常有用的，对于这类器件，用实验方法测量 $H$ 参数要比测量 $Z$ 或 $Y$ 参数容易得多。

$H$ 参数的值可按下式确定：

$$\begin{cases} H_{11}=\left.\dfrac{\dot{U}_1}{\dot{I}_1}\right|_{\dot{U}_2=0}, \quad H_{12}=\left.\dfrac{\dot{U}_1}{\dot{U}_2}\right|_{\dot{I}_1=0} \\ H_{21}=\left.\dfrac{\dot{I}_2}{\dot{I}_1}\right|_{\dot{U}_2=0}, \quad H_{22}=\left.\dfrac{\dot{I}_2}{\dot{U}_2}\right|_{\dot{I}_1=0} \end{cases} \tag{8-15}$$

式中，$H_{11}$ 为端口 2-2′短路时端口 1-1′的输入阻抗，是短路导纳的倒数，即 $H_{11}=\dfrac{1}{Y_{11}}$；$H_{12}$ 为端口 1-1′开路时两个端口的电压之比；$H_{21}$ 为端口 2-2′短路时输出端口与输入端口电流之比；$H_{22}$ 为端口 1-1′开路时端口 2-2′的输入导纳，是开路阻抗的倒数，即 $H_{22}=\dfrac{1}{Z_{11}}$。

显然可见，$H_{11}$、$H_{12}$、$H_{21}$ 和 $H_{22}$ 分别表示阻抗、电压增益、电流增益和导纳，所以它们被称为混合参数。可以证明若 $H_{12}=-H_{21}$，则是互易网络，$H$ 参数只有三个是独立的；若是对称的二端口网络，则还要满足

$$H_{11}H_{22}-H_{12}H_{21}=1$$

此时，$H$ 参数只有两个是独立的。

**例 8.8** 图 8.12(b)所示电路为图 8.12(a)所示晶体管在小信号工作条件下的简化等效电路，求它的 $H$ 参数矩阵。

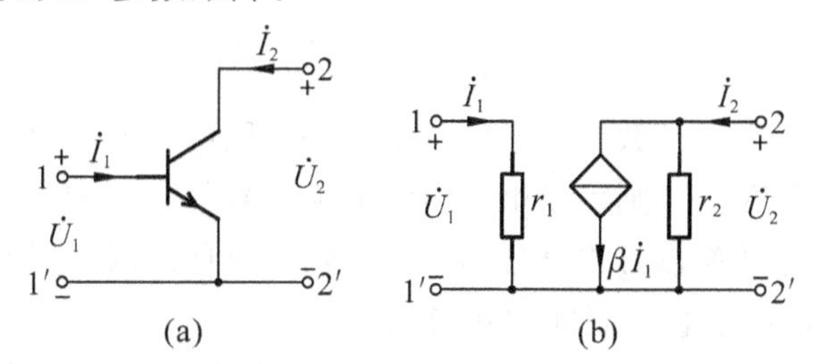


图 8.12　例 8.8 电路

解：对于图 8.12(b)，根据 KVL、KCL 可得

$$\dot{U}_1=r_1\dot{I}_1$$

$$\dot{I}_2=\beta\dot{I}_1+\frac{1}{r_2}\dot{U}_2$$

将上述两式与标准方程即式(8-12)比较，可得 $H$ 参数矩阵为

$$H=\begin{bmatrix} r_1 & 0 \\ \beta & \dfrac{1}{r_2} \end{bmatrix}$$

**例 8.9** 试求图 8.13 所示电路中输入端口的阻抗。

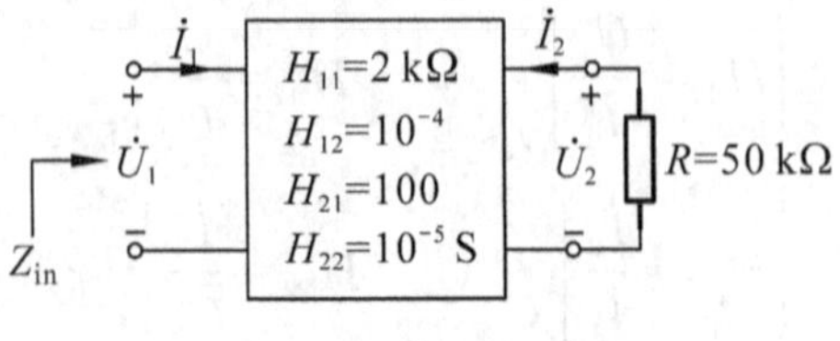

图 8.13 例 8.9 电路

解：由题意可知二端口网络的 $H$ 参数方程为

$$\begin{cases} \dot{U}_1=2\ 000\dot{I}_1+10^{-4}\dot{U}_2 \\ \dot{I}_2=100\dot{I}_1+10^{-5}\dot{U}_2 \end{cases}$$

又输出端电压电流关系为 $\dot{I}_2=-\dot{U}_2/R=-2\times10^{-5}\dot{U}_2$，将其代入上述第二个方程中，得

$$\dot{U}_2=-\frac{10^7}{3}\dot{I}_1$$

将上式代入第一个方程中，得

$$\dot{U}_1=2\ 000\dot{I}_1-10^{-4}\times\frac{10^7}{3}\dot{I}_1=1666.67\dot{I}_1$$

故电路的输入端口阻抗为

$$Z_{\text{in}}=\frac{\dot{U}_1}{\dot{I}_1}=1666.67\ \Omega$$

前面已经介绍了四种参数。对于同一个二端口网络，它们之间是能够互相换算的。如果有两组参数存在，则可以由一组参数换算到另一组参数，这种相互换算关系不难根据它们的标准参数方程推导出来，当然，某些二端口网络不一定同时存在四个参数。表 8-1 总结了它们之间的转换关系。

**表 8-1 四个参数的转换关系**

| | $Z$ 参数 | $Y$ 参数 | $H$ 参数 | $T$ 参数 |
|---|---|---|---|---|
| $Z$ 参数 | $\begin{matrix} Z_{11} & Z_{12} \\ Z_{21} & Z_{22} \end{matrix}$ | $\begin{matrix} \dfrac{Y_{22}}{\Delta_Y} & -\dfrac{Y_{12}}{\Delta_Y} \\ -\dfrac{Y_{21}}{\Delta_Y} & \dfrac{Y_{11}}{\Delta_Y} \end{matrix}$ | $\begin{matrix} \dfrac{\Delta_H}{H_{22}} & \dfrac{H_{12}}{H_{22}} \\ -\dfrac{H_{21}}{H_{22}} & \dfrac{1}{H_{22}} \end{matrix}$ | $\begin{matrix} \dfrac{A}{C} & \dfrac{\Delta_T}{C} \\ \dfrac{1}{C} & \dfrac{D}{C} \end{matrix}$ |
| $Y$ 参数 | $\begin{matrix} \dfrac{Z_{22}}{\Delta_Z} & -\dfrac{Z_{12}}{\Delta_Z} \\ -\dfrac{Z_{21}}{\Delta_Z} & \dfrac{Z_{11}}{\Delta_Z} \end{matrix}$ | $\begin{matrix} Y_{11} & Y_{12} \\ Y_{21} & Y_{22} \end{matrix}$ | $\begin{matrix} \dfrac{1}{H_{11}} & -\dfrac{H_{12}}{H_{11}} \\ \dfrac{H_{21}}{H_{11}} & \dfrac{\Delta_H}{H_{11}} \end{matrix}$ | $\begin{matrix} \dfrac{D}{B} & -\dfrac{\Delta_T}{B} \\ -\dfrac{1}{B} & \dfrac{A}{B} \end{matrix}$ |

续表

| | Z 参数 | Y 参数 | H 参数 | T 参数 |
|---|---|---|---|---|
| H 参数 | $\frac{\Delta_Z}{Z_{22}}\quad\frac{Z_{12}}{Z_{22}}$<br>$-\frac{Z_{21}}{Z_{22}}\quad\frac{1}{Z_{22}}$ | $\frac{1}{Y_{11}}\quad-\frac{Y_{12}}{Y_{11}}$<br>$\frac{Y_{21}}{Y_{11}}\quad\frac{\Delta_Y}{Y_{11}}$ | $H_{11}\quad H_{12}$<br>$H_{21}\quad H_{22}$ | $\frac{B}{D}\quad\frac{\Delta_T}{D}$<br>$-\frac{1}{D}\quad\frac{C}{D}$ |
| T 参数 | $\frac{Z_{11}}{Z_{21}}\quad\frac{\Delta_Z}{Z_{21}}$<br>$\frac{1}{Z_{21}}\quad\frac{Z_{22}}{Z_{21}}$ | $-\frac{Y_{22}}{Y_{21}}\quad-\frac{1}{Y_{21}}$<br>$-\frac{\Delta_Y}{Y_{21}}\quad-\frac{Y_{11}}{Y_{21}}$ | $-\frac{\Delta_H}{H_{21}}\quad-\frac{H_{11}}{H_{21}}$<br>$-\frac{H_{22}}{H_{21}}\quad-\frac{1}{H_{21}}$ | $A\quad B$<br>$C\quad D$ |

表中：
$$\Delta_Z=\begin{vmatrix}Z_{11} & Z_{12}\\ Z_{21} & Z_{22}\end{vmatrix},\qquad \Delta_Y=\begin{vmatrix}Y_{11} & Y_{12}\\ Y_{21} & Y_{22}\end{vmatrix}$$
$$\Delta_H=\begin{vmatrix}H_{11} & H_{12}\\ H_{21} & H_{22}\end{vmatrix},\qquad \Delta_T=\begin{vmatrix}A & B\\ C & D\end{vmatrix}$$

二端口网络一共有六组不同的参数，其余两组分别与 $H$ 参数和 $T$ 参数相似，只是把电路方程等号两边的端口变量互换而已，此处不再讲述。

**例 8.10** 试求二端口网络的 $T$ 参数，已知其阻抗参数矩阵为
$$\mathbf{Z}=\begin{bmatrix}6 & 4\\ 4 & 6\end{bmatrix}$$

解：首先根据给定的阻抗参数矩阵求其矩阵的行列式值，为
$$\Delta_Z=\begin{vmatrix}Z_{11} & Z_{12}\\ Z_{21} & Z_{22}\end{vmatrix}=Z_{11}Z_{22}-Z_{12}Z_{21}=(6\times 6-4\times 4)\Omega^2=20\ \Omega^2$$
由表 8-1 传输参数与阻抗参数的关系可求得传输参数为
$$A=\frac{Z_{11}}{Z_{21}}=\frac{6}{4}=1.5$$
$$B=\frac{\Delta_Z}{Z_{21}}=\frac{20}{4}=5(\Omega)$$
$$C=\frac{1}{Z_{21}}=\frac{1}{4}=0.25(\mathrm{S})$$
$$D=\frac{Z_{22}}{Z_{21}}=\frac{6}{4}=1.5$$

## 8.3 二端口网络的等效电路

前面介绍了任何一个线性无源一端口网络(或称二端网络)，无论内部如何复杂，总可以用一个等效阻抗(或导纳)表示；而任何一个线性有源一端口网络(或称

二端网络)，无论内部如何复杂，总可以用一个电压源来替代。那么，任何一个线性无源二端口网络，从外部特性来看，应该怎样等效呢？前已提及，无论是哪一种参数，一个互易二端口网络的四个参数中只有三个是独立的，其外特性可用三个参数表征。若能找到由三个阻抗(或导纳)组成的简单二端口网络，其参数与给定的互易二端口网络参数分别相等，则这两个二端口网络的外特性就完全相同了，即它们是等效的。

由三个阻抗(或导纳)组成的二端口网络只有两种形式：一种是T形(或星形)等效电路，如图8.14(a)所示；另一种是Ⅱ形(或三角形)等效电路，如图8.14(b)所示。下面将分别找出这两种等效电路的元件参数与原二端口网络参数之间的关系。

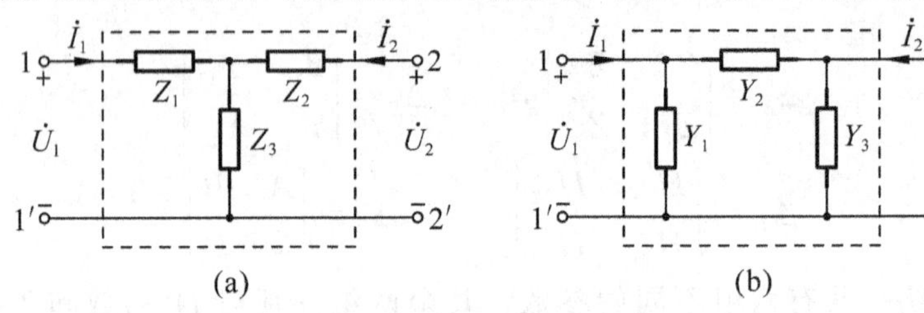


图8.14 T形和Ⅱ形等效电路

如果二端口网络的$Z$参数已给定，要求确定此二端口网络的等效T形电路中$Z_1$、$Z_2$和$Z_3$的值，由图8.14(a)所示电路及KCL、KVL列方程可得

$$\begin{cases}\dot{U}_1=Z_1\dot{I}_1+Z_3(\dot{I}_1+\dot{I}_2)=(Z_1+Z_3)\dot{I}_1+Z_3\dot{I}_2\\ \dot{U}_2=Z_3(\dot{I}_1+\dot{I}_2)+Z_2\dot{I}_2=Z_3\dot{I}_1+(Z_2+Z_3)\dot{I}_2\end{cases}\tag{8-16}$$

比较式(8-16)与式(8-2)，得

$$\begin{cases}Z_{11}=Z_1+Z_3\\ Z_{12}=Z_{21}=Z_3\\ Z_{22}=Z_2+Z_3\end{cases}\tag{8-17}$$

解方程组(8-17)，得T形等效电路中阻抗值分别为

$$\begin{cases}Z_1=Z_{11}-Z_{12}\\ Z_2=Z_{22}-Z_{12}\\ Z_3=Z_{12}=Z_{21}\end{cases}\tag{8-18}$$

如果二端口网络的$Y$参数已给定，要求确定此二端口网络的等效Ⅱ形电路中$Y_1$、$Y_2$和$Y_3$的值，由图8.14(b)所示电路及KCL、KVL列方程

$$\begin{cases}\dot{I}_1=Y_1\dot{U}_1+Y_2(\dot{U}_1-\dot{U}_2)=(Y_1+Y_2)\dot{U}_1-Y_2\dot{U}_2\\ \dot{I}_2=Y_3\dot{U}_2+Y_2(\dot{U}_2-\dot{U}_1)=-Y_2\dot{U}_1+(Y_2+Y_3)\dot{U}_2\end{cases}\tag{8-19}$$

比较式(8-19)与式(8-5)，得

$$\begin{cases} Y_{11}=Y_1+Y_2 \\ Y_{12}=Y_{21}=-Y_2 \\ Y_{22}=Y_2+Y_3 \end{cases} \tag{8-20}$$

解方程组(8-20)，得Ⅱ形等效电路中导纳值分别为

$$\begin{cases} Y_1=Y_{11}+Y_{12} \\ Y_2=-Y_{12}=-Y_{21} \\ Y_3=Y_{21}+Y_{22} \end{cases} \tag{8-21}$$

当然，如果给定二端口网络的参数是 $T$ 参数(或其他参数)可直接求解图 8.14(a)(b)两个电路的传输参数，再从中解出 T 形等效电路的阻抗值或Ⅱ形等效电路的导纳值，也可以根据 $T$ 参数与 $Z$ 或 $Y$ 参数之间的变换关系(见表 8-1)，求出用 $T$ 参数表示的等效 T 形电路中的 $Z_1$、$Z_2$ 和 $Z_3$ 之值或Ⅱ形等效电路中的 $Y_1$、$Y_2$ 和 $Y_3$ 之值。下面给出了推导结果。

用 $T$ 参数表示的等效 T 形电路中 $Z_1$、$Z_2$ 和 $Z_3$，为

$$Z_1=\frac{A-1}{C},\ Z_2=\frac{D-1}{C},\ Z_3=\frac{1}{C} \tag{8-22}$$

用 $T$ 参数表示的等效Ⅱ形电路中 $Y_1$、$Y_2$ 和 $Y_3$，为

$$Y_1=\frac{D-1}{B},\ Y_2=\frac{1}{B},\ Y_3=\frac{A-1}{B} \tag{8-23}$$

**例 8.11** 已知某二端口网络的传输参数为 $A=4$、$B=7\ \Omega$，$C=2\ \text{S}$、$D=3.75$，试求它的 T 形等效电路参数。

解：因为 $AD-BC=4\times3.75-7\times2=1$，所以二端口网络为互易二端口网络，可以用 T 形等效电路等效。根据上述讨论结果，即式(8-22)求 T 形等效电路的参数为

$$Z_1=\frac{A-1}{C}=\frac{4-1}{2}=1.5(\Omega)$$

$$Z_2=\frac{D-1}{C}=\frac{3.75-1}{2}=1.375(\Omega)$$

$$Z_3=\frac{1}{C}=\frac{1}{2}=0.5(\Omega)$$

也可以根据 $T$ 参数与 $Z$ 参数间的关系(见表 8-1)，将给定的 $T$ 参数换算成 $Z$ 参数，即

$$\boldsymbol{Z}=\begin{bmatrix} \frac{A}{C} & \frac{\Delta_T}{C} \\ \frac{1}{C} & \frac{D}{C} \end{bmatrix}=\begin{bmatrix} 2 & 0.5 \\ 0.5 & 1.875 \end{bmatrix}$$

然后代入式(8-18)，得

$$Z_1=Z_{11}-Z_{12}=2-0.5=1.5(\Omega)$$

$$Z_2=Z_{22}-Z_{12}=1.875-0.5=1.375(\Omega)$$

$$Z_3=Z_{12}=Z_{21}=0.5\ \Omega$$

可见，两种方法求得的结果相同。

## 8.4 二端口网络的级联

要求出一个比较复杂的二端口网络的参数，是一项较麻烦的工作。但如果将几个简单的二端口网络按一定方式连接起来，构成所需要的二端口网络(称为复合二端口网络)，或者将一个复杂的二端口网络分解为几个简单的二端口网络，并能找到整个网络参数与各个简单网络间的关系，这就给计算复杂二端口网络的参数提供了方便的途径。

二端口网络的连接有级联、串联、并联等方式，分别如图 8.15(a)(b)(c)所示。本节只讨论二端口网络的级联。

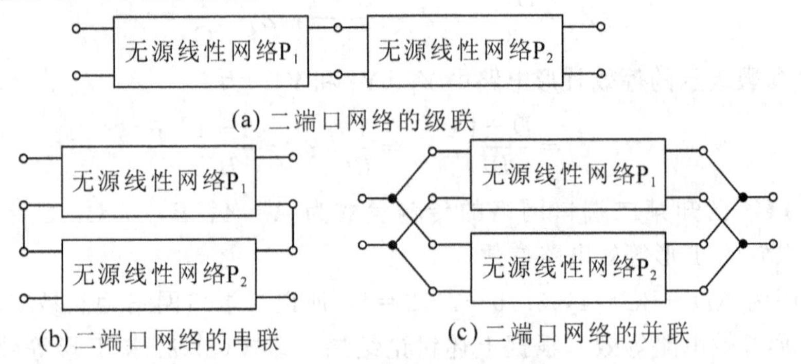


图 8.15　二端口网络的连接

将一个二端口网络的输出端口与后一个二端口网络的输入端口连接起来，构成一个复合二端口网络，如图 8.15(a)所示，称为二端口网络的级联。

二端口网络的级联采用传输参数矩阵分析，可以简便地得到满意的结果。

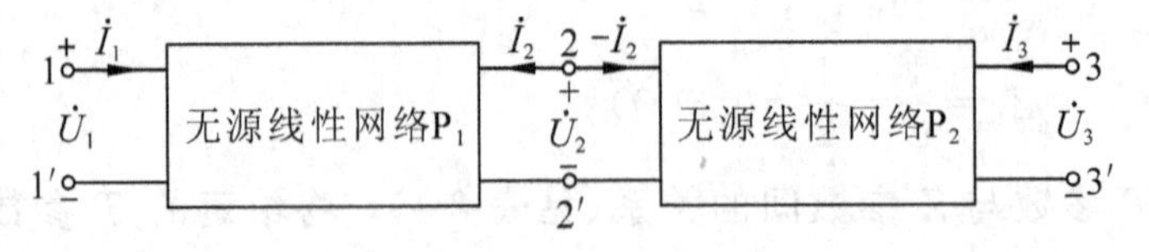


图 8.16　二端口网络的级联

设如图 8.16 所示两个无源二端口网络 $P_1$ 和 $P_2$ 的 $T$ 参数矩阵分别为

$$\boldsymbol{T}_1=\begin{bmatrix}A_1 & B_1\\ C_1 & D_1\end{bmatrix},\qquad \boldsymbol{T}_2=\begin{bmatrix}A_2 & B_2\\ C_2 & D_2\end{bmatrix}$$

则前一个二端口网络 $P_1$ 的传输参数方程为

$$\begin{bmatrix}\dot{U}_1\\ \dot{I}_1\end{bmatrix}=\begin{bmatrix}A_1 & B_1\\ C_1 & D_1\end{bmatrix}\begin{bmatrix}\dot{U}_2\\ -\dot{I}_2\end{bmatrix} \tag{8-24}$$

后一个二端口网络 $P_2$ 的传输参数方程为

$$\begin{bmatrix}\dot{U}_2\\ -\dot{I}_2\end{bmatrix}=\begin{bmatrix}A_2 & B_2\\ C_2 & D_2\end{bmatrix}\begin{bmatrix}\dot{U}_3\\ -\dot{I}_3\end{bmatrix} \tag{8-25}$$

由于二端口网络 $P_1$ 的输出即为二端口网络 $P_2$ 的输入，将式(8-25)代入式(8-24)，从而得到级联后复合二端口网络的传输参数方程为

$$\begin{bmatrix}\dot{U}_1\\ \dot{I}_1\end{bmatrix}=\begin{bmatrix}A_1 & B_1\\ C_1 & D_1\end{bmatrix}\begin{bmatrix}A_2 & B_2\\ C_2 & D_2\end{bmatrix}\begin{bmatrix}\dot{U}_3\\ -\dot{I}_3\end{bmatrix}=\boldsymbol{T}_1\cdot\boldsymbol{T}_2\begin{bmatrix}\dot{U}_3\\ -\dot{I}_3\end{bmatrix}=\boldsymbol{T}\begin{bmatrix}\dot{U}_3\\ -\dot{I}_3\end{bmatrix} \tag{8-26}$$

式中

$$\boldsymbol{T}=\begin{bmatrix}A & B\\ C & D\end{bmatrix}=\begin{bmatrix}A_1 & B_1\\ C_1 & D_1\end{bmatrix}\begin{bmatrix}A_2 & B_2\\ C_2 & D_2\end{bmatrix}=\boldsymbol{T}_1\cdot\boldsymbol{T}_2$$

可见，级联后所构成的复合二端口网络的传输参数矩阵等于组成级联的各个二端口网络传输参数矩阵的乘积。

如果多个二端口网络级联组成复合二端口网络，上式则可写成

$$\boldsymbol{T}=\boldsymbol{T}_1\cdot\boldsymbol{T}_2\cdot\cdots\cdot\boldsymbol{T}_n \tag{8-27}$$

**例 8.12** 试求图 8.17(a)所示二端口网络的传输参数矩阵。

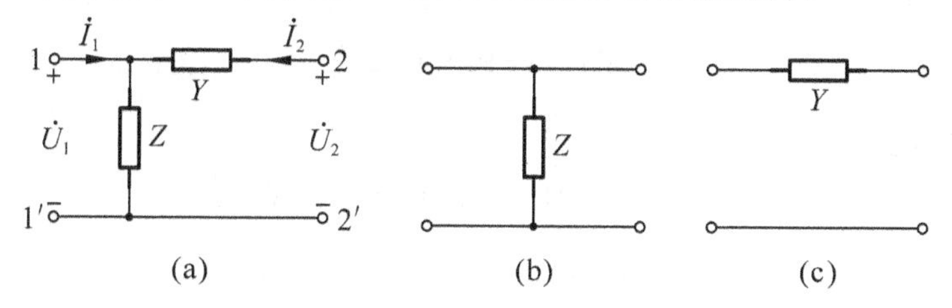


图 8.17　例 8.12 电路

解：将图 8.17(a)所示的二端口网络分解为由图 8.17(b)(c)的级联，而图 8.17(b)(c)的传输参数矩阵分别为

$$\boldsymbol{T}_1=\begin{bmatrix}1 & 0\\ 1/Z & 1\end{bmatrix}\text{和 }\boldsymbol{T}_2=\begin{bmatrix}1 & 1/Y\\ 0 & 1\end{bmatrix}$$

由式(8-27)可得二端口网络的传输参数矩阵为

$$\boldsymbol{T}=\boldsymbol{T}_1\cdot\boldsymbol{T}_2=\begin{bmatrix}1 & 0\\ 1/Z & 1\end{bmatrix}\begin{bmatrix}1 & 1/Y\\ 0 & 1\end{bmatrix}=\begin{bmatrix}1 & 1/Y\\ 1/Z & 1/ZY+1\end{bmatrix}$$

**例 8.13** 试求图 8.18 所示二端口网络的传输参数。

解：图示二端口网络可看成三个简单二端口网络的级联，如图虚线框所标注。各级二端口网络的传输参数矩阵分别为

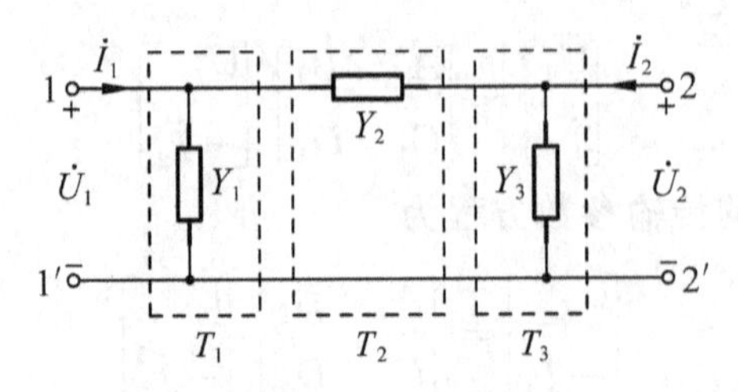


图 8.18　例 8.13 电路

$$\boldsymbol{T}_1=\begin{bmatrix}1 & 0\\ Y_1 & 1\end{bmatrix},\ \boldsymbol{T}_2=\begin{bmatrix}1 & 1/Y_2\\ 0 & 1\end{bmatrix},\ \boldsymbol{T}_3=\begin{bmatrix}1 & 0\\ Y_3 & 1\end{bmatrix}$$

所求二端口网络的传输参数矩阵为

$$\boldsymbol{T}=\boldsymbol{T}_1\cdot\boldsymbol{T}_2\cdot\boldsymbol{T}_3=\begin{bmatrix}1 & 0\\ Y_1 & 1\end{bmatrix}\begin{bmatrix}1 & 1/Y_2\\ 0 & 1\end{bmatrix}\begin{bmatrix}1 & 0\\ Y_3 & 1\end{bmatrix}=\begin{bmatrix}1+Y_3/Y_2 & 1/Y_2\\ Y_1+Y_3+Y_1Y_3/Y_2 & 1+Y_1/Y_2\end{bmatrix}$$

**例 8.14**　如图 8.19 所示电路，已知：$R_S=2\ \Omega$，$\dot{U}_S=11\ \text{V}$，$R_L=10\ \Omega$，内部二端口网络 $P_1$ 的 $T_1$ 参数为 $A_1=1$，$B_1=2\ \Omega$，$C_1=4\ \text{S}$，$D_1=9$。试求 $\dot{U}_2$。

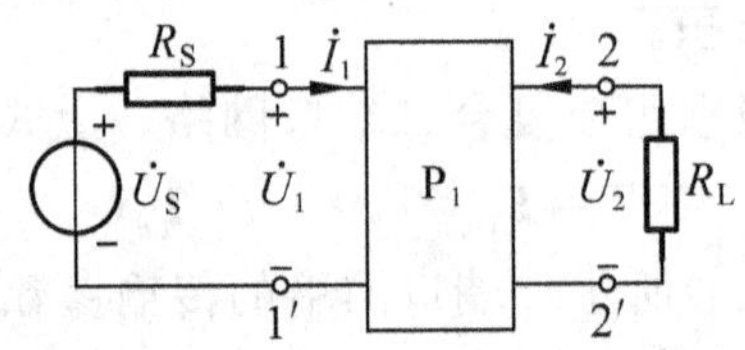


图 8.19　例 8.14 电路

解：根据题意有

$$\begin{cases}\dot{U}_1=A_1\dot{U}_2+B_1(-\dot{I}_2)=\dot{U}_2+2(-\dot{I}_2)\\ \dot{I}_1=C_1\dot{U}_2+D_1(-\dot{I}_2)=4\dot{U}_2+9(-\dot{I}_2)\end{cases}\tag{8-28}$$

由图并应用 KVL 可得

$$\begin{cases}\dot{U}_1=\dot{U}_S-R_S\dot{I}_1\\ \dot{U}_2=-R_L\dot{I}_2\end{cases}\tag{8-29}$$

联立求解式(8-28)和式(8-29)，得

$$\dot{U}_2=\frac{\dot{U}_S}{1+4R_S+\dfrac{9R_S+2}{R_L}}=\frac{11}{1+4\times2+\dfrac{9\times2+2}{10}}=1(\text{V})$$

或将 $R_S$ 与 $P_1$ 看成级联组成一个复合二端口网络，其传输参数矩阵为

$$\boldsymbol{T}=\boldsymbol{T}_S\boldsymbol{T}_1=\begin{bmatrix}1 & R_S\\ 0 & 1\end{bmatrix}\begin{bmatrix}A_1 & B_1\\ C_1 & D_1\end{bmatrix}=\begin{bmatrix}1 & 2\\ 0 & 1\end{bmatrix}\begin{bmatrix}1 & 2\\ 4 & 9\end{bmatrix}=\begin{bmatrix}9 & 20\\ 4 & 9\end{bmatrix}$$

因此可得方程

$$\begin{cases}\dot{U}_S=A\dot{U}_2+B(-\dot{I}_2)=9\dot{U}_2+20(-\dot{I}_2)\\ \dot{I}_1=C\dot{U}_2+D(-\dot{I}_2)=4\dot{U}_2+9(-\dot{I}_2)\end{cases}\tag{8-30}$$

联立求解式(8-30)和式(8-29)的第二式，得

$$\dot{U}_2=\frac{\dot{U}_S}{9+\frac{20}{R_L}}=\frac{11}{9+\frac{20}{10}}=1(\mathrm{V})$$

## 8.5 理想变压器

理想变压器是一个二端口网络，其图形符号如图 8.20(a)所示，$N_1$ 和 $N_2$ 分别是原边和副边的匝数。按图中所示的同名端及输入和输出两个端口的电压、电流参考方向，其瞬时值关系为

$$\begin{cases}\frac{u_1}{u_2}=n\\ \frac{i_1}{i_2}=-\frac{1}{n}\end{cases}\quad 或\quad \begin{cases}u_1=nu_2\\ i_1=-\frac{1}{n}i_2\end{cases}\tag{8-31}$$

式中，$n=N_1/N_2$ 为理想变压器的变比。

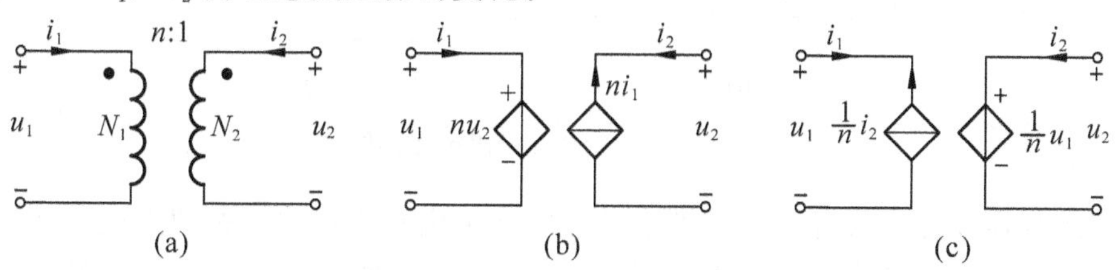


图 8.20　理想变压器及由受控源构成的理想变压器模型

理想变压器的传输参数矩阵方程式为

$$\begin{bmatrix}u_1\\ i_1\end{bmatrix}=\begin{bmatrix}n & 0\\ 0 & \frac{1}{n}\end{bmatrix}\begin{bmatrix}u_2\\ -i_2\end{bmatrix}=\boldsymbol{T}\begin{bmatrix}u_2\\ -i_2\end{bmatrix}\tag{8-32}$$

可见，理想变压器的传输参数矩阵 $\boldsymbol{T}$ 是一个对角阵，且主对角线两元素互为倒数，这是理想变压器传输参数矩阵的特点。

理想变压器吸收的瞬时功率由式(8-31)可得

$$u_1i_1=nu_2\cdot\left(-\frac{1}{n}i_2\right)=-u_2i_2\quad 或\quad u_1i_1+u_2i_2=0$$

上式表明，理想变压器任何瞬时既不吸收功率也不发出功率，它是一个无源线性的理想电路元件。其作用就是将能量由原边全部传输到副边输出，在传输过程中，仅仅将电压、电流按变比作数值的变换。理想变压器也可用受控源电路模型模拟，如

图 8.20(b)(c)所示。

当电压、电流是正弦量时，理想变压器的电压、电流关系可用相量表示为

$$\begin{cases}\dot{U}_1=n\dot{U}_2\\ \dot{I}_1=-\dfrac{1}{n}\dot{I}_2\end{cases} \tag{8-33}$$

当在理想变压器的输出端口接上负载阻抗 $Z_L$ 时，如图 8.21(a)所示，则输入端口的入端阻抗为

$$Z_{in}=\frac{\dot{U}_1}{\dot{I}_1}=\frac{n\dot{U}_2}{-\dfrac{1}{n}\dot{I}_2}=n^2\ \frac{\dot{U}_2}{-\dot{I}_2}=n^2Z_L \tag{8-34}$$

即从二端口网络输入端口看进去的入端阻抗等于负载阻抗的 $n^2$ 倍，等效电路如图 8.21(b)所示。在电子电路中常用这种阻抗变换作用将小阻抗负载 $Z_L$ 通过理想变压器等效为一个较大的阻抗 $n^2Z_L$，以达到与前级电路阻抗匹配的要求。

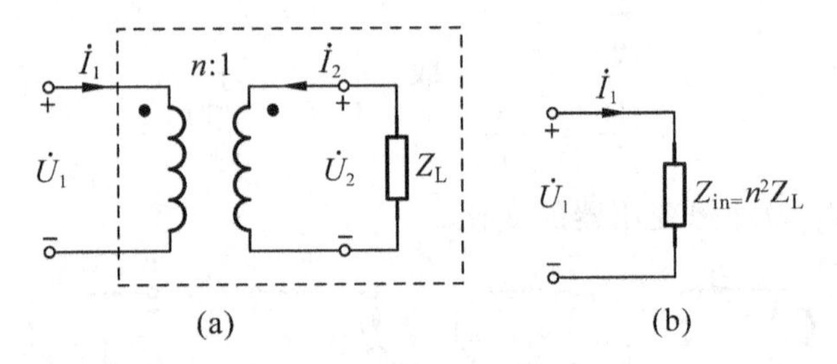


图 8.21　理想变压器的阻抗变换作用

理想变压器是在实际变压器的基础上经理想化而得到的一种理想电路元件。理想变压器具有三个特点：一是无损耗；二是全耦合(耦合系数为 1)；三是 $L_1$、$L_2$、$M$ 均为无限大，$\dfrac{L_1}{L_2}$的比值保持有限值，等于变压器的原、副边线圈匝数比 $n$。

在实际工程中，采用高磁导率的铁磁材料做变压器铁芯，减少变压器的损耗；在结构上尽量使变压器原、副边线圈紧密耦合，以减少漏磁；在保持变比不变情况下，增加原、副边线圈的匝数比以加大 $L_1$、$L_2$、$M$ 等措施，这样，实际变压器就可用理想变压器的电路模型来模拟。

## 本章小结

1. 二端口网络：四端网络满足端口条件时称为二端口网络。线性无源二端口网络可以用两个独立的方程来描述两个端口电压和电流的关系(外特性)，这一方程组称为二端口网络参数方程。描述二端口网络的参数共有六种，本章介绍了最常用的 $Y$、$Z$、$T$、$H$ 四种。

①阻抗参数方程及阻抗参数

$$\dot{U}_1=Z_{11}\dot{I}_1+Z_{12}\dot{I}_2$$

$$\dot{U}_2=Z_{21}\dot{I}_1+Z_{22}\dot{I}_2$$

②导纳参数方程及导纳参数

$$\dot{I}_1=Y_{11}\dot{U}_1+Y_{12}\dot{U}_2$$

$$\dot{I}_2=Y_{21}\dot{U}_1+Y_{22}\dot{U}_2$$

③传输参数方程及传输参数

$$\dot{U}_1=A\dot{U}_2+B(-\dot{I}_2)$$

$$\dot{I}_1=C\dot{U}_2+D(-\dot{I}_2)$$

④混合参数方程及混合参数

$$\dot{U}_1=H_{11}\dot{I}_1+H_{12}\dot{U}_2$$

$$\dot{I}_2=H_{21}\dot{I}_1+H_{22}\dot{U}_2$$

二端口网络方程中的四个系数表征了二端口网络的特征，称为二端口网络的参数。它们分别为阻抗参数、导纳参数、传输参数和混合参数。它们可以通过计算或测量确定，对同一个二端口网络四个参数间有一定的关系，参数之间可以互相转换，见表8-1。

2. 互易二端口网络和对称二端口网络。不含独立源和受控源的线性二端口网络为互易二端口网络。互易二端口网络的$Y$、$Z$、$T$、$H$参数中的每一种都只有三个是独立的。对称二端口网络中只有两个参数是独立的。互易条件和对称条件见下表。

| 二端口网络 | 互易条件 | 对称条件 |
|---|---|---|
| $Z$参数 | $Z_{12}=Z_{21}$ | $Z_{12}=Z_{21}$，$Z_{11}=Z_{22}$ |
| $Y$参数 | $Y_{12}=Y_{21}$ | $Y_{12}=Y_{21}$，$Y_{11}=Y_{22}$ |
| $T$参数 | $AD-BC=1$ | $AD-BC=1$，$A=D$ |
| $H$参数 | $H_{12}=-H_{21}$ | $H_{12}=-H_{21}$，$H_{11}H_{22}-H_{12}H_{21}=1$ |

3. 互易的二端口网络可以用三个阻抗或导纳组成的T形或Π形网络来等效，如果网络是对称的，则其等效电路也是对称的，此时，这三个阻抗或导纳中有两个参数一样。

4. 将一个二端口网络的输出端口与后一个二端口网络的输入端口连接起来，构成一个复合二端口网络，称为二端口网络的级联。用传输参数矩阵分析二端口网络的级联最为方便。如果每个二端口网络的传输矩阵分别为

$\boldsymbol{T}_1$、$\boldsymbol{T}_2$、…、$\boldsymbol{T}_n$，则这 $n$ 个二端口网络级联后所构成的复合二端口网络的传输矩阵为

$$\boldsymbol{T}=\boldsymbol{T}_1 \cdot \boldsymbol{T}_2 \cdot \cdots \cdot \boldsymbol{T}_n$$

5. 理想变压器是一种无源线性的理想二端口元件，其端口电压、电流关系为

$$u_1=nu_2，\ i_1=-\frac{1}{n}i_2$$

理想变压器既不消耗也不储存能量，常用来变电压、变电流和变阻抗。理想变压器是实际变压器电路模型的基本元件。

## 习题与思考题

8.1 试求图 8.22 所示二端口网络的阻抗参数。

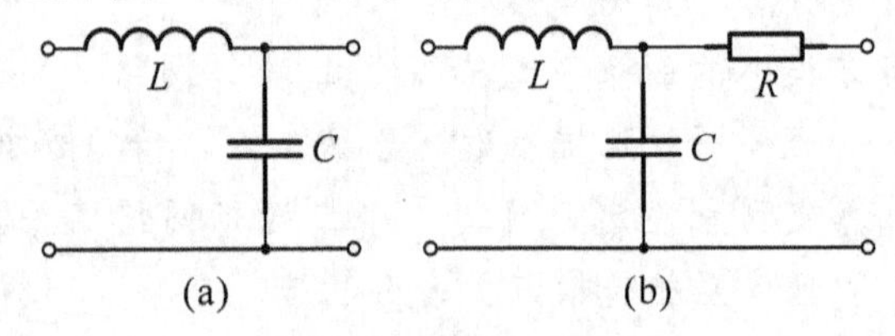


图 8.22 习题 8.1 电路

8.2 试求图 8.23 所示电路的阻抗参数矩阵。

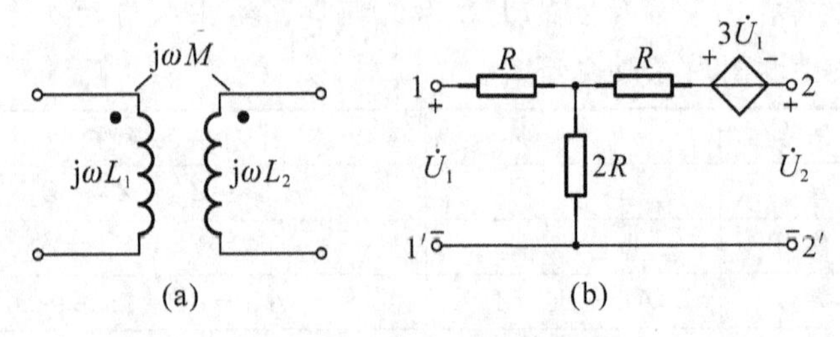


图 8.23 习题 8.2 电路

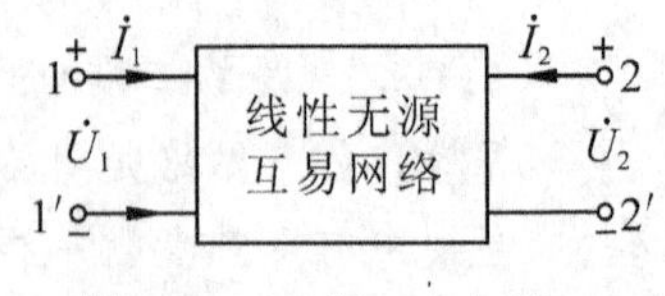


图 8.24 习题 8.3 电路

8.3 如图 8.24 所示，某互易且对称的二端口网络测试结果如下：端口 2-2′开路时，$U_1=95$ V，$I_1=5$ A；端口 2-2′短路时，$U_1=11.52$ V，$I_2=-2.72$ A，试求该二端口网络的 $Z$ 参数。

8.4 试求图 8.25 所示二端口网络的导纳参数。

8.5 试求图 8.26 所示二端口网络的导纳参数。

8.6 试求图 8.27 所示电路的 $Z$ 参数。

8.7 试求图 8.28 所示电路的 $Y$ 参数。

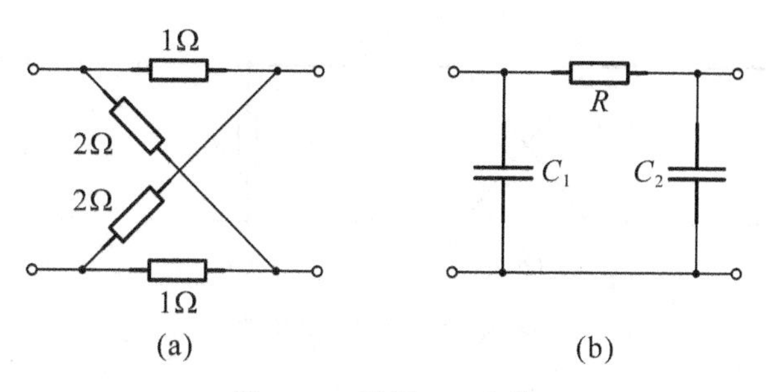


图 8.25 习题 8.4 电路

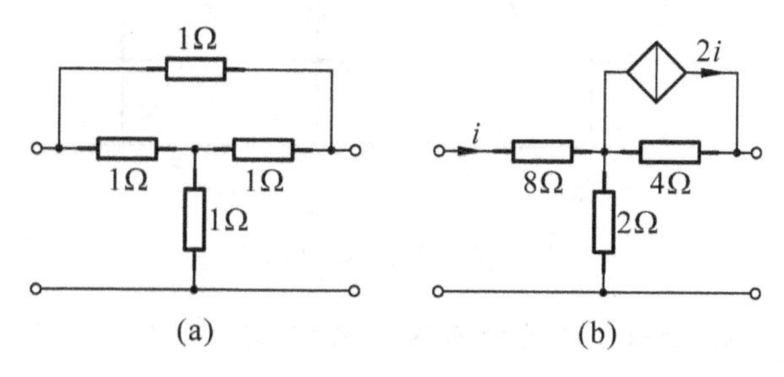


图 8.26 习题 8.5 电路

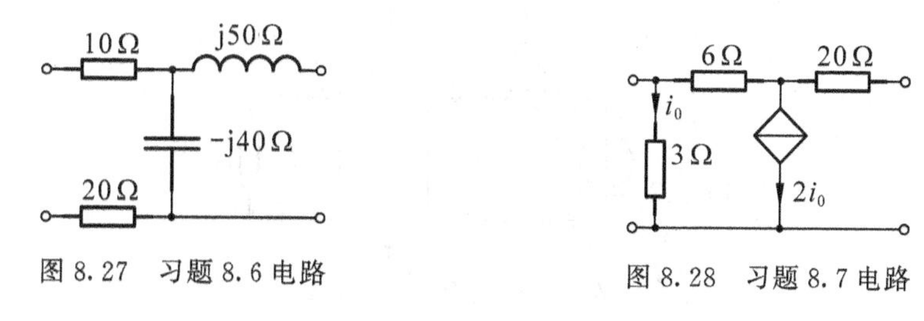


图 8.27 习题 8.6 电路　　图 8.28 习题 8.7 电路

8.8 试求：将电压源接到输入端口时，输出端口的短路电流［见图 8.29(a)］；将电压源接到输出端口时输入端口的短路电流［见图 8.29(b)］。已知：$U_S=5$ V 及二端口网络 P 的 $Y$ 参数矩阵为

$$\boldsymbol{Y}=\begin{bmatrix}0.5 & -0.2\\ -0.2 & 0.3\end{bmatrix}\text{S}$$

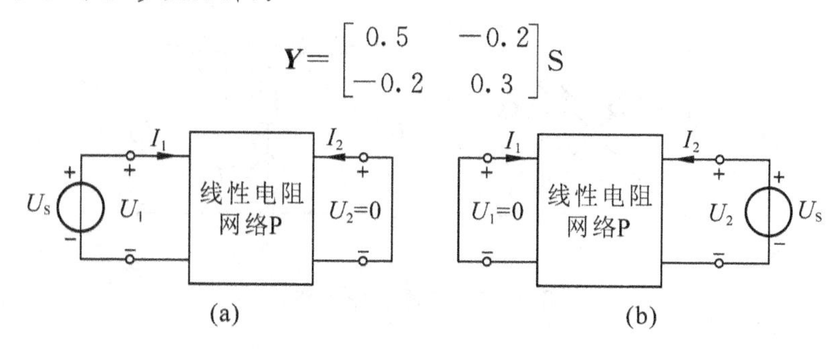


图 8.29 习题 8.8 电路

8.9 试求图 8.30 所示各二端口网络的 $T$ 参数矩阵。

8.10 试求图 8.31 所示二端口网络的 $T$ 参数矩阵。

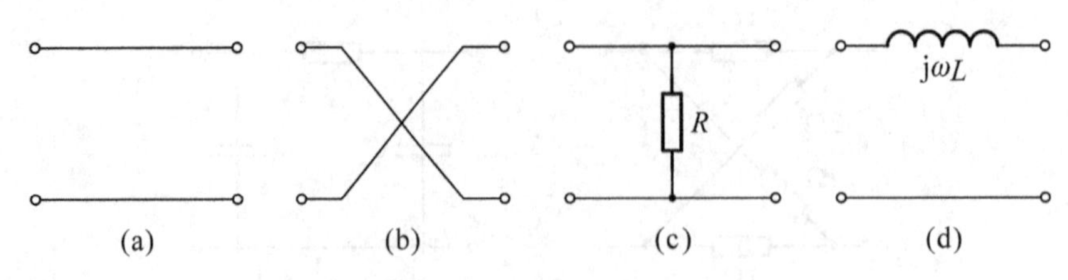


图 8.30　习题 8.9 电路

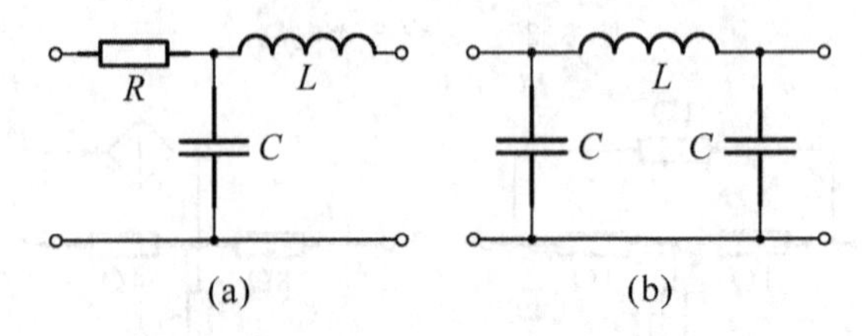


图 8.31　习题 8.10 电路

8.11　试求图 8.32 所示各二端口网络的端口电流 $\dot{I}_1$ 和 $\dot{I}_2$，已知 P 的传输参数为

$$\begin{bmatrix} 5 & 10 \\ 0.4 & 1 \end{bmatrix}$$

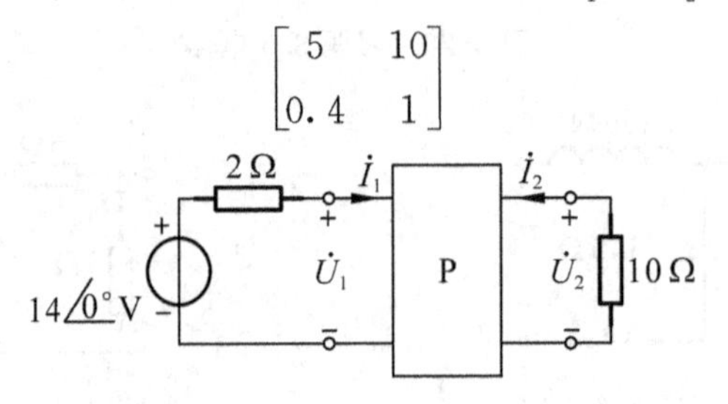


图 8.32　习题 8.11 电路

8.12　试求图 8.33 所示二端口网络的 $H$ 参数。

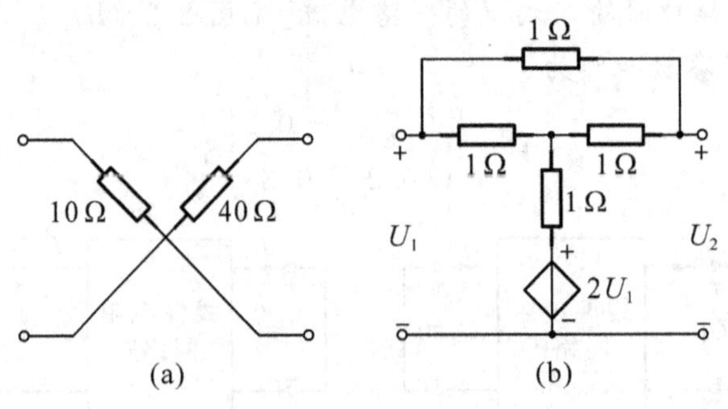


图 8.33　习题 8.12 电路

8.13　已知二端口网络的 $Y$ 参数矩阵为 $\boldsymbol{Y}=\begin{bmatrix} 1.5 & -1.2 \\ -1.2 & 1.8 \end{bmatrix}$，试求 $H$ 参数矩阵。

8.14　已知二端口网络的参数矩阵为

$$\boldsymbol{Z}=\begin{bmatrix}\frac{60}{9} & \frac{40}{9}\\ \frac{40}{9} & \frac{100}{9}\end{bmatrix}$$

试问该二端口网络是否有受控源，并求它的Ⅱ形等效电路。

8.15　已知二端口网络的导纳参数 $Y_{11}=5$ S，$Y_{12}=Y_{21}=-2$ S，$Y_{22}=3$ S，试求 T 形等效电路的阻抗值。

8.16　试求图 8.34 所示Ⅱ形二端口网络的 $H$ 参数。

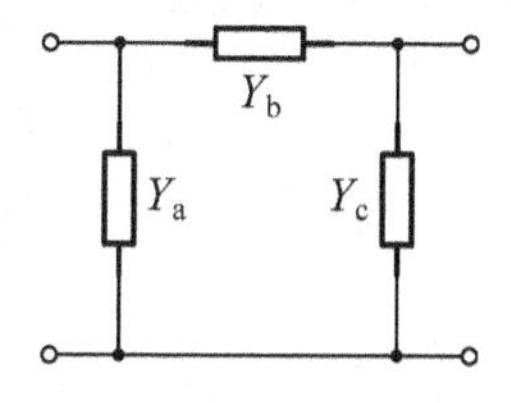


图 8.34　习题 8.16 电路

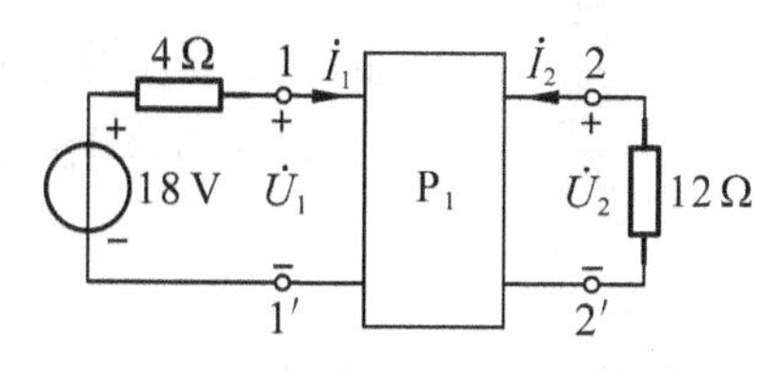


图 8.35　习题 8.17 电路

8.17　已知图 8.35 所示二端口网络 $P_1$ 的 $Z$ 参数为 $\boldsymbol{Z}=\begin{bmatrix}6 & 4\\ 5 & 8\end{bmatrix}\Omega$，试求电流 $\dot{I}_1$ 和电压 $\dot{U}_2$。

8.18　试求图 8.36 所示二端口网络的 $T$ 参数。

8.19　试求图 8.37 所示二端口网络的 $T$ 参数矩阵，设内部二端口 $P_1$ 的 $T_1$ 参数矩阵为

$$\boldsymbol{T}_1=\begin{bmatrix}A & B\\ C & D\end{bmatrix}$$

8.20　试求图 8.38 所示二端口网络的 $T$ 参数。

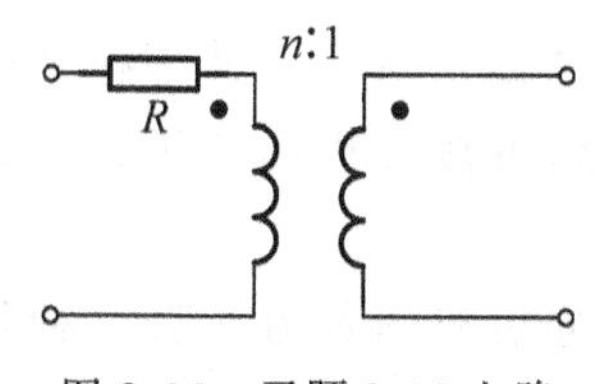


图 8.36　习题 8.18 电路

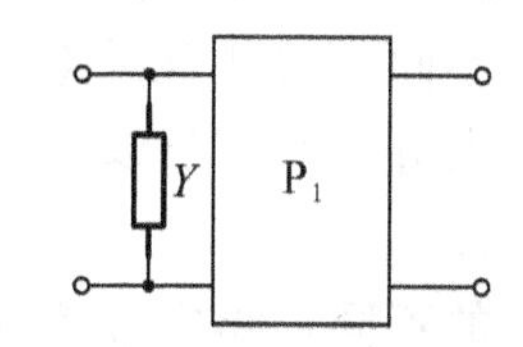


图 8.37　习题 8.19 电路

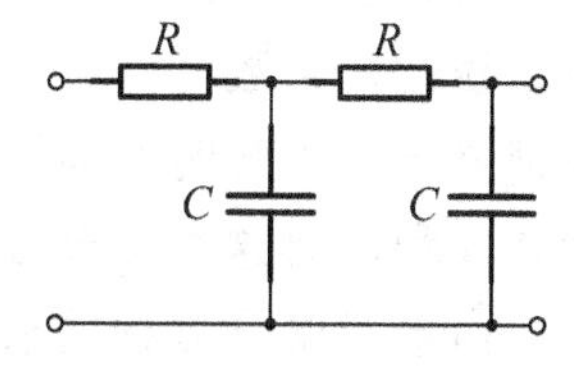


图 8.38　习题 8.20 电路

思政元素进课堂-中国科学家介绍-吴德馨

# 第 9 章　动态电路过渡过程的时域分析

**主要内容**

1. 初始值、换路定律、时间常数、暂态分量、稳态分量。

2. 一阶电路的零输入响应、零状态响应、全响应、阶跃响应。

3. 一阶电路的三要素法。

前几章的内容，无论是直流电路还是正弦电流电路，所有的响应或是恒定不变，或是按周期规律变化，电路的这种工作状态称为稳定状态，简称稳态。在第 4 章中介绍了电容元件和电感元件，这两种元件的电压和电流的约束关系是通过导数(或积分)表达的，所以称为动态元件，或称为储能元件。当电路含有储能元件，且电路的结构或元件的参数发生变化时，可能使电路由原来的稳态转变到另一个稳态，这种转变一般说来不是即时完成的，需要一个过程，这个过程称为电路的过渡过程，或动态过程，简称暂态，而电路称为动态电路。这种电路已广泛应用在与人民群众生活息息相关的汽车点火系统、电视机的波形分离系统、多种音响系统中，在提高人民生活质量方面发挥了重要作用，增进了民生福祉，提高了人民生活品质。

在动态电路的分析中，当电路的无源元件都是线性和时不变的元件时，电路方程是线性常系数常微分方程，这不同于前几章讨论的电阻电路，即不管其拓扑结构如何复杂，求解时不涉及积分、微分方程。所以，线性电路过渡过程的分析，归结为建立和求解这类微分方程。

由于对微分方程的求解方法的不同，相应过渡过程的分析有两种方法：一种是直接求解微分方程的方法，称为经典法。因为它是以时间作为自变量进行分析的，故又称为时域分析。另一种是采用积分变换求解微分方程的方法。例如，通过拉普拉斯变换，将自变量转换为复频率变量，这种方法称为复频率(或复频域)分析。因为它是将微分方程的求解化成了代数方程的求解，故又称为运算法。复频率分析将在后续课程中介绍，本书只介绍时域分析。

## 9.1　换路定律和初始值的计算

电路的过渡过程虽然时间短暂，但对它的研究却有着重要的实际意义。例如，电子技术中电容充、放电产生脉冲信号就是利用电路的过渡过程，而过渡过程中可能出现的过电压、过电流对某些系统又是有害的，要获得预见，以便采取措施加以防止，保证系统安全可靠运行。用时域分析法分析过渡过程，求解电路的微分方程时需要确定积分常数。电路分析中是根据由换路定律得到的初始值(或称为初始条件)来确定积分常数。下面就介绍换路定律和初始值。

**9.1.1　换路定律**

动态电路的一个特征是当电路的结构或元件的参数发生变化时(电路中电源或无源元件的断开或接入，信号的突然注入等)，可能使电路改变原来的稳定工作状态，转变到另一个稳定工作状态，这种转变往往需要经历一个过程，即过渡过程。那么，电路结构或参数的突然改变所引起的电路变化统称为“换路”，并认为换路是即时完成的。例如，图 9.1(a)中的开关 S 的闭合，图 9.1(b)为其过渡过程中电压 $u_C$ 和电流 $i$ 的变化曲线。

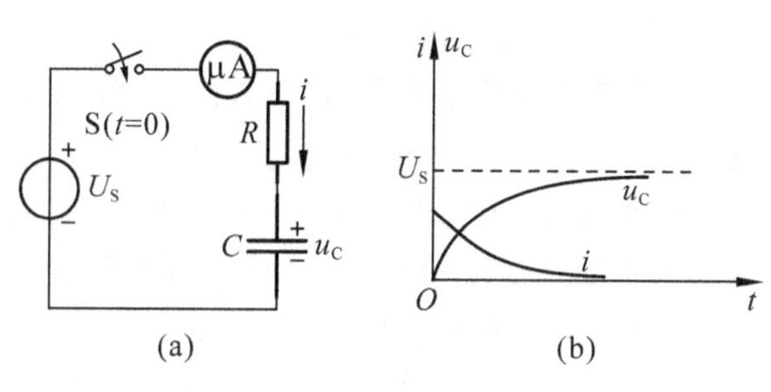


图 9.1　*RC* 电路的过渡过程

为什么电路换路后一般不能由原来的稳定状态立刻达到新的稳定状态呢？众所周知，电动机从静止启动到某一恒定转速需要一定的时间，而电动机制动时转速由某一稳定值变为零也需要一定时间，这说明动能的增加和减少都是作连续变化的，也就是说能量不能跃变。

在电路中能量也不能跃变，不管是电场能量还是磁场能量。能量如果能跃变，就意味着能量的变化率(功率)为无穷大，即 $p=\frac{\mathrm{d}w}{\mathrm{d}t}$为无穷大，这显然是不可能的。

在电容中储能表现为电场能量 $W_C=\frac{1}{2}Cu_C^2$，由于换路时能量一般不能跃变，在电容元件的电流为有限值时，电容电压一般不能跃变。

在电感中储能表现为磁场能量 $W_L=\frac{1}{2}Li_L^2$，由于换路时能量一般不能跃变，在电感元件的电压为有限值时，电感电流一般不能跃变。

如把换路发生的时刻取为计时起点，即 $t=0$，并以 $t=0_-$ 表示换路前的最后一瞬间，$t=0_+$ 表示换路后最开始一瞬间，在 $t=0_-$ 到 $t=0$ 之间，以及 $t=0$ 到 $t=0_+$ 之间的时间间隔均趋于零。换路瞬间从 $t=0_-$ 到 $t=0_+$，电路中的电容端电压不能跃变，即换路后最开始的瞬间电压 $u_C(0_+)$等于换路前最末的瞬间电压 $u_C(0_-)$。电路中的电感电流不能跃变，即换路后最开始的瞬间电流 $i_L(0_+)$等于换路前最末的瞬间电流 $i_L(0_-)$。用数学式表示为

$$\begin{cases} u_C(0_+)=u_C(0_-) \\ i_L(0_+)=i_L(0_-) \end{cases} \tag{9-1}$$

式(9-1)称为换路定律。

需要强调的是，除了电容电压及其电荷量、电感电流及其磁链外，其余的电容电流、电感电压、电阻的电压和电流、电压源的电流、电流源的电压在换路瞬间都可以跃变。因为它们的跃变不会引起能量的跃变。

### 9.1.2　初始值的计算

电路中的响应在换路后的最开始一瞬间($t=0_+$时)的值称为初始值。初始值组成解电路微分方程的初始条件。

电容电压的初始值$u_C(0_+)$和电感电流的初始值$i_L(0_+)$可按换路定律即式(9-1)确定，称为独立初始值。其他可以跃变的量的初始值可根据独立初始值和应用KCL、KVL及欧姆定律来确定，称为非独立初始值或相关初始值。

对于较复杂的电路，为了便于求得初始值，在求得$u_C(0_+)$和$i_L(0_+)$后，可将电容元件代之以电压为$u_C(0_+)$的电压源，将电感元件代之以电流为$i_L(0_+)$的电流源，电路中的独立源取其在$t=0_+$时的值。这样替代后的电路称为电路在$t=0_+$时的等效电路，它是一个电阻性电路，可按电阻性电路进行初始值的计算。

**例 9.1**　图 9.2 所示电路中，直流电压源的电压$U_S$及电阻$R_1$、$R_2$均为已知。电路原先已达到稳态。在$t=0$时断开开关 S，试求电容电压和电容电流的初始值。

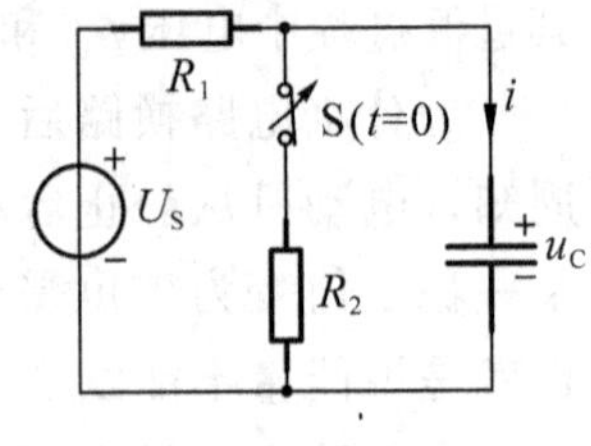


图 9.2　例 9.1 电路

解：因为开关 S 打开前$u_C$为$u_C(0_-)=\dfrac{R_2}{R_1+R_2}U_S$，所以由换路定律可得

$$u_C(0_+)=u_C(0_-)=\frac{R_2}{R_1+R_2}U_S$$

由 KVL 可得

$$i(0_+)=\frac{U_S-u_C(0_+)}{R_1}=\frac{U_S}{R_1+R_2}$$

**例 9.2**　图 9.3 所示电路中，直流电压源的电压为$U_S$，电路原已达到稳态，在$t=0$时断开开关 S，试求$u_C(0_+)$、$i_L(0_+)$、$i_C(0_+)$、$u_L(0_+)$和$u_2(0_+)$。

解：因为电路换路前已达到稳态，所以电感元件相当于短路，电容元件相当于开路，$i_C(0_-)=0$，故有

$$i_L(0_-)=\frac{U_S}{R_1+R_2}，u_C(0_-)=\frac{R_2}{R_1+R_2}U_S$$

由换路定律得

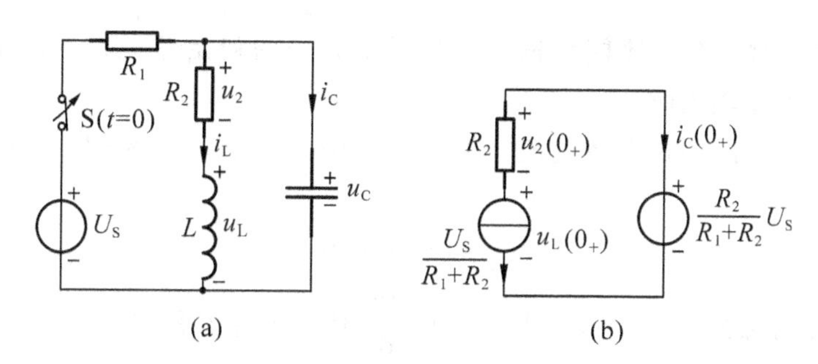


图 9.3　例 9.2 电路

$$i_L(0_+)=i_L(0_-)=\frac{U_S}{R_1+R_2}$$

$$u_C(0_+)=u_C(0_-)=\frac{R_2}{R_1+R_2}U_S$$

为了求得 $t=0_+$ 时刻的其他初始值，将图 9.3(a)电路中的电容 $C$ 及电感 $L$ 分别用数值为 $u_C(0_+)$和 $i_L(0_+)$的等效电压源及等效电流源替代，得到 $t=0_+$ 时刻的等效电路，如图 9.3(b)所示，可以求出

$$i_C(0_+)=-i_L(0_+)=\frac{-U_S}{R_1+R_2}$$

$$u_2(0_+)=R_2 i_L(0_+)=\frac{R_2 U_S}{R_1+R_2}$$

$$u_L(0_+)=0$$

## 9.2　一阶电路的零输入响应

所谓一阶电路是指可用一阶微分方程描述的电路。除电源及电阻元件外，只含一个储能元件(电容或电感)的电路都是一阶电路。

动态电路与电阻性电路不同，在电阻性电路中如果没有独立源就没有响应；在动态电路中，即使没有独立源，只要动态元件的 $u_C(0_+)$或 $i_L(0_+)$不为零，就会由它们的初始储能引起响应。动态电路在没有独立源作用(无外加电源输入，即输入为零)的情况下，仅由初始储能所引起的响应称为零输入响应。

下面讨论最典型的 $RC$ 电路和 $RL$ 电路的零输入响应。

### 9.2.1　*RC* 电路的零输入响应

图 9.4 所示 $RC$ 电路中，开关 S 闭合前，电容 $C$ 已充电，其电压 $u_C(0_-)=U_0$，$t=0$ 时将开关 S 闭合。现在我们分析开关 S 闭合后即 $t\geqslant 0_+$ 时电容电压 $u_C$ 和电路中的电流 $i$ 的变化规律，即电路的响应。

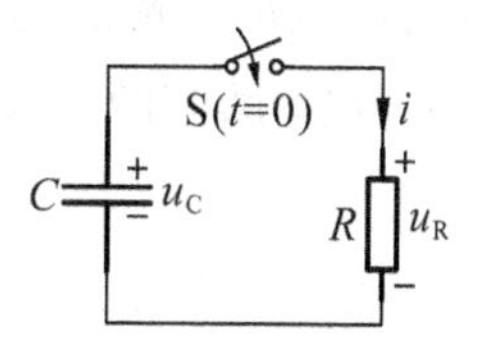


图 9.4　$RC$ 电路的零输入响应

由于 $t\geqslant 0_+$ 时没有外界能量输入，只靠电容中的初始储能在电路中产生响应，所以这种响应为零输入响应。

图 9.4 所示电路中，在各电流、电压的参考方向下，由 KVL 得换路后的电路方程为

$$-u_R+u_C=0$$

将元件的电压电流关系 $u_R=Ri$ 和 $i=-C\dfrac{du_C}{dt}$ 代入上述方程得

$$RC\frac{du_C}{dt}+u_C=0 \tag{9-2}$$

$u_C$ 和 $i$ 都是时间 $t$ 的函数，应记作 $u_C(t)$ 和 $i(t)$，简记作 $u_C$ 和 $i$。式(9-2)是一阶常系数线性齐次微分方程，它的通解为 $u_C=Ae^{pt}$，将其代入式(9-2)，可得方程

$$(RCp+1)Ae^{pt}=0$$

相应的特征方程为

$$RCp+1=0$$

特征根为

$$p=-\frac{1}{RC}$$

所以

$$u_C=Ae^{-\frac{t}{RC}} \quad (t\geqslant 0)^{①} \tag{9-3}$$

将根据换路定律得到的初始条件并令 $U_0=u_C(0_+)=u_C(0_-)$，代入式(9-3)，可求得积分常数

$$A=U_0$$

这样，求得满足初始条件的微分方程的解，即电容的电压为

$$u_C=u_C(0_+)e^{-\frac{t}{RC}}=U_0e^{-\frac{t}{RC}} \quad (t\geqslant 0) \tag{9-4}$$

电路中的电流为

$$i=-C\frac{du_C}{dt}=\frac{U_0}{R}e^{-\frac{t}{RC}} \quad (t>0)^{②} \tag{9-5}$$

从以上两个表达式可以看出，换路后电容电压以 $U_0$ 为初始值按指数规律衰减，最后趋于零。电流在 $t=0$ 瞬间，由零跃变到 $\dfrac{U_0}{R}$，随着放电过程的进行，电流也按指数规律衰减，最后趋于零。

$u_C$ 和 $i$ 随时间变化的曲线如图 9.5 所示($\tau=RC$)。

① $u_C$ 在 $t=0$ 处连续，故其定义域为 $t\geqslant 0$。

② $i$ 在 $t=0$ 处发生跃变，故其定义域为 $t>0$。

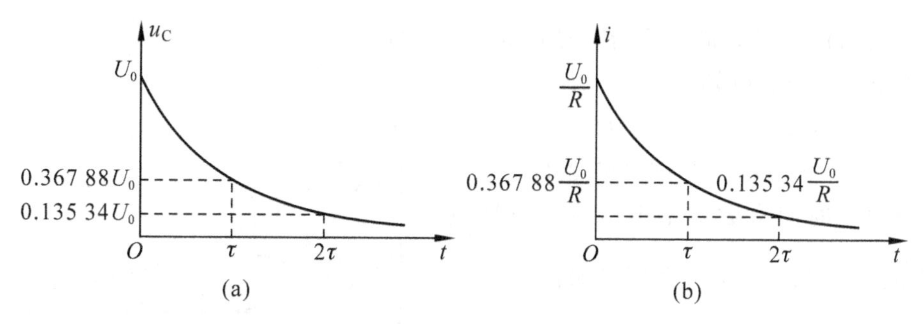


图 9.5　$u_C$ 及 $i$ 随时间变化曲线

### 9.2.2　时间常数

在式(9-4)、式(9-5)中，令

$$\tau=RC \tag{9-6}$$

则有

$$u_C=U_0 e^{-\frac{t}{\tau}} \quad (t\geqslant 0) \tag{9-7}$$

$$i(t)=\frac{U_0}{R}e^{-\frac{t}{\tau}} \quad (t>0) \tag{9-8}$$

从式(9-7)、式(9-8)可以看出，电压 $u_C$ 和 $i$ 都是按照同样的指数规律衰减的。它们衰减的快慢取决于指数中 $RC$ 的大小。由于 $p=-\frac{1}{RC}$，是电路特征方程的特征根，它仅取决于电路的结构和元件的参数。

采用 SI 单位时，有

$$[\tau]=[RC]=\Omega\cdot \mathrm{F}=\Omega\cdot\frac{\mathrm{C}}{\mathrm{V}}=\Omega\cdot\frac{\mathrm{A}\cdot \mathrm{S}}{\mathrm{V}}=\mathrm{S}$$

可见单位是时间秒，所以将 $\tau=RC$ 称为 $RC$ 电路的时间常数。$\tau$ 的大小反映了电路过渡过程的进展速度，它是反映过渡过程特征的一个重要的量。

下面以式(9-7)为例说明时间常数 $\tau$ 的意义。

将 $t=0$，$t=\tau$，$t=2\tau$，$t=3\tau$，… 时刻的电容电压值列于表 9-1 中。

**表 9-1　$t=0$，$t=\tau$，$t=2\tau$，…时刻电容电压值**

| $t$ | 0 | $\tau$ | $2\tau$ | $3\tau$ | $4\tau$ | $5\tau$ | … | $\infty$ |
|---|---|---|---|---|---|---|---|---|
| $u_C(t)/U_0$ | 1 | 0.367 88 | 0.135 34 | 0.049 79 | 0.018 32 | 0.006 74 | … | 0 |

由上表可见，从理论上讲，$t=\infty$时 $u_C$ 才衰减为零，即放电要经历无限长时间才结束。实际上，经历 $5\tau$ 的时间 $u_C$ 已衰减为 0.006 74$U_0$，即初始值的 0.674%。因此，工程上一般认为换路后，经过 $3\tau\sim5\tau$ 时间过渡过程即告结束。所以，电路的时间常数决定了零输入响应衰减的快慢，时间常数越小，电压衰减越快，即电路响应越快，如图 9.6 所示。时间常数小的电路，达到稳态所需要的时间就短。反之，时间常数大，达到稳态所需要的时间就长。但不管时间常数是大是小，电路达

到稳态的时间总是 3 倍或 5 倍的时间常数。

由表 9-1 还可以知道

$$u_C(t=0)=U_0 e^0=U_0$$

$$u_C(t=\tau)=U_0 e^{-1}=0.367\ 88U_0$$

所以，时间常数就是电路响应衰减到初始值的$\frac{1}{e}$或 36.8% 时所需的时间。

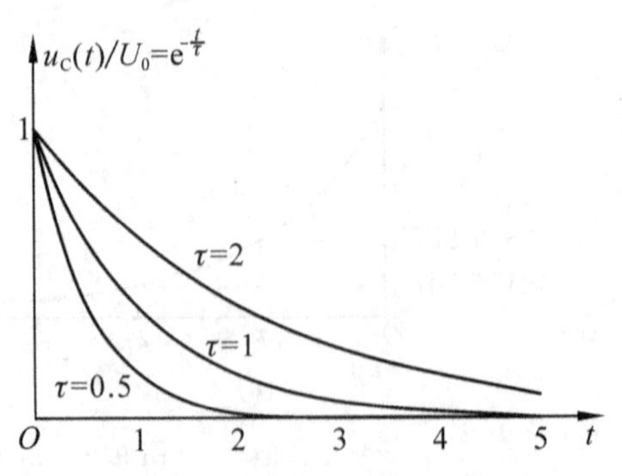


图 9.6　不同时间常数情况下 $u_C(t)/U_0=e^{-\frac{t}{\tau}}$ 的图形

时间常数 $\tau$ 的大小，还可以从 $u_C$ 或 $i$ 的曲线上用几何方法求得。在图 9.7 中，取电容电压 $u_C$ 的曲线上任意一点 $A$，通过 $A$ 点作切线 $AC$，则图中的次切距为

$$BC=\frac{AB}{\tan\alpha}=\frac{u_C(t_0)}{-\left.\frac{du_C}{dt}\right|_{t=t_0}}=\frac{U_0 e^{-\frac{t_0}{\tau}}}{\frac{1}{\tau}U_0 e^{-\frac{t_0}{\tau}}}=\tau$$

即在时间坐标上次切距的长度等于时间常数 $\tau$。

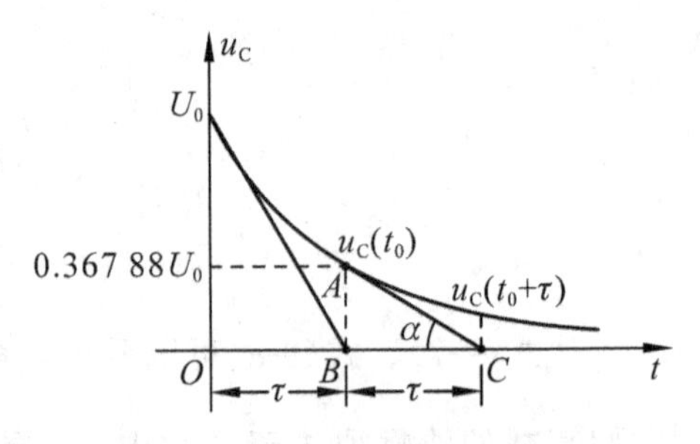


图 9.7　时间常数 $\tau$ 的几何意义

$RC$ 电路的时间常数与电路的 $R$ 及 $C$ 成正比。在相同的初始电压 $U_0$ 下，$C$ 越大，储存的电场能量越多，放电所需的时间就越长，因此，$\tau$ 与 $C$ 成正比；同样 $U_0$ 和 $C$ 的情况下，$R$ 越大，越限制电荷的流动和能量的释放，放电时间越长，所以，$\tau$ 与 $R$ 成正比。

在放电过程中，电容不断放出能量为电阻所消耗，电阻中所消耗的功率是

$$p(t)=i^2(t)R=\frac{U_0^2}{R}e^{-\frac{2t}{\tau}}$$

时间由零到 $t$ 期间，电阻所吸收的能量是

$$w_R(t)=\int_0^t p\,dt=\int_0^t \frac{U_0^2}{R}e^{-\frac{2t}{\tau}}dt=-\frac{\tau U_0^2}{2R}e^{-\frac{2t}{\tau}}\Big|_0^t$$

$$=\frac{1}{2}CU_0^2(1-e^{-\frac{2t}{\tau}})$$

当 $t\to\infty$ 时，$w_R(\infty)\to\frac{1}{2}CU_0^2$，这与电容器的初始储能 $w_C(0)=\frac{1}{2}CU_0^2$ 一样。这就是说，初始储存于电容器中的能量最终全部被电阻消耗掉。

**例 9.3**　图 9.8 所示电路原已稳定。试求开关 S 断开后的电容电压 $u_C$ 和放电电流 $i$。

解：首先求初始值 $u_C(0_+)$。因为电压源的电压为恒定值，开关断开前电路已稳定，所以换路前电容相当于开路，该支路电流为零，$u_C(0_-)$ 与 6 kΩ 电阻电压相

等，即

$$u_C(0_-)=90\times\frac{6}{3+6}(\text{V})=60\ \text{V}$$

根据换路定律得

$$U_0=u_C(0_+)=u_C(0_-)=60\ \text{V}$$

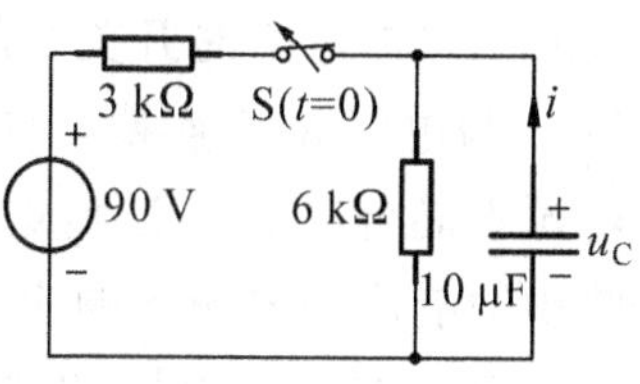

图 9.8　例 9.3 电路

其次求时间常数。换路后电容通过 6 kΩ 电阻放电，等效电阻为 $R=6\ \text{k}\Omega$

故时间常数为

$$\tau=RC=6\times10^3\times10\times10^{-6}=0.06(\text{s})$$

由式(9-7)、式(9-8)可得

$$u_C(t)=U_0\text{e}^{-\frac{t}{\tau}}=60\text{e}^{-\frac{1}{0.06}t}\approx60\text{e}^{-16.67t}(\text{V})$$

$$i(\text{t})=\frac{U_0}{R}\text{e}^{-\frac{t}{\tau}}=\frac{60}{6}\text{e}^{-\frac{1}{0.06}t}\approx10\text{e}^{-16.67t}(\text{mA})$$

**例 9.4**　图 9.9 所示电路，开关 S 闭合前电路已达稳态，试求开关 S 闭合后电容电压 $u_C$ 和电流 $i_C$、$i_1$ 及 $i_2$。

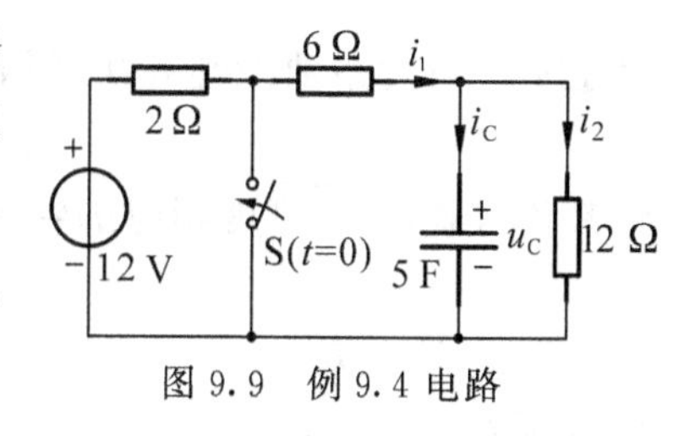

图 9.9　例 9.4 电路

解：$U_0=u_C(0_+)=u_C(0_-)=\frac{12}{2+6+12}\times12=7.2\ (\text{V})$

在 $t>0$ 时，开关左边电路被短路，对右边电路不起作用，这时电容经电阻 6 Ω 和 12 Ω 两支路放电，等效电阻为

$$R=\frac{6\times12}{6+12}=4(\Omega)$$

故时间常数为

$$\tau=RC=4\times5=20(\text{s})$$

由式(9-7)可得

$$u_C(\text{t})=U_0\text{e}^{-\frac{t}{\tau}}=7.2\text{e}^{-\frac{1}{20}t}=7.2\text{e}^{-0.05t}(\text{V})$$

由式(9-8)，因为 $u_C$ 与 $i_C$ 参考方向一致可得

$$i_C=-\frac{U_0}{R}\text{e}^{-\frac{t}{\tau}}=-\frac{7.2}{4}\text{e}^{-\frac{t}{20}}=-1.8\text{e}^{-0.05t}(\text{A})$$

$$i_2=\frac{u_C}{12}=0.6\text{e}^{-0.05t}(\text{A})$$

$$i_1=i_C+i_2=-1.2\text{e}^{-0.05t}(\text{A})$$

### 9.2.3　*RL* 电路的零输入响应

图 9.10 所示电路在开关 S 动作之前电路已处于稳定，电感中电流 $I_0=I_S=$

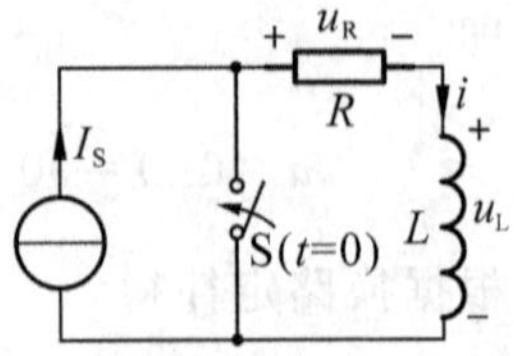

$i(0_-)$。在 $t=0$ 时开关 S 闭合，具有初始电流 $I_0$ 的电感 $L$ 与电阻 $R$ 相连接，构成一个闭合回路。$t>0$ 时，电源不能再向电感 $L$ 输送能量，因此，换路后 $RL$ 电路中的响应为零输入响应。

图 9.10　$RL$ 电路的零输入响应

在如图所示电路的参考方向下，由 KVL 可得换路后的电路方程为

$$u_L+u_R=0$$

而元件的电压、电流关系为

$$u_L=L\frac{\mathrm{d}i}{\mathrm{d}t}$$

$$u_R=Ri$$

将其代入 KVL 方程中，得

$$L\frac{\mathrm{d}i}{\mathrm{d}t}+Ri=0 \tag{9-9}$$

这也是一阶常系数线性齐次常微分方程，其通解为

$$i=A\mathrm{e}^{pt}$$

将其代入式(9-9)可得相应的特征方程和特征根分别为

$$Lp+R=0 \quad 和 \quad p=-\frac{R}{L}$$

故电流为

$$i=A\mathrm{e}^{-\frac{R}{L}t}$$

将初始条件 $i(0_+)=i(0_-)=I_0$，代入上式可求得 $A=i(0_+)=I_0$，因此，电感中电流为

$$i=i(0_+)\mathrm{e}^{-\frac{R}{L}t}=I_0\mathrm{e}^{-\frac{R}{L}t} \quad (t\geqslant 0) \tag{9-10}$$

电阻和电感上电压分别为

$$u_R=Ri=RI_0\mathrm{e}^{-\frac{R}{L}t} \quad (t\geqslant 0) \tag{9-11}$$

$$u_L=L\frac{\mathrm{d}i}{\mathrm{d}t}=-RI_0\mathrm{e}^{-\frac{R}{L}t} \quad (t>0) \tag{9-12}$$

从式(9-10)、式(9-12)两个表达式可以看出，换路后电感电流以 $I_0$ 为初始值按指数规律衰减，最后趋于零。电感电压在 $t=0$ 瞬间，由零跃变到 $-RI_0$，随着放电过程的进行，电压也按指数规律衰减，最后趋于零。电阻电压也是按指数规律衰减，最后趋于零。

与 $RC$ 电路类似，令 $\tau=\frac{L}{R}$，采用 SI 单位时有

$$\tau=\frac{[L]}{[R]}=\frac{\mathrm{H}}{\Omega}=\frac{\Omega\cdot\mathrm{s}}{\Omega}=\mathrm{s}$$

可见与时间单位相同，所以 $\tau=\dfrac{L}{R}$ 称为 $RL$ 电路的时间常数。上述各式可写为

$$i=I_0 e^{-\frac{t}{\tau}} \quad (t\geqslant 0) \tag{9-13}$$

$$u_R=RI_0 e^{-\frac{t}{\tau}} \quad (t\geqslant 0) \tag{9-14}$$

$$u_L=-RI_0 e^{-\frac{t}{\tau}} \quad (t>0) \tag{9-15}$$

电流 $i$ 及电压 $u_L$、$u_R$ 随时间变化的曲线如图 9.11 所示。

$RL$ 电路的零输入响应衰减的快慢同样可用时间常数 $\tau$ 来反映。$\tau$ 越大，衰减越慢，放电持续的时间越长。$\tau$ 与电路的 $L$ 成正比，而与 $R$ 成反比。在相同的初始电流 $I_0$ 下，$L$ 越大，储存的磁场能量就越多，释放储能所需的时间越长，所以 $\tau$ 与 $L$ 成正比。同样的 $I_0$ 及 $L$ 的情况下，$R$ 越大，消耗能量越快，放电所需时间越短，所以 $\tau$ 与 $R$ 成反比。

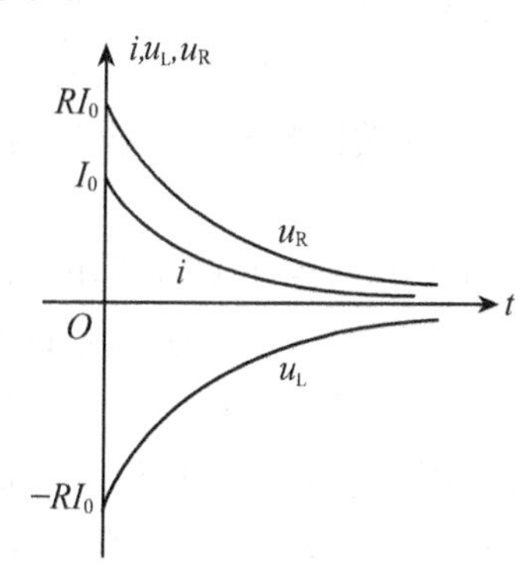


图 9.11　$i$，$u_L$，$u_R$ 随时间变化曲线

在过渡过程中，电感不断放出能量为电阻所消耗，最后，原来储存在电感中的磁场能量全部被电阻吸收而转换成热能，即

$$\begin{aligned}W_R&=\int_0^{\infty} i_L^2(t)R\,dt=\int_0^{\infty}(I_0 e^{-\frac{R}{L}t})^2 R\,dt\\&=RI_0^2\int_0^{\infty} e^{-\frac{2R}{L}t}\,dt=-\frac{1}{2}LI_0^2(e^{-\frac{2R}{L}t})\Big|_0^{\infty}\\&=\frac{1}{2}LI_0^2\end{aligned}$$

**例 9.5**　图 9.12 所示电路是一台 300 kW 汽轮发电机的励磁回路。已知励磁绕组的电阻 $R=0.189\ \Omega$，电感 $L=0.398$ H，直流电压 $U=35$ V。电压表的量程为 50 V，内阻 $R_V=5$ kΩ。开关未断开时，电路中电流已经恒定不变。在 $t=0$ 时，断开开关，试求：(1)电阻、电感回路的时间常数；(2)电流 $i$ 和电压表处的电压 $u_V$；(3)开关刚断开时，电压表处的电压。

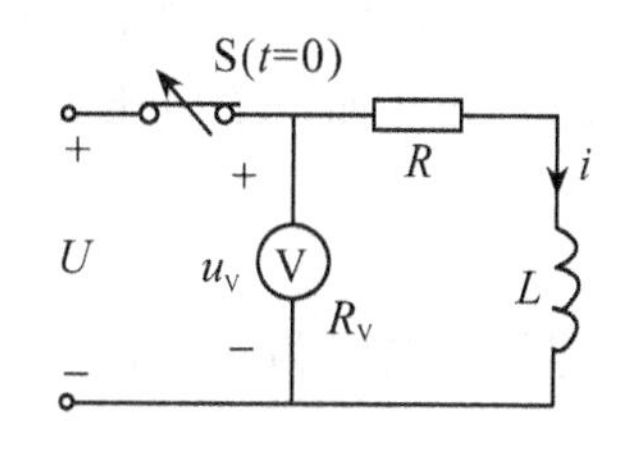


图 9.12　例 9.5 电路

解：(1)求时间常数

$$\tau=\frac{L}{R+R_V}=\frac{0.398}{0.189+5\ 000}\ \text{s}=79.6\ \mu\text{s}$$

(2)开关断开前，由于电流已恒定不变，所以电感两端电压为零，故

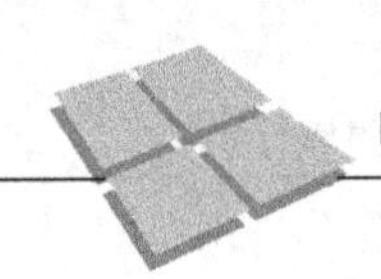



$$i(0_-)=\frac{U}{R}=\frac{35}{0.189}=185.2(\text{A})$$

根据换路定律有

$$i(0_+)=i(0_-)=185.2\ \text{A}=I_0$$

由式(9-13)可得

$$i=I_0\text{e}^{-\frac{t}{\tau}}=185.2\text{e}^{-12\ 560t}\ \text{A}\quad (t\geqslant 0)$$

电压表处的电压为

$$u_\text{V}=-R_\text{V}i=-5\ 000\times 185.2\text{e}^{-12\ 560t}\ \text{V}=-926\text{e}^{-12\ 560t}\text{kV}\quad (t>0)$$

(3)开关刚断开时，电压表处的电压为

$$u_\text{V}(0_+)=-926\ \text{kV}$$

由此可见在开关刚断开时，电压表要承受很高的电压，其绝对值将远大于直流电源的电压$U$，而且初始瞬间的电流也很大，可能损坏电压表。因此切断电感电流时必须考虑磁场能量的释放，如果磁场能量较大，而又必须在短时间内完成电流的切断，则必须考虑如何熄灭因此而出现的电弧(一般出现在开关处)的问题。

**例 9.6** 图 9.13(a)所示电路中，设 $i(0_-)=10$ A，试计算 $i(t)$和 $i_1(t)$。

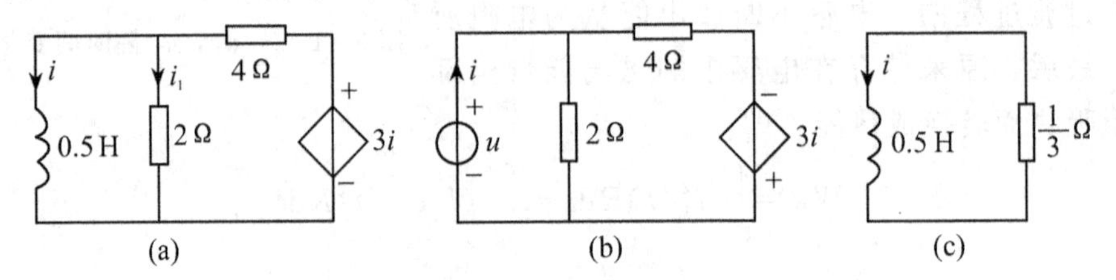


图 9.13 例 9.6 电路

解：由换路定律知 $i(0_+)=i(0_-)=10$ A。

用戴维南定理求电感两端的等效电阻。由于电路中有受控源，所以将电感开路，并外加一个电压 $u$，如图 9.13(b)所示。由图 9.13(b)可得

$$u=4\left(i-\frac{u}{2}\right)-3i$$

即等效电阻为

$$R=\frac{u}{i}=\frac{1}{3}\ \Omega$$

因此，等效电路为图 9.13(c)，电路的时间常数为 $\tau=\frac{L}{R}=\frac{0.5}{1/3}=1.5(\text{s})$，根据式(9-10)可得电路的响应为

$$i(t)=i(0_+)\text{e}^{-\frac{t}{\tau}}=10\text{e}^{-\frac{2}{3}t}(\text{A})\quad (t\geqslant 0)$$

由图 9.13(a)可求得电流

$$i_1(t)=\frac{1}{2}u_L(t)=\frac{1}{2}L\frac{di}{dt}=\frac{1}{2}\times 0.5\times\frac{d}{dt}(10e^{-\frac{2}{3}t})=-\frac{5}{3}e^{-\frac{2}{3}t}(A)\quad(t>0)$$

## 9.3 一阶电路的零状态响应

所谓零状态响应就是仅由独立电源作用于无初始储能动态电路的响应。由于动态元件的初始状态为零[$u_C(0_+)=0$、$i_L(0_+)=0$]，所以称为零状态响应。

### 9.3.1 *RC* 电路在直流激励下的零状态响应

在图9.14所示的电路中，电压源的电压$U_S$是恒定的，在开关S未闭合前电容器未充电，即$u_C(0_-)=0$。在$t=0$时，开关S闭合，电压源$U_S$接到$RC$串联电路上，对电容器充电。现在我们来分析该电路的零状态响应。

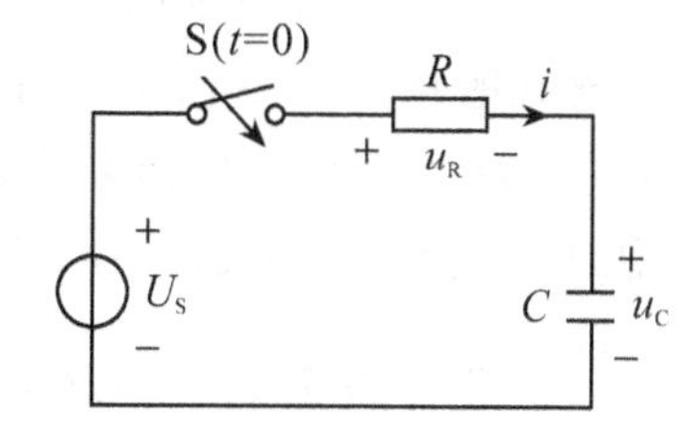


图9.14 *RC*电路的零状态响应

换路后由KVL可得

$$u_R+u_C=U_S$$

将$u_R=Ri$和$i=C\frac{du_C}{dt}$代入上式，得

$$RC\frac{du_C}{dt}+u_C=U_S \tag{9-16}$$

上式是一阶常系数线性非齐次常微分方程。方程的解由两部分组成，即

$$u_C=u_C'+u_C''$$

式中，$u_C'$为非齐次微分方程的特解，它与外施激励有关，与外施激励具有相同的形式。所以称为强制分量或称为强制响应。在图9.14所示电路中，开关闭合很长时间以后，电容器充电完毕，此时电容器电压已经是恒定的，即$\frac{du_C}{dt}=0$，于是电容器的电压等于外施的电压源电压，也就是电路达到新的稳态时的电容器端电压，故称为稳态分量。它满足电路的微分方程，是非齐次微分方程的特解，为

$$u_C'=u_C(\infty)=U_S$$

$u_C''$为与式(9-16)对应的齐次微分方程即$RC\frac{du_C}{dt}+u_C=0$的通解，形式与零输入响应相同，它与外施激励无关，所以，称为自由分量。自由分量最终趋于零，因此又称为暂态分量，其解为

$$u_C''=Ae^{-\frac{t}{\tau}}$$

式中，$\tau=RC$，为时间常数，$A$为积分常数。因此，电容电压$u_C$的解为

$$u_C=U_S+Ae^{-\frac{t}{\tau}}$$

将初始条件 $u_C(0_+)=u_C(0_-)=0$ 代入上式，可求得

$$A=-U_S$$

最后解得

$$u_C=U_S-U_S e^{-\frac{t}{\tau}}=U_S(1-e^{-\frac{t}{\tau}})=u_C(\infty)(1-e^{-\frac{t}{\tau}}) \quad (t\geqslant 0) \tag{9-17}$$

及

$$i=C\frac{du_C}{dt}=\frac{U_S}{R}e^{-\frac{t}{\tau}} \quad (t>0) \tag{9-18}$$

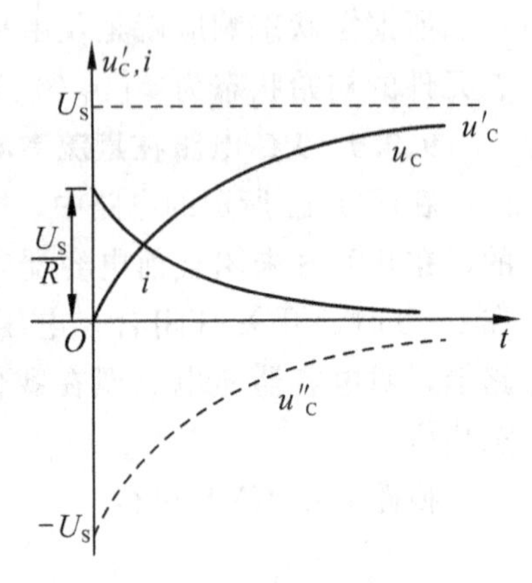

图 9.15　$u_C$、$i$ 的波形

$u_C$ 和 $i$ 的波形如图 9.15 所示。图 9.15 使我们更直观地看出 $u_C$ 和 $i$ 的变化规律，$u_C$ 是从初始值 $u_C(0_+)=0$ 开始，按指数规律逐渐增加，最后达到稳态值 $u_C(\infty)=U_S$；而电流 $i$ 在开始瞬间最大，等于$\frac{U_S}{R}$，然后按指数规律逐渐衰减到零。电压 $u_C$ 和电流 $i$ 之所以有这样的变化，是因为开关 S 在 $t=0$ 闭合之后，$RC$ 串联电路接通电源，电源向电容器充电，电容器极板上电荷越积越多，使电容器上的电压 $u_C$ 随着增加，直到等于 $U_S$ 为止。此时，电流降到零，电容相当于开路，充电完毕，电路达到新的稳态。而电流 $i$，由于 $u_C(0_+)=0$，从式

$$Ri+u_C=U_S$$

可以看出，开始时应该有 $i(0_+)=\frac{U_S}{R}$，随着 $u_C$ 的增加，$i$ 将逐渐减少，最后为零。另外从式 $i=C\frac{du_C}{dt}$可知，$C$ 是定值，$i$ 越小则$\frac{du_C}{dt}$也越小，所以在充电过程中，开始时 $u_C$ 上升较快，随着电流的衰减，$u_C$ 的增长速度越来越慢，曲线越来越平坦。

图 9.15 中还画出了电压 $u_C$ 的两个分量 $u_C'$和 $u_C''$。电流 $i$ 也可看成由两个分量组成，其中稳态分量为 $i'=0$，暂态分量为

$$i''=i=\frac{U_S}{R}e^{-\frac{t}{\tau}}$$

同样，过渡过程的进展速度与时间常数有关。$t=\tau$ 时，电容电压增长为 $u_C=(1-e^{-1})U_S=0.632U_S$，$t=5\tau$ 时，电容电压增长到 $0.993U_S$，可以认为过渡过程结束。时间常数越大，自由分量衰减越慢，过渡过程持续时间越长；反之则相反。

$RC$ 电路接通直流电压源的过程即是电源通过电阻对电容充电的过程。在充电过程中，电源供给的能量一部分转换成电场能量储存在电容中，一部分被电阻转换为热能消耗，电阻消耗的电能为

$$W_R=\int_0^{\infty}Ri^2\,dt=\int_0^{\infty}R\left(\frac{U_S}{R}e^{-\frac{t}{RC}}\right)^2dt$$

$$=\frac{U_S^2}{R}\left(-\frac{RC}{2}\right)e^{-\frac{2}{RC}t}\Big|_0^{\infty}$$

$$=\frac{1}{2}CU_S^2=W_C$$

从上式可见，不论电路中的电容和电阻的量值为多少，在充电过程中，电源提供的能量只有一半转换成电场能量储存于电容中，另一半则为电阻所消耗，也就是说，充电效率只有 50%。

**例 9.7** 图 9.16 所示电路中，假设在开关打开之前，电容器没有充电，恒流源电流为 $I_S=0.5$ A，$R_1=100\ \Omega$，$R_2=400\ \Omega$，$C=5\ \mu$F。开关在 $t=0$ 时打开，试求电路的零状态响应 $u_C$。

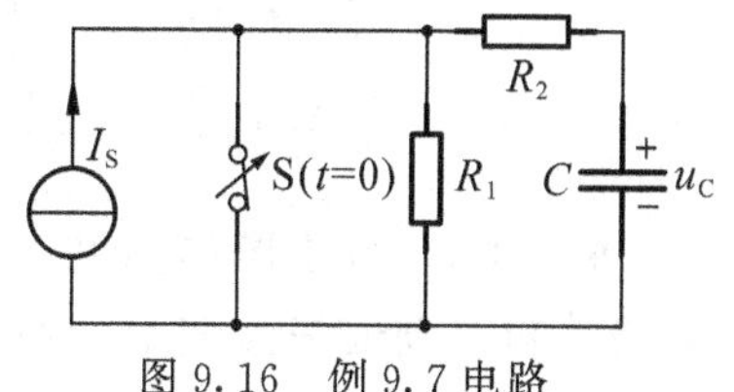


图 9.16　例 9.7 电路

解：换路后，电路的等效电阻为

$$R=R_1+R_2=100+400=500(\Omega)$$

电路的时间常数为

$$\tau=RC=500\times5\times10^{-6}=25\times10^{-4}(\text{s})$$

电容器电压 $u_C$ 的稳态分量为

$$u_C(\infty)=R_1I_S=100\times0.5=50(\text{V})$$

于是由式(9-17)可得

$$u_C=u_C(\infty)(1-e^{-\frac{t}{\tau}})=50(1-e^{-400t})(\text{V})$$

### 9.3.2 *RL* 电路在直流激励下的零状态响应

如图 9.17 所示为 *RL* 电路，直流电流源的电流为 $I_S$，在开关 S 打开前电感中的电流为零，即 $i_L(0_-)=0$，为零状态，所以电路为零状态响应。下面分析换路后电路中的电压和电流变化规律。

换路后，由 KCL 可得

$$i_L+i_R=I_S$$

将元件的电压电流关系

$$i_R=\frac{u_L}{R}$$

$$u_L=L\frac{di_L}{dt}$$

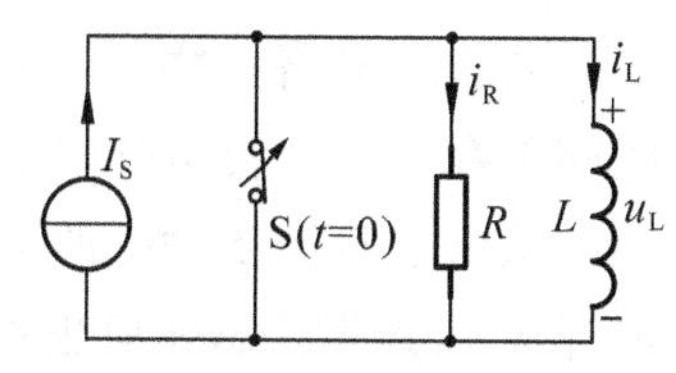


图 9.17　*RL* 电路的零状态响应

代入上式得

$$\frac{L}{R}\frac{di_L}{dt}+i_L=I_S \tag{9-19}$$

其解由两部分组成即

$$i_L=i_L'+i_L''$$

式中稳态分量为 $$i_L'=I_S$$

暂态分量为 $$i_L''=Ae^{-\frac{t}{\tau}}$$

式中，$\tau=L/R$，为时间常数。

所以 $$i_L=i_L'+i_L''=I_S+Ae^{-\frac{t}{\tau}}$$

代入初始条件 $i_L(0_+)=i_L(0_-)=0$，得 $A=-I_S$，因此可得

$$i_L=i_L'(1-e^{-\frac{t}{\tau}})=I_S(1-e^{-\frac{t}{\tau}})(A) \quad (t\geqslant 0) \tag{9-20}$$

$$u_L=L\frac{di_L}{dt}=RI_Se^{-\frac{t}{\tau}}(V) \quad (t>0) \tag{9-21}$$

$i_L$ 和 $u_L$ 的波形如图 9.18 所示。电流 $i$ 的两个分量 $i'$ 和 $i''$ 也示于该图中。电压 $u_L$ 也可看成由两个分量组成，其中稳态分量为 $u_L'=0$，暂态分量为

$$u_L''=I_SRe^{-\frac{t}{\tau}}$$

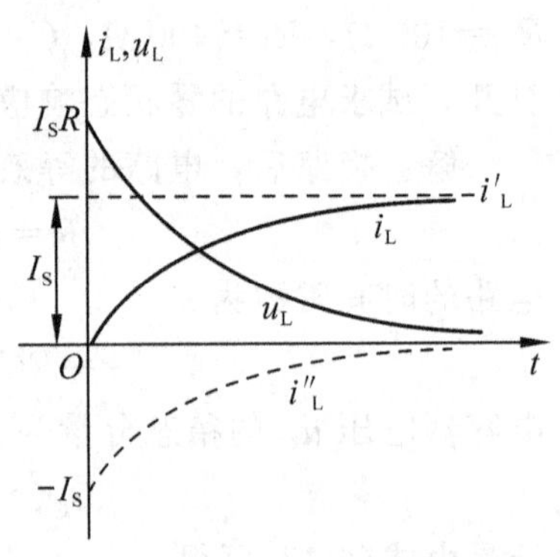

图 9.18　$i_L$、$u_L$ 的波形

电感电流 $i_L$ 由零初始值开始以指数形式趋于它的最终 $i_L=I_S$，而电压在换路后，电压达到最大值 $I_SR$，并以此初始值开始按指数规律衰减到零。到达该值后，电压和电流不再变化，电感相当于短路，其电压为零，达到新的稳态。此时，电感的磁场储能为$\frac{1}{2}LI_S^2$。

在图 9.17 所示电路中，根据给出的参考方向，可以方便地求得其他响应

$$i_R=\frac{u_L}{R}=I_Se^{-\frac{t}{\tau}}(A) \quad (t>0)$$

同 $RC$ 电路一样，工程上认为换路后，经过 $3\tau\sim5\tau$ 时间过渡过程即告结束。时间常数越大，自由分量衰减越慢，过渡过程持续时间越长。

从以上直流激励下的 $RC$ 及 $RL$ 电路的零状态响应可以看出，若外加激励增加 $K$ 倍，则其零状态响应也增加 $K$ 倍，即零状态响应与外加激励呈线性关系。

**例 9.8**　图 9.19(a)所示电路中，已知 $U_S=24$ V，$R_1=3\ \Omega$，$R_2=8\ \Omega$，$R_3=6\ \Omega$，$L=2$ H，在 $t=0$ 时开关 S 闭合，电感中电流为零，试求 $t\geqslant0$ 时 $i_L$。

解：将换路后的电路用戴维南定理化简为如图 9.19(b)所示电路，其中

$$U_{OC}=\frac{R_3}{R_1+R_3}\times U_S=\frac{6}{3+6}\times24=16(V)$$

$$R_0=R_2+\frac{R_1R_3}{R_1+R_3}=8+\frac{3\times6}{3+6}=10(\Omega)$$

电路的时间常数为

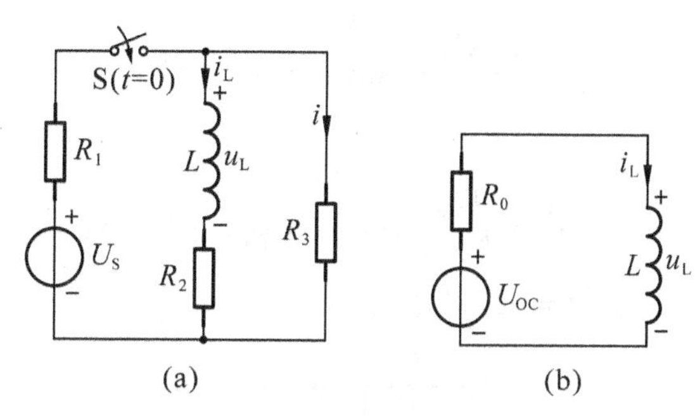

图 9.19　例 9.8 电路

$$\tau=\frac{L}{R_0}=\frac{2}{10}=0.2(\mathrm{s})$$

电路的稳态分量为

$$i_L'=\frac{U_{OC}}{R_0}=\frac{16}{10}=1.6(\mathrm{A})$$

根据式(9-20)可得电路的零状态响应为

$$\begin{aligned} i_L &= i_L'(1-\mathrm{e}^{-\frac{t}{\tau}})=1.6(1-\mathrm{e}^{-\frac{t}{0.2}}) \\ &=1.6(1-\mathrm{e}^{-5t})(\mathrm{A}) \end{aligned}$$

### 9.3.3　正弦激励下的零状态响应

电路激励有直流和正弦。下面以 $RL$ 电路为例，讨论在正弦电压激励下的零状态响应。

图 9.20 所示电路中，$t=0$ 时开关 S 闭合，外加激励为正弦电压 $u_S=U_m\sin(\omega t+\psi_u)$，式中 $\psi_u$ 为接通电路时外加电压的初相角，它决定于电路的接通时刻，所以又称为接入相位角或合闸角。

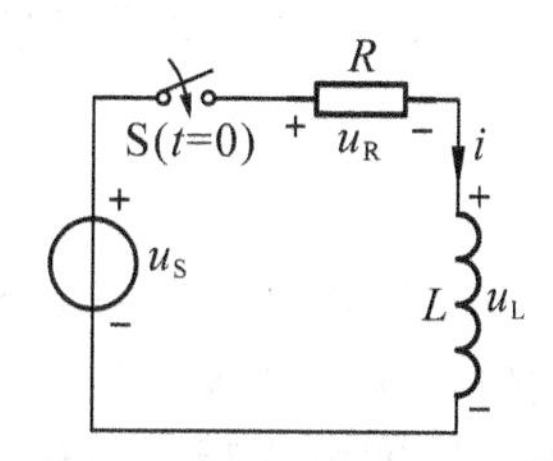

图 9.20　正弦激励下的 $RL$ 电路

换路后根据 KVL 及元件电压电流关系，可得电路方程为

$$L\frac{\mathrm{d}i}{\mathrm{d}t}+Ri=U_m\sin(\omega t+\psi_u) \tag{9-22}$$

其解由两部分组成，即 $i=i'+i''$，其中暂态分量为

$$i''=A\mathrm{e}^{-\frac{t}{\tau}}$$

$\tau=L/R$ 为时间常数。而稳态分量 $i'$ 可按正弦电流电路计算。图 9.20 所示电路的阻抗为

$$\begin{aligned} Z &= R+\mathrm{j}\omega L \\ &=\sqrt{R^2+(\omega L)^2}\,\angle\arctan\left(\frac{\omega L}{R}\right)=|Z|\angle\varphi \end{aligned}$$

于是稳态分量为

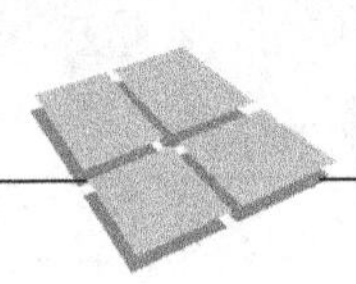

$$i'=\frac{U_m}{|Z|}\sin(\omega t+\psi_u-\varphi)$$

所以

$$i=i'+i''=\frac{U_m}{|Z|}\sin(\omega t+\psi_u-\varphi)+A\mathrm{e}^{-\frac{t}{\tau}}$$

代入初始条件 $i(0_+)=i(0_-)=0$，可得

$$A=-\frac{U_m}{|Z|}\sin(\psi_u-\varphi)$$

最后，可得响应

$$i=\frac{U_m}{|Z|}\sin(\omega t+\psi_u-\varphi)-\frac{U_m}{|Z|}\sin(\psi_u-\varphi)\mathrm{e}^{-\frac{t}{\tau}}\quad(t\geqslant 0)\qquad(9\text{-}23)$$

从上式可见，方程的稳态分量与外加激励具有相同的形式，即按与外加激励同频率的正弦规律变化。而暂态分量则仍以 $\tau=L/R$ 为时间常数按指数规律衰减，随时间增长趋于零，但暂态分量的大小却与换路时电压源电压的初相角 $\psi_u$ 有关。

(1)开关 S 闭合时，若 $\psi_u=\varphi$，则

$$A=-\frac{U_m}{|Z|}\sin(\psi_u-\varphi)=0$$

电路换路后不经历过渡过程，立即进入稳态，即 $i=i'=\frac{U_m}{|Z|}\sin(\omega t)$。

同样，$\psi_u-\varphi=\pi$ 时换路，电路也立即进入稳态。

(2)$\psi_u-\varphi=\frac{\pi}{2}\left(或-\frac{\pi}{2}\right)$，若 $\psi_u-\varphi=\frac{\pi}{2}$时换路，则

$$i=\frac{U_m}{|Z|}\sin(\omega t+\psi_u-\varphi)-\frac{U_m}{|Z|}\mathrm{e}^{-\frac{t}{\tau}}$$

在所有不同的 $\psi_u$ 中，这一情况下电流的暂态分量的起始值最大，等于稳态分量的最大值。这一情况下的 $i$、$i'$、$i''$的波形如图 9.21 所示。从图中可见，在换路后约经半个周期电流瞬时值最大。如果电路的时间常数很大，则 $i''$衰减很慢，经过半个周期时间，电流 $i$ 几乎为其稳态最大值 $I_m=U_m/|Z|$ 的两倍。

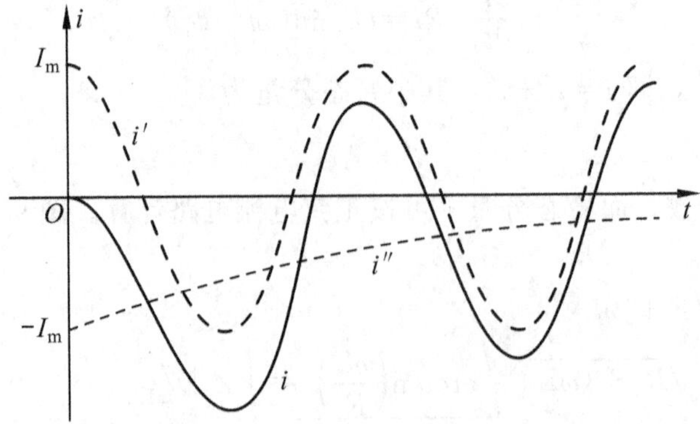


图 9.21　$i$、$i'$、$i''$随时间变化的曲线

**例 9.9** 有一电磁铁，其电路模型如图 9.22 所示，已知 $R=17.4\ \Omega$，$L=0.302$ H，电源为正弦工频，其电压有效值 $U=220$ V，若接通电源的瞬时电压初相角 $\psi=30°$，求接通电源后电路电流 $i$。

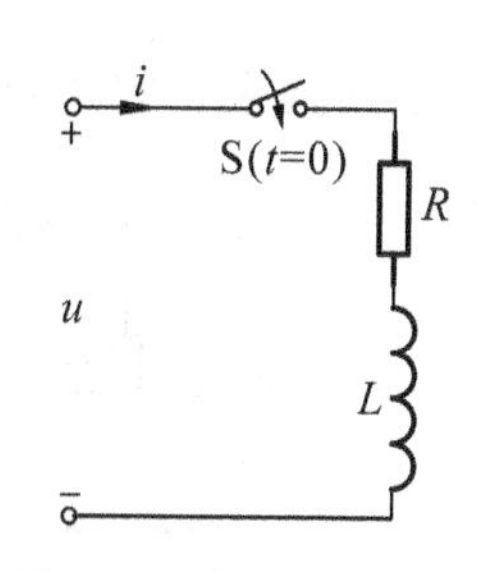


图 9.22 例 9.9 电路

解：合闸后电路的阻抗为

$$Z=\sqrt{R^2+(\omega L)^2}\angle\arctan\left(\frac{\omega L}{R}\right)$$

$$=\sqrt{17.4^2+(314\times 0.302)^2}\angle\arctan\left(\frac{314\times 0.302}{17.4}\right)$$

$$\approx 96.5\angle 79.6°(\Omega)$$

电路时间常数为

$$\tau=\frac{L}{R}=\frac{0.302}{17.4}\approx 0.017(\text{s})$$

稳态分量为

$$i'=\frac{U_{\text{m}}}{R}\sin(\omega t+\psi-\varphi)=\frac{220\sqrt{2}}{96.5}\sin(\omega t+30°-79.6°)\approx 3.22\sin(\omega t-49.6°)(\text{A})$$

暂态分量为

$$i''=A\text{e}^{-\frac{t}{\tau}}$$

零状态响应为

$$i=i'+i''$$

$$=[3.22\sin(\omega t-49.6°)+A\text{e}^{-\frac{t}{\tau}}](\text{A})$$

代入初始条件 $i(0_+)=i(0_-)=0$，得

$$A=-3.22\sin(-49.6°)\approx 2.45(\text{A})$$

所以

$$i=[3.22\sin(\omega t-49.6°)+2.45\text{e}^{-58.8t}](\text{A})$$

## 9.4 一阶电路的全响应

电路中的非零初始状态及外施激励在电路中共同产生的响应称为全响应。

### 9.4.1 一阶电路全响应的两种分解

从电路中能量的来源可以推论：电路的全响应必然是其零输入响应与零状态响应的叠加。观察图 9.23(a)所示电路，不难看出，它可以看作图 9.23(b)与图 9.23(c)两电路的和。因此，在图示电路的参考方向下，应用叠加原理，并根据上两节的结论就可以方便地得到这个电路的全响应为

$$u_{\text{C}}(t)=U_0\text{e}^{-\frac{t}{RC}}+I_{\text{S}}R(1-\text{e}^{-\frac{t}{RC}})\quad (t\leqslant 0)$$

$$i_{\text{C}}(t)=-\frac{U_0}{R}\text{e}^{-\frac{t}{RC}}+I_{\text{S}}\text{e}^{-\frac{t}{RC}}\quad (t>0)\qquad (9\text{-}24)$$

上两式中，右边第一项分别为该电路的零输入响应，而第二项分别为零状态响应。

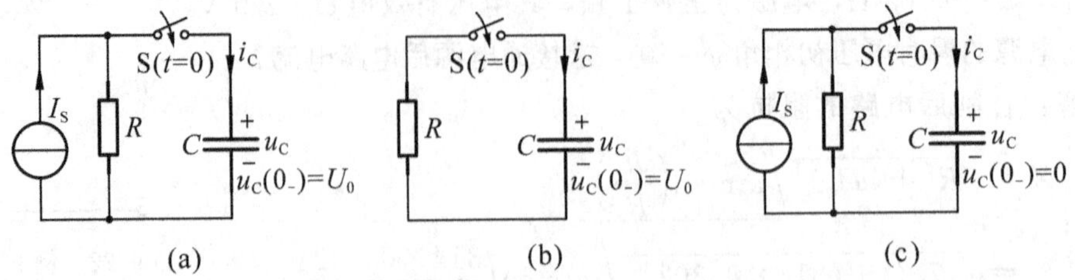


图 9.23　一阶电路全响应

从电路的工作过程出发分析：由于电容的初始状态不为零，所以当开关闭合时，根据换路定律 $u_C(0_+)=u_C(0_-)=U_0$。因此，电阻中有初始电流 $U_0/R$，电容中有初始电流 $(I_S-U_0/R)$。若 $I_SR>U_0$，则随着时间的增长，电容将在 $U_0$ 的基础上继续充电，电容电压逐渐升高，与之相并联的电阻中的电流也逐渐增加，电容中电流逐渐减少至零，电容处于开路状态，整个电路达到新的稳定状态。同样可以得到式(9-24)的结论。

实际上，求解电路的全响应，并不需要分别求出它的零输入响应和零状态响应，然后再使用叠加原理求得全响应，而是以待求全响应为未知函数，直接通过相应的电路微分方程式求解。例如，欲求图 9.23(a)所示电路的 $u_C(t)$，则可以列出以 $u_C(t)$为未知函数的 KCL 方程然后求解，即 KCL 方程为

$$i_C+\frac{u_C}{R}=I_S$$

将 $i_C=C\dfrac{du_C}{dt}$代入上式并整理成标准形式

$$RC\frac{du_C}{dt}+u_C=I_SR \tag{9-25}$$

式(9-25)与上节的式(9-16)形式一样，也是一阶常系数线性非齐次微分方程。它的解同样包含齐次通解与非齐次特解两部分，即

$$u_C=u_C'+u_C''=I_SR+Ae^{-\frac{t}{RC}} \tag{9-26}$$

与零状态电路求解不同之处，仅仅是初始条件不同。根据电容电压的初始值 $u_C(0_+)=U_0$，可得到

$$A=U_0-I_SR$$

于是，全响应为

$$u_C(t)=I_SR+(U_0-I_SR)e^{-\frac{t}{RC}}\quad (t\geqslant 0) \tag{9-27}$$

由上一节分析可知，式(9-27)中前项是强制分量，也即是稳态分量，它仅由外加激励引起，与外加激励的形式相同。后项则是自由分量或暂态分量，它与零状态响应中的暂态分量不同之处，仅在于全响应中的暂态分量是由外加激励与动态元件的初

始储能同时对换路后的电路提供能量。图 9.24 中作出了在 $I_SR>U_0$ 情况下的 $u_C$ 的全响应曲线。

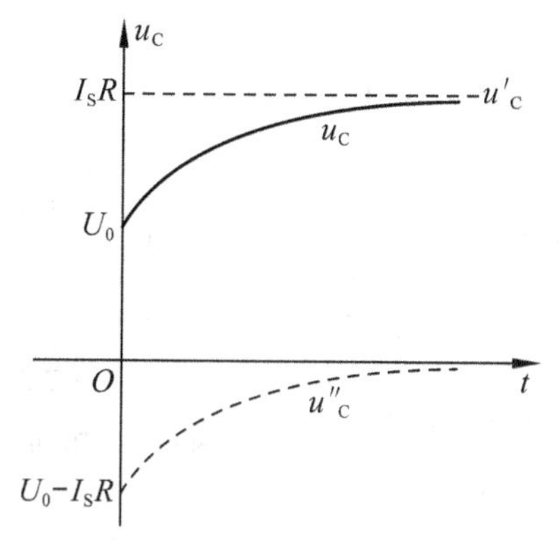


(a)全响应=稳态分量+暂态分量

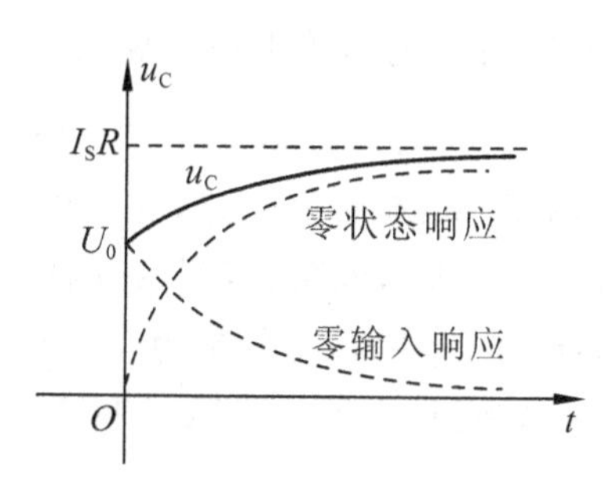


(b)全响应=零输入响应+零状态响应

图 9.24　一阶电路全响应的两种分解

电流 $i_C(t)$ 的全响应为

$$i_C(t)=C\frac{\mathrm{d}u_C}{\mathrm{d}t}=\left(I_S-\frac{U_0}{R}\right)\mathrm{e}^{-\frac{t}{RC}}$$

显然，$i_C(t)$ 的稳态分量为零。

因此电路的全响应等于稳态分量(强制分量)与暂态分量(自由分量)的和，即

$$全响应=\begin{cases}稳态分量+暂态分量\\强制分量+自由分量\end{cases}$$

式(9-27)还可以改写成

$$u_C(t)=U_0\mathrm{e}^{-\frac{t}{RC}}+I_SR(1-\mathrm{e}^{-\frac{t}{RC}})\quad(t\geqslant0)\tag{9-28}$$

上式右边第一项正是电路的零输入响应，因为如果把电流源置零，电路的响应恰好就是 $U_0\mathrm{e}^{-\frac{t}{RC}}$。右边第二项则是电路的零状态响应，因为它正好是 $u_C(0_+)=0$ 时的响应。这与前面的结论是一样的。一阶电路的全响应又可以表示为

全响应=零输入响应+零状态响应

图 9.24(a)和图 9.24(b)分别画出了 $u_C$ 两种分解所对应的两个分量的曲线。

把全响应分解为稳态分量与暂态分量，能较明显地反映电路的工作阶段，表示过渡过程中响应的一般规律，便于分析过渡过程的特点。而把全响应分解为零输入响应和零状态响应，能明显地反映响应与激励的因果关系和线性电路的叠加性质，而且便于分析计算。这两种分解的概念都是很重要的。

**例 9.10**　图 9.25 所示电路中，已知：$U_S=10$ V，$R=10$ kΩ，$C=0.1$ μF，$u_C(0_-)=-4$ V，$t=0$ 时开关 S 闭合。求换路后的 $u_C$。

解：(1)解法一：全响应为零输入响应与零状态响应之和。

由图 9.25 所示电路，$U_S=0$ 时，$U_0=u_C(0_+)=u_C(0_-)=-4\ \text{V}$，电路为零输入响应。

电路的时间常数为

$$\tau=RC=10\times10^3\times0.1\times10^{-6}=10^{-3}(\text{s})$$

根据式(9-7)可得电路的零输入响应为

$$u_C=U_0\text{e}^{-\frac{t}{\tau}}=-4\text{e}^{-1\,000t}(\text{V})\quad(t\geqslant0)$$

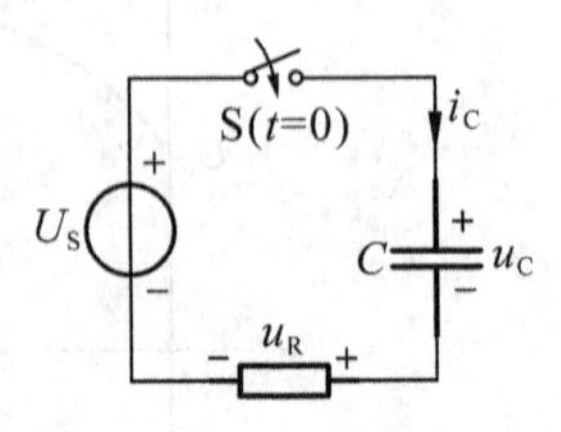


图 9.25　例 9.10 电路

同样由图 9.25 所示电路，$u_C(0_+)=u_C(0_-)=0$ 时，外加激励 $U_S=10\ \text{V}$，电路为零状态响应。

电容电压 $u_C$ 的稳态分量为　$u_C=u_C'=U_S=10\ \text{V}$

根据式(9-17)可得电路的零状态响应为

$$u_C=U_S(1-\text{e}^{-\frac{t}{\tau}})=10(1-\text{e}^{-1\,000t})(\text{V})\quad(t\geqslant0)$$

电路的全响应为零输入响应与零状态响应之和，即

$$\begin{aligned}u_C&=U_0\text{e}^{-\frac{t}{\tau}}+U_S(1-\text{e}^{-\frac{t}{\tau}})\\&=-4\text{e}^{-1\,000t}+10(1-\text{e}^{-1\,000t})\\&=(10-14\text{e}^{-1\,000t})(\text{V})\quad(t\geqslant0)\end{aligned}$$

(2)解法二：全响应为稳态分量与暂态分量之和。

电路的微分方程和时间常数分别为

$$RC\frac{\text{d}u_C}{\text{d}t}+u_C=U_S$$

$$\tau=RC=10\times10^3\times0.1\times10^{-6}=10^{-3}(\text{s})$$

$u_C$ 的稳态分量和暂态分量分别为

$$u_C'=U_S=10(\text{V}),u_C''=A\text{e}^{-\frac{t}{\tau}}$$

初始值　$U_0=u_C(0_+)=u_C(0_-)=-4\ \text{V}$

电路的全响应为稳态分量与暂态分量之和，即

$$u_C=u_C'+u_C''=U_S+A\text{e}^{-\frac{t}{\tau}}$$

代入初始条件求得积分常数 $A=U_0-U_S=-4-10=-14(\text{V})$

最后得出

$$u_C=U_S+A\text{e}^{-\frac{t}{\tau}}=(10-14\text{e}^{-1\,000t})(\text{V})\quad(t\geqslant0)$$

### 9.4.2　分析一阶电路全响应的三要素法

在已经讨论过的一阶电路中，如果考察一下各种响应规律的特征，将会发现，不论是齐次微分方程的解答还是非齐次微分方程的解答，都可以用一个一般的公式来概括。在直流电源激励下，若初始值为 $f(0_+)$，特解为稳态值 $f(\infty)$，时间常数为 $\tau$，则全响应 $f(t)$ 为稳态分量与暂态分量之和，即

$$f(t)=f'+f''=f(\infty)+A\mathrm{e}^{-\frac{t}{\tau}}$$

将初始值 $f(0_+)$ 代入上式可得

$$A=f(0_+)-f(\infty)$$

所以全响应为

$$f(t)=f(\infty)+[f(0_+)-f(\infty)]\mathrm{e}^{-\frac{t}{\tau}} \tag{9-29}$$

可见，只要知道 $f(0_+)$、$f(\infty)$ 和 $\tau$ 这三个要素，就可以根据式(9-29)直接写出直流激励下一阶电路的全响应，这种方法称为三要素法。

一阶电路在正弦电源激励下，由于电路的特解是时间的正弦函数，故上述公式可写为

$$f(t)=f_\infty(t)+[f(0_+)-f_\infty(0_+)]\mathrm{e}^{-\frac{t}{\tau}} \tag{9-30}$$

式中 $f(0_+)$ 是 $f(t)$ 的初始值，$f_\infty(t)$ 是 $f(t)$ 的稳态分量，$f_\infty(0_+)$ 是 $f(t)$ 的稳态分量 $f_\infty(t)$ 的初始值，$\tau$ 仍然是电路的时间常数。

应该注意的是：

(1)三要素法公式适用于求解一阶电路所有元件的电压、电流响应。

(2)同一个一阶电路中的各响应(不限于电容电压或电感电流)的时间常数 $\tau$ 都是相同的。对只有一个电容元件的电路，$\tau=RC$；对只有一个电感元件的电路，$\tau=L/R$，$R$ 为换路后该电容元件或电感元件所接二端电阻性网络除源后的等效电阻。

(3)零输入响应或零状态响应都可视为全响应的特例，因此，应用式(9-29)和式(9-30)可以直接确定零输入响应或零状态响应。

由于三个要素 $f(0_+)$、$f(\infty)$[或 $f_\infty(t)$]和 $\tau$ 表达了一阶电路的主要物理特征，可以方便地从相应的电阻电路求出，三要素公式大大地简化了响应的求解。因此，三要素法在暂态分析中有重要意义。

**例 9.11** 图 9.26 中的开关处于 1 位置较长时间，在 $t=0$ 时将它移到 2 位置。试求 $t>0$ 时的 $u_C(t)$，并计算它在 $t=1$ s 和 $t=4$ s 时的值。

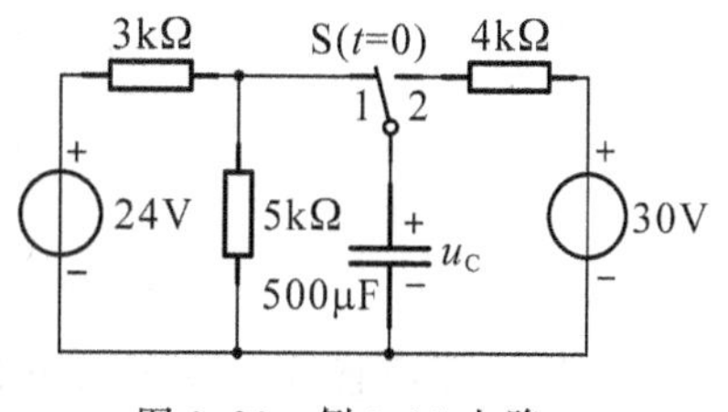

图 9.26 例 9.11 电路

解：(1)计算初始值。由于换路前电路处于稳态，故从图 9.26 可知电容相当于开路，因此，可得

$$u_C(0_+)=u_C(0_-)=\frac{24}{3+5}\times5=15(\text{V})$$

(2)计算稳态值。稳态时电容相当于开路，由图可得

$$u_C(\infty)=30\ \text{V}$$

(3)计算时间常数

$$\tau=RC=4\times10^{3}\times500\times10^{-6}=2(\mathrm{s})$$

(4)根据式(9-29)可得

$$\begin{aligned}u_{\mathrm{C}}(t)&=u_{\mathrm{C}}(\infty)+[u_{\mathrm{C}}(0_{+})-u_{\mathrm{C}}(\infty)]\mathrm{e}^{-\frac{t}{\tau}}\\&=30+(15-30)\mathrm{e}^{-\frac{t}{2}}\\&=(30-15\mathrm{e}^{-0.5t})(\mathrm{V})\quad(t\geqslant0)\end{aligned}$$

当 $t=1$ s 时，$u_{\mathrm{C}}(t=1\ \mathrm{s})=30-15\mathrm{e}^{-0.5}=20.902(\mathrm{V})$

当 $t=4$ s 时，$u_{\mathrm{C}}(t=4\ \mathrm{s})=30-15\mathrm{e}^{-0.5\times4}=27.97(\mathrm{V})$

**例 9.12** 如图 9.27(a)所示电路，$t=0$ 时开关 S 闭合，S 闭合前电路已处于稳态，试求 $t>0$ 时 $u_{\mathrm{C}}$ 和 $i_{\mathrm{C}}$。

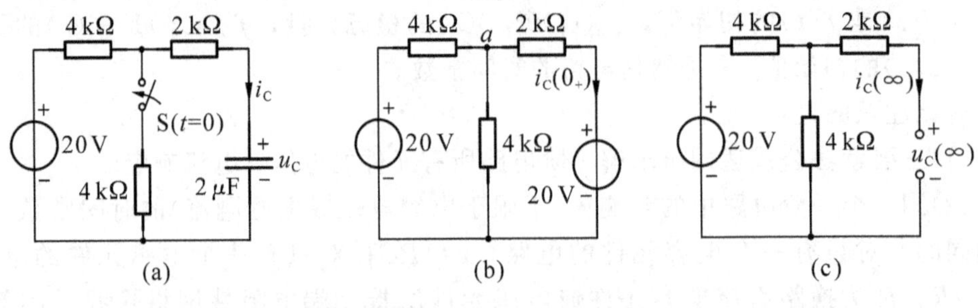


图 9.27 例 9.12 电路

解：(1)计算初始值。由于换路前电路处于稳态，故从图 9.27(a)可知电容相当于开路，因此，可得

$$u_{\mathrm{C}}(0_{+})=u_{\mathrm{C}}(0_{-})=20\ \mathrm{V}$$

作出 $t=0_{+}$ 等效电路，如图 9.27(b)所示电路。根据弥尔曼定理可得

$$U_{\mathrm{a}}(0_{+})=\frac{\frac{20}{4}+\frac{20}{2}}{\frac{1}{4}+\frac{1}{2}+\frac{1}{4}}=15(\mathrm{V})$$

$$i_{\mathrm{C}}(0_{+})=\frac{U_{\mathrm{a}}(0_{+})-20}{2}=-2.5(\mathrm{mA})$$

(2)计算稳态值。稳态时电容相当于开路，作出 $t=\infty$ 时等效电路如图 9.27(c)所示电路。由图可得

$$u_{\mathrm{C}}(\infty)=\frac{20}{4+4}\times4=10(\mathrm{V})$$

$$i_{\mathrm{C}}(\infty)=0$$

(3)计算时间常数

$$\tau=RC=\left(2+\frac{4\times4}{4+4}\right)\times10^{3}\times2\times10^{-6}=8\times10^{-3}(\mathrm{s})$$

(4)根据式(9-29)可得

$$u_C(t)=u_C(\infty)+[u_C(0_+)-u_C(\infty)]e^{-\frac{t}{\tau}}$$
$$=10+(20-10)e^{-\frac{t}{8\times10^{-3}}}$$
$$=(10+10e^{-125t})(\text{V})$$

$$i_C=i_C(\infty)+[i_C(0_+)-i_C(\infty)]e^{-\frac{t}{\tau}}$$
$$=0+(-2.5-0)e^{-\frac{t}{8\times10^{-3}}}$$
$$=-2.5e^{-125t}(\text{mA})$$

**例 9.13** 图 9.28(a)所示电路中，已知：$U_S=10$ V，$I_S=2$ A，$R=2$ Ω，$L=4$ H，试求 S 闭合后电路中的电流 $i_L$ 和 $i$，并画出电流 $i_L$ 的波形。

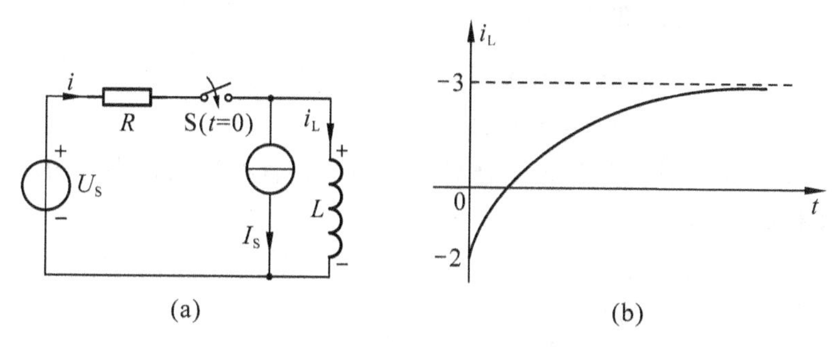


图 9.28 例 9.13 电路

解：换路前电路已达稳态，电感相当于短路。因此，由换路定律可求电流 $i_L$ 的初始值为

$$i_L(0_+)=i_L(0_-)=-2\ \text{A}$$

换路后电路达到新的稳态，电感相当于短路。故电流 $i_L$ 的稳态分量为

$$i_L(\infty)=i(\infty)-I_S=\frac{U_S}{R}-I_S=\frac{10}{2}-2=3(\text{A})$$

换路后电路的时间常数为

$$\tau=\frac{L}{R}=\frac{4}{2}=2(\text{s})$$

根据式(9-29)得全响应为

$$i_L(t)=i_L(\infty)+[i_L(0_+)-i_L(\infty)]e^{-\frac{t}{\tau}}$$
$$=3+(-2-3)e^{-\frac{t}{2}}$$
$$=(3-5e^{-0.5t})(\text{A})\quad(t\geqslant0)$$

根据 KCL 可求得电流 $i$ 为

$$i(t)=I_S+i_L=(5-5e^{-0.5t})(\text{A})\quad(t>0)$$

$i_L(t)$随时间变化的曲线如图 9.28(b)所示。

**例 9.14** 图 9.29 所示电路已处于稳态，$t=0$ 时开关 S 闭合，试求换路后各支路电流。

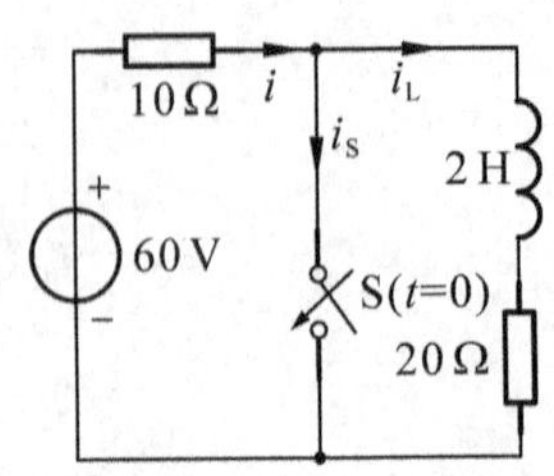


图 9.29　例 9.14 电路

解：由换路定律可求得

$$i_L(0_+)=i_L(0_-)=\frac{60}{10+20}=2(\mathrm{A})$$

换路后电流 $i_L$ 的稳态分量为

$$i_L(\infty)=0$$

换路后电路的时间常数为

$$\tau=\frac{L}{R}=\frac{2}{20}=0.1(\mathrm{s})$$

根据式(9-29)可得电流 $i_L$ 的响应为

$$\begin{aligned}i_L&=i_L(\infty)+[i_L(0_+)-i_L(\infty)]\mathrm{e}^{-\frac{t}{\tau}}\\&=2\mathrm{e}^{-10t}(\mathrm{A})\end{aligned}$$

由图 9.29 所示电路知道，开关 S 闭合后，右边电路直接进入稳态。根据 KCL 可得开关 S 支路电流 $i_S$ 为

$$\begin{aligned}i_S&=i-i_L\\&=\frac{60}{10}-2\mathrm{e}^{-10t}\\&=(6-2\mathrm{e}^{-10t})(\mathrm{A})\quad(t>0)\end{aligned}$$

**例 9.15** 图 9.30(a)所示电路中开关 S 打开前已处于稳态。$t=0$ 时开关 S 打开，试求 $t>0$ 时的 $i_L$ 和 $u_R$。

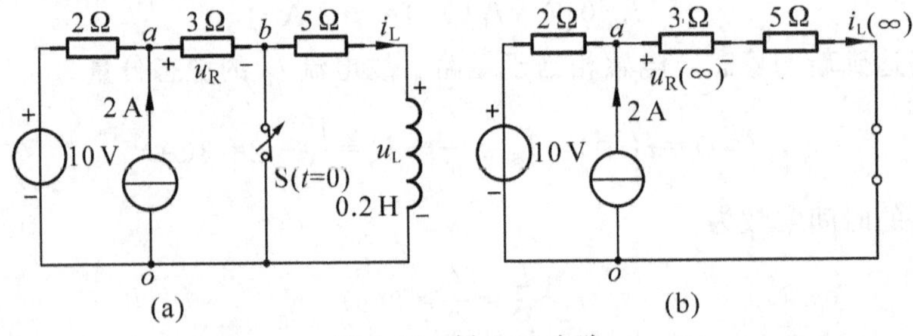


图 9.30　例 9.15 电路

解：(1)求换路后的电流 $i_L$、电压 $u_R$ 的初始值。换路前电路已处于稳态，故得

$$i_L(0_+)=i_L(0_-)=0$$

换路后，由于在 $t=0_+$ 时，电感中电流为零，因此，3 Ω 电阻中电流也为零，故得

$$u_R(0_+)=0$$

(2)求换路后的电流 $i_L$、电压 $u_R$ 的稳态分量。因为达到新的稳态时，电感相当于短路，见图 9.30(b)所示电路。计算可得

$$u_a(\infty)=\frac{\frac{10}{2}+2}{\frac{1}{2}+\frac{1}{3+5}}=11.2(\mathrm{V})$$

$$i_L(\infty)=\frac{u_a(\infty)}{3+5}=1.4(\mathrm{A})$$

$$u_R(\infty)=3\times i_L(\infty)=4.2(\mathrm{V})$$

(3)换路后电路的时间常数为(电流源开路，电压源短路)

$$\tau=\frac{L}{R}=\frac{0.2}{2+3+5}=0.02(\mathrm{s})$$

(4)根据式(9-29)可得电流 $i_L$、电压 $u_R$ 的响应为

$$\begin{aligned} i_L &= i_L(\infty)+[i_L(0_+)-i_L(\infty)]\mathrm{e}^{-\frac{t}{\tau}} \\ &=1.4(1-\mathrm{e}^{-50t})(\mathrm{A}) \end{aligned}$$

$$\begin{aligned} u_R &= u_R(\infty)+[u_R(0_+)-u_R(\infty)]\mathrm{e}^{-\frac{t}{\tau}} \\ &=4.2\mathrm{e}^{-50t}(\mathrm{V}) \end{aligned}$$

**例 9.16** 如图 9.31(a)所示电路，开关合在 1 时已达稳态。$t=0$ 时，开关 S 由 1 合向 2，试求 $t>0$ 时的电流 $i_L$ 和电压 $u_L$。

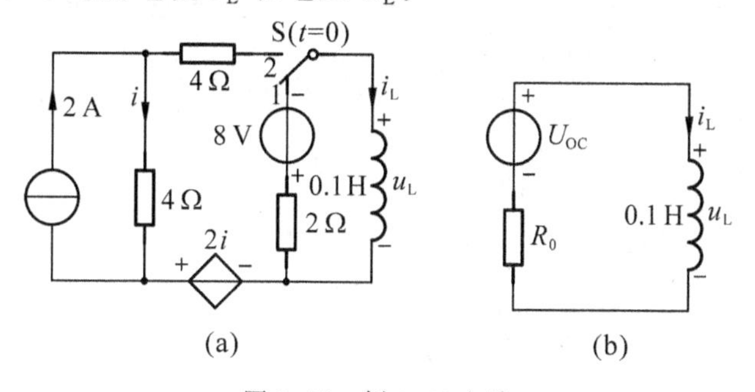


图 9.31 例 9.16 电路

解：由换路定律可得

$$i_L(0_+)=i_L(0_-)=\frac{-8}{2}=-4(\mathrm{A})$$

换路后，应用戴维南定理得出等效电路如图 9.31(b)所示，其中 $U_{OC}=12$ V，$R_0=10$ Ω。由图 9.31(b)电路可得

$$\tau=\frac{L}{R_0}=\frac{0.1}{10}=0.01(\mathrm{s})$$

$$i_L(\infty)=\frac{U_{OC}}{R_0}=\frac{12}{10}=1.2(\mathrm{A})$$

所以电路全响应为

$$i_L(t)=i_L(\infty)+[i_L(0_+)-i_L(\infty)]e^{-\frac{t}{\tau}}$$
$$=1.2+(-4-1.2)e^{-\frac{t}{0.01}}$$
$$=(1.2-5.2e^{-100t})(A) \quad (t\geqslant 0)$$
$$u_L(t)=L\frac{di_L}{dt}=52e^{-100t}(V) \quad (t>0)$$

**例 9.17** 如图 9.32 所示电路中 $u_S(t)=220\sqrt{2}\sin(314t+30°)$V，$u(0_-)=U_0$，$R=200\ \Omega$，$C=100\ \mu F$，$t=0$ 时合上开关 S，试求：(1)$u$；(2)$U_0$ 为何值时，暂态分量为零。

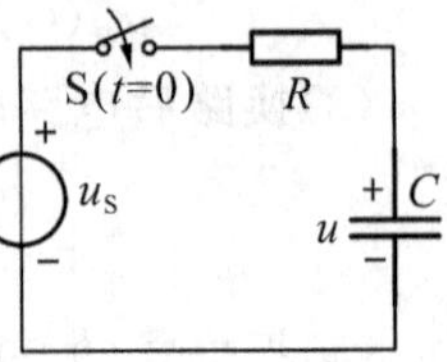

图 9.32 例 9.17 电路

解：(1)换路后电容电压全响应的初始值由换路定律可得 $u(0_+)=u(0_-)=U_0$，电路的时间常数为

$$\tau=RC=200\times 100\times 10^{-6}=0.02(s)$$

电路的稳态分量及其初始值分别为

$$u_\infty(t)=\frac{U_{Sm}}{\omega C\sqrt{R^2+\left(\frac{1}{\omega C}\right)^2}}\sin\left(\omega t+30°+\arctan\frac{1}{\omega CR}-90°\right)$$

$$=\frac{220\sqrt{2}}{314\times 100\times 10^{-6}\times\sqrt{200^2+\left(\frac{1}{314\times 100\times 10^{-6}}\right)^2}}\sin\left(314t+30°+\right.$$

$$\left.\arctan\frac{1}{314\times 100\times 10^{-6}\times 200}-90°\right)$$

$$=48.93\sin(314t-51°)(V)$$

$$u_\infty(0_+)=48.93\sin(314t-51°)|_{0_+}=-38.03(V)$$

根据式(9-30)可得电容电压的全响应为

$$u(t)=u_\infty(t)+[u(0_+)-u_\infty(0_+)]e^{-\frac{t}{\tau}}$$
$$=[48.93\sin(314t-51°)+(U_0+38.03)e^{-50t}](V) \quad (t\geqslant 0)$$

(2)由 $u(t)$ 表达式可知，当 $U_0=-38.03$ V 时

$$u(t)=48.93\sin(314t-51°)(V) \quad (t\geqslant 0)$$

无暂态分量。

## 9.5 一阶电路的阶跃响应

### 9.5.1 阶跃函数

上述几节在 $t=0$ 时刻换路以恒定直流电源电压 $U_S$ 或电流 $I_S$ 输入动态电路的情况，可以用图 9.33(b)(e)表示，即输入动态电路的激励以时间函数形式用图形表

示，显而易见，它们均是阶跃输入的特性，跃变发生在换路时刻 $t=0$。通常这一特性可用阶跃函数来表示。

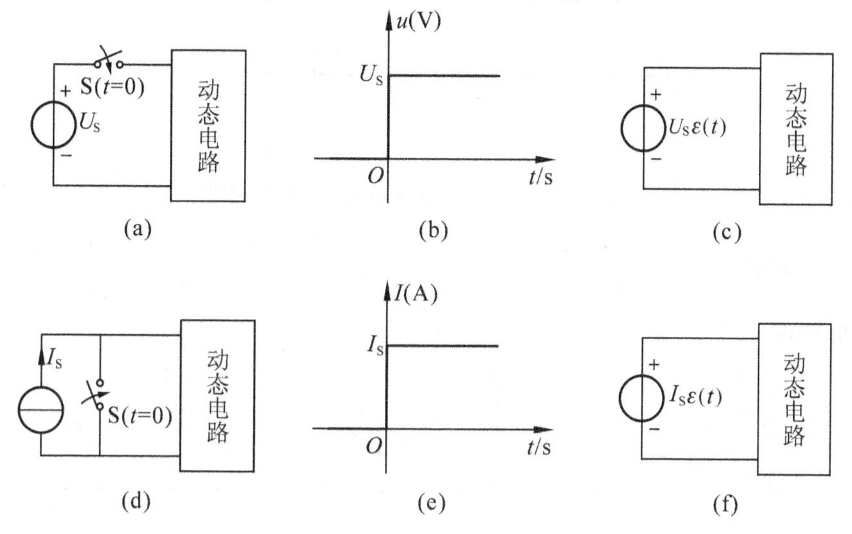


图 9.33　单位阶跃函数及其用阶跃函数表示电源与电路接通

下面首先介绍阶跃函数，然后介绍其在动态电路过渡过程中的应用。

单位阶跃函数是一种奇异函数(奇异函数是不连续的函数，或者是有不连续导数的函数)，其波形如图 9.33(b)和图 9.33(e)所示，其中 $U_S=1\text{ V}$，$I_S=1\text{ A}$，它的数学定义是

$$\varepsilon(t)=\begin{cases}0, & t<0\\1, & t>0\end{cases} \tag{9-31}$$

式(9-31)在 $t=0$ 处不连续，有一阶跃，其幅度等于 1。这个函数可以用来描述图 9.33(a)(d)所示电路开关 S 的动作，它表示在 $t=0$ 时把电路接到单位直流电源如图 9.33(c)(f)所示。阶跃函数可以作为开关的数学模型，所以有时也称为开关函数。

如果单位阶跃函数在任意时刻 $t_0$ 起始，表达式为

$$\varepsilon(t-t_0)=\begin{cases}0, & t<t_0\\1, & t>t_0\end{cases}$$

$\varepsilon(t-t_0)$可看作把 $\varepsilon(t)$在时间轴上移动 $t_0$ 后的结果，如图 9.34(a)所示，所以它称为延迟单位阶跃函数。

将单位阶跃函数 $\varepsilon(t)$乘 $k$，便成为一般的阶跃函数 $f(t)=k\varepsilon(t)$，如图 9.34(b)所示，它的阶跃幅度为 $k$。而把电路在 $t=t_0$ 时接通到一个电压为 5 V 的直流电压源，则此外加电压就可以写为 $5\varepsilon(t-t_0)\text{V}$。

单位阶跃函数还可以用来“起始”任意一个 $f(t)$。设 $f(t)$是对所有 $t$ 都有定义的一个任意函数，则

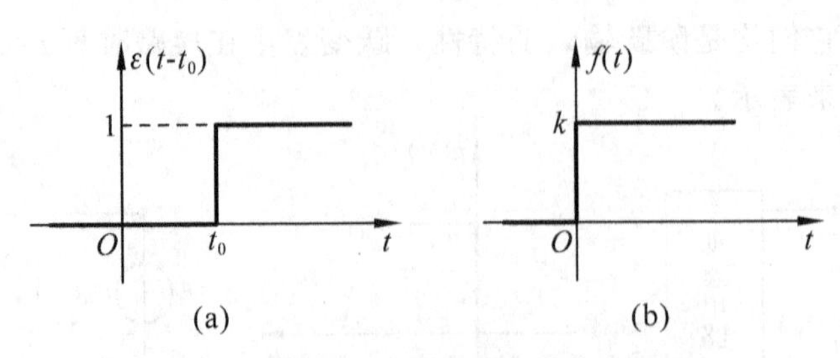

图 9.34　延迟单位阶跃函数和一般阶跃函数

$$f(t)\varepsilon(t)=\begin{cases}0, & t<0\\ f(t), & t>0\end{cases},\qquad f(t)\varepsilon(t-t_0)=\begin{cases}0, & t<t_0\\ f(t), & t>t_0\end{cases}$$

它的波形如图 9.35 所示。

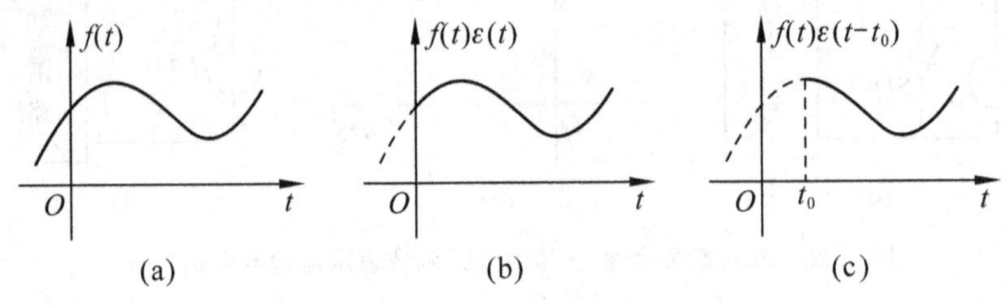

图 9.35　单位阶跃函数的起始作用

对于一个如图 9.36(a)所示幅度为 1 的矩形脉冲，可以把它看作由两个阶跃函数组成的，如图 9.36(b)所示，即

$$f(t)=\varepsilon(t)-\varepsilon(t-t_0)$$

同理，对于一个如图 9.36(c)所示矩形脉冲，则可以写为

$$f(t)=10\varepsilon(t-t_1)-20\varepsilon(t-t_2)+10\varepsilon(t-t_3)$$

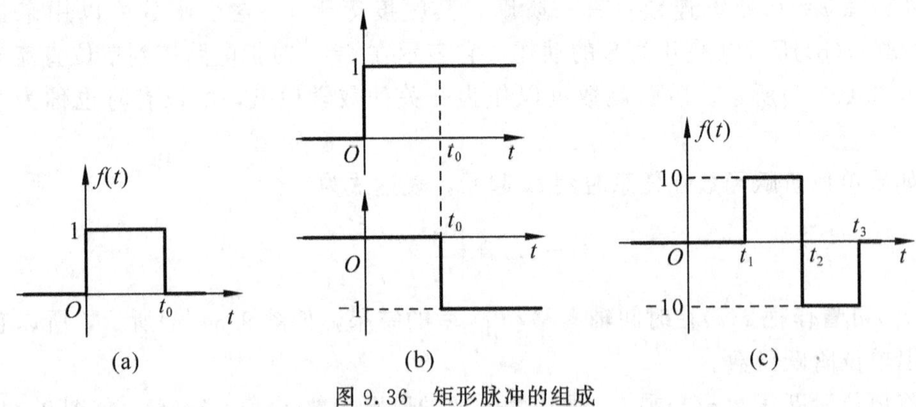

图 9.36　矩形脉冲的组成

### 9.5.2　一阶电路的阶跃响应

零状态电路对单位阶跃信号激励的零状态响应称为单位阶跃响应，简称阶跃响应。如果电路是一阶的，其响应就称为一阶阶跃响应。

现在来讨论一阶动态电路在阶跃函数激励下的电路响应。如图 9.37(a)所示为

初始状态为零的 $RC$ 串联电路，输入幅值为 $U_S$ 的阶跃函数电压，即 $u_S(t)=U_S\varepsilon(t)$，图形如图 9.37(b)所示。根据式(9-17)可得在 $u_S(t)=U_S\varepsilon(t)$激励下 $RC$ 电路的零状态响应 $u_C(t)$为

$$u_C(t)=U_S(1-e^{-\frac{t}{RC}})\varepsilon(t)$$

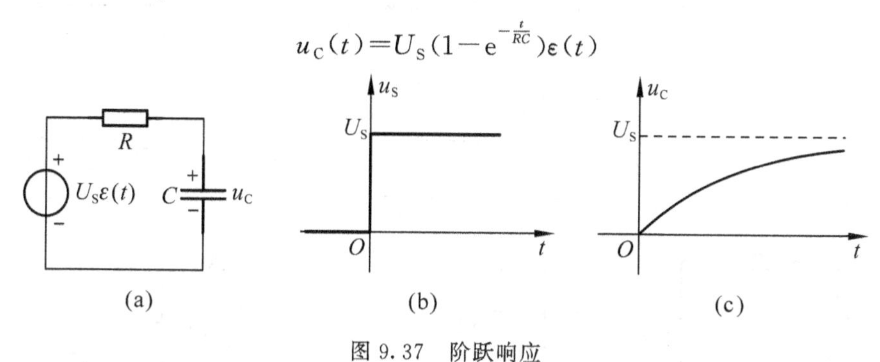


图 9.37 阶跃响应

其波形如图 9.37(c)所示。由于表达式中已包含 $\varepsilon(t)$这一因子，所以，不必再注明只适用于 $t\geqslant0$。

如果阶跃激励是在 $t=t_0$ 时施加于电路的，则将电路的阶跃响应中的 $t$ 改为$(t-t_0)$，即得电路延迟时间为 $t_0$ 的阶跃响应。例如，上述 $RC$ 电路的延迟的阶跃响应为

$$u_C(t)=U_S(1-e^{-\frac{t-t_0}{RC}})\varepsilon(t-t_0)$$

其波形如图 9.38 所示。

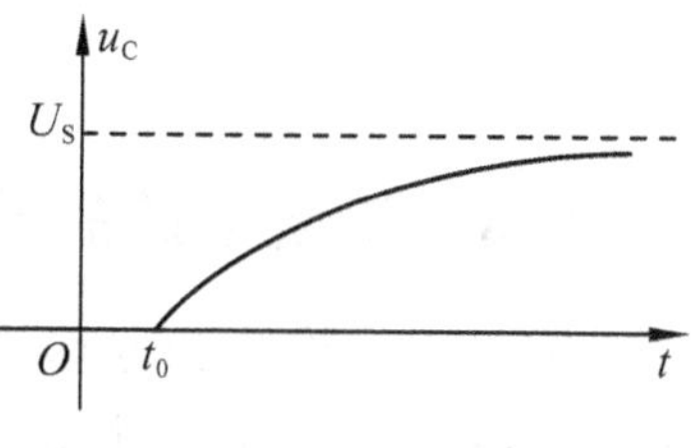


图 9.38 延迟阶跃响应

注意：图 9.38 所示波形与用 $\varepsilon(t-t_0)$去“起始”一个波形[如图 9.35(b)]是有区别的。

**例 9.18** 如图 9.39(a)所示电路，已知 $R=1\ 000\ \Omega$，$C=10\ \mu F$，求脉冲电压 $u_S(t)$[波形如图 9.39(b)所示]在 $RC$ 电路中产生的响应 $u_C(t)$。

解：脉冲电压可以分解为如图 9.39(c)所示的两个阶跃电压，即

$$u_S(t)=5\varepsilon(t)-5\varepsilon(t-2)$$

两个阶跃电压的响应分别为

$$u_{C1}(t)=[5(1-e^{-100t})\varepsilon(t)]\ V$$

$$u_{C2}(t)=[-5(1-e^{-100(t-2)})\varepsilon(t-2)]\ V$$

两个响应电压的波形如图 9.39(d)所示。

电路的零状态响应 $u_C(t)$为两个阶跃响应的叠加，即

$$\begin{aligned}u_C(t)&=u_{C1}(t)+u_{C2}(t)\\&=5[1-e^{-100t})\varepsilon(t)-5(1-e^{-100(t-2)})\varepsilon(t-2)]\ V\end{aligned}$$

电压 $u_C(t)$的零状态响应波形如图 9.39(d)所示。

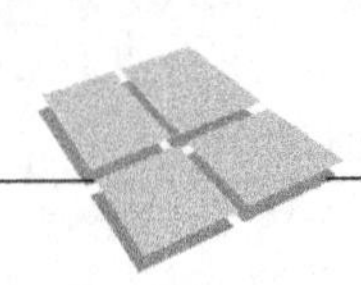

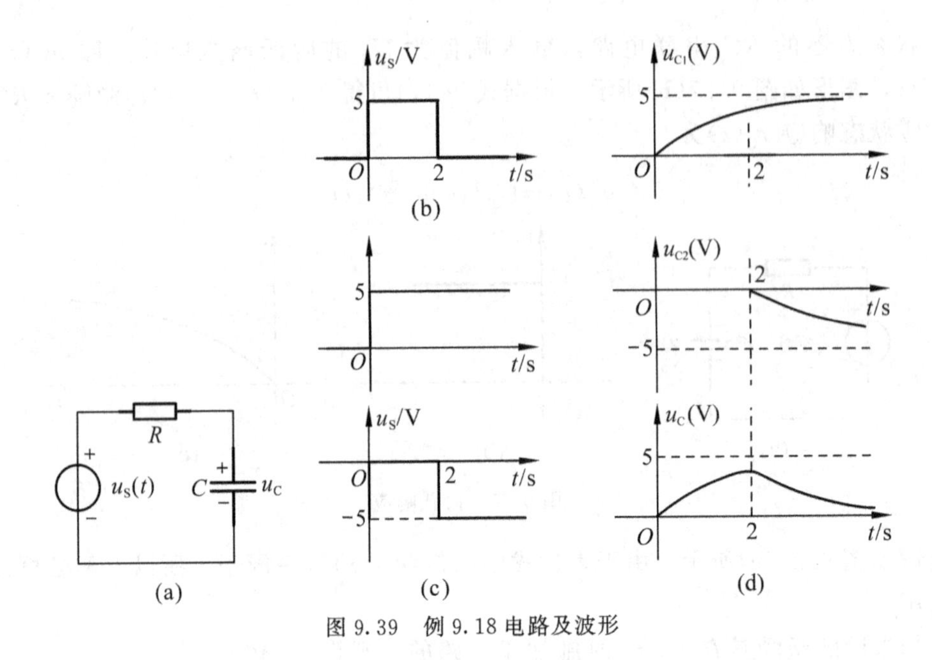


图 9.39　例 9.18 电路及波形

## 9.6　二阶电路的零输入响应

凡是用二阶微分方程描述的电路均称为二阶电路。二阶电路的典型例子是 *RLC* 电路。电路中三种无源元件都有，如图 9.40(a)(b)所示为该类电路的例子。图 9.40(c)(d)还给出了另外两个 *RC* 和 *RL* 二阶电路的例子。由图 9.40 可见，二阶电路中可以含有不同类别的储能元件，也可以有同一类别的储能元件，当然同一类别的储能元件不能用等效的一个元件来代替。

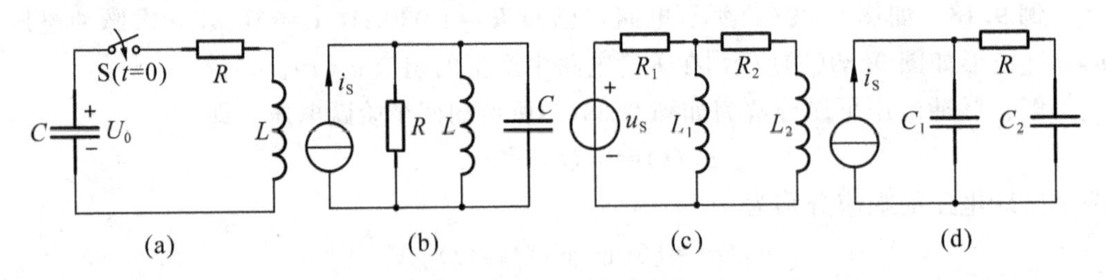


图 9.40　二阶电路的典型例子

在二阶电路中，给定的初始条件应有两个，它们由储能元件的初始值决定。二阶电路也有零输入响应、零状态响应及全响应，本书只介绍 *RLC* 串联电路的零输入响应，*RLC* 串联电路是最简单的二阶电路。

### 9.6.1　方程和特征根

图 9.41 所示的 *RLC* 串联电路中，设电容原已充电，其电压为 $U_0$，电感中的初始电流为零。$t=0$ 时，开关 S 闭合，此电路的放电过程即为二阶电路的零输入响

应。在指定的电压、电流参考方向下，换路后根据 KVL 可得

$$u_L + u_R - u_C = 0$$

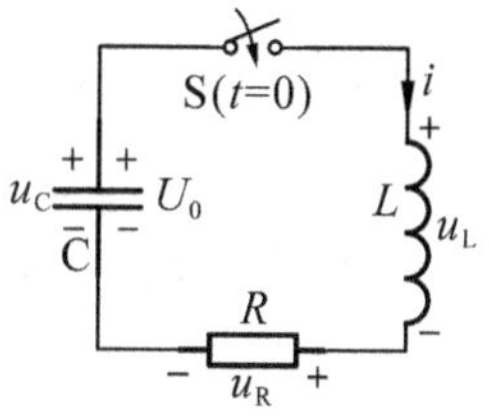

图 9.41 $RLC$ 串联电路

各元件的电压电流关系为

$$i = -C\frac{\mathrm{d}u_C}{\mathrm{d}t}$$

$$u_R = Ri = -RC\frac{\mathrm{d}u_C}{\mathrm{d}t}$$

$$u_L = L\frac{\mathrm{d}i}{\mathrm{d}t} = -LC\frac{\mathrm{d}^2 u_C}{\mathrm{d}t^2}$$

将以上电压、电流关系代入 KVL 方程，得到

$$LC\frac{\mathrm{d}^2 u_C}{\mathrm{d}t^2} + RC\frac{\mathrm{d}u_C}{\mathrm{d}t} + u_C = 0 \tag{9-32}$$

对二阶电路分析的目的是求解式(9-32)。式(9-32)是以 $u_C$ 为未知量的 $RLC$ 串联电路放电过程的微分方程，这是一个二阶常系数线性齐次微分方程。求解这类方程时，仍然设 $u_C = A\mathrm{e}^{pt}$，然后再确定特征根 $p$ 和积分常数 $A$。

将 $u_C = A\mathrm{e}^{pt}$ 代入式(9-32)，可得特征方程为

$$LCp^2 + RCp + 1 = 0$$

解出两个特征根为

$$p_{1,2} = -\frac{R}{2L} \pm \sqrt{\left(\frac{R}{2L}\right)^2 - \frac{1}{LC}}$$

电压 $u_C$ 的零输入响应可写为

$$u_C = A_1\mathrm{e}^{p_1 t} + A_2\mathrm{e}^{p_2 t} \tag{9-33}$$

其中 $A_1$、$A_2$ 为两个积分常数，可由初始条件确定。

电路的不为零初始条件有三种情况：$u_C(0_+)$和 $i_L(0_+)$都不为零；$u_C(0_+)$不为零，$i_L(0_+)$为零；$u_C(0_+)$为零，$i_L(0_+)$不为零。在此只分析其中的一种情况，即

$$u_C(0_+) = u_C(0_-) = U_0$$

$$i_L(0_+) = i_L(0_-) = 0$$

其他两种初始条件下的分析过程与此相同。

$p_1$、$p_2$ 两个特征根仅与电路参数和结构有关，而与激励和初始储能无关，分别为

$$\left.\begin{aligned} p_1 &= -\frac{R}{2L} + \sqrt{\left(\frac{R}{2L}\right)^2 - \frac{1}{LC}} \\ p_2 &= -\frac{R}{2L} - \sqrt{\left(\frac{R}{2L}\right)^2 - \frac{1}{LC}} \end{aligned}\right\} \tag{9-34}$$

电路中 $R$、$L$、$C$ 的参数不同，特征根 $p_1$、$p_2$ 有三种不同的情况，即：(1)两个不等的负实根；(2)一对共轭复根；(3)一对相等的负实根。以下分别分析这三种情况。

### 9.6.2 $R>2\sqrt{\dfrac{L}{C}}$，非振荡放电过程

在 $R>2\sqrt{\dfrac{L}{C}}$ 的情况下，$p_1$、$p_2$ 为两个不等的负实根，电容电压 $u_C$ 为

$$u_C=A_1e^{p_1t}+A_2e^{p_2t}$$

而
$$i=-C\frac{du_C}{dt}=-C(p_1A_1e^{p_1t}+p_2A_2e^{p_2t})$$

将初始条件 $u_C(0_+)=u_C(0_-)=U_0$，$i(0_+)=i(0_-)=0$ 分别代入上两式，可得

$$A_1+A_2=U_0$$
$$p_1A_1+p_2A_2=0$$

解得

$$A_1=\frac{p_2}{p_2-p_1}U_0$$
$$A_2=-\frac{p_1}{p_2-p_1}U_0 \tag{9-35}$$

最后得到

$$u_C(t)=\frac{U_0}{p_2-p_1}(p_2e^{p_1t}-p_1e^{p_2t})\quad(t\geqslant 0) \tag{9-36}$$

$$i(t)=-C\frac{du_C}{dt}=-C\frac{p_1p_2}{p_2-p_1}U_0(e^{p_1t}-e^{p_2t})$$
$$=-\frac{U_0}{L(p_2-p_1)}(e^{p_1t}-e^{p_2t})\quad(t\geqslant 0) \tag{9-37}$$

$$u_L(t)=L\frac{di}{dt}=-\frac{U_0}{p_2-p_1}(p_1e^{p_1t}-p_2e^{p_2t})\quad(t>0) \tag{9-38}$$

上面的推导中，用到了 $p_1p_2=\dfrac{1}{LC}$ 的关系。

如图 9.42 画出了 $u_C$、$i$、$u_L$ 随时间变化的曲线。从图 9.42 及式(9-36)、式(9-37)可以看出，电容电压 $u_C(t)$、电路中电流 $i(t)$ 始终没有改变方向，而且有 $u_C(t)\geqslant 0$、$i(t)\geqslant 0$，表明电容在整个过渡过程中恒处于放电状态，其电压单调地下降直到零。电容中的电场不断地释放能量，从而不存在电场与磁场之间能量往返授受，也就不能形成振荡。故称为非振荡放电，又称为过阻尼放电。当 $t=0_+$ 时，$i(0_+)=0$；当 $t=\infty$ 时放电过程结束，$i(\infty)=0$。所以在放电过程中电流必然要经历从小到大再趋于零的变化，电流一定有一个最大值。电流达最大值的时间 $t_m$ 可通过 $\dfrac{di}{dt}=0$ 或式(9-38)求得，即

$$t_m=\frac{1}{p_1-p_2}\ln\left(\frac{p_2}{p_1}\right)$$

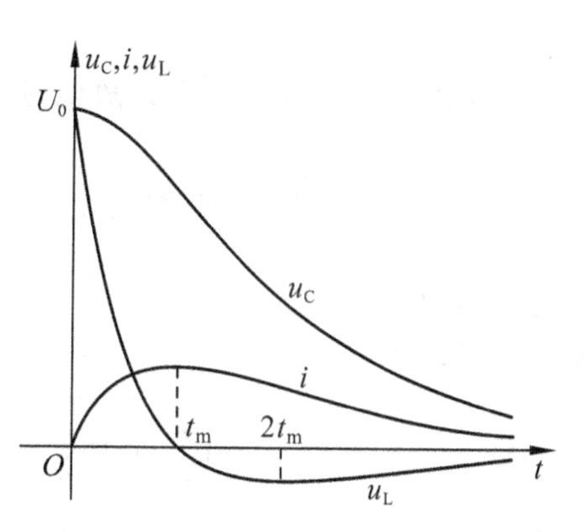


图 9.42 非振荡放电过程中 $u_C$，$i$，$u_L$ 曲线

从图 9.42 中还可见到，$t<t_m$ 时，$\frac{di}{dt}>0$，$u_L$ 为正值，电感吸收能量，建立磁场。$t=t_m$ 时，$\frac{di}{dt}=0$，故 $u_L=0$，电流达最大值。$t>t_m$ 时，$\frac{di}{dt}<0$，$u_L$ 为负值，电感释放能量，磁场逐渐衰减直到等于零。在此段 $u_L$ 虽为负值，但在此段开始其绝对值逐渐增加，而在 $t\to\infty$时，$u_L(\infty)=0$，所以经过一段时间后，其绝对值又逐渐减少，最后趋于零。$u_L$ 必然有一极值，其极值发生在 $t=2t_m$ 时刻(这里不再证明)。

综上所述，非振荡放电过程中，电容一直释放其电场能量。$t_m$ 以前，电流增加，电容释放的储能除为电阻所消耗外，还有一部分转变为电感的磁场能量。$t_m$ 以后，电流减小，电感也释放其磁场储能，直到电场储能和磁场储能为零，即电场储能和磁场储能被电阻耗尽，放电结束。

**例 9.19** 图 9.41 所示电路中，已知 $R=3\ \Omega$，$L=0.5\ \text{H}$，$C=0.25\ \text{F}$，$u_C(0_-)=5\ \text{V}$，$i(0_-)=0$，$t=0$ 时将开关闭合，试求 $t\geqslant0$ 时 $u_C$ 和 $i$。

解：由于 $2\sqrt{\frac{L}{C}}=2\sqrt{\frac{0.5}{0.25}}\,\Omega=2\sqrt{2}\,\Omega<3\ \Omega=R$，故电路为非振荡放电。将各参数的量值代入式(9-34)，可得特征根为

$$p_1=-\frac{R}{2L}+\sqrt{\left(\frac{R}{2L}\right)^2-\frac{1}{LC}}=-2$$

$$p_2=-\frac{R}{2L}-\sqrt{\left(\frac{R}{2L}\right)^2-\frac{1}{LC}}=-4$$

由式(9-35)可得积分常数分别为

$$A_1=\frac{p_2}{p_2-p_1}U_0=10$$

$$A_2=-\frac{p_1}{p_2-p_1}U_0=-5$$

将特征根及积分常数代入式(9-36)和式(9-37)得

$$\begin{aligned}u_C(t)&=\frac{U_0}{p_2-p_1}(p_2e^{p_1t}-p_1e^{p_2t})\\&=(10e^{-2t}-5e^{-4t})(\text{V})\quad(t\geqslant0)\end{aligned}$$

$$\begin{aligned}i(t)&=-\frac{U_0}{L(p_2-p_1)}(e^{p_1t}-e^{p_2t})\\&=5(e^{-2t}-e^{-4t})(\text{A})\quad(t\geqslant0)\end{aligned}$$

### 9.6.3 $R<2\sqrt{\frac{L}{C}}$，振荡放电过程

在 $R<2\sqrt{\frac{L}{C}}$ 的情况下，$p_1$、$p_2$ 为一对共轭复根，令 $\delta=\frac{R}{2L}$，$\omega=\sqrt{\frac{1}{LC}-\left(\frac{R}{2L}\right)^2}$

则
$$\sqrt{\left(\frac{R}{2L}\right)^2-\frac{1}{LC}}=\sqrt{-\omega^2}=\mathrm{j}\omega \quad (\mathrm{j}=\sqrt{-1})$$

于是

$$p_1=-\frac{R}{2L}+\sqrt{\left(\frac{R}{2L}\right)^2-\frac{1}{LC}}=-\frac{R}{2L}+\mathrm{j}\sqrt{\frac{1}{LC}-\left(\frac{R}{2L}\right)^2}=-\delta+\mathrm{j}\omega$$
$$p_2=-\frac{R}{2L}-\sqrt{\left(\frac{R}{2L}\right)^2-\frac{1}{LC}}=-\frac{R}{2L}-\mathrm{j}\sqrt{\frac{1}{LC}-\left(\frac{R}{2L}\right)^2}=-\delta-\mathrm{j}\omega \tag{9-39}$$

令 $\omega_0=\sqrt{\delta^2+\omega^2}$，$\beta=\arctan\frac{\omega}{\delta}$（见图 9.43），

则有 $\delta=\omega_0\cos\beta$，$\omega=\omega_0\sin\beta$，根据

$\mathrm{e}^{\mathrm{j}\beta}=\cos\beta+\mathrm{j}\sin\beta$，$\mathrm{e}^{-\mathrm{j}\beta}=\cos\beta-\mathrm{j}\sin\beta$，可求得

$p_1=-\omega_0\mathrm{e}^{-\mathrm{j}\beta}$，$p_2=-\omega_0\mathrm{e}^{\mathrm{j}\beta}$

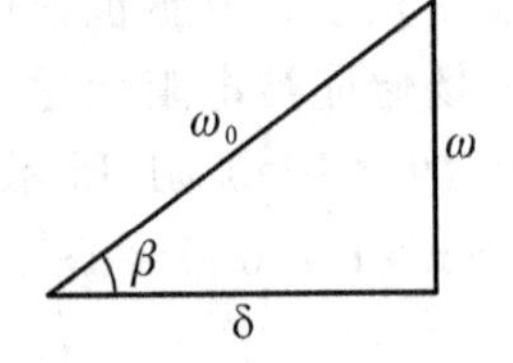


图 9.43 $\delta$、$\omega$ 和 $\omega_0$ 相互关系的三角形

这样，根据式(9-36)可得电容电压为

$$\begin{aligned}u_{\mathrm{C}}(t)&=\frac{U_0}{p_2-p_1}(p_2\mathrm{e}^{p_1t}-p_1\mathrm{e}^{p_2t})\\&=\frac{U_0}{-\mathrm{j}2\omega}\left[-\omega_0\mathrm{e}^{\mathrm{j}\beta}\mathrm{e}^{(-\delta+\mathrm{j}\omega)t}+\omega_0\mathrm{e}^{-\mathrm{j}\beta}\mathrm{e}^{(-\delta-\mathrm{j}\omega)t}\right]\\&=\frac{U_0\omega_0}{\omega}\mathrm{e}^{-\delta t}\left[\frac{\mathrm{e}^{\mathrm{j}(\omega t+\beta)}-\mathrm{e}^{-\mathrm{j}(\omega t+\beta)}}{2\mathrm{j}}\right]\\&=\frac{U_0\omega_0}{\omega}\mathrm{e}^{-\delta t}\sin(\omega t+\beta)\quad(t\geqslant0)\end{aligned} \tag{9-40}$$

根据式(9-37)电路中电流为

$$\begin{aligned}i(t)&=-\frac{U_0}{L(p_2-p_1)}(\mathrm{e}^{p_1t}-\mathrm{e}^{p_2t})\\&=\frac{U_0}{\omega L}\mathrm{e}^{-\delta t}\sin(\omega t)\quad(t\geqslant0)\end{aligned} \tag{9-41}$$

并可求得电感电压为

$$u_{\mathrm{L}}(t)=L\frac{\mathrm{d}i}{\mathrm{d}t}$$

$$= -\frac{U_0\omega_0}{\omega}e^{-\delta t}\sin(\omega t-\beta) \quad (t>0) \tag{9-42}$$

图 9.44 画出了 $u_C$、$i$ 随时间变化的曲线。图中的虚线称为包络线。$u_C$、$i$ 都是振幅按指数规律衰减的正弦函数，所以这种放电过程称为振荡放电。从上述 $u_C$、$i$ 表达式及其波形可以看出，它们的波形呈现衰减振荡的状态，在整个过程中，它们周期性地改变方向，动态元件也将周期性地交换能量。

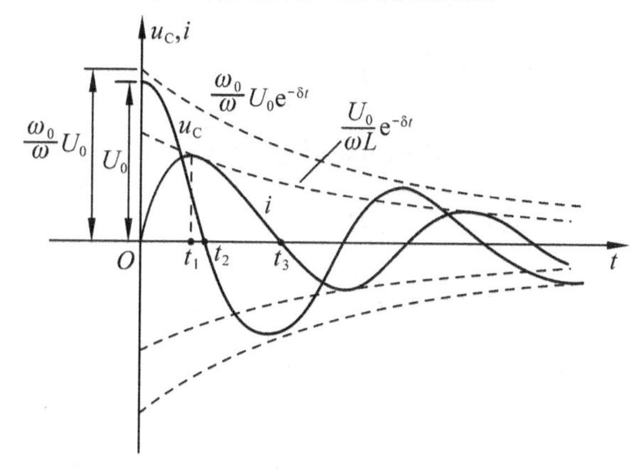


图 9.44　振荡放电过程中 $u_C$、$i$ 的波形

振荡放电的物理过程如下：由图 9.44 可见，在 $0<t<t_1$ 间，$u_C$ 减小，$i$ 增大，电容释放的储能除为电阻消耗外，一部分转换为电感的磁场储能；在 $t_1<t<t_2$ 间，$u_C$ 及 $i$ 都在减小，电容和电感都释放其储能。这段时间内的情况与非振荡放电过程中 $t_m$ 以前的情况相似。而在 $t=t_2$ 时，情况则不同了，这时的 $u_C$ 为零，$i$ 的量值不为零且继续减小，电容的初始储能已完全释放，但电感还有储能并继续释放。于是，在 $t_2<t<t_3$ 间，$u_C$ 绝对值增大，$i$ 减小，电感释放的储能中，除为电阻所消耗外，一部分使电容反向充电而转换为电容的电场储能。到 $t=t_3$ 时，$i=0$，充电停止，磁场能量已放尽。以后电容又开始反方向放电，其过程与上述一样，只不过是因能量已在电阻中消耗了一部分，总能量较前半周期为小，所以再次放电时，电容的初始电压要小于 $U_0$。电容如此往复充电和放电，就形成了振荡放电的物理过程。这种过程理论上将无限期地进行下去直到零，不过到一定时间以后能量已基本耗尽，工程上可以认为电路中各电压、电流已接近衰减到零，电路中的过渡过程也就算结束了。根据上述零点划分的时域，将元件之间能量转换、吸收的概况可用表 9-2 示出。

**表 9-2　元件间能量转换、吸收**

| | $0<t<t_1$ | $t_1<t<t_2$ | $t_2<t<t_3$ |
|---|---|---|---|
| 电感 | 吸收 | 释放 | 释放 |
| 电容 | 释放 | 释放 | 吸收 |
| 电阻 | 消耗 | 消耗 | 消耗 |

指数规律衰减因子 $e^{-\delta t}$ 中的 $\delta$ 称为衰减系数，$\delta$ 越大，衰减越快，$\omega$ 表示衰减振荡的角频率，它是一个与电路参数有关而与激励无关的量，故又称为自由振荡角频率。$\omega_0$ 是 $RLC$ 串联电路在正弦激励下的谐振角频率。

特殊情况下，如果电路中电阻为零，即 $R=0$，则有

$$\begin{cases}\delta=\dfrac{R}{2L}=0\\ \omega=\dfrac{1}{\sqrt{LC}}=\omega_0\\ \beta=\arctan\left(\dfrac{\omega}{\delta}\right)=\dfrac{\pi}{2}\end{cases} \tag{9-43}$$

从而式(9-40)、式(9-41)、式(9-42)变为

$$\begin{cases}u_C(t)=U_0\sin\left(\omega_0 t+\dfrac{\pi}{2}\right)\\ i(t)=\dfrac{U_0}{\omega_0 L}\sin\omega_0 t\\ u_L(t)=-U_0\sin\left(\omega_0 t-\dfrac{\pi}{2}\right)=U_0\sin\left(\omega_0 t+\dfrac{\pi}{2}\right)=u_C(t)\end{cases} \tag{9-44}$$

这时 $u_C$、$i$、$u_L$ 都是正弦函数，它们的振幅并不衰减，是等幅振荡的放电过程。这种等幅振荡放电的产生，其实质是由于电容的电场储能在放电时转换成电感中的磁场储能，而当电流减小时，电感中的磁场储能又向电容充电而转换为电容中的电场储能，如此反复而无能量损耗，因而，在电路中就形成了等幅振荡。

**例 9.20** 图 9.41 所示电路中，已知 $L=0.5$ H，$C=0.25$ F，$u_C(0_-)=5$ V，$i(0_-)=0$，$t=0$ 时将开关闭合，试求(1)$R=2\ \Omega$；(2)$R=0$ 两种情况下，换路后的 $u_C$ 和 $i$。

解：(1)由于 $2\sqrt{\dfrac{L}{C}}=2\sqrt{\dfrac{0.5}{0.25}}\ \Omega=2\sqrt{2}\ \Omega>2\ \Omega=R$，故电路为振荡放电。

则有

$$\delta=\frac{R}{2L}=2\ \mathrm{s}^{-1}$$

$$\omega=\sqrt{\frac{1}{LC}-\left(\frac{R}{2L}\right)^2}=2\ \mathrm{s}^{-1}$$

$$\omega_0=\sqrt{\delta^2+\omega^2}=\frac{1}{\sqrt{LC}}=2\sqrt{2}\ \mathrm{s}^{-1}$$

$$\beta=\arctan\frac{\omega}{\delta}=45^\circ$$

将上述各量代入式(9-40)、式(9-41)可得

$$u_C(t)=\frac{U_0\omega_0}{\omega}e^{-\delta t}\sin(\omega t+\beta)$$

$$=\frac{5\times 2\sqrt{2}}{2}e^{-2t}\sin(2t+45°)$$

$$=5\sqrt{2}e^{-2t}\sin(2t+45°)(\mathrm{V})$$

$$i(t)=\frac{U_0}{\omega L}e^{-\delta t}\sin(\omega t)$$

$$=\frac{5}{2\times 0.5}e^{-2t}\sin(2t)$$

$$=5e^{-2t}\sin(2t)(\mathrm{A})$$

(2)这是(1)的特例，$R=0$ 时由式(9-43)可得

$$\delta=\frac{R}{2L}=0$$

$$\omega=\frac{1}{\sqrt{LC}}=\omega_0=2\sqrt{2}\ \mathrm{s}^{-1}$$

$$\beta=\arctan\left(\frac{\omega}{\delta}\right)=\frac{\pi}{2}$$

由式(9-44)可得

$$u_C(t)=U_0\sin\left(\omega_0 t+\frac{\pi}{2}\right)=5\sin\left(2\sqrt{2}t+\frac{\pi}{2}\right)(\mathrm{V})$$

$$i(t)=\frac{U_0}{\omega_0 L}\sin\omega_0 t=2.5\sqrt{2}\sin(2\sqrt{2}t)(\mathrm{A})$$

### 9.6.4 $R=2\sqrt{\frac{L}{C}}$，临界放电过程

在 $R=2\sqrt{\frac{L}{C}}$ 的情况下，$p_1$、$p_2$ 为两个相等的负实根，由式(9-34)得

$$p_1=p_2=-\frac{R}{2L}=-\delta$$

此情况下的电容电压和其电流的通解为

$$u_C=(A_1+A_2 t)e^{-\delta t}$$

$$i=-C\frac{du_C}{dt}=C(\delta A_1+\delta A_2 t-A_2)e^{-\delta t}$$

将初始条件 $u_C(0_+)=u_C(0_-)=U_0$，$i(0_+)=i(0_-)=0$ 代入以上两式，可得

$$A_1=U_0$$

$$A_2=\delta U_0$$

于是可得电容电压、电流分别为

$$u_C(t)=U_0(1+\delta t)e^{-\delta t} \tag{9-45}$$

$$i(t)=C\delta^2U_0te^{-\delta t}=\frac{U_0}{L}te^{-\delta t} \tag{9-46}$$

在上面的推导中，用到了 $\delta^2=\frac{1}{LC}$ 的关系。

显然，从以上诸式可以看出电容电压和电流不做振荡变化，即具有非振荡的性质，$u_C(t)$ 从 $U_0$ 开始保持正值逐渐衰减到零；而 $i(t)$ 则先从零开始，保持正值，最后为零，由 $\frac{di}{dt}=0$ 可以求得 $i(t)$ 达极值的时间为

$$t_m=\frac{1}{\delta}=\frac{2L}{R} \tag{9-47}$$

其波形与图 9.42 相似，不另画出。这种过程是振荡与非振荡过程的分界线，所以 $R=2\sqrt{\frac{L}{C}}$ 时的过渡过程称为临界非振荡过程，这时的电阻称为临界电阻，电路称为临界阻尼电路。通常又把 $R>2\sqrt{\frac{L}{C}}$ 的电路称为过阻尼电路；把 $R<2\sqrt{\frac{L}{C}}$ 的电路称为欠阻尼电路；把 $R=0$ 时的电路称为无阻尼电路。

**例 9.21** 图 9.41 所示电路中，$R=10\ \Omega$，$L=1\ H$，$C=0.04\ F$，$u_C(0_-)=8\ V$，$i(0_-)=0$，试求 $t\geqslant 0$ 时的 $u_C(t)$ 和 $i(t)$。

解：由于 $2\sqrt{\frac{L}{C}}=10\ \Omega=R$，故电路为临界非振荡放电。

则有

$$\delta=\frac{R}{2L}=5\ s^{-1}$$

根据式(9-45)、式(9-46)并将 $U_0=u_C(0_+)=u_C(0_-)=8\ V$，$\delta=\frac{R}{2L}=5\ s^{-1}$ 代入，可得

$$u_C(t)=U_0(1+\delta t)e^{-\delta t}=8(1+5t)e^{-5t}\ (V)$$

$$i(t)=\frac{U_0}{L}te^{-\delta t}=8te^{-5t}\ (A)$$

## 本章小结

1. 换路定律：在换路瞬间，电容元件的电流为有限值时，其电压不能跃变，即 $u_C(0_+)=u_C(0_-)$；电感元件的电压值为有限时，其电流不能

跃变，即 $i_L(0_+)=i_L(0_-)$。在换路瞬间，电容可视为一个电压值为 $U_0$ 的电压源；而电感可视为一个电流值为 $I_0$ 的电流源。

2. 一阶电路：可用一阶微分方程描述的电路称为一阶电路。

*RC* 电路的微分方程为

$$RC\frac{\mathrm{d}u_C}{\mathrm{d}t}+u_C=u_S$$

*RL* 电路的微分方程为

$$L\frac{\mathrm{d}i_L}{\mathrm{d}t}+Ri_L=u_S$$

零输入响应：外加激励为零，仅由储能元件初始储能引起的响应。

零状态响应：储能元件初始储能为零，仅由外加激励引起的响应。

一阶电路的全响应：一阶电路中的非零初始状态及外加激励共同产生的响应。

一阶电路全响应的两种分解方式：

(1)外加激励为直流或周期量时，全响应可以分解为稳态分量和暂态分量之和。暂态分量存在的时期，为电路的过渡过程。暂态分量消失，电路进入新的稳态。

(2)全响应可以分解为零输入响应与零状态响应。

3. 一阶电路全响应的三要素法。

直流激励下的全响应为

$$f(t)=f(\infty)+[f(0_+)-f(\infty)]\mathrm{e}^{-\frac{t}{\tau}}$$

$f(0_+)$为初始值，$f(\infty)$为稳态分量，$\tau$ 为时间常数，合称三要素。动态元件为 $C$ 时，$\tau=RC$；动态元件为 $L$ 时，$\tau=L/R$。$R$ 为 $C$ 或 $L$ 所接网络除源后的等效电阻。时间常数 $\tau$ 是决定响应衰减快慢的物理量，$\tau$ 越大衰减越慢，$\tau$ 越小衰减越快。

在正弦电源激励下的全响应为

$$f(t)=f_\infty(t)+[f(0_+)-f_\infty(0_+)]\mathrm{e}^{-\frac{t}{\tau}}$$

$f_\infty(t)$为 $f(t)$的稳态分量，$f_\infty(0_+)$为 $f(t)$的稳态分量 $f_\infty(t)$的初始值。

4. 一阶电路的阶跃响应。电路对单位阶跃信号激励的零状态响应称为阶跃响应。如果电路是一阶的，则其响应就是一阶阶跃响应。

5. 二阶电路：可用二阶微分方程描述的电路称为二阶电路。

*RLC* 放电电路的微分方程为

$$LC\frac{\mathrm{d}^2u_C}{\mathrm{d}t^2}+RC\frac{\mathrm{d}u_C}{\mathrm{d}t}+u_C=0$$

特征方程为

$$LCp^2+RCp+1=0$$

如果初始条件为 $u_C(0_+)=u_C(0_-)=U_0$、$i(0_+)=i(0_-)=0$，则按特征根的不同，其电路的暂态响应有三种情况。

①$R>2\sqrt{\frac{L}{C}}$，为非振荡放电，此时的电路称为过阻尼电路。

②$R<2\sqrt{\frac{L}{C}}$，为振荡放电，此时的电路称为欠阻尼电路。

③$R=2\sqrt{\frac{L}{C}}$，为临界放电，此时的电路称为临界阻尼电路。

## 习题与思考题

9.1　图 9.45 所示电路中，开关 S 在 $t=0$ 时由 1 合向 2，电路原已处于稳态，试求 $t=0_+$ 时 $u_C$、$i_C$ 的值。

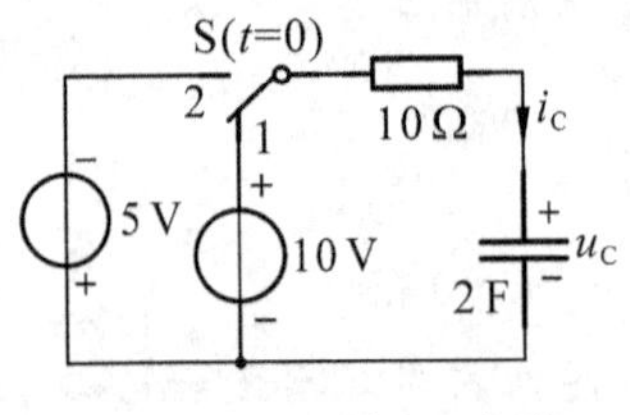


图 9.45　习题 9.1 电路

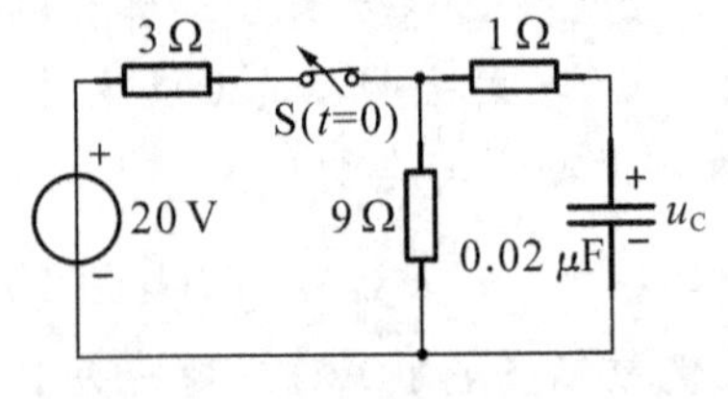


图 9.46　习题 9.2 电路

9.2　图 9.46 所示电路中的开关已闭合很长时间，在 $t=0$ 时被打开，试求 $t=0_+$ 时的 $u_C$ 并计算电容器储存的初始能量。

9.3　图 9.47 所示电路原已稳定，$t=0$ 时开关 S 闭合，试求 $u_C(0_+)$、$i_C(0_+)$、$i_L(0_+)$、$i_S(0_+)$。

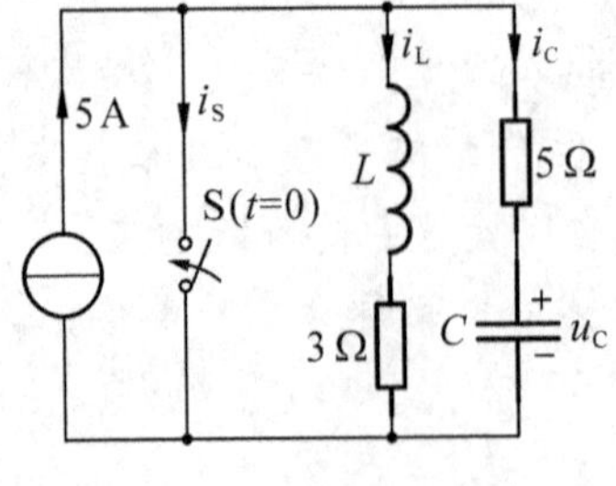


图 9.47　习题 9.3 电路

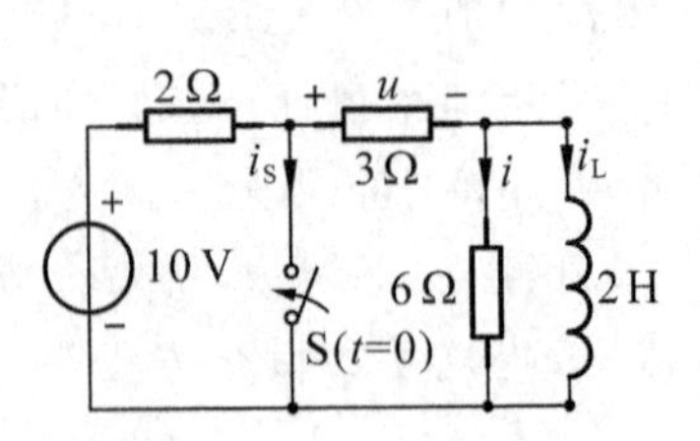


图 9.48　习题 9.4 电路

9.4　图 9.48 所示电路中开关已断开很长时间，试求 $i_L(0_+)$、$i(0_+)$、$u(0_+)$、$i_S(0_+)$。

9.5　图 9.49 所示电路原已稳定，$t=0$ 时换路，试求换路瞬间 $i_L$ 和 $i$。

9.6　图 9.50 所示电路中，设 $u_C(0_-)=15$ V，试求 $t>0$ 时的 $u_C$、$u_R$ 和 $i_R$。

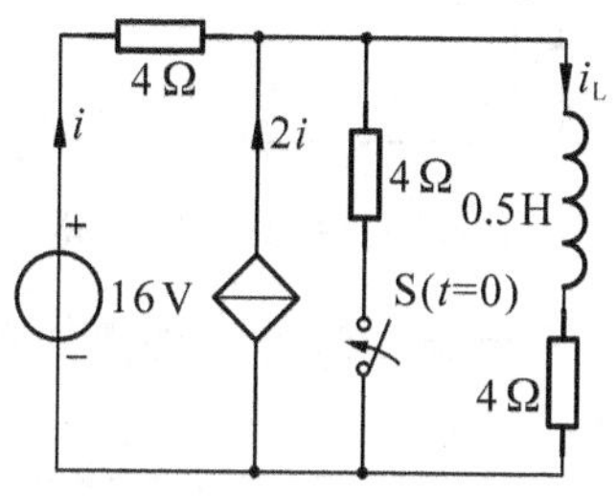


图 9.49　习题 9.5 电路

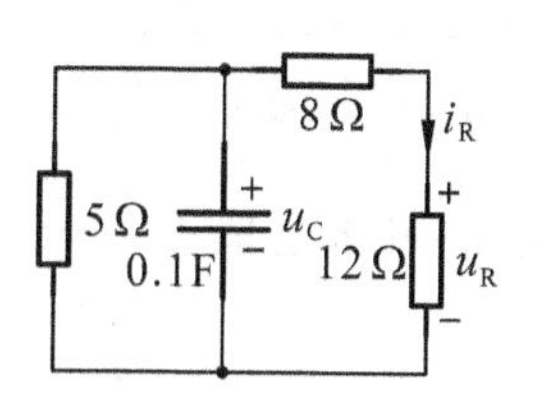


图 9.50　习题 9.6 电路

9.7　图 9.51 所示电路已达稳态，在 $t=0$ 时开关 S 断开，试求 $t\geqslant0$ 时的 $u_C$ 和 $w_C(0_+)$。

9.8　电路如图 9.52(a)所示，$u_C$ 的波形如图 9.52(b)所示。已知 $C=2\ \mu$F，$R_2=2$ kΩ，$R_3=6$ kΩ，试求 $R_1$ 及电容电压的初始值 $U_0$。

9.9　图 9.53 所示电路已稳定，$t=0$ 时开关 S 闭合，$u_C(0_-)=0$，试求换路后的 $u_C$、$i_C$ 和 $i$。

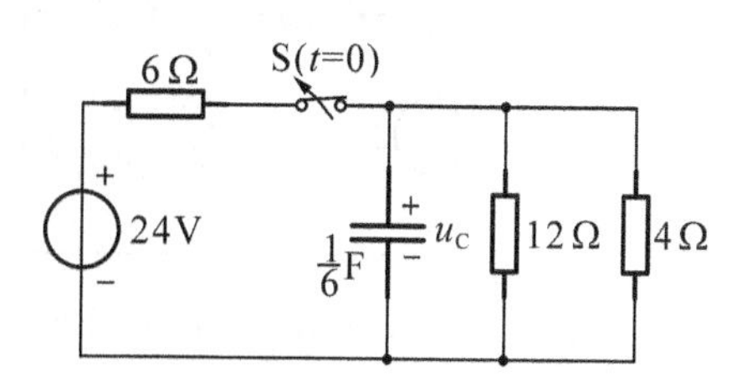


图 9.51　习题 9.7 电路

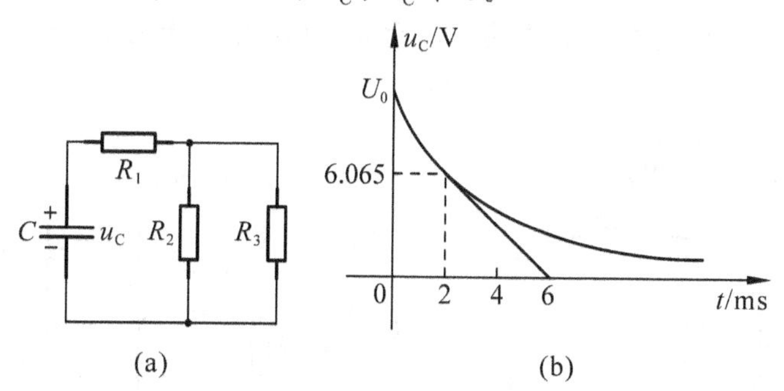


图 9.52　习题 9.8 电路

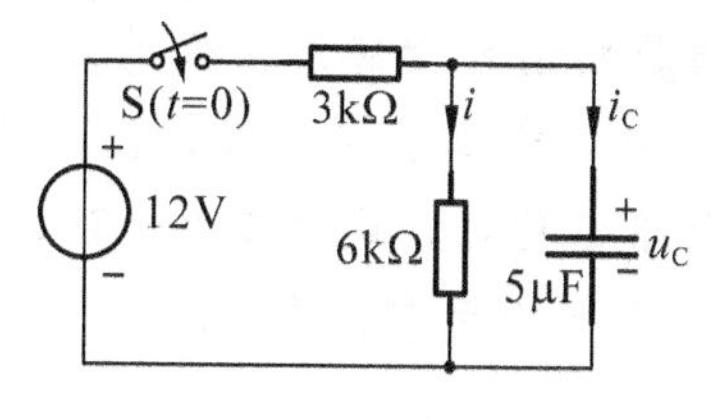


图 9.53　习题 9.9 电路

9.10　求图 9.54 所示电路的零状态响应 $i_L$ 和 $u_L$。

9.11　如图 9.55 所示电路，在 $t=0$ 时开关 S 闭合，已知 $i_L(0_-)=0$，求 $t\geqslant0$

时 $i_L$、$i$ 和 $u_L$，并画出它们的波形。

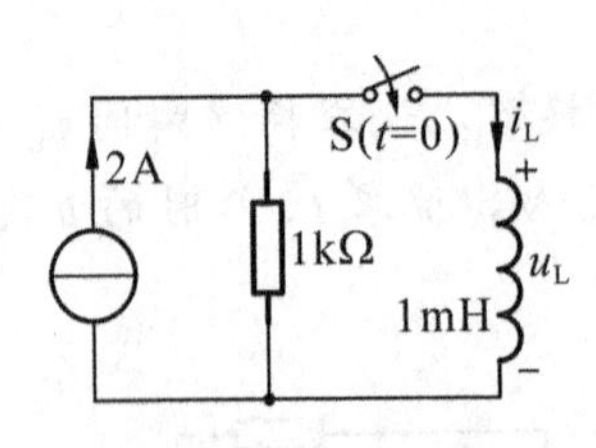


图 9.54　习题 9.10 电路

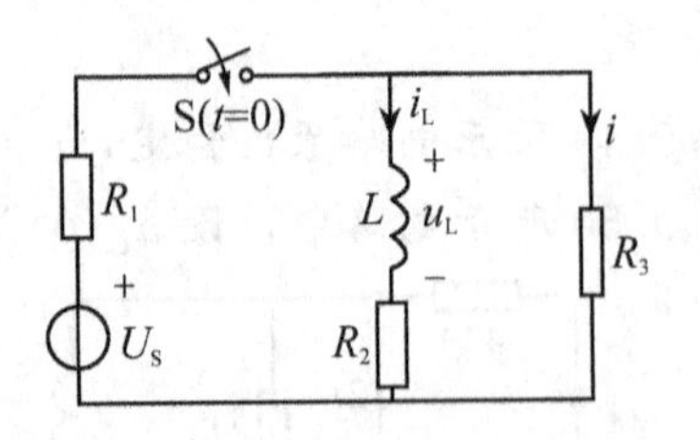


图 9.55　习题 9.11 电路

9.12　图 9.56 所示电路在 $t=0$ 时开关 S 闭合，试用三要素法求 $u_C$。

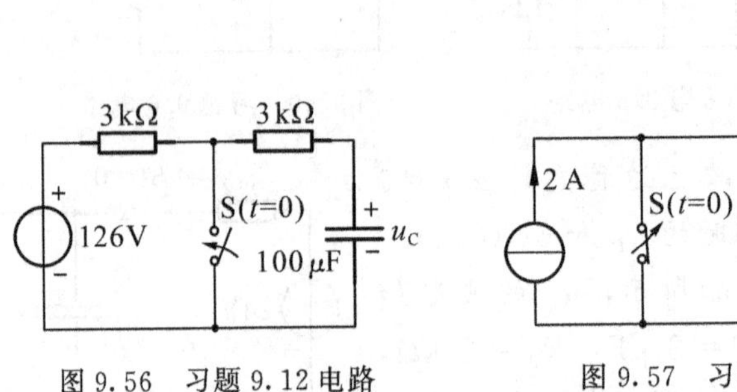


图 9.56　习题 9.12 电路　　图 9.57　习题 9.13 电路

9.13　图 9.57 所示电路已达稳态，$t=0$ 时开关 S 打开，试用三要素法求 $u_C$ 和 $u_R$。

9.14　图 9.58 所示电路已达稳态。于 $t=0$ 时打开开关 S，试求 $t \geqslant 0$ 时电流 $i$ 并画其波形。

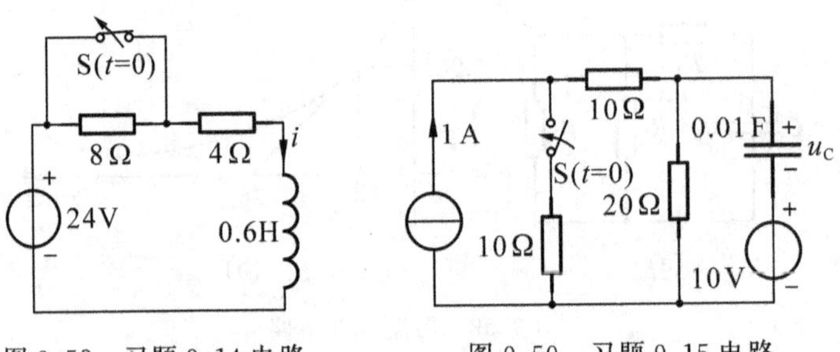


图 9.58　习题 9.14 电路　　图 9.59　习题 9.15 电路

9.15　图 9.59 所示电路换路前处于稳态，试用三要素法求换路后的全响应 $u_C$。

9.16　图 9.60 所示电路中，已知 $U_S=6$ V，$I_S=2$ A 及 $R_1=6$ Ω，$R_2=3$ Ω，$L=0.5$ H。开关 S 闭合前电路已稳定，试用三要素法求换路后的 $i_L$ 和 $u_R$。

9.17　图 9.61 所示电路原来处于零状态，$t=0$ 时开关 S 闭合，试求换路后电流 $i_L$ 和电压 $u_L$。

9.18　图 9.62 所示电路在换路前已达稳态，求换路后的零输入响应 $i(t)$ 和 $u(t)$。

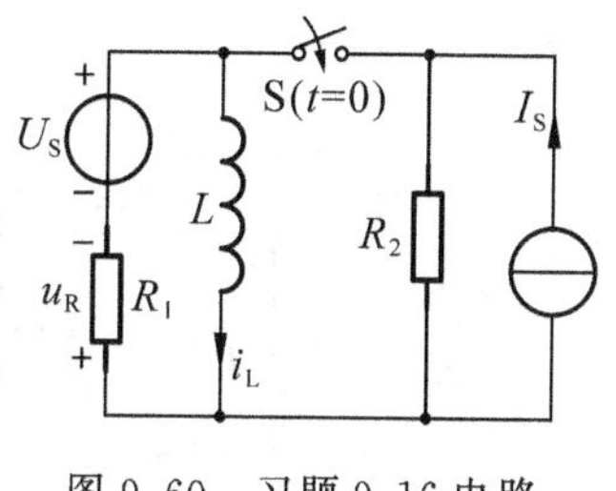


图 9.60 习题 9.16 电路

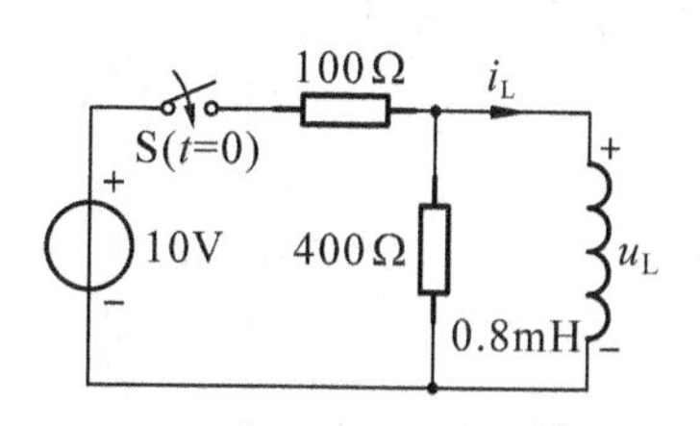


图 9.61 习题 9.17 电路

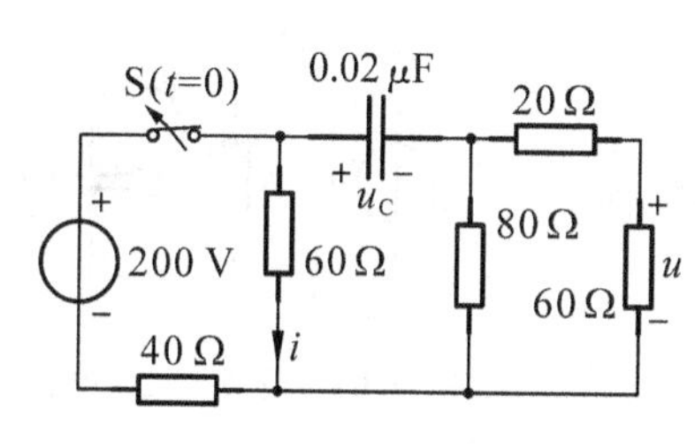


图 9.62 习题 9.18 电路

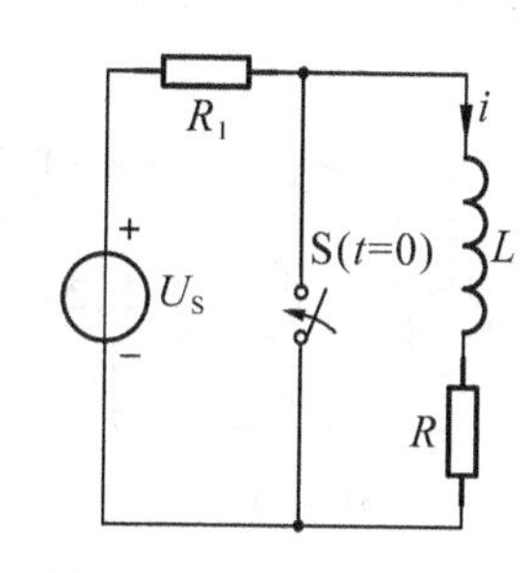


图 9.63 习题 9.19 电路

9.19 图 9.63 所示电路中，一个继电器线圈的电阻 $R=250\ \Omega$，电感 $L=5$ H，电源电压 $U_S=24$ V，$R_1=230\ \Omega$，已知此继电器释放电流为 0.004 A，试问开关 S 闭合后，经过多长时间，继电器才能释放？

9.20 图 9.64 所示电路中，开关 S 闭合前 $u_C(0_-)=0$，试求开关 S 闭合后的 $u_C$。

9.21 图 9.65 所示电路已处于稳态，$t=0$ 时开关 S 闭合，求换路后电流 $i_1$、$i_2$ 及流过开关的电流 $i$。

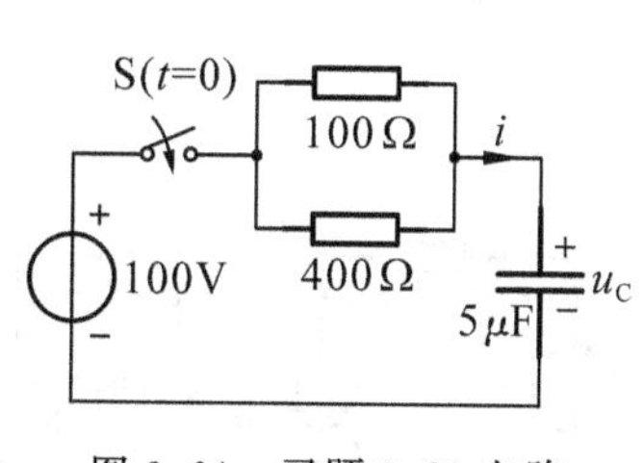


图 9.64 习题 9.20 电路

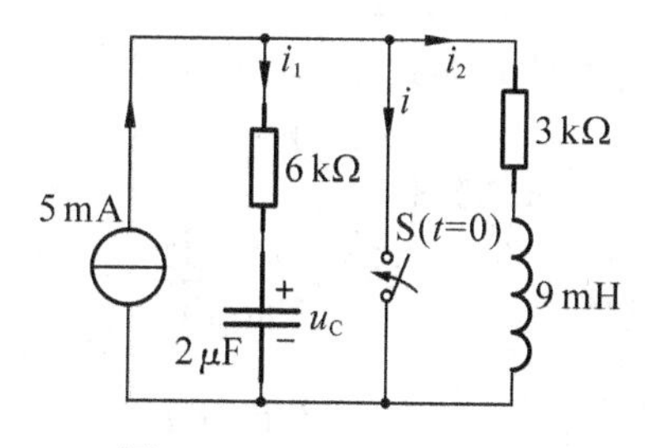


图 9.65 习题 9.21 电路

9.22 图 9.66 所示电路原已处于稳态，$t=0$ 时开关 S 闭合，求 $i_1$、$i_2$ 及流经开关的电流 $i$，并作它们的波形。

9.23 如图 9.67 所示电路，$t=0$ 时开关 S 由 1 投向 2(设开关 S 是瞬时切换的)，设换路前电路已处于稳态，试求换路后电压 $u_C$。

9.24 图 9.68 所示电路中，$t=0$ 时开关 S 打开，$u_C(0_-)=5$ V。试求 $t\geqslant 0$ 时电路的全响应 $u_C$。

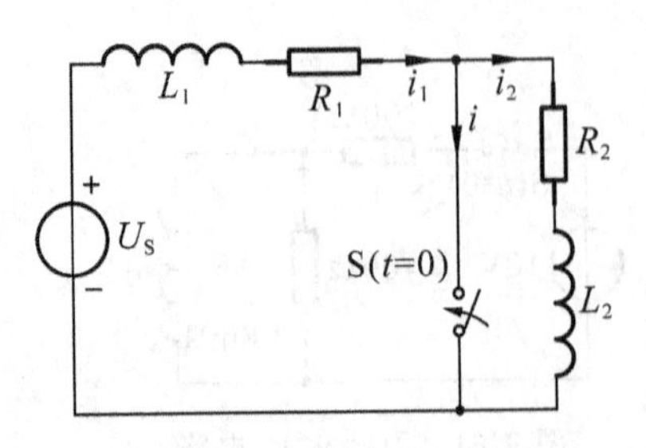


图 9.66　习题 9.22 电路

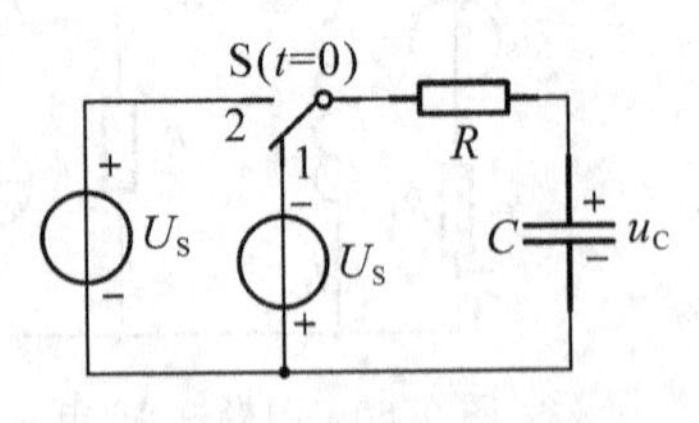


图 9.67　习题 9.23 电路

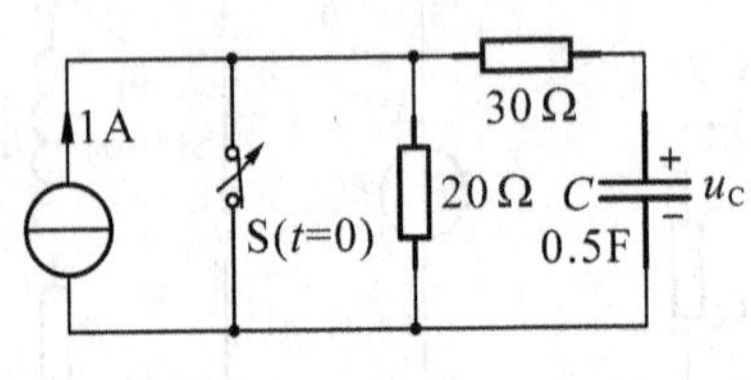


图 9.68　习题 9.24 电路

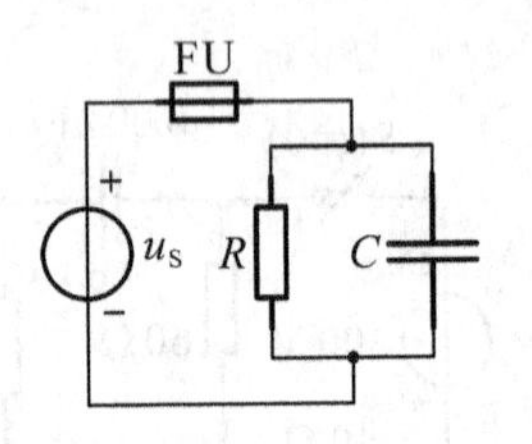


图 9.69　习题 9.25 电路

9.25　图 9.69 所示电路为一标准高压电容的电路模型，电容 $C=2\ \mu F$，漏电阻 $R=10\ k\Omega$。FU 为快速熔断器，$u_S=23\,000\sin(314t+90°)\ V$，$t=0$ 时熔断器烧断（瞬间断开）。假设安全电压为 50 V，求从熔断器断开之时起，经历多长时间后，人手触及电容器两端才是安全的？

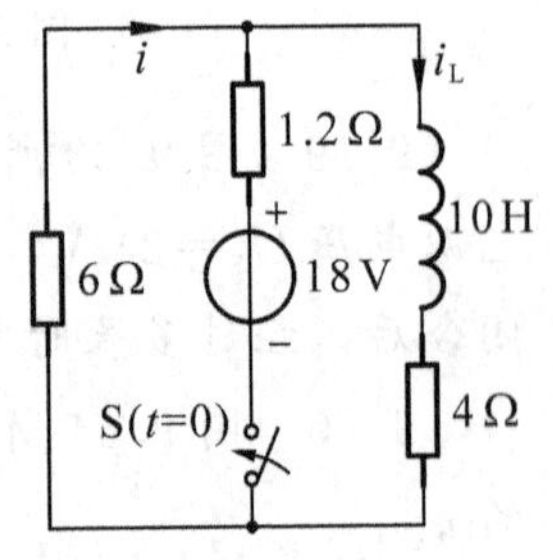


图 9.70　习题 9.26 电路

9.26　如图 9.70 所示电路，开关 S 闭合前电路已处于稳态，于 $t=0$ 时开关 S 闭合，试求 $t\geqslant 0$ 时的电流 $i_L$ 和 $i$，并绘出它们的波形。

9.27　如图 9.71 所示电路，$t=0$ 时开关 S 闭合，且开关 S 闭合前电容未充电，试用三要素法求换路后 $u_C$ 和 $i$。

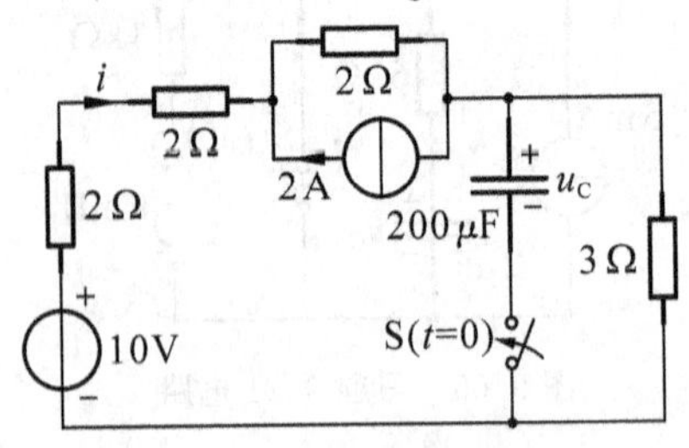


图 9.71　习题 9.27 电路

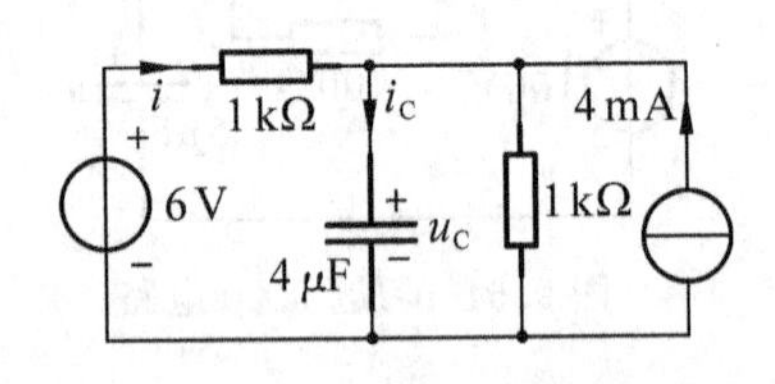


图 9.72　习题 9.28 电路

9.28　如图 9.72 所示电路，电压源和电流源于 $t=0$ 时同时接入电路，且 $u_C(0_-)=2\ V$，试求 $t\geqslant 0$ 时的 $u_C$、$i_C$ 和 $i$。

9.29　图 9.73 所示电路换路前已处于稳定状态，试求换路后的 $u_C$ 和开关 S 两端的电压 $u_K$。

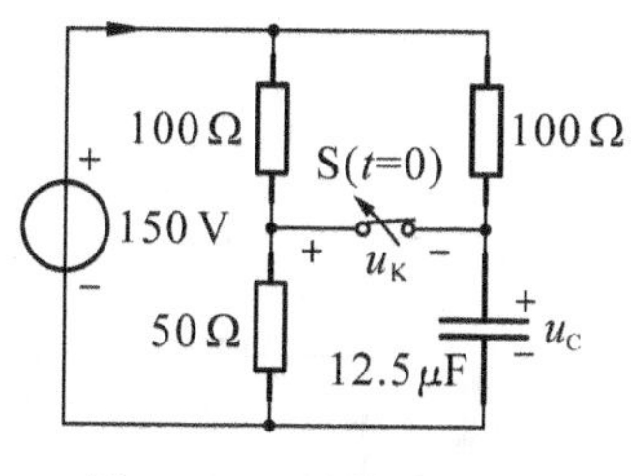


图 9.73 习题 9.29 电路

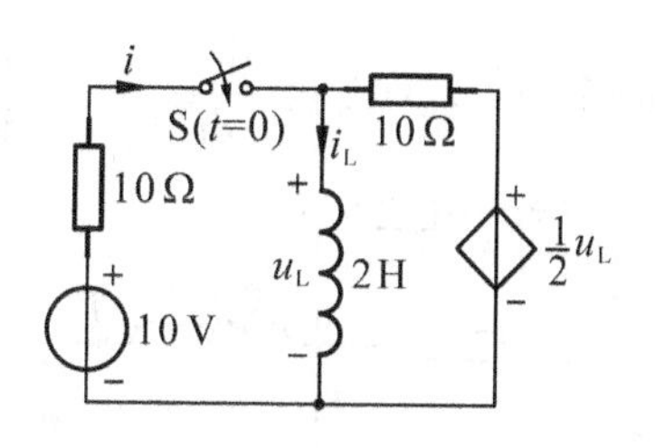


图 9.74 习题 9.30 电路

9.30 如图 9.74 所示含受控源电路，当 $t=0$ 时开关 S 闭合，且 $i_L(0_-)=2$ A，试求 $t\geqslant 0$ 时的 $i_L$、$u_L$ 和 $i$。

9.31 试用阶跃函数和延时阶跃函数表示图 9.75 中波形。

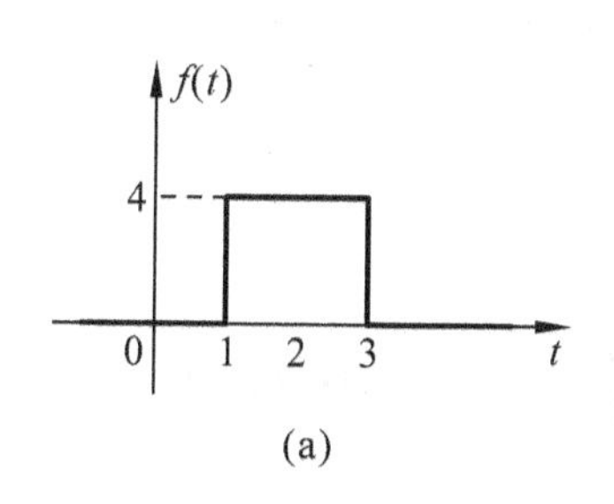


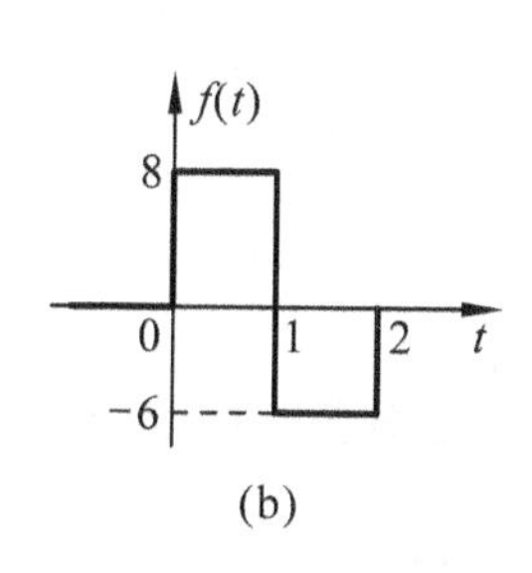


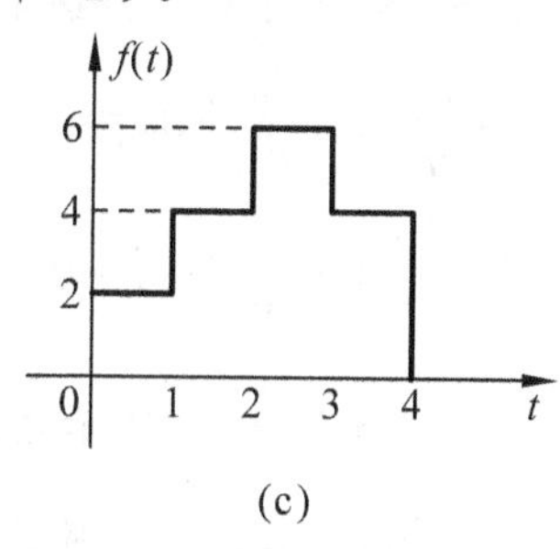


图 9.75 习题 9.31 电路

9.32 如图 9.76 所示电路，电源为一矩形脉冲电流，求阶跃响应 $u_C$。

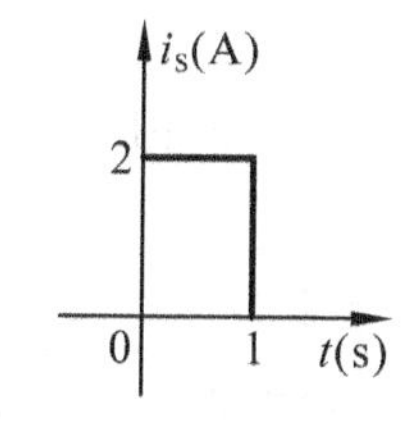


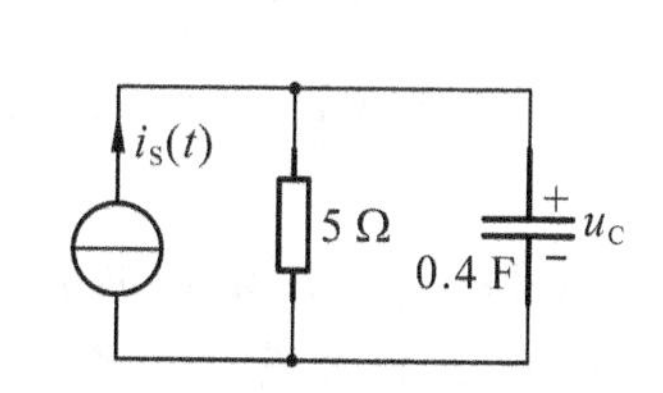


图 9.76 习题 9.32 电路

9.33 如图 9.77(a)所示电路，$i_L(0_-)=1$ A，电源波形如图 9.77(b)所示，试求电路的全响应 $i_L$。

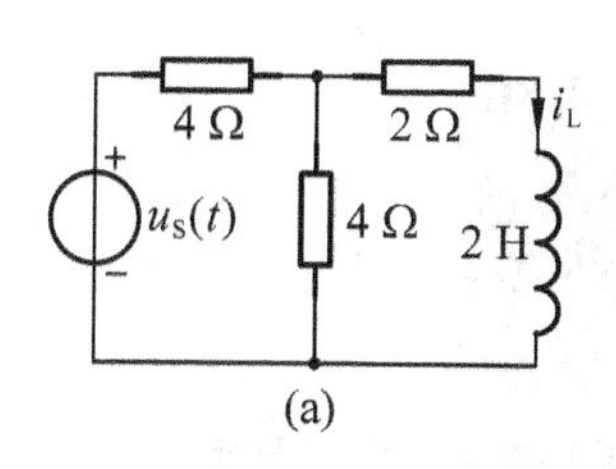


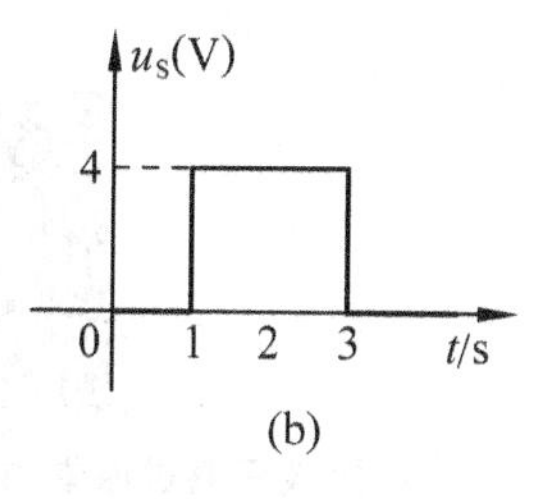


图 9.77 习题 9.33 电路

9.34 电路如图 9.78 所示，开关动作前电路已达到稳态，$t=0$ 时将开关 S 打

开，试求$u_C(0_+)$、$i_L(0_+)$、$\left.\frac{du_C}{dt}\right|_{0_+}$、$\left.\frac{di_L}{dt}\right|_{0_+}$。

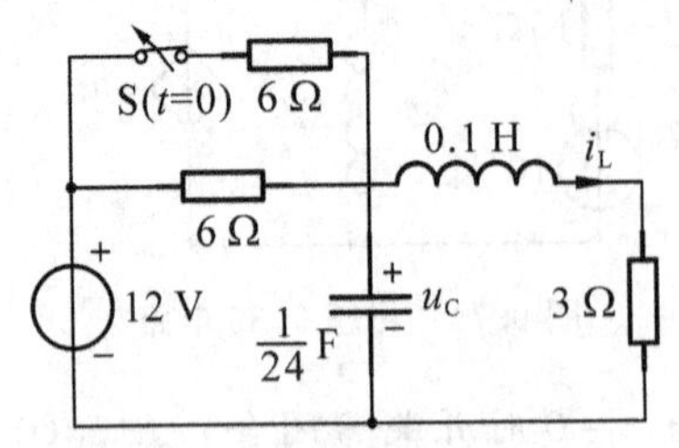

图9.78　习题9.34电路

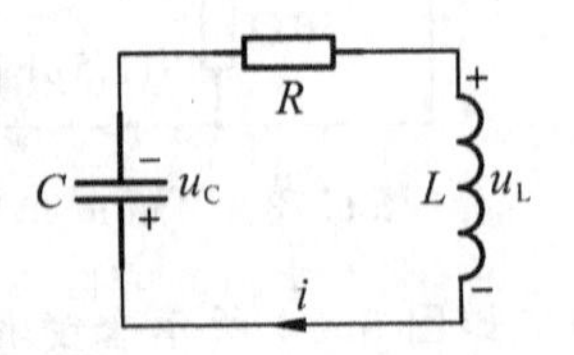

图9.79　习题9.36、习题9.37电路

9.35　试求下列微分方程的特征根。

(1)$\frac{d^2u}{dt^2}+3\frac{du}{dt}+2u=0$

(2)$\frac{d^2u}{dt^2}+6\frac{du}{dt}+8u=0$

9.36　如图9.79所示电路，已知$L=1$ H，$C=\frac{1}{5}$F，$R=6$ Ω，$u_C(0_-)=3$ V，$i(0_-)=1$ A，试求$t\geqslant0$时的$u_C$、$i$。

9.37　如图9.79所示电路，已知$u_C(0_-)=6$ V，$R=2.5$ Ω，$L=0.25$ H，$C=0.25$ F，试求：(1)$u_C$、$i$。(2)使电路在临界阻尼下放电，当$L$和$C$不变时，电阻$R$应为何值？

9.38　若上题中，$R=1$ kΩ，$L=2.5$ H，$C=2$ μF，$u_C(0_-)=10$ V，求$u_C$、$i$。

9.39　继电器线圈电阻$R_1=1$ kΩ，电感$L_1=2$ H，为了消灭触点S断开时产生的火花，与线圈并联一个$RC$串联电路，$C=1$ μF，如图9.80所示电路，试求$R$至少需要多大才不会产生振荡现象？

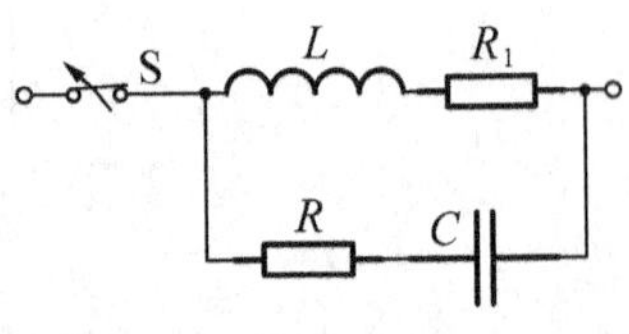

图9.80　习题9.39电路

思政元素进课堂-中国科学家介绍-许居衍

# 部分习题答案

第 1 章

1.1　$b$ 点电位高、$U_{ab}=-15$ V

1.2　(a)$U_{ab}=50$ V，(b)$U_{ab}=5$ V，(c)$U_{ab}=-2$ V，(d)$U_{ab}=-4$ V

1.3　(a)5 A，(b)−1 A，(c)10 A，(d)9 A

1.4　(a)−16 V，(b)94 V，(c)21 V

1.5　$I_1=1$ A，$I_2=3$ A；电压源：$P=-6$ W，提供功率；电流源：$P=4$ W，吸收功率；电阻：2 W，吸收功率

1.6　(a)$U=10$ V；$I=-1$ A，(b)$U=40$ V；$I=1$ A

1.7　$I_1=10$ A；$I_2=2$ A；$I_3=8$ A；电压源功率 $P=-60$ W；电流源功率 $P=48$ W；电阻功率 $P=12$ W

1.8　$U_2=4$ V；$U_1=7$ V

1.9　$U_{ab}=-5$ V

1.10　$I=0.4$ A；$U_{ab}=10$ V；$U_{cd}=0$ V

1.11　$U=-10$ V

1.12　$U_{ab}=-0.5$ V

1.13　$I=1$ A；$U_S=90$ V；$R=1.5$ Ω

1.14　$U_{ab}=2.5$ V

1.15　$I=1.2$ A；$V_a=1$ V；$U_S=12$ V

第 2 章

2.1　(a)45 V，(b)50 V，(c)20 Ω，(d)100 Ω

2.2　23.75 kΩ，75 kΩ，400 kΩ

2.3　9.02～18.82 V

2.4　6 Ω，12 Ω

2.5　12 Ω，4 Ω

2.6　(a)2 Ω，(b)2 Ω

2.7　(a)3 Ω，(b)2 Ω

2.10　(1)1 A，(2)2 Ω，4.5 W

2.11　−3 A，2 A，1 A

2.12　2 A，3 A，−1 A

2.13　−2 A，0.5 A，1.5 A

2.14　0.84 A

2.15　3.25 A，3.75 A，−0.75 A

2.17　−4 A

2.18　(a)6 Ω，(b)12 Ω

2.19　2 A

2.20　7 V，−0.2 A

第3章

3.1　10 V

3.2　5 A

3.3　5 A，20 V

3.4　45 Ω

3.5　3.2 Ω

3.6　(1)6 V，4 Ω，(2)1.5 A

3.7　(a)14 V，4 Ω，(b)22 V，20 Ω

3.8　4 V

3.9　2.2 A

3.10　$\frac{4}{3}$ A

3.11　12 Ω，18.75 W

3.12　1 A

3.13　3.67 A

第4章

4.3　(1)$3\angle 20^\circ$ A，$5\angle -35^\circ$ A

(2)$7.16\sqrt{2}\sin(314t-14.9^\circ)$(A)

(3)$4.1\sqrt{2}\sin(314t+108.2^\circ)$(A)

4.4　$i=0.5\sqrt{2}\sin(314t+30^\circ)$(A)，$P=5$ W

4.5　0.341 A，75 W，0.75 kW·h

4.6　$X_L=3.14\ \Omega$，$\dot{U}_L=0.0314\angle 126.9^\circ$ V；$X_L=9.42\ \Omega$，$\dot{U}_L=0.0942\angle 126.9^\circ$ V

4.7　$X_C=318.47\ \Omega$，$u_C=60\sqrt{2}\sin 314t$(V)，$i=188\sqrt{2}\sin(314t+90^\circ)$(mA)，$Q_C=11.28$ var

4.8　$0.8\angle 53.1^\circ$ A，$6\angle 53.1^\circ$ V，$24\angle 143.1^\circ$ V，$32\angle -36.9^\circ$ V

4.9　$R=6\ \Omega$，$L=15.88$ mH

4.10　0.367 A，103 V，190 V

4.11　$C=0.368\ \mu$F

4.12　(c)图最亮，(b)图最暗

4.13　$12\angle 0^\circ$ A，$8\angle -90^\circ$ A，$15\angle 90^\circ$ A，$13.9\angle 30.3^\circ$ A，1.44 kW

4.14 0.702 $\angle 37.9°$ A，1.42 $\angle 17.7°$ A，2.53 $\angle 71.6°$ V

4.15 3.16 $\angle -18.4°$ A，1.41 $\angle 45°$ A

4.16 80 V

4.17 $R$=86.6 Ω，$L$=0.159 H，$C$=31.85 μF

4.18 31.55 μF

4.19 0.76 A，0.9

4.20 (1)347 盏，(2)55 盏

4.21 $Z=\left(\frac{65}{3}+\mathrm{j}\frac{55}{3}\right)(\Omega)$，$Y=\left(\frac{39}{1450}-\mathrm{j}\frac{33}{1450}\right)(\Omega)$，呈感性，应串联一个 $X_C=\frac{55}{3}\Omega$ 电容

4.22 133 Ω，0.475 H

4.23 2 000 Ω

4.24 $R$=10 Ω，$X$=19.6 Ω，$C$=752.18 μF

4.25 $\dot{U}=\dfrac{\dfrac{\dot{U}_1}{Z_1}+\dfrac{\dot{U}_2}{Z_2}}{\dfrac{1}{Z_1}+\dfrac{1}{Z_2}+\dfrac{1}{Z_3+Z_4}}=9.3\angle 15°$ V，$\dot{I}_1=(-0.12+\mathrm{j}0.1)$A

4.29 (1)7.07 A，(2)40.3 A

4.30 $\dot{I}_{S1}=5.4\angle -2.8°$ A、$\dot{I}_{S2}=5.4\angle -2.8°$ A、$\dot{I}_0=10.8\angle -2.8°$ A

4.32 (a)100.5 $\angle -95.7°$ V，(b)14.14 $\angle -45°$ Ω

4.33 9.05 A

4.34 $Z_L=(4-\mathrm{j}8)\Omega$ 时，获最大功率；$P_{max}=125$ W

4.35 $\dot{I}=0.57\angle 102.7°$ A，$\dot{U}=28.5\angle 12.7°$ V

4.36 $\beta=-41$，$\omega C=0.01367$

第 5 章

5.1 2.74 mH，0.55，5.48 mH

5.2 (a) 1、3 为同名端，(b)1、4 为同名端

5.3 (a)$u_1=L_1\frac{\mathrm{d}i_1}{\mathrm{d}t}-M\frac{\mathrm{d}i_2}{\mathrm{d}t}$，$u_2=-L_2\frac{\mathrm{d}i_2}{\mathrm{d}t}+M\frac{\mathrm{d}i_1}{\mathrm{d}t}$

(b)$u_1=-L_1\frac{\mathrm{d}i_1}{\mathrm{d}t}-M\frac{\mathrm{d}i_2}{\mathrm{d}t}$，$u_2=-L_2\frac{\mathrm{d}i_2}{\mathrm{d}t}-M\frac{\mathrm{d}i_1}{\mathrm{d}t}$

5.4 7 mH，3 mH

5.5 13.4 $\angle 10.3°$ V

5.6 22.2 A，5.69 A，21.4 A

5.7 j5 Ω

5.8　1 mH

5.9　$100\angle 45^\circ$ V，$1\,000\sqrt{2}\angle 45^\circ$ Ω，70.7 mA

5.11　50.7 μF，1.256 Ω，62.8 Ω，62.8 V

5.12　$U=\sqrt{U_{\mathrm{RL}}^2-U_{\mathrm{C}}^2}$

5.13　25.3 μF

5.14　3 mH

5.15　1386 kHz，109，0.25 μA，1.09 mV

5.16　400 Ω，318 μF，31.9 mH，40

5.17　31 μH，12.7 pF

5.18　503.6 pF

5.19　0.117 mH，3.44 Ω，3401.3 Ω

5.20　会改变，$\omega=\sqrt{\dfrac{1}{LC}-\dfrac{1}{C^2R_1^2}}$

第6章

6.2　5.5 A

6.3　50 A，86.4 A，6032 V

6.4　△形 220 V，65.6 A，Y形 380 V，37.9 A

6.5　2.53 A，4.93 A，380 V，4.4 A，220 V，380 V，8.35 A

6.6　220 V，22 A，380 V，38 A，190 V，19 A

6.7　5 A，2.89 A，89 A

6.8　6.08 A

6.9　$P_{\mathrm{Y}}=8.7$ kW，$P_{\triangle}=26$ kW，$I_{\mathrm{Y1}}=22$ A，$I_{\triangle 1}=66$ A

6.10　11.26 V，$19.53\angle 42.3^\circ$，11.26 A，5.5 kW

6.11　394 V，1077 W

6.12　1748 W，−540.9 W，937 W，3497 var

第7章

7.2　$i_3$ 是，其余不是

7.3　$u_{(t)}=[9.736\sin \omega t-1.082\sin 3\omega t+0.389\sin 5\omega t+\cdots]$ V

7.4　5.15 A

7.5　75 V，47.8 V

7.6　1.57，1.11

7.7　77.14 V，63.64 V

7.8　90 W，180 W，120 W，120 W

7.9　228.8 W

7.10　$u_{\mathrm{L}}(t)=[100\sin(\omega t+150^\circ)+600\sin(3\omega t+120^\circ)]$ V

7.11　240 W，360 var，375 V·A

7.12　$u_0=[12.58\sin(\omega t+9.04°)+4.24\sin(3\omega t+3.04°)+2.55\sin(5\omega t+1.82°)+\cdots](\text{V})$

$u_0=[10+2\sin(\omega t-81°)+0.225\sin(3\omega t-87°)+0.081\sin(5\omega t-88.2°)+\cdots](\text{V})$

7.13　$i(t)=[3\sqrt{2}\sin\omega t+1.5\sqrt{2}\sin(3\omega t-60°)](\text{A})$，$i_1(t)=[1.5\sqrt{2}\sin(3\omega t-60°)](\text{A})$

$i_2(t)=[3\sqrt{2}\sin\omega t](\text{A})$，3.35 A，1.5 A，3 A，225 W

7.14　$u(t)=[50+9.51\sin(\omega t+3.01°)](\text{V})$，50.45 V

7.15　$i(t)=[4.68\sin(\omega t+129.4°)+3\sin 3\omega t](\text{A})$，3.93 A，92.7 W

7.16　$u(t)=[178.9\sin(\omega t+56.6°)+100\sin(2\omega t-30°)](\text{V})$，144.9 V，1 049.8 W

7.17　2.15 A，2.22 A，13.45 V，69.3 W

7.18　9.35 A，63.74 V

第 8 章

8.1　(a) $\begin{bmatrix} j\omega L+\frac{1}{j\omega C} & \frac{1}{j\omega C} \\ \frac{1}{j\omega C} & \frac{1}{j\omega C} \end{bmatrix}$，(b) $\begin{bmatrix} j\omega L+\frac{1}{j\omega C} & \frac{1}{j\omega C} \\ \frac{1}{j\omega C} & R+\frac{1}{j\omega C} \end{bmatrix}$

8.2　(a) $\begin{bmatrix} j\omega L_1 & j\omega M \\ j\omega M & j\omega L_2 \end{bmatrix}$，(b) $\begin{bmatrix} 3R & 2R \\ -7R & -3R \end{bmatrix}\Omega$

8.3　$Z_{11}=Z_{22}=19\ \Omega$，$Z_{12}=Z_{21}=17\ \Omega$

8.4　(a) $\begin{bmatrix} \frac{3}{4} & -\frac{1}{4} \\ -\frac{1}{4} & \frac{3}{4} \end{bmatrix}\text{S}$，(b) $\begin{bmatrix} \frac{1}{R}+j\omega C_1 & -\frac{1}{R} \\ -\frac{1}{R} & \frac{1}{R}+j\omega C_2 \end{bmatrix}$

8.5　(a) $\begin{bmatrix} \frac{5}{3} & -\frac{4}{3} \\ -\frac{4}{3} & \frac{5}{3} \end{bmatrix}\text{S}$，(b) $\begin{bmatrix} 0.15 & -0.05 \\ -0.25 & 0.25 \end{bmatrix}\text{S}$

8.6　$Z_{11}=30-j40\ \Omega$，$Z_{12}=Z_{21}=-j40\ \Omega$，$Z_{22}=j20\ \Omega$

8.7　$Y_{11}=0.625\ \text{S}$，$Y_{12}=-0.125\ \text{S}$，$Y_{21}=0.375\ \text{S}$，$Y_{22}=0.125\ \text{S}$

8.8　−1 A，−1 A

8.10　(a) $\begin{bmatrix} R-j\frac{1}{\omega C} & -j\frac{1}{\omega C} \\ -j\frac{1}{\omega C} & j\omega L-j\frac{1}{\omega C} \end{bmatrix}$，(b) $\begin{bmatrix} 1-\omega^2 LC & j\omega L \\ j\omega C(2-\omega^2 LC) & 1-\omega^2 LC \end{bmatrix}$

8.11　1 A，−0.2 A

8.12 (a) $\begin{bmatrix} 30 & -1 \\ 1 & 0 \end{bmatrix}$，(b) $\begin{bmatrix} 1 & \frac{4}{3} \\ -2 & -1 \end{bmatrix}$

8.13 $\begin{bmatrix} -0.667 & 0.8 \\ -0.8 & 0.84 \end{bmatrix}$

8.15 $\frac{1}{11}\ \Omega$，$\frac{3}{11}\ \Omega$，$\frac{2}{11}\ \Omega$

8.16 $\begin{bmatrix} \frac{1}{Y_a+Y_b} & \frac{Y_b}{Y_a+Y_b} \\ -\frac{Y_b}{Y_a+Y_b} & Y_c+\frac{Y_aY_b}{Y_a+Y_b} \end{bmatrix}$

8.17 $\dot{I}_1=2\ \text{A}$，$\dot{U}_2=6\ \text{V}$

8.18 $\begin{bmatrix} n & R/n \\ 0 & 1/n \end{bmatrix}$

8.19 $\begin{bmatrix} A & B \\ AY+C & BY+D \end{bmatrix}$

8.20 $\begin{bmatrix} 1-\omega^2C^2R^2+\text{j}3\omega CR & 2R+\text{j}\omega CR^2 \\ -\omega^2C^2R+\text{j}2\omega C & 1+\text{j}\omega CR \end{bmatrix}$

第 9 章

9.1 $u_C(0_+)=10\ \text{V}$，$i_C(0_+)=-1.5\ \text{A}$

9.2 $u_C(0_+)=15\ \text{V}$，$w_C(0_+)=2.25\ \text{J}$

9.3 $u_C(0_+)=15\ \text{V}$，$i_C(0_+)=-3\ \text{A}$，$i_L(0_+)=5\ \text{A}$，$i_S(0_+)=3\ \text{A}$

9.4 $i_L(0_+)=2\ \text{A}$，$i(0_+)=-\frac{2}{3}\ \text{A}$，$u(0_+)=4\ \text{V}$，$i_S(0_+)=\frac{11}{3}\ \text{A}$

9.5 $i_L(0_+)=3\ \text{A}$，$i(0_+)=1.75\ \text{A}$

9.6 $u_C(t)=15\text{e}^{-2.5t}(\text{V})$，$u_R(t)=9\text{e}^{-2.5t}(\text{V})$，$i_R(t)-0.75\text{e}^{-2.5t}(\text{A})$

9.7 $u_C(t)=8\text{e}^{-2t}(\text{V})$，$w_C(0_+)=5.33\ \text{J}$

9.8 500 Ω，10 V

9.9 $u_C(t)=8(1-\text{e}^{-100t})(\text{V})$，$i_C(t)=4\text{e}^{-100t}(\text{mA})$，$i(t)=\frac{4}{3}(1-\text{e}^{-100t})(\text{mA})$

9.10 $i_L(t)=2(1-\text{e}^{-10^6t}(\text{A})$，$u_L(t)=2\ 000\text{e}^{-10^6t}(\text{V})$

9.11 $i_L(t)=4(1-\text{e}^{-2t})(\text{A})$，$i(t)=\frac{4}{3}(1+\text{e}^{-2t})(\text{A})$，$u_L(t)=16\text{e}^{-2t}(\text{V})$

9.12 $u_C(t)=126\text{e}^{-3.33t}(\text{V})$

9.13 $u_C(t)=6(1-\text{e}^{-0.5t})(\text{V})$，$u_R(t)=1.5(1+\text{e}^{-0.5t})(\text{V})$

9.14 $i(t)=(2+4\text{e}^{-20t})(\text{A})$

9.15 $u_C(t)=(-5+15e^{-10t})(\text{V})$

9.16 $i_L(t)=(3-2e^{-4t})(\text{A})$，$u_R(t)=(6-4e^{-4t})(\text{V})$

9.17 $i_L(t)=0.1(1-e^{-10^5 t})(\text{A})$，$u_L(t)=8e^{-10^5 t}(\text{V})$

9.18 $i(t)=1.2e^{-500\,000t}(\text{A})$，$u(t)=-36e^{-500\,000t}(\text{V})$

9.19 $i(t)=I_0 e^{-\frac{t}{\tau}}=0.05e^{-\frac{t}{0.02}}=0.05e^{-50t}(\text{A})$，$t=\frac{1}{50}\ln\frac{0.05}{0.004}\approx 0.05(\text{s})$

9.20 $u_C(t)=100(1-e^{-2\,500t})(\text{V})$

9.21 $-2.5e^{-\frac{250}{3}t}(\text{mA})$，$5e^{-\frac{10^6}{3}t}(\text{mA})$，$(5+2.5e^{-\frac{250}{3}t}-5e^{-\frac{10^6}{3}t})(\text{mA})$

9.22 $\frac{U_S}{R_1}-\frac{R_2U_S}{(R_1+R_2)R_1}e^{-\frac{R_1}{L_1}t}$，$\frac{U_S}{R_1+R_2}e^{-\frac{R_2}{L_2}t}$

9.23 $u_C(t)=U_S-2U_S e^{-\frac{t}{\tau}}$

9.24 $u_C(t)=(20-15e^{-0.04t})(\text{V})$

9.25 122.6 s

9.26 $i_L(t)=3(1-e^{-0.5t})(\text{A})$，$i(t)=(2+0.5e^{-0.5t})(\text{A})$

9.27 $u_C(t)=2(1-e^{-2\,500t})(\text{V})$，$i(t)=\left(\frac{2}{3}+\frac{1}{3}e^{-2\,500t}\right)(\text{A})$

9.28 $u_C(t)=5-3e^{-500t}(\text{V})$，$i_C(t)=6e^{-500t}(\text{mA})$

9.29 $u_C(t)=(150-75e^{-800t})(\text{V})$，$i(t)=(1+0.75e^{-800t})(\text{A})$，$u_K(t)=(-100+75e^{-800t})(\text{V})$

9.30 $i_L(t)=(1+e^{-\frac{10}{3}t})(\text{A})$，$u_L(t)=-\frac{20}{3}e^{-\frac{10}{3}t}(\text{V})$，$i(t)=\left(1+\frac{2}{3}e^{-\frac{10}{3}t}\right)(\text{V})$

9.31 $f(t)=4\varepsilon(t-1)-4\varepsilon(t-3)$，$f(t)=8\varepsilon(t)-14\varepsilon(t-1)+6\varepsilon(t-2)$

9.32 $u_C(t)=10(1-e^{-0.5t})\varepsilon(t)-10[1-e^{-0.5(t-1)}]\varepsilon(t-1)(\text{V})$

9.34 $u_C(0_+)=6\text{ V}$，$i_L(0_+)=2\text{ A}$，$\left.\frac{du_C}{dt}\right|_{0_+}=-24\text{ V/s}$，$\left.\frac{di_L}{dt}\right|_{0_+}=0$

9.35 (−1，−2)，(−2，−4)

9.36 $u_C(t)=(5e^{-t}-2e^{-5t})(\text{V})$，$i(t)=(2e^{-5t}-e^{-t})(\text{A})$

9.37 $u_C=(8e^{-2t}-2e^{-8t})(\text{V})$，$i=4(e^{-2t}-e^{-8t})(\text{A})$，$R=2\ \Omega$

9.38 $u_C=11.18e^{-200t}\sin(400t+63.44°)(\text{V})$，$i=10e^{-200t}\sin(400t)(\text{mA})$

9.39 $R=1\,828\ \Omega$

# 参 考 文 献

[1]邱关源．电路[M]．4版．北京：高等教育出版社，1999.
[2]蔡元宇．电路及磁路[M]．2版．北京：高等教育出版社，2000.
[3]张洪让．电工基础[M]．北京：中国水利水电出版社，2002.
[4]付玉明．电路分析基础[M]．3版．北京：高等教育出版社，1993.
[5]王兆奇．电工基础[M]．北京：机械工业出版社，2000.
[6]陈正岳．电工基础[M]．北京：水利电力出版社，1987.
[7]Charles K. Alexander，Matthew N. O. Sadiku Fundamentals of Electric Circuits[M]. 北京：清华大学出版社，2000.